普通高等教育"十二五"部委级规划教材

食品工艺学实验与生产实训指导

钟瑞敏　翟迪升　朱定和　主　编

U0242073

中国纺织出版社

内 容 提 要

全书分为食品加工与物流过程基础实验、各类食品工艺学实验和食品工艺生产实训三大篇,其分别介绍了生鲜食品冷藏保鲜与冷链物流基础技能、常见焙烤食品的工艺技能、共性单元设备的操作和维护基本技能等内容。本书中的实验和生产实训项目在参编人员所在各高校的教学中基本采用过,具有较好的教学效果。

本书以普通应用型高校的食品及相关专业本科生为主要对象,同时可作为兼顾高等职业院校食品类专业学生的食品工艺学实验、场景生产实训和专业实习等环节的实践指导书,也可供食品相关专业实验技术和生产实训指导教师参考。

图书在版编目(CIP)数据

食品工艺学实验与生产实训指导 / 钟瑞敏,翟迪升
朱定和主编. — 北京:中国纺织出版社,2015.5 (2021.1 重印)
普通高等教育"十二五"部委级规划教材
ISBN 978 - 7 - 5180 - 1095 - 0

Ⅰ.①食… Ⅱ.①钟… ②翟… ③朱… Ⅲ.①食品工
艺学—实验—高等学校—教材 Ⅳ.①TS201.1 - 33

中国版本图书馆 CIP 数据核字(2014)第 235880 号

责任编辑:彭振雪　　责任设计:品欣排版　　责任印制:王艳丽

中国纺织出版社出版发行
地址:北京市朝阳区百子湾东里 A407 号楼　邮政编码:100124
销售电话:010—67004422　传真:010—87155801
http://www.c-textilep.com
E-mail:faxing@ c-textilep.com
中国纺织出版社天猫旗舰店
官方微博:http://weibo.com/2119887771
北京玺诚印务有限公司印刷　各地新华书店经销
2015 年 5 月第 1 版　　2021 年 1 月第 2 次印刷
开本:787×1092　1/16　印张:26.5
字数:485 千字　定价:44.00 元

本书编委会成员

主　编　钟瑞敏　韶关学院

　　　　翟迪升　深圳职业技术学院

　　　　朱定和　韶关学院

副主编　黄玫恺　韶关学院

　　　　李先保　安徽科技学院

　　　　于　新　仲恺农业工程学院

　　　　李晨悦　完美(中国)有限公司

参　编(按姓氏笔画排序)

丁利君	广东工业大学	于　新	仲恺农业工程学院
王茂增	河北工程大学	刘永吉	韶关学院
朱定和	韶关学院	李海琴	河北工程大学
李清春	电子科技大学中山学院	李　琳	电子科技大学中山学院
李先保	安徽科技学院	李晨悦	完美(中国)有限公司
杨　勇	齐齐哈尔大学	肖仔君	韶关学院
吴小勇	广东药学院	邹毅峰	广州大学
汪　磊	内蒙古科技大学	宋　立	渤海大学
林朝朋	厦门城市职业学院	单　斌	韶关学院
赵电波	郑州轻工业学院	钟瑞敏	韶关学院
秦卫东	徐州工程学院	郭元新	安徽科技学院
黄玫恺	韶关学院	黄建蓉	广东药学院
惠丽娟	渤海大学	曾卫国	蚌埠学院
曾祥燕	湖南邵阳学院	廖彩虎	韶关学院
翟迪升	深圳职业技术学院	郭　瑞	河套学院

普通高等教育食品专业系列教材
编委会成员

出版者的话

《国家中长期教育改革和发展规划纲要》中提出"全面提高高等教育质量","提高人才培养质量"。教高[2007]1号文件"关于实施高等学校本科教学质量与教学改革工程的意见"中,明确了"继续推进国家精品课程建设","积极推进网络教育资源开发和共享平台建设,建设面向全国高校的精品课程和立体化教材的数字化资源中心",对高等教育教材的质量和立体化模式都提出了更高、更具体的要求。

"着力培养信念执着、品德优良、知识丰富、本领过硬的高素质专业人才和拔尖创新人才",已成为当今本科教育的主题。教材建设作为教学的重要组成部分,如何适应新形势下我国教学改革要求,配合教育部"卓越工程师教育培养计划"的实施,满足应用型人才培养的需要,在人才培养中发挥作用,成为院校和出版人共同努力的目标。中国纺织服装教育协会协同中国纺织出版社,认真组织制订"十二五"部委级教材规划,组织专家对各院校上报的"十二五"规划教材选题进行认真评选,力求使教材出版与教学改革和课程建设发展相适应,充分体现教材的适用性、科学性、系统性和新颖性,使教材内容具有以下三个特点:

(1)围绕一个核心——育人目标。根据教育规律和课程设置特点,从提高学生分析问题、解决问题的能力入手,教材附有课程设置指导,并于章首介绍本章知识点、重点、难点及专业技能,增加相关学科的最新研究理论、研究热点或历史背景,章后附形式多样的思考题等,提高教材的可读性,增加学生学习兴趣和自学能力,提升学生科技素养和人文素养。

(2)突出一个环节——实践环节。教材出版突出应用性学科的特点,注重理论与生产实践的结合,有针对性地设置教材内容,增加实践、实验内容,并通过多媒体等形式,直观反映生产实践的最新成果。

(3)实现一个立体——开发立体化教材体系。充分利用现代教育技术手段,构建数字教育资源平台,开发教学课件、音像制品、素材库、试题库等多种立体化的配套教材,以直观的形式和丰富的表达充分展现教学内容。

教材出版是教育发展中的重要组成部分,为出版高质量的教材,出版社严格甄选作者,组织专家评审,并对出版全过程进行跟踪,及时了解教材编写进度、编写质量,力求做到作者权威、编辑专业、审读严格、精品出版。我们愿与院校一起,共同探讨、完善教材出版,不断推出精品教材,以适应我国高等教育的发展要求。

中国纺织出版社
教材出版中心

前　言

长期以来,食品工业一直是我国国民经济的支柱产业。改革开放30多年,食品工业持续快速发展,2013年全国规模以上食品工业企业总产值已达到101139亿元人民币,市场庞大,产业前景诱人。目前我国食品工业已进入转型升级阶段,大量高新技术应用到食品产业,新产品更新周期不断缩短,工艺技术装备自动化水平和产品质量控制水平不断提高,生产方式规模化,产业集群度逐年提高。

我国200多所开设食品类专业的高等院校每年培养大量食品专业人才,为食品工业的发展作出了重要贡献。然而,随着产业升级进程的推进,食品专业人才的培养质量已不能适应产业发展的需要,应用型人才的结构性需求矛盾日益突出。为了满足应用型人才培养的需要,教育部已明确我国普通本科尤其是2000年以后新办本科院校将逐步向本科层次的高等职业教育发展,应用技术型人才的培养将普遍采用校企协同育人模式,鼓励工科在校学生走进生产车间锻炼学习,尽早将技能素质与企业岗位对接。

食品工艺学实验与生产实训是食品工艺理论教学的应用性深化与拓展,具有极强的实践性和产业应用性,是培养专业学生有效组织食品生产、控制食品安全核心能力的基础性、综合性实践课程。它以化学、生物学、工程学、机械学、信息技术等学科的实验技能为基础,主要研究食品原料加工特性、食品加工技术组合、生产组织实施以及产品质量控制等实践内容。通过食品工艺学实验和生产实训项目的教学实施,可让学生有效掌握食品加工基本技术原理、单元操作、工艺组合和食品品质安全控制等综合性专业技能,提高食品专业应用型人才的培养质量。

本教材集众多普通本科院校优秀的食品专业教师和企业工程技术人员长期从事食品工艺学实验和食品生产实践教学指导的丰富经验,遵循工科学生工艺技能培养规律,吸收了许多国内外最新的食品生产技术装备应用成果、生产实例和优秀工艺实验教材的精华,围绕食品加工与物流过程基础实验、各类食品工艺实验和食品工艺生产实训三个环节安排实验和实训项目,建立了由浅入深、层次递进、内容丰富的食品工艺学实践指导体系,方便各校结合自己的培养目标和实验、实践条件,有机组织和安排系统性的实践教学。

本教材由16所高校教师和1个规模食品企业工程技术人员共同编写完成。钟瑞敏教授负责编写了第一篇第五章(实验一)、第六章(实验一至实验四)、第八章(实验一)、第二篇第五章(实验一至实验四、实验六至实验八)和第三篇第二章(实训一、二、九);翟迪升高级工程师编写了第一篇第一章(实验六)、第二章(实验一至实验三)和第二篇第一章(实验一至实验六);朱定和博士编写了第一篇第四章(实验一至实验四)、第二篇第三章(实验一至实验六)、第八章(实验三);黄玫恺博士编写了第二篇第八章(实验一、二);李先保教授、郭元新教授编写了第一篇第三章(实验二)、第七章(实验三)和第二篇第七章(实验一、二);于新编写了第三篇第二章(实训五至实验七、实验十);李晨悦、徐斌、吴蔚、欧阳道福、严建刚、郁晓艺、刘洪霞等工程师共同编写了第一篇第八章(实验二至实验四)和第三篇第二章(实训四);丁利君教授编写了第二篇第二章(实验一至实验五)、第四章(实验一、二)、第五章(实验五)、第八章(实验四);肖仔君博士编写了第二篇第六章(实验一至实验四);李琳博士、李清春老师编写了第一篇第一章(实验四)、第二篇第六章(实验五);吴小勇编写了第一篇第一章(实验三)、第七章(实验一、二);黄建蓉博士编写了第三篇第一章(实训一、二、四);廖彩虎老师编写了第一篇第一章(实验一)、第三章(实验一)、第三篇第一章(实训一、五)和第二章(实训五);单斌高级实验师编写了第一篇第一章(实验五)和第七章(实验四);刘永吉博士编写了第一篇第一章(实验二)、第五章(实验二至实验四)、第二篇第七章(实验三、四)和第三篇第二章(实训八)。此外,刘晶晶教授、赵电波教授、林朝朋博士、邹毅峰副教授、汪磊副教授、王茂增副教授、李海琴副教授、曾祥燕副教授、杨勇副教授、宋立副教授、惠丽娟老师、曾卫国副教授、郭瑞老师也参与了上述项目的部分编写工作,在此特别致谢。

本教材的编写是我们长期从事食品工艺学实践教学改革的初步总结,也是一种尝试,但由于时间仓促和水平有限,书中难免存在不妥和疏漏之处,恳请同行们批评指正。

编者

2014 年 5 月

目 录

第一篇 食品加工与物流过程的基础实验

第二篇　各类食品工艺实验

第三篇　食品工艺生产实训

第一篇 食品加工与物流过程的基础实验

掌握食品原料工艺特性、各类食品的加工基本原理以及包装材料质量检测技术等基础实验技能，是顺利开展食品工艺实验与生产实训项目的重要基础。基于这种目的，本篇的工艺基础实验项目涵盖了：生鲜食品贮藏与冷链配送环节中涉及的原料物性基础和常用保鲜技术实验；焙烤食品、软饮料、乳制品、肉制品、罐藏食品和其他类型食品的工艺基础实验；食品包装容器和材料的基本性能检测实验。由于实验项目较多，各校可结合专业培养目标和自身实验条件，针对性选择其中的部分项目开展实验教学。

第一章　生鲜食品冷链物流基础实验

实验一　果蔬原料的真空预冷

真空预冷是利用降低压强来降低水的沸点,依靠物料表面和组织内水分蒸发带走物料热量的冷却方法,是果蔬采摘后快速降低呼吸强度、消除田间热和呼吸热、保持鲜度内在品质的有效手段,是目前世界上公认的降温效率高、冷却效果最好的农产品预冷技术。

一、实验目的

(1)掌握真空预冷的操作方法及工作原理。
(2)掌握真空预冷特点及适宜处理的对象。

二、实验原理

真空预冷系统主要由真空箱、抽真空泵、冷凝器三部分组成。其工作原理是通过真空泵来降低真空箱内环境的压强,以此来降低真空箱内物料中自由水的沸点。当真空箱内的绝对压强降至物料此时温度所对应的饱和蒸汽压时,物料中的自由水开始蒸发,而蒸发所需要的巨大潜能来自于物料本身,从而使得物料温度快速下降,但产生的水蒸气会阻碍压强的继续下降(水分蒸发时体积瞬间膨胀至几万到几十万倍,单纯靠真空泵无法完成压强的继续下降),导致物料温度的下降也会相应停止,所以需要通过冷凝器来将产生的大量水蒸气变成冷凝水以达到降压的目的。当抽真空泵继续降低环境压强时,物料再蒸发使得物料温度再下降,而产生的水蒸气再通过冷凝器变成冷凝水。如此不断循环,当物料温度降至所设定的温度时,抽真空泵和冷凝器停止工作,冷却结束。

三、实验器材

1. 仪器与设备
KM－50 型真空预冷机、电子秤、篓子(含孔隙)。
2. 实验材料
生菜、圆白菜、萝卜。

四、操作方法

准备两份样品,每份样品包括 5 kg 新鲜生菜、5 kg 新鲜圆白菜、5 kg 新鲜白萝卜。其中一份样品分别放入篓子中并按顺序进行真空预冷（预冷终温至4℃,冷媒温度 -15 ～ -10℃）;另外一份样品分别放入篓子中并一并放入冷库(冷库温度2℃±2℃,预冷终温至4℃)中进行预冷。其中,针对生菜,温度探头放入其几何中心位置;针对圆白菜温度探头放入中间的一棵圆白菜几何中心;针对萝卜,温度探头放入中间的一棵萝卜几何中心。实验后,记录不同预冷前后生菜、圆白菜和白萝卜的重量变化及降温速度曲线。

五、设备操作流程

设备操作流程参见图1-1-1。

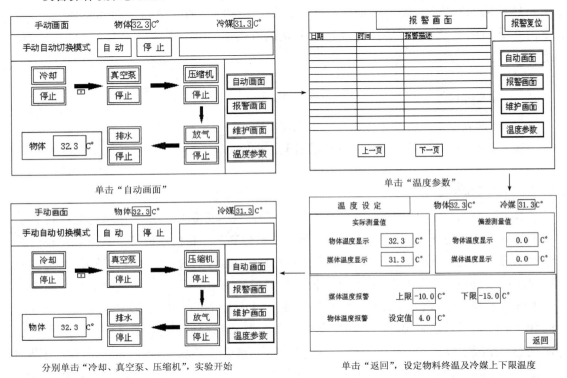

图1-1-1　真空预冷机操作界面示意图

六、实验步骤

1.真空预冷实验步骤

(1)熟悉真空预冷设备的操作步骤和注意事项。

(2)设定实验样品的温度(终温)、媒介温度。

(3)预冷前称好重量,并放入真空预冷机中,启动真空预冷。

(4)开始实验,记录随时间变化的实验样品的中心温度变化,数据记录到表1-1-1中。

（5）达到实验样品预冷要求的温度,取出样品并称重,数据记录到表1-1-1中。

（6）更换实验样品继续实验,记录数据同步骤4。

（7）所有样品预冷实验结束后,取出样品并称重,数据记录到表1-1-1中。

（8）设备按步骤停机,关闭总电源,清理实验样品。

2.冷库预冷实验步骤

（1）预先调节好冷库的温度至2℃,波动±2℃。

（2）分别称好样品重量后,一并放入冷库中,同时分别记录好温度变化,数据记录到表1-1-1中。

（3）达到预定温度后,取出样品并分别称重,数据记录到表1-1-1中。

七、真空预冷操作说明

1.开机前检查

（1）观察机器上是否有油污。

（2）检查压缩机油位是否正常(油镜1/3~2/3位置)。

（3）检查制冷系统高低压表压力是否正常(压力范围$6 \times 10^5 \sim 12 \times 10^5 Pa$)。

（4）检查真空泵油位是否正常(油管1/3~2/3位置)。

（5）检查真空泵油的颜色是否被乳化(乳白色)。

（6）检查冷却塔水位是否正常(水盘1/2~2/3位置)。

2.使用操作注意事项

（1）本机器需经过培训的专员操作。

（2）通电后空压机是否工作。

（3）通电后人机界面上显示的温度是否正常(与室温相当)。

表1-1-1　真空预冷和冷库预冷实验数据记录表

样品种类	时间(min)	中心温度(℃)	预冷前重量(kg)	预冷后重量(kg)	样品种类	时间(min)	中心温度(℃)	预冷前重量(kg)	预冷后重量(kg)
青菜(每1min记录1次)					青菜(每5min记录1次)				

续表

样品种类	时间（min）	中心温度（℃）	预冷前重量(kg)	预冷后重量(kg)	样品种类	时间（min）	中心温度（℃）	预冷前重量(kg)	预冷后重量(kg)
圆白菜（每2min记录1次）					圆白菜（每10min记录1次）				
萝卜（每2min记录1次）					萝卜（每10min记录1次）				

注 新鲜样品重量均为 5 kg。

（4）对真空泵进行排水。

（5）建议开机使用前对真空泵排水后先空箱运转真空泵 30 min，对真空泵进行预热及除水处理。

（6）使用物品温度探头时，应确保探头顶部与蔬菜叶子部分接触。

（7）预冷大白菜、圆白菜结构相对紧密类蔬菜需把温度探头插于菜叶上，或用叶子压紧，不能直接插在菜梗中心。

（8）预冷生菜、菠菜等机构相对疏松类蔬菜则可以把温度探头插于菜叶子上，或用菜叶压紧。

（9）处理的蔬菜重量低于额定重量的 1/2 时，必须使用手动操作，而且在真空泵运转 10 min 后需先关闭真空泵及压缩机 5 min，等蔬菜温度稳定后再次开启真空泵及压缩机，直至达到设定温度。

（10）不建议处理的蔬菜重量低于额定重量的 1/4。

（11）使用过程中,每处理 8～10 次蔬菜需对真空泵进行一次排水,特种泵除外。

（12）每天蔬菜处理完成后真空泵会空箱运转 30 min 对真空泵进行除水处理,这一过程不可切断真空预冷机电源。

（13）如机器出现不能工作现象,首先查看人机界面上显示的故障原因,并根据故障原因依照说明书故障排除方法进行排除,如遇到不能自行排除的故障需及时报告厂家进行保修;建议使用长城牌 1 号或 100 号真空泵油。

八、实验结果分析及讨论

（1）用 Excel 软件绘制不同样品中心温度—时间变化曲线。

（2）实验结果分析及讨论。

九、思考题

（1）通过三种不同的实验材料真空预冷温度变化,试解释真空预冷适合的对象?

（2）通过真空预冷与冷库预冷温湿度变化曲线的比较,试解释其原因?

实验二　鱼类鲜度的感官鉴定与 K 值的测定

一、实验目的

（1）了解鱼类新鲜度判断的主要感官指标,掌握新鲜和不新鲜鱼类的主要感官特征。

（2）理解 K 值的原理,掌握 K 值的测定方法。

二、实验原理

鱼类的体表、眼、鳃、肌肉等由于新鲜度不同而呈现相应感官特征,经过训练的人员可准确判断其新鲜程度。这种鱼类新鲜度的感官鉴定方法是在实际中应用最广泛的方法。

K 值是以水产类死后其体内三磷酸腺苷（ATP）的分解产物含量比值判断其鲜度的一种指标。鱼死后,其体内三磷酸腺苷（ATP）的合成因无氧酵解乳酸堆积而逐渐受阻;而三磷酸腺苷酶仍具活性,可持续分解三磷酸腺苷,最终分解为 HxR（肌苷）和 Hx（次黄嘌呤）,分解过程为 ATP→ADP→AMP→IMP（肌酐酸）→HxR（肌苷）→Hx（次黄嘌呤）。

$$K = 100(\%) \times (HxR + Hx)/(ATP + ADP + AMP + IMP + HxR + Hx)$$

三磷酸腺苷在鱼类僵直期内迅速分解持续减少,HxR（肌苷）和 Hx（次黄嘌呤）不断堆积;因此 K 值能较好地反映鱼体的新鲜度,K 值越低,鱼的新鲜度越高。刚杀死的鱼 K < 10%;新鲜的鱼 K < 20%;一般的鱼 K 在 30% 左右;当 K > 60% 时,鱼已经开始腐败并失去食用价值。

三、实验器材

1.仪器与设备

设备:高效液相色谱仪及配件、组织匀浆机、冷冻离心机、制冰机、电子天平等。

器材:切刀、烧杯、移液器、容量瓶、量筒等。

2.实验材料

原料:鱼肌肉组织。

试剂:超纯水、高氯酸、氢氧化钾、磷酸二氢钾和磷酸氢二钾等。

四、操作方法

1.鱼类新鲜度的感官判断方法和感官特征

准备新鲜的鱼和将要腐败变质的两种鱼混杂在一起。通过感官鉴别对鱼按新鲜度进行分级。对照表1－1－2逐一判断记录。

首先观察鱼类的眼睛和鳃,然后检查其全身和鳞片,然后用一块洁净的吸水纸浸吸鳞片上的黏液来观察和嗅闻,检查黏液的质量。必要时用竹签刺入鱼肉中,拔出后立即嗅其气味,或者切割小块鱼肉,煮沸后测定鱼汤的气味与滋味。

2.K值的测定(高效液相色谱法HPLC)

准备新鲜鱼和次新鲜鱼两种样品分别测定其K值。

(1)称取5 g绞碎的鱼肉于烧杯中,加入25 mL冷却高氯酸(0.6 mol/L),将烧杯置于冰水浴中用高速组织分散均质1 min。将均质后的样品用冷冻高速离心机3000 g在4℃离心10 min后取上清液10 mL,用1 mol/L KOH调节pH至6.5~6.8,在4℃静置30 min。将静置后的上清液再次用冷冻高速离心机3000 g在4℃离心10 min后,将上清滤液置于50 mL容量瓶定容,整个操作过程样品温度均控制在0~4℃。

(2)HPLC法测定样品ATP及其降解产物:将定容后的样品提取液过0.45 μm的水相滤膜,然后用HPLC仪进行测定,测定条件参考下文。通过比较样品及标准化合物色谱图峰值的保留时间和峰面积来进行定性和定量。

表1－1－2　鱼类新鲜度感官鉴定参考标准表

项目	新鲜鱼	次新鲜鱼	变质鱼
1.体表面	有光泽,表层黏液清洁透明,具有相应鱼类固有气味	光泽稍差,表层黏液浑浊,稍有气味或酸味	暗淡无光,黏液污秽稀少,有腐败臭味
2.鱼鳞	光亮、完整清洁,紧贴鱼体,不易脱落	色泽暗淡,不发松,但较容易脱落	混浊无光,鳞片易脱落,且不完整
3.眼	眼球饱满凸出,眼角膜光亮透明	眼球平坦或略下陷,眼角膜暗淡,稍微浑浊	眼球凹陷、周围发红,眼角膜混浊

项目	新鲜鱼	次新鲜鱼	变质鱼
4.口鳃	口鳃紧闭,鳃色泽鲜红,揭开鳃盖,可嗅到腥味	口鳃微启,鳃暗红或紫红,有黏液,有不愉快气味	口鳃张开,鳃呈灰褐色、有污秽黏液,有臭味
5.腹部	坚实,无胀气破裂迹象	发软、膨胀但不明显	松软、膨胀,有时破裂流出内脏
6.肛门	内缩凹陷,清洁,呈苍白色或淡玫瑰红色	膨胀,稍微突出,呈红色	肛门凸出,呈污红色
7.鱼体弹性	手平持鱼头,鱼体不弯曲,鱼体尾部稍下斜;鱼体有弹性,不易压出凹陷,或压出的凹陷能迅速恢复	手平持鱼头,鱼体稍弯曲,鱼体尾部明显下斜;鱼体紧密,压出的凹陷恢复较慢	手平持鱼头,鱼体向下弯曲,鱼体尾下垂,鱼体变软,压出的凹陷不恢复
8.肉质	坚实、有弹性、骨肉不分离切面有光泽,肌纤维清晰	肉质稍软,弹性较差,切面有光泽但较差,肌纤维不太清晰	软而松弛,弹性较差,骨肉易分离,切面无光泽肌纤维溶解
9.比重	沉在水中	鱼体浮在水中	腹部朝上浮起

（3）HPLC 检测参考条件:色谱柱:C18（250 mm × 4.6 mm，5 μm）;流动相:用 0.04 mol/L 磷酸二氢钾和 0.06 mol/L 磷酸氢二钾 1∶1 混合液作为流动相进行平衡和梯度洗脱;上样量:5 μL;流速:1 mL/min;柱温:37℃;检测器:紫外可见光检测器;检测波长:254 nm。

（4）ATP 及其降解产物标准品 HPLC 图谱测定:将 ATP、ADP、AMP、IMP、HxR、Hx 的单标样品以及它们的混合标样于上述色谱条件下进行测定,以浓度为横坐标,峰面积为纵坐标绘制标准曲线。

$$K = 100(\%) \times (HxR + Hx)/(ATP + ADP + AMP + IMP + HxR + Hx)$$

五、结果与分析

1.感官判断结果及分析

将实验结果填入表 1-1-3,并对结果进行分析讨论。

2.K 值测定结果

将不同样品的测定结果填入表 1-1-4,对结果的分析讨论。

表 1-1-3　鱼类新鲜度感官判断结果记录表

项目	新鲜鱼	次新鲜鱼	变质鱼
1.体表面			
2.鱼鳞			
3.眼			

续表

项目	新鲜鱼	次新鲜鱼	变质鱼
4.口鳃			
5.腹部			
6.肛门			
7.鱼体弹性			
8.肉质			
9.比重			
样品数量			

表 1 – 1 – 4　鱼类新鲜度指标 K 值测定结果记录表

样品	空白值	第 1 次测定	第 2 次测定	第 3 次测定	均值	新鲜度判断
样品 1						
样品 2						
样品 3						

六、思考题

（1）如何更准确或定量地感官判定鱼类的新鲜度？

（2）影响 K 值测定的因素有哪些？

实验三　温度波动对冷却肉组织的影响

冷却肉是指将屠宰后的畜胴体迅速进行冷却处理,使胴体温度在 24 h 内降至 0~4℃,并在后续的加工、流通和零售过程中始终保持在 0~4℃范围内的鲜肉。引起食品腐烂变质的主要原因是微生物作用和酶的催化作用,而作用的强弱都与温度密切相关。因此,温度控制对于冷却肉品质的维持起着至关重要的作用。

在实际冷却肉保鲜中,食品冷冻、贮藏点的转移和运输过程都会造成冷却肉贮藏温度的波动,而波动温度或储运温度不当会加速肉品质下降速率。肌肉的颜色和持水力是公认的冷却肉品质鉴定的重要参数。

一、实验目的

（1）了解不同贮藏温度对冷却肉组织的色差、持水力影响。

（2）掌握冷却肉质评定的方法和标准。

二、实验原理

1. 冷却肉色差测定

比色板上有 5 个眼肌横切面的肉色分值,级别从浅到深排列,用于肉色定量评估。1 分 = 灰白色(异常肉色),2 分 = 轻度灰白(倾向异常肉色),3 分 = 正常鲜红色,4 分 = 稍深红色(属于正常肉色),5 分 = 暗紫色(异常肉色)。用比色板对照样本即可给出肉色分值。

2. 冷却肉的持水力测定

持水力是指肌肉蛋白质保持其内含水分的能力。压力法是测量肌肉保持其内含水分的最普遍方法。首先用外力改变冷却肉的保水结构,然后对改变了的结构和水分的得失进行度量,测出肌肉中游离水的渗出量。其失水率愈高,持水力愈差。

三、实验器材

1. 仪器与设备

剥皮刀、切肉板、肉色评定标准图、精密分析天平、定性中速滤纸、塑料垫板、蒸锅、电炉、烘箱、冰箱、白瓷盘等。

2. 实验材料

新鲜冷却猪肉。

四、操作方法

将购回的新鲜冷却猪肉用已消过毒的刀具和案板去掉肉表层的筋膜和脂肪,然后切分成约 100 g 的肉块,随机分成 3 组,每组 6 块,冷却至 3℃左右,用保鲜袋封口包装。包装后立即将样品分别放在 0 ~ 3℃、4 ~ 6℃、7 ~ 9℃贮藏,每隔 2 d 测定其色泽、持水力,并进行感官评定。

(一)肉色测定

取新鲜冷却猪肉的新鲜切面,在室内正常光度下目测评分法评定,评分标准见表 1 - 1 - 5,应避免在阳光直射或阴暗处评定肉色。

表 1 - 1 - 5　肉色评分标准 *

肉色	灰白	微红色	正常鲜红色	微暗红色	暗红色
评分	1	2	3	4	5
结果	劣质肉	不正常肉	正常肉	正常肉	正常肉

注　 *为美国《肉色评分标准图》。因我国的猪肉较深,故评分 3 ~ 4 分者均为正常。

(二)持水力测定

肌肉保持其内含水分的能力,使用最普遍的方法是压力法度量肉样的失水率,失水率愈高,持水力愈低,保水性愈差。

(1)取样:截取新鲜冷却猪肉的新鲜切面 5 cm 肉样一段,平置于干净橡皮片上,再用面积约为 5 cm² 的圆形取样器切取中心部肉样一块,厚度为 1 cm。

(2)测定:切取的肉样立即用感量为 0.001 g 的天平称重后置于多层吸水性好的定性中速滤纸上,以水分不透出,全部吸净为度。肉样上下各加 18 层定性中速滤纸,滤纸上下各垫一块书写用的硬质塑料板,然后用 10 kg 铁块平压在塑料片上,加压保持 5 min 后取出肉样称重。

(3)计算:

$$失水率 = \frac{加压前肉样重 - 加压后肉样重}{加压前肉样重} \times 100\% \qquad (1-1-1)$$

需在同一部位另采肉样 50 g,按食品分析常规测定其含水量的百分率,然后按下列公式计算

$$持水力 = \frac{肌肉总水分重 - 肉样失水重}{肌肉总水分重} \times 100\% \qquad (1-1-2)$$

五、结果与分析

将实验结果填入表 1-1-6,并按式(1-1-1)计算结果,并对结果进行分析讨论。

表 1-1-6　温度对冷却肉组织影响

样品		肉色	持水力
0~3℃	1 d		
	3 d		
	5 d		
4~6℃	1 d		
	3 d		
	5 d		
7~9℃	1 d		
	3 d		
	5 d		

六、思考题

(1)温度变化为何会引起冷却肉组织发生变化?

(2)温度变化对冷却肉组织的哪些指标有影响?对其品质产生什么影响?

实验四　果蔬的气调保鲜包装

一、实验目的

（1）了解不同气体组成对水果保鲜效果的影响，以及检测水果贮藏特性的方法。

（2）进一步强化气调包装保鲜原理的掌握。

（3）掌握测定多酚氧化酶的方法。

二、实验原理

（一）气调包装原理

采用气调保鲜气体（2~4 种气体，按食品特性配比混合），对包装盒或包装袋的空气进行置换，改变盒（袋）内食品的外部环境，抑制细菌（微生物）的生长繁殖，减缓新鲜果蔬新陈代谢的速度，从而延长食品的保鲜期或货架期。

气调保鲜气体一般由二氧化碳（CO_2）、氮气（N_2）、氧气（O_2）及少量特种气体（NO_2、SO_2、Ar 等）组成。其中 CO_2 具有抑制大多数腐败细菌和霉菌生长繁殖的作用，是保鲜气体中主要的抑菌剂；O_2 可抑制大多数厌氧腐败细菌的生长繁殖、保持生鲜肉的色泽以及维持新鲜果蔬生鲜状态的呼吸代谢的作用；作为一种惰性气体，N_2 一般不与食品发生化学作用，也不被食品所吸收，在气调包装中用作填充气体，防止气体逸出而使包装塌落。

气调包装的作用有：延长货架期，减少销售环节中由于"过期"造成的损失；保存食品原有的风味、质感和外观形象；提高生产效率，延长生产周期。

（二）多酚氧化酶的测定原理

多酚氧化酶是一种含铜的氧化酶，在有氧的条件下，能使一元酚和二元酚氧化产生醌。用分光光度法在 525 nm 波长下测其吸光度，即可计算出多酚氧化酶的活力和比活性。反应式如下：

$$2 \text{ 邻苯二酚（儿茶酚）} + 1O_2 \xrightarrow{\text{多酚氧化酶}} 2 \text{ 邻醌} + 2H_2O$$

三、实验器材

1. 仪器与设备

气调包装机、分光光度计、离心机、恒温水浴、研钵或匀浆机、试管、移液管、纱布袋等。

2. 实验材料

八分熟的青芒果。

3. 试剂

聚乙烯吡咯烷酮（PVP）；0.01 mol/L pH = 6.5 磷酸缓冲液；0.1 mmol/L pH = 6.5 磷酸

缓冲液;0.05 mol/L pH = 5.5 磷酸缓冲液;30%饱和度硫酸铵;0.1 mol/L 儿茶酚;20%三氯乙酸。

四、操作方法

(一)气调包装

将青芒果分为 3 组,每组 3 个,分别称重后置于不同的包装中:A. 透气纸包装袋;B. 置于真空包装袋后抽真空;C. 调节气体组成(CO_2:O_2:N_2 = 6:5:89),将包装好的芒果置于 10℃,15 d 后打开包装,分别计算不同包装的芒果的失重率及多酚氧化酶活性。

(二)检测方法

1. 失重率

分别在贮藏前和贮藏后称量芒果的重量,并根据下列公式计算芒果在贮藏过程中的失重率。

$$失重率 = \frac{(芒果初重 - 贮藏后芒果重)}{芒果初重} \times 100\% \qquad (1-1-3)$$

2. 多酚氧化酶的测定

(1)粗酶液的制备:芒果去皮,打浆,混匀后称取芒果浆 5 g 于研钵中,加入 0.5 g 不溶性聚乙烯吡咯烷酮(事先用蒸馏水浸洗,然后过滤以除去杂质)和 100 mL 0.1 mol/L pH = 6.5 磷酸缓冲液,磨成匀浆,4 层纱布袋过滤,滤液加入 30% 饱和硫酸铵,离心除沉淀,上清液再加硫酸铵使饱和度达到 60%,离心收集沉淀。将所得沉淀溶于 2 ~ 3 mL 0.01 mol/L pH = 6.5 磷酸缓冲液中,即为粗制酶液。

(2)活性酶的测定:在试管中加入 3.9 mL 0.05 mol/L pH = 5.5 磷酸缓冲液,1.0 mL 0.1 mol/L 儿茶酚在 37℃恒温水浴中保温 10 min,然后加入 0.5 mL 酶液(可视酶活性增减用量),迅速摇匀,倒入比色杯内,于 525 nm 波长处以时间扫描方式,在 1 ~ 2 min 内测定吸光度变化(A)值。

(3)酶活性的计算:以每分钟内 A_{525} 值变化 0.01 为 1 个酶活力单位,按以下公式计算多酚氧化酶的活力和比活性。

$$酶活力(0.01A/\min) = \frac{A}{0.01 \times 反应时间} \times \frac{酶提取液总量(mL)}{测定时酶液用量(mL)}$$

$$(1-1-4)$$

$$酶的比活力[0.01A/(g \cdot \min)] = \frac{A}{0.01 \times W \times 反应时间} \times \frac{酶提取液总量(mL)}{测定时酶液用量(mL)}$$

$$(1-1-5)$$

式中:A ——反应时间内吸光度的变化值;

W —— 样品鲜重,g。

五、结果与分析

1.芒果在贮藏过程中的失重率

将实际测定的结果填入表1－1－7,并对结果进行分析讨论。

表1－1－7　芒果重量变化及失重率比较

样品	A. 普通纸包装		B. 真空包装		C. 气调包装	
1.芒果初重						
2.贮藏后芒果重量						
失重率						

2.芒果的酶活力及比活力

将实验结果填入表1－1－8,并按公式计算结果,并对结果进行分析讨论。

表1－1－8　不同包装对芒果多酚氧化酶的影响

样品		A_{525}	酶活力	比活力
A. 普通纸包装	贮藏前			
	贮藏后			
B. 真空包装	贮藏前			
	贮藏后			
C. 气调包装	贮藏前			
	贮藏后			

六、思考题

（1）仔细观察芒果的外观、色泽并考察其香气,确定不同包装对其感官品质的影响?

（2）谈谈气调包装在水果保鲜中的优缺点?

实验五　果蔬的冰点测定

一、实验目的

（1）掌握果蔬类食品冰点测定的一般原理和方法。

（2）了解冰点调节剂对果蔬类食品冰点的影响。

二、实验原理

果蔬进行冰温贮藏的第一步就是确定其冰温贮藏温度范围即要求准确测定出果蔬食

品的冰点。果蔬冰点测定的常用方法有冰盐水浴法和冻结法。冰盐水浴法一般是将果蔬打浆后进行测定,其测定速度较快,测值比较稳定;冻结法可以测定整体果蔬的冰点,但这种方法针对不同的果蔬种类。

采用冰盐水浴法测定果蔬冰点的原理是果蔬汁在低温条件下,温度随时间下降,当降至该果蔬汁的冰点时,由于液体冻结相变放热的物理效应,温度不随时间下降,过了该果蔬汁的冰点,温度又随时间下降。如图 1-1-2 所示,在低温下某试样浆体中心温度迅速下降,到达最低温度后出现了一个拐点,由于相变过程中放热,温度有所回升,然后在此温度附近左右持续一段时间后,温度又开始缓慢下降,此温度即为试样的冰点。

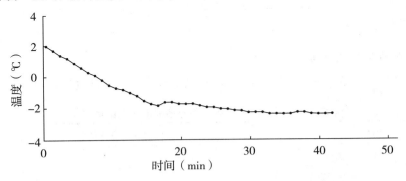

图 1-1-2 某试样降温曲线

测定时有过冷现象,即液体温度降至冰点时仍不结冰,可用搅拌待测样品的方法防止过冷妨碍冰点的测定。采用冻结法测定果蔬冰点的原理也和冰盐水浴法相同,只是由于果蔬组织未被破碎,果蔬各部分汁液浓度不均匀,且各部分到果蔬表面的距离不同,故而不同部位所测得的冰点可能不同,因此实施起来有一定的难度。

向果蔬中加入冰点调节剂(如盐、糖等),可以扩大冰温带的范围,其原理是所加入的盐、糖成分会改变果蔬汁液的溶质浓度,根据溶液的依数性,在较低浓度下,随着溶质浓度的增加会促使果蔬的冰点下降,超过原极限冰点,从而扩大果蔬的冰温带范围。常用冰点调节剂有氯化钙等盐类、果糖、山梨糖醇、乳糖、维生素 C 等。

三、实验仪器与设备

制冰机、全自动连续式温度记录仪、低温冰柜、冷库、组织捣碎机、分析天平等。

四、实验操作

1. 实验材料预处理

绿芦笋采收后立即进行分级,选取大小一致、笋尖无开散、无畸形、无病虫害、无机械损伤、长度约 250 mm、直径 10~15 mm 的绿芦笋。

2. 清洗

破碎制冰机所制的冰块,倒入适当的无菌水中,调成 10℃ 左右的冷净水,洗涤绿芦笋,去除泥沙和表面污物,沥干水分,按质量、大小进行搭配,平均分成 8 份,并标为①~⑧号,置于已经设定温度为 0℃ 的冷库中预冷 24 h 备用。

3. 空白对照

取①号样,沥干绿芦笋表面水分,直接进行冰点的测定。

4. 冰温调节剂的渗入

取②~⑧号样,分别浸入已配制好的质量分数为 0.5%、1.5%、3%、4.5%、6%、7.5%、9% 的 $CaCl_2$ 溶液当中 2 h 左右捞起,浸泡过程应置于 0℃ 冷库中进行。

5. 冰盐水浴法测定食品的冰点

分别取 150 g 的②~⑧号样,打浆后置于 50 mL 三角瓶中,加入量以浸没连续温度记录仪的探头为准;插入探头并固定,要求温度计不触底、不碰壁,并位于浆体的正中;然后将三角瓶置于 -18℃ 的冰柜中,从体系温度降至 1.0 ℃ 时开始记录温度变化,可设定每 2 min 记录 1 次温度数据,每个样品重复测定 3 次,取均值确定各样品的冰点温度。

6. 冻结法测定食品的冰点

取整根绿芦笋,把数字温度计探头插入绿芦笋中心并固定,并将其整体置于 -18 ℃ 冰柜中,记录温度变化及所用的时间。共测定 3 组样品,取均值确定绿芦笋的冰点温度。

五、实验记录与结果分析

根据连续式温度记录仪所记录的数据,制作温度随时间变化的曲线图,对冰点进行判断,并将判定出的冰点填入表 1-1-9 中,并绘制曲(折)线图。但对于采用冻结法记录的温度变化曲线可能出现冰点难以判定的情况。

表 1-1-9　不同试样的冰点测定结果

试样		①号样	②号样	③号样	④号样	⑤号样	⑥号样	⑦号样	⑧号样
$CaCl_2$ 浓度(%)		0	0.5	1.5	3.0	4.5	6.0	7.5	9.0
冰点 (℃)	冰盐水 浴法								
	冻结法								

六、思考题

(1)为什么不同浓度的 $CaCl_2$ 浸泡绿芦笋后对冰点调节的表现会有所不同?

(2)为什么采用冻结法测定果蔬冰点时会出现冰点难以判定的情况?

实验六　食品冻结曲线的测定

一、实验目的

（1）掌握食品冻结曲线的测定方法和热球式风速仪的使用方法。

（2）测定食品中心温度的冻结曲线，并确定食品的冻结点。

（3）根据食品表层及不同深度测点的降温情况，绘出多条冻结曲线。

二、实验原理

食品冻结温度曲线是食品在冷却、冻结过程中，食品温度与所经历时间的关系曲线。在食品冷却、冻结的不同温度阶段中，放出的热量是不均衡的。当食品刚被冷却时，食品的温度不断下降，但降到某一个温度时，食品中的水分开始冻结，并有冰结晶生成，这个温度即为食品的冻结点。当食品继续被冷却时，其冷量主要用来夺取食品中大部分水分冻结成冰时所放出的大量潜热，因此较长时间内食品温度下降极为缓慢，曲线几乎呈水平状。这段温度区间通常为 $-1 \sim -5$℃，称为冰晶体最大生成带或冰晶体最大生成范围。此后，食品温度又较快下降，直至冻结终温。另外，食品厚度对冻结时间有很大影响。在食品冷却、冻结过程中，食品温度始终以表面为最低，厚度越大，越接近中心，温度越高。因此，在描述食品不同深度部位的降温情况时，就有多条冻结曲线。若不考虑过冷状态，大多数食品的冻结曲线如图 1 - 1 - 3 所示。

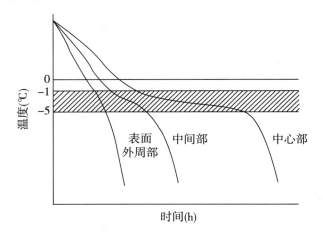

图 1 - 1 - 3　食品的冻结曲线

三、实验器材

1. 仪器与设备

台秤、直尺、搪瓷盘、低温冰箱或冷冻箱、多点数字式温度记录仪、铜—康铜热电偶、热球式风速仪。

2. 材料

新鲜的淡水鱼或海水鱼(每条约重 250 ~ 500 g)。

四、实验方法

(1)先将低温冰箱或冷冻箱的温度降至 -25℃ 以下,用热球式风速仪测定箱内空气流动速度。如果不是送风式低温冰箱或冷冻箱时,可接一电风扇进去,以缩短实验时间。

(2)将新鲜原料鱼置于清洁的搪瓷盘内,如果是活鱼要用橡皮锤击毙。用直尺测量鱼体的长度及厚度,并用台秤将原料鱼称重。

(3)将铜—康铜热电偶与多点数字式温度记录仪连接。根据多点数字式温度记录仪接线柱的序号,对铜—康铜热电偶进行编号。如果铜—康铜热电偶原来已有编号,需将两者的对应关系记录下来。

(4)将铜—康铜热电偶的测温端从鱼体背部分别斜插到鱼体中心、表层及两者之间的部位,并给予固定。然后将实验鱼放入低温冰箱或冷冻箱的适当位置进行冻结。另用一热电偶测点,测量冷冻箱内空气温度。

(5)开动多点数字式温度记录仪(使用方法见说明书)。每 7 ~ 10 min 记录一次温度,填入表 1 - 1 - 10 中,直至鱼体中心温度降至 -15℃ 时停止记录。关闭多点数字式温度记录仪,将实验鱼从低温冰箱或冷冻箱中取出。

(6)将所记录的温度,时间数据加以整理,在坐标纸上先绘出食品中心的冻结温度曲线,并确定该食品中心部位的冻结点。然后根据鱼体表层和中间部位测定的数据,绘出多条冻结温度曲线。

五、注意事项

(1)为了能测出鱼体中心、表层及两者之间不同深度部位的冻结温度曲线,实验原料鱼最好选用厚度大的。

(2)为了使热电偶测温端能较顺利地插入鱼体所要测温的各个部位,可预先准备好几个清洁的注射器针头,在鱼体上先用针头扎孔后再插入铜—康铜热电偶的测温端。

(3)将热电偶测温端从鱼体背部斜插到鱼体中心部位时,一定要掌握其深度。如果插得过深,热电偶测温端进入鱼体腹部,因厚度减小,会影响测定结果。

(4)当实验精度要求较高时,可对测量所用的仪器采用校验的方法加以修正。

六、结果与分析

（1）将实验数据记录在表 1－1－10 中，并加以整理，在坐标纸上先绘出食品中心的冻结温度曲线，并确定该食品的冻结点。然后根据鱼体表层和中间部位测定的数据，绘出多条曲线。

（2）对实验结果进行分析讨论。

表 1－1－10　食品冻结时冻结温度和冻结时间记录表

（空气流动速度＿＿＿＿＿m/s，鱼的种类＿＿＿＿＿,鱼的重量＿＿＿＿＿g,鱼的长度＿＿＿＿＿mm,鱼的厚度＿＿＿＿＿mm）

冻结时间（min）		冻结温度（℃）			
设定时间	测定时间	表层	内部1	内部2	几何中心
0					
1t					
2t					
3t					
4t					
5t					
6t					
7t					
8t					
9t					
10t					
11t					
12t					

注　①表中冻结时间列中的 t 参数，可以根据实际情况取 7～10 min 内某一定值。
　　②表中仅给出了两个内部温度点进行实验，若想多几个内部温度点进行实验，自己可延长列表。

七、思考题

（1）为什么要测定食品冻结温度曲线？

（2）为什么鼓风可缩短食品的冻结时间？

（3）食品冻结温度曲线平坦段的长短与哪些因素有关？

第二章　焙烤食品工艺基础实验

实验一　面粉中面筋含量的测定

一、实验目的

（1）使学生掌握面筋的测定原理和测定方法。

（2）了解不同种类、不同等级小麦粉的面筋在数量上的差异。

二、实验原理

小麦面粉样品用氯化钠溶液和面,在形成面团过程和面团静置过程中面筋性蛋白质吸水形成面筋并进一步扩展形成面筋网络结构。之后用氯化钠溶液洗涤面团,以分离出面团网络结构中的淀粉、糖、纤维素及可溶性蛋白等,最后从面团面筋中除去多余的洗涤液,称量排除多余水后胶状物质的质量,即可测得湿面筋的含量。

三、实验器材

（一）手洗法所用器材

1. 试剂

（1）氯化钠溶液:称取 200 g 氯化钠（A.R）溶于蒸馏水中,用蒸馏水稀释至 10 L。

（2）碘—碘化钾溶液:称取 2.54 g 碘化钾（A.R）,用蒸馏水溶解后,加入 1.27 g 碘（A. R）,完全溶解后加蒸馏水定容至 100 mL。

（3）蒸馏水:实验用水。

2. 仪器和用具

感量为 0.01 g 天平、搪瓷碗或 100 mL 烧杯、吸液管、脸盆或大玻璃缸、带筛绢的筛具（CQ20 号绢筛）、离心排水机（最好配有带孔径 500 μm 的对称筛板,转速 6000 r/min ± 5 r/min）、挤压板（面筋脱水用）、秒表、毛玻璃板、带下口的玻璃瓶 5 L（如图 1 - 2 - 1 所示）以及其他用具:玻璃棒、橡皮手套、牛角匙、金属镊子、烧杯。

（二）机洗法所用器材

1. 试剂

同手洗法。

2. 仪器和用具

（1）面筋仪（洗面筋机）:结构、安装和调试附于本实验后;

（2）离心排水机：带孔径 500 μm 的对称筛板,转速（6000 ± 5）r/min;

（3）其余同手洗法。

（三）实验材料

小麦面粉如特一粉、特二粉、标准粉、普通粉、面包专用粉、饼干专用粉、糕点专用粉、其他小麦面粉等。

四、操作方法

（一）手洗法

（1）**称样**:准确称取小麦粉样品 10 g,准确至 0.01 g,于搪瓷碗或 100 mL 烧杯中。

（2）**制备面团**:用吸液管滴加 4.6 ~ 5.2 mL 氯化钠溶液到搪瓷碗或 100 mL 烧杯中,用玻璃棒和成面团球。注意避免样品损失。再将面团球放到毛玻璃板上,用手将面团滚成 7 ~ 8 cm 长条,叠拢,再滚成长条,重复 5 次。和面时间不能超过 3 min。

（3）**洗涤**:整个洗涤操作应在 CQ20 筛上方进行,洗出液用脸盆或大玻璃缸接收,且实验人员应带乳胶手套。将面团放在手掌中心,从盛氯化钠溶液的容器（如图 1 - 2 - 1）中放出氯化钠溶液滴在面团上,以每分钟 50 mL 流量,洗涤面团 8 min,洗涤过程中不断用另一只手的手指压挤面团,反复压平,卷叠滚团,直至洗液无色。洗涤时注意要不时捡起绢筛上的碎面渣入面团中以防面团及碎面筋损失。最后再用自来水揉洗 2 min 以上（测定全麦粉面筋需适当延长时间）,直至面筋挤出液用碘液检验（取数滴于表面皿上）呈无色时说明面团中无淀粉存在,洗涤即可结束。

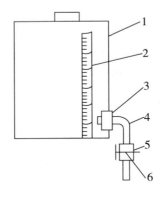

图 1 - 2 - 1 氯化钠洗涤液装置

1—磨口瓶 2—刻度纸（可用量筒量取定量水倒入瓶中,以 100 mL 或 50 mL 单位标上刻度）
3—橡皮塞 4—玻璃管 5—橡皮塞 6—螺旋夹

（4）**排水**:有两种方式,一是手工排水。将面筋球用一只手的几个手指捏住并挤压 3 次,以除去其大部分水分。也可用挤压板排水,将洗出面筋置挤压板上,压上另一挤压板压挤面筋（约 5 s）,每压一次后取下面筋,将挤压板擦干,再压挤,再擦干,重复压挤直至面筋有粘手感和粘板感觉（约压挤 15 次）。二是用离心机排水。将洗出的面筋球分成两半,分别置于离心排水机的两个筛片上,离心脱去多余游离水。

(5)称重:用镊子取出离心排水机或挤压板上的湿面筋,称量湿面筋质量(m),精确至0.01 g。

(6)测定样品中水分百分含量:可用恒重法测得。

(7)结果计算:

以每百克含水量为14%的小麦粉面筋含量表示。计算公式如下:

$$湿面筋含量 = \frac{m}{10} \times \frac{86}{100 - m_1} \times 100\% \qquad (1-2-1)$$

式中:m——湿面筋质量;

　　　m_1——每百克小麦粉含水量,g;可用恒重法测得;

　　　86——换算成14%基准水分试样的系数;

　　　10——试样质量,g。

双实验结果允许差≤1.0%,求其平均数,即为测定结果,测定结果取小数点后一位。

(二)机洗法

(1)在启动洗面筋机之前,放水滴在混合头的有机玻璃体中间的孔内,以便水能够润滑轴。

(2)在面筋洗涤室和底筛之间小心地垫上筛网,将面筋洗涤室放入具有有机玻璃体和室内有管子的工作装置上。用装有销钉的连接扣子扣紧,在洗涤室下面放一只空的500 mL塑料杯。

(3)接通电源。

(4)按下 ON/OFF 控钮,检查蓝色控制灯和绿色启动灯是否亮。

(5)按绿色启动灯,检查马达是否启动,马达启动则红灯亮,如果马达未启动,立即关闭洗面筋机启动开关至 OFF,用手转动轴,并再次实验。

(6)用少量氯化钠溶液润湿筛网,使它获得毛细管状水膜桥,以防面粉损失。

(7)称样和洗涤:称取(10±0.01) g 小麦粉样品转移到洗涤室内,慢慢地抖动洗涤室,使粉样均匀地散开,将吸量管指针转移至所需位置,然后注入所需体积的氯化钠溶液(4.6~5.2 mL)于洗涤室内。将洗涤室销钉装在工作位置上,放几滴水于润滑轴与有机玻璃体之间,将500 mL塑料杯放在工作位置下方。按下绿色启动按钮,两红灯亮,混合和洗涤自动进行,混合完成后顶端红灯灭,同时洗涤开始,仪器自动按50~54 mL/min 的流量用氯化钠溶液洗涤5 min,洗涤结束,洗面筋机停止工作,绿灯亮(需用溶液250~280 mL)。取下洗涤室,从中取出面筋,防止有面筋剩留在钩子和有机玻璃体等地方。

机洗面筋需再用手工自来水洗涤2 min 以上,洗涤后用碘液检查湿面筋的挤出水,呈无色时说明面团中无淀粉存在,洗涤即可结束。

测定全麦粉湿面筋或面筋较差的小麦粉时,称样(10±0.01) g 于搪瓷碗中,加入约4.5 mL氯化钠溶液,用手洗法制备面团,然后将面团球放入面筋洗涤室,启动仪器进行洗涤。

(8)排水:将面筋球分成两块,分别穿刺在离心机的两个筛片上的尖销钉上,盖上离心机盖,按绿色启动按钮,离心机启动,转速 6000 r/min,1 min 后自停。

当离心机工作时,黄色信号灯亮。"嘟、嘟"声表示操作程序已经完成。把面筋从离心机中取出来,保证没有面筋留在离心机中。

(9)称重:用镊子取出离心排水机中的湿面筋,称量湿面筋的质量(m),精确至 0.01 g。

(10)结果计算同手洗法。

五、结果与分析

实验结果填入下表,按式(1-2-1)计算并对结果进行分析讨论。

表 1-2-1　面粉中湿面筋含量测定结果

实验号(面粉种类)	每百克面粉含水量 m_1(g)	湿面筋质量 m(g)	湿面筋含量(g/100 g 面粉)

六、思考题

(1)在焙烤食品生产中,为什么使用小麦面粉可以生产出品种繁多、形态各异的食品,而其他谷物面粉则不能?

(2)用国标法测定面筋时是用 2% 的氯化钠水溶液和面和洗面筋的,这与用自来水和面和洗面筋在测定原理和测定结果等方面是否有所差异?

(3)用旧国标法测定面筋(GB/T 14608—1993)时是用 2% 的氯化钠缓冲溶液和面和洗面筋的,而新国标法测定面筋(GB/T 5506.1—2008 手洗法测定湿面筋和 GB/T 5506.2—2008 仪器法测定湿面筋)时是用 2% 氯化钠溶液和面和洗面筋的,为什么要这样做?在测定结果等方面是否有所差异?

实验二　小麦粉吸水量和面团流变学特性试验

一、实验目的

(1)熟悉布拉班德粉质测定仪的使用方法。

(2)掌握面粉粉质测定与分析的原理与方法。

二、实验原理

小麦面粉在粉质仪中加水后,利用同步电机使揉混器的叶片旋转,进行揉和,随着面团的形成及衰变,其稠度不断变化,用测力计测量面团揉和时相应于稠度的阻力变化,并自动在记录纸上绘出一条特性曲线,即粉质图(farinogram),由加水量及记录的揉和性能的粉质曲线计算小麦粉的吸水量,评价揉和面团形成时间、稳定时间、弱化度等特性,用以评价面团强度。

三、实验器材

1. 仪器

布拉班德粉质测定仪、电热干燥箱、电子天平、软塑料刮片。

2. 材料

市售小麦面粉(最好高筋粉、中筋粉、低筋粉三类面粉各一种,分别测定,便于比较)。

四、粉质测定步骤

1. 测试准备及仪器调节

(1)基本准备工作:检查仪器水平;确保恒温器内的水经胶管和揉混器外套畅通循环;保证记录纸能准确地水平运转;供测试的面粉温度要与室温一致,必要时将面粉温度调到(25±5)℃,因此,冬天从室外拿进的样品,应盛在开口容器内放一段时间,使样品达到室温时再进行测试;更换揉混器时,要对仪器的灵敏度、表头指针零位及曲线宽度进行必要的调整。

(2)仪器灵敏度的调整:粉质测定仪上有两种灵敏度可供选择,朝向仪器后方的刀口灵敏度最低,供采用大号揉混器使用;朝向前方的刀口最灵敏,只适用于小号揉混器。调灵敏度时,根据揉混器的大小,分别将上、下杠杆臂连接在后部或前部刀口上。

(3)曲线波带宽度的调整:只有当油阻尼器在工作温度下至少维持1小时,以及阻尼活塞已经上下移动数次之后才能再调整阻尼装置。调整时,升高测力计的杠杆臂使表头指针达1000 FU,放松杠杆臂,观察表头指针从1000 FU退到100 FU所需的时间,用秒表计时,应控制在(1.0±0.2)s之间,此时的阻力可获得合适的粉质曲线波带宽度。若顺时针方向调节连杆上的滚花螺帽,则阻力增大,曲线波带宽度变窄;反时钟方向调节连杆上的滚花螺帽,阻力减小,曲线带宽度变宽。一般应将曲线顶峰处的波带宽度调至60~90 FU为宜。

2. 粉质测定

(1)在启动仪器之前,预先打开恒温水浴和循环水泵开关,将揉混器升温到(30±0.2)℃。实验中要经常检查温度(有测温孔)。

(2)测定小麦粉水分,根据所测小麦粉水分含量,查表1-2-2"小麦粉称样校正表",称取相当于50 g或300 g含水量为14%的小麦粉试样,准确至0.1 g。

(3)用加压装水装置,使滴定管装满恒温(30±0.5)℃蒸馏水,确保滴定管尖端有水充满,并使滴定管自动调零。

(4)将样品倒入选定的揉混器中(用50 g揉混器居多),盖上盖(除短时间加蒸馏水和刮黏附在内壁的碎面块外,实验中不要打开有机玻璃盖子,防止水分蒸发)。

(5)将记录笔尖放在记录纸上的9 min线位,启动揉混器,放下记录笔,揉和1 min(控制开关位于"2"处),打开覆盖,立即从滴定管自揉混器右前角加水[加水量按能获得峰值中线位于(500±20)FU的粉质曲线而定],蒸馏水必须在25 s内加完,盖上覆盖,用塑料刮刀从右边开始依逆时针方向刮下钵内壁各边上黏附的碎片块(不停机)。面团揉和至形成峰值后,观察峰值是否在480～520 FU。否则,即停止揉和,清洗揉混器后重新测定。峰值过高,可增加加水量,峰值过低则减少加水量。应用50 g揉混器,每改变峰值20 FU约相当于0.4 mL水;应用300 g揉混器,每改变峰值20 FU约相当2.1 mL水。

(6)如形成的峰值在480～520 FU,则继续揉和面团。一般小麦粉的曲线峰值在稳定一段时间后逐渐下降,在开始明显下降后,继续揉和12 min,实验结束。记录仪绘出粉质曲线(揉和全过程)。

(7)清洗揉混器:取下揉混器外套件,放入温水中浸泡,用湿纱布(或用细软毛刷)擦洗和面刀,并用软塑料刮片,刮出粘在和面刀缝隙里的面团,重复数次。然后,将控制开关旋到"1",双手同时按下两只安全开关,使和面刀转动,以露出缝隙里的面团,不断清洗,擦洗和面刀,直到和面刀转动时,记录器的指针指向"0"。同样用湿纱布(或细软毛刷、软刮片)擦洗取下的揉混器外套件,清洗粘在钵上的全部碎面团,再用干纱布擦干,装上揉混器外套件(切勿用酸、碱、金属件刮洗)。彻底清洗和擦干揉混器,是得到正确测定结果的保证。

表1-2-2 小麦粉称样校正表(相当于300 g或50 g含水量14%的基准小麦粉质量)

水分(%)	应称取小麦质量(g)		水分(%)	应称取小麦粉质量(g)		水分(%)	应称取小麦粉质量(g)	
	300g 钵	50g 钵		300g 钵	50g 钵		300g 钵	50g 钵
9.0	283.5	47.3	12.1	293.5	48.9	15.2	304.2	50.7
9.1	283.8	47.3	12.2	293.8	49.0	15.3	304.6	50.8
9.2	284.1	47.4	12.3	294.2	49.0	15.4	305.0	50.8
9.3	284.5	47.4	12.4	294.5	49.1	15.5	305.5	50.9
9.4	284.8	47.5	12.5	294.9	49.1	15.6	305.7	50.9
9.5	285.1	47.5	12.6	295.2	49.2	15.7	306.0	51.0
9.6	285.4	47.6	12.7	295.5	49.3	15.8	306.4	51.1
9.7	285.7	47.6	12.8	295.9	49.3	15.9	306.8	51.1
9.8	286.0	47.7	12.9	296.2	49.4	16.0	307.1	51.2
9.9	286.3	47.7	13.0	296.6	49.4	16.1	307.5	51.3
10.0	286.7	47.8	13.1	296.9	49.5	16.2	307.9	51.3
10.1	287.0	47.8	13.2	297.2	49.6	16.3	308.2	51.4
10.2	287.3	47.9	13.3	297.6	49.6	16.4	308.6	51.4
10.3	287.6	47.9	13.4	297.9	49.7	16.5	309.0	51.5
10.4	287.9	48.0	13.5	298.3	49.7	16.6	309.4	51.6
10.5	288.3	48.0	13.6	298.6	49.8	16.7	309.7	51.6
10.6	288.6	48.1	13.7	299.0	49.8	16.8	310.1	51.7
10.7	288.9	48.2	13.8	299.3	49.9	16.9	310.5	51.7
10.8	289.2	48.2	13.9	299.9	49.9	17.0	310.8	51.8
10.9	289.6	48.3	14.0	300.0	50.0	17.1	311.2	51.9
11.0	289.9	48.3	14.1	300.3	50.1	17.2	311.6	51.9
11.1	290.2	48.4	14.2	300.7	50.1	17.3	312.0	52.0
11.2	290.5	48.5	14.3	301.1	50.2	17.4	312.3	52.1
11.3	290.9	48.5	14.4	301.4	50.3	17.5	312.7	52.1
11.4	201.2	48.6	14.5	301.8	50.4	17.6	313.1	52.2
11.5	291.5	48.6	14.6	302.1	50.4	17.7	313.5	52.2
11.6	291.9	48.7	14.7	302.5	50.5	17.8	313.9	52.3
11.7	292.2	48.7	14.8	303.2	50.5	17.9	314.3	52.4
11.8	292.5	48.8	14.9	303.2	50.5	18.0	314.6	52.4
11.9	292.8	48.8	15.0	303.5	50.6			
12.0	293.2	48.9	15.1	303.9	50.6			

（8）取下记录纸,得到粉质曲线。

五、粉质曲线分析

粉质曲线如图 1 - 2 - 2 所示。

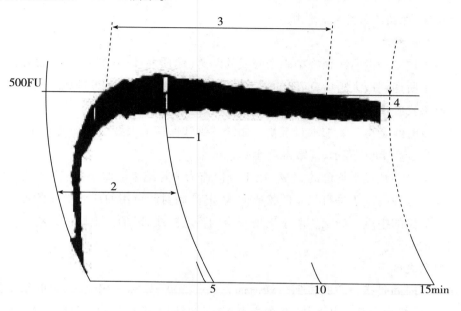

图 1 - 2 - 2 粉质曲线

1—面团最大稠度 2—面团形成时间 3—面团稳定时间 4—面团弱化度

1. 吸水量

吸水量是指以 14% 水分为基准,每百克小麦粉在粉质仪中揉和成最大稠度为 500 FU 的面团时所需的水量,以 mL/100 g 表示。

如测定的最大稠度峰值中线不是准确处于 500 FU 线上,而在 480 ~ 520 FU,则需对实验过程加水量进行校正。

加水量校正公式为:

$$采用 300\ g\ 揉混器:V_C = V + 0.96(C - 500) \qquad (1 - 2 - 2)$$

$$采用 50\ g\ 揉混器:V_C = V + 0.016(C - 500) \qquad (1 - 2 - 3)$$

式中:V_C——校正后的加水量,mL;

V——实际加水量,mL;

C——测定获得最大稠度峰的中线值（FU）（如出现双峰则取较高的峰值）。

取水量计算公式为:

$$采用 300\ g\ 揉混器:吸水量 = \frac{V_C + m - 300}{3}(mL/100\ g) \qquad (1 - 2 - 4)$$

$$采用 50\ g\ 揉混器:吸水量 = (V_C + m - 50) \times 2(mL/100\ g) \qquad (1 - 2 - 5)$$

式中:V_c——试样形成最大稠度为 500 FU 的面团时加入的水量或校正后的加水

量,mL;

m——试样量,即根据试样实际含水量查表 1 - 2 - 2 的实际称样量,g。

双实验测定结果差不超过 2.5 mL(300 g 揉混器)或 0.5 mL(50 g 揉混器),取平均值作为测定结果,保留小数点后一位数。

2. 面团最大稠度

面团最大稠度是指曲线顶峰中心到底线的距离(粉质曲线中的"1"),代表和面刀在面团形成过程中所遇到最大阻力,面团的最大稠度一般应调至(500 ± 20)FU。

3. 面团形成时间

面团形成时间是指开始加水直至粉质曲线达到和保持最大稠度所需的时间(粉质曲线中的"2"),单位用"min"表示,读数准确至 0.5 min。

双实验差值不超过平均值的 25%,以平均值作为测定结果。取小数点后一位数。

对于在几分钟内处于平直状态的粉质曲线,其峰高时间可用曲线底部弧的最低点和曲线上部平直部位的中点来确定。对于出现双峰的粉质曲线,以第二个峰值即将下降的时间作为面团形成时间。

4. 面团稳定时间

面团稳定时间是指粉质曲线到达峰值前首次与 500 FU 标线相交,以后曲线下降第二次与 500 FU 标线相交并离开此线,两个交点相应的时间差值称为稳定时间(粉质曲线中的"3"),单位用"min"表示,读数准确至 0.5 min。

双实验差值不超过平均值的 25%,以平均值作为测定结果。取小数点后一位数。

5. 面团弱化度

面团弱化度是指粉质曲线到达最大稠度后开始衰变至 12 min 时,曲线的下降程度(粉质曲线中的"4"),用距曲线中心线的距离表示,单位用"FU"表示,读数准确至 5 FU。

双实验差值不超过平均值的 20%,以平均值作为测定结果。取小数点后一位数。

6. 评价值

评价值是由面团形成时间和耐搅拌性来评价小麦粉样品品质的单一数值。评分范围为 0 ~ 100,评价值为 0 时,说明其质量最差,评价值为 100 时,说明质量最好。一般来说,品质良好的小麦粉,其评价值在 50 以上。这样就使对小麦粉的品质的评价简单化。评价值还能用于两种或两种以上小麦的搭配制粉,迅速确定不同品质小麦的搭配比例,保证小麦粉产品达到所要求的评价值。

评价值测定步骤:将测得的粉质曲线置于附属的特殊测定板的黄色透明板的下面,首先将粉质曲线上的 500 FU 标线(如曲线偏移时,此标线为通过面团形成时间的曲线中心,且平行于 500 FU 直线)与黄色透明板的顶部边缘重合,然后调整粉质曲线开始端(开始加水时的曲线起始点)与黄色透明板的左边边缘重合,加盖滑板,滑板的左端对准面团形成时间,滑板的右端(距面团形成时间 12 min)与粉质曲线波带中心线相交,沿这一点的刻度板上的曲线向下移行,读出数值,即为评价值,最小单位为1。

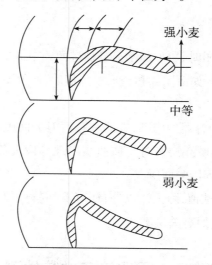

图 1 - 2 - 3　各种类型的粉质曲线

7. 评价

根据粉质曲线可以将小麦粉划分为几种类型,如图 1 - 2 - 3 所示。

弱力粉的粉质曲线:面团达到最大稠度的时间短暂,短的稳定时间与急速从 500 FU 线衰退,评价值小。

中力粉的粉质曲线:面团达到最大稠度所需时间较长,稳定的时间也较长。

强力粉的粉质曲线:面团达到最大稠度的时间长,有较长的稳定时间和较小的弱化度,评价值大。

非常强力粉的粉质曲线:在正常的粉质仪和面刀的转速为 60 r/min 时,稳定时间达 20 min 以上,难以表示小麦粉质量的有关数据,此时应将转速改为 90 r/min 重新测定。

六、结果与分析

将实验结果填入表 1 - 2 - 3 和表 1 - 2 - 4 中,根据粉质曲线和实验结果对面粉的品质进行综合判断,并讨论。

表 1 - 2 - 3　面粉的吸水量

揉混器类型	试样面粉水分(%)	试样面粉实际重量(m/g)	实际加水量 V(mL)	测定获得最大稠度峰的中线值 C(FU)	校正后水量 V_C(mL)	面粉吸水量(mL/100 g)

表 1 - 2 - 4　粉质测定的其他结果

面团成形时间(min)	面团稳定性(min)	面团衰减度(FU)	面团评价值	粉质评价

七、注意事项

（1）在揉混器中揉制面团时，所加的水充分揉进面团中需要一定时间，所以开始应一次将水加够，以后不能再加水。如面团揉和至形成峰值后，峰值不在 480～520 FU，需停机，重新测定。

（2）揉混器长期使用后，容器的内壁，容器和和面刀的间隙将发生变化，叶片的斜度也将减少，这将使粉质曲线受到影响，有时粉质曲线出现分段现象，这是因为容器出现缺陷，揉制面团时，面团易黏附在容器侧面所致。

（3）由粉质曲线读其特性值，除上述以外，还有下列特性值，如：面团弹性、面团公差指数、断裂时间等，需要时可参照有关文献。

实验三　面团流变学特性测定

一、实验目的

（1）熟悉布拉班德粉质拉伸仪的使用方法。

（2）掌握面团拉伸测定与分析的原理与方法。

二、实验原理

小麦粉在粉质仪揉混器中加盐水揉制成面团后，在拉伸仪中揉球、搓条、恒温醒面，然后将装有面团的夹具置于测量系统托架上，牵拉杆带动拉面钩以恒定速度向下移动，用拉面钩拉伸面团，面团受拉力作用产生形变直至拉断，记录器自动将面团因受力产生的抗拉伸力和拉伸变化情况记录下来，得到拉伸曲线。曲线可用于评价面团的黏弹性——抗拉伸阻力和延伸度等性能。

拉伸仪可广泛用于小麦品质、面团改进剂的研究，并通过不同醒发时间的拉伸曲线所表示的面团拉伸性能，指导面包生产，选定合适的醒发时间。

三、实验器材

1. 仪器

布拉班德粉质测定仪（带 300 g 揉混器）、布拉班德拉伸测定仪、电热干燥箱、感量0.1 g 天平、软塑料刮片、250 mL 锥形瓶、闹钟 3 个。

2. 试剂

氯化钠（A. R）、蒸馏水或纯度与之相当的水。

3.材料

市售小麦面粉(最好高筋粉、中筋粉、低筋粉类面粉各一种,分别测定,便于比较)。

四、操作方法

1.打开仪器

打开粉质仪(采用300 g揉混器)、拉伸仪的恒温水浴及循环水开关,使粉质仪揉混器和拉伸仪醒面箱等升温至(30 ± 0.2)℃,操作时经常检查温度。

2.面团的制备

(1)测定小麦粉水分,根据测定的小麦粉水分,查表1 – 2 – 2"小麦粉称样校正表"(在本章实验二中),称取质量相当于300 g含水量为14%的样品(准确至0.1 g),将样品倒入粉质仪300 g揉混器中,盖上盖,除短时间加蒸馏水和刮黏附在内壁的碎面块外,实验过程中不要打开有机玻璃覆盖。

(2)称取(6 ± 0.1) g氯化钠,倒入锥形瓶中,并根据粉质仪测定的小麦粉吸水量,估算加水量(加水量比吸水量约少2%,以抵偿氯化钠的影响。若是软麦粉,则需减少加水量),然后从滴定管注入估算的水量(大约135 mL)溶解氯化钠。加入的总水量必须使揉和5 min后能获得(500 ± 20) FU的稠度峰值,否则,需改变加水量,重新制备面团。

(3)启动粉质仪揉面器,放下记录笔,揉和1 min后打开覆盖,立即用漏斗将锥形瓶中的氯化钠溶液自揉混器盖中心孔加入小麦粉中,再从滴定管自钵盖右前角补加少许蒸馏水,盖上覆盖(氯化钠溶液和蒸馏水必须在25 s内加完)。用刮片将粘在揉混器内壁的碎面块刮入面团(不停机)。揉和(5 ± 0.1) min,这时面团最大稠度值必须在480 ~ 520 FU,关停揉面器,此面团即可用作拉伸实验,否则需重新制备面团。

3.面团分割和成型

(1)将揉和好的面团小心从揉混器中取出(不要揉捏),用剪刀将面团分为两块,每块重(150 ± 0.5) g。

(2)将称好的一块面团放在揉球装置底盘上的固定顶针上,放在正方形容器中,盖上覆盖,开动电机,底盘旋转20圈后,电机自动关闭,此时面团揉成球形。取下覆盖,将容器倾斜,小心从顶针上取出球面团(若面团黏手,可在表面加入少许米粉或淀粉)。

(3)将上述球形面团放入搓条器,开动电机,球形面团随轧辊滚动一圈出来即成为均匀的圆筒形。

(4)打开醒面箱,取出一套面团装具,迅速将搓好条的面团夹持在夹具中(面团装具在醒面箱内恒温15 min后才能装置面团,夹具需涂少许矿物油)。另一份面团同样揉成球,搓成条,夹进夹具,两份夹具连同托盘一起推入醒面箱,随手关好箱门,开始计时,醒面45 min(将3个计时闹钟中的1个闹钟的指针拨至45 min位置,醒面45 min后,闹钟便发出响声)。

4.面团拉伸实验

(1)醒面45 min后,取出第一块面团夹具和托盘,将面团夹具放在拉伸仪测量系统托架上,使面团夹具上的开口面向拉钩方向,面团夹具底座上2只定位针插入托架上的孔内,这样可使面团夹具在每次试验时能始终保持在同一位置。

(2)放下记录笔,调整到零位。启动测量系统,牵拉杆及拉面钩向下移动,拉面钩拉伸面团直至断开,记录器自动在记录纸上记录下一条曲线。

(3)面团被拉断后,牵拉杆继续向下移动直到下部终点,自动返回原位,收集拉断面团,继续下面实验。

(4)拉断后的面团,再揉球、搓条,醒面45 min,再进行第二次拉伸实验。然后再按同样步骤进行第三次拉伸实验。这样就得到同一块面团经历了醒面45 min、90 min及135 min三个阶段的拉伸实验,并得到三条拉伸曲线。第二块(150±0.5)g面团用于做双实验,操作同上。

五、拉伸曲线分析

典型的拉伸曲线如图1-2-4所示。从拉伸曲线可测得粉力、面团的延伸性,面团抗延伸性阻力及拉力比数等指标。

1.面粉吸水量

参见本章实验二面团流变学特性试验(粉质仪法)相关部分,此处省略。

2.面团拉伸阻力

(1)面团最大拉伸阻力:拉伸曲线最大高度R_m为面团最大拉伸阻力,以FU为单位,读数准确到5 FU。面团在不同醒面时间最大拉伸阻力分别为$R_{m,45}$、$R_{m,90}$、$R_{m,135}$。

两个面团实验差值不超过平均值的15%,以平均值作为测定结果。

(2)恒定变形拉伸阻力(50 mm处面团拉伸阻力):从开始拉伸至记录纸行进到50 mm处拉伸曲线高度R_{50}为50 mm处面团拉伸阻力,单位为FU,读数准确到5 FU。不同醒面时间50 mm处面团拉伸阻力分别为$R_{50,45}$、$R_{50,90}$、$R_{50,135}$。

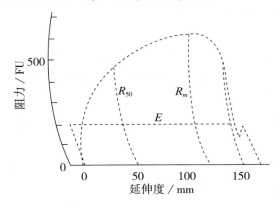

图1-2-4 面团拉伸曲线

E—延伸度 R_{50}—50 mm处面团拉伸阻力 R_m—面团最大拉伸阻力

两个面团实验差值不超过平均值的 15%，以平均值作为测定结果。

3. 面团延伸性

从拉面钩接触面团开始至面团被拉断，拉伸曲线横坐标的距离称为面团延伸度 E，单位 mm，准确至 1 mm。不同醒面时间的面团延伸度分别为 $E_{45'}$、$E_{90'}$、$E_{135'}$。

两个面团实验差值不超过平均值的 9%，以平均值作为测定结果。

4. 拉伸曲线面积（也称粉力或能量）

用求积仪测量面团拉伸曲线以内的面积 A，单位 cm^2，读数准确至 1 cm^2。不同醒面时间拉伸曲线面积分别为 $A_{45'}$、$A_{90'}$、$A_{135'}$。

5. 拉力比数（值）

即面团最大拉伸阻力与面团延伸度的比值，按下列公式计算：

$$拉力比数 = \frac{面团最大拉伸阻力}{延伸度} = \frac{R_m}{E} \qquad (1-2-6)$$

6. 曲线分析

四个参数中最重要的是拉伸曲线面积和拉力比数。一种小麦粉若拉伸曲线面积越大，其面团弹性越强。拉力比数的大小又与拉伸曲线面积密切相关，拉力比数越小的面团，越易拉长，反之，则拉的越短。一般拉伸曲线面积大而拉力比数适中的小麦粉，食用品质较好，拉伸曲线面积小而拉力比数大的小麦粉食用品质较差。拉力比数过大，表明面团过于坚实，延伸性小，脆性大；比数过小，表明延伸性大而拉力小，面团性质弱且易于流变。

通过醒面 45 min、90 min 和 135 min 所测试的曲线图，指示出面团在不同阶段的拉伸特性，以便我们在实际生产中选定合适的醒发时间，以达到最佳拉伸特性。经数次拉伸实验，曲线上显示的面团拉伸阻力没有增大，或增长甚微，表明该小麦粉醒发迟缓，需加快进程，面团拉伸阻力大幅度增长的小麦粉，在发酵、揉团、装听及最后醒发时，均能表现出良好性能。

六、曲线参数与面粉品质的关系

（1）拉伸阻力表示面团强度和筋力，阻力越高，表示面团筋力越强。

（2）拉伸长度表示面团延伸性和可塑性，拉伸长度长的面团拉长时不易断裂。并与面团发酵过程中气泡的长大，烘焙中面包体积增大有关。

（3）粉力表示面团拉伸所需能量，粉力大表示筋力强。有两种情况可得到一样的能量。如阻力大，长度短的韧性强筋力面团，另一个阻力小，长度长的易揉的弱筋力面团。为区分这两种情况，引出拉伸比值来判断其品质。一般粉力大拉伸比值适中的面粉食用品质较好。

七、结果与分析

将实验结果填入表 1 - 2 - 5 中。

表 1 - 2 - 5   面团拉伸实验结果

拉伸时间		面团拉伸阻力(FU)		面团延伸度 E(mm)	拉伸比值(数)	曲线面积 A(粉力)(cm^2)	曲线分析(面粉类型)
		最大拉伸阻力 R_m	50 mm处				
45 min	第一块面团						
	第二块面团						
	平均						
90 min	第一块面团						
	第二块面团						
	平均						
136 min	第一块面团						
	第二块面团						
	平均						

根据拉伸曲线,对面团的品质进行综合判断,将结果填在上表最后一列,并对相关问题进行讨论。

第三章 软饮料工艺基础实验

实验一 软饮料用水的处理

一、实验目的

(1)掌握超滤、反渗透的操作特点及工作原理。

(2)了解膜分离技术在软饮料用水中的应用。

二、主要实验器材

1.实验仪器和设备

纯水生产线(含机械过滤、活性炭过滤、精密过滤、反渗透)、浊度计、酸度计、电导率仪、微生物培养箱、生物显微镜、托盘天平、分析天平、超净工作台、不锈钢电热鼓风干燥箱、灭菌锅。

2.实验材料

自来水。

三、工艺流程

$$\boxed{原水} \rightarrow \boxed{机械过滤} \rightarrow \boxed{活性炭过滤} \rightarrow \boxed{精密过滤} \rightarrow \boxed{超滤} \rightarrow \boxed{反渗透}$$

(备注:从节省成本的角度,如果水源较好,可以考虑不采用超滤程序)

四、实验要求

(1)要求学生首先查阅自来水、纯净水国家标准等资料,复习纯净水生产工艺相关内容。

(2)实验前期阶段由指导教师安排实验任务,讲解实验卫生和安全注意事项、实验原理、工艺操作要点,示范实验设备操作并教会学生正确操作。

(3)实验时可按5~8人为一实验小组进行。各实验小组在教师指导下自行完成实验任务。指导教师对关键工序进行必要的指导,并及时纠正学生可能出现的错误操作。

(4)本实验纯净水产品执行国家标准 GB/T 17324—2003《瓶(桶)装饮用纯净水卫生标准》,产品规格、配方尽量按标准要求执行。

(5)熟练掌握电导率、pH 值、色度、浊度、菌落总数、大肠菌群等指标检测方法。

五、操作步骤与要求

1. 机械过滤、活性炭过滤

先启动原水泵,再分别逐次打开机械过滤器、活性炭过滤器的阀门。为了确保实验的准确性,机械过滤器和活性炭过滤器都必须清洗 15 min,以防止原有罐体中因长时间未开启而导致微生物等指标超标。清洗后,待正式生产 30 min 后,在活性炭过滤后出水口取样,采用无菌取样器取样,取样 3 次。

2. 精密过滤、超滤

先对精密过滤器和超滤过滤器清洗 30 min。清洗后,待正式生产 30 min 后,分别在精密过滤器和超滤器出水口进行取样,采用无菌取样器取样,取样 3 次。

3. 反渗透

与步骤 2 类似,先对反渗透膜进行"低压"清洗 60 min。清洗后,待正式生产 30 min 后,对反渗透进行取样,采用无菌取样器取样,取样 3 次。

六、实验记录、结果计算与品评讨论

安装 GB 17324—2003《瓶(桶)装饮用纯净水卫生标准》检验要求对其电导率、pH 值、色度、浊度、菌落总数、大肠菌群进行检测,检测结果汇入表 1 – 3 – 1。

表 1 – 3 – 1　水处理后各阶段指标检测结果

过滤方法	样品序号	检测指标					
		电导率	pH 值	色度	浊度	菌落总数	大肠菌群
自来水	1						
	2						
	3						
	均值						
活性炭过滤	1						
	2						
	3						
	均值						
精密过滤	1						
	2						
	3						
	均值						

过滤方法	样品序号	检测指标					
		电导率	pH 值	色度	浊度	菌落总数	大肠菌群
超滤	1						
	2						
	3						
	均值						
反渗透	1						
	2						
	3						
	均值						

七、注意事项

（1）设备开启过程严格按照"先开排水阀,再开进水阀",避免设备因局部压强过高而导致损坏。

（2）反渗透操作时,在开启超高压泵之前确保进水阀处于关闭状态。

（3）为了确保实验的准确性,所有的取样都应该是设备清洗后,待正常生产 30 min 后再取样。

八、考核形式

考核:现场提问、分析问题、解决问题。

九、实验报告要求

（1）每人提交一份实验报告。

（2）严格按照实验步骤注意记录实验数据,分析实验结果。

（3）指出实验过程中存在的问难,并提出相应的改进方法。

十、思考题

（1）通过对检测后的数据进行分析,探讨不同的分离技术对水品质的影响。

（2）目前,家庭或者一些公关场所有一些可供直接饮用的取水点,试着分析其原理。

实验二 浑浊型饮料的稳定性

一、实验目的

（1）了解提高浑浊汁饮料稳定性的方法及其原理。

（2）掌握稳定剂的添加方法及原则，熟悉不同饮料中稳定剂的使用情况。

二、实验原理

混浊果汁，特别是瓶装混浊果汁或带肉果汁，保持均匀一致的质地对品质至关重要。要使混浊物质稳定，就要使其沉降速度尽可能降至零。其下沉速度一般认为遵循斯托克斯方程。据此，为了使混浊果汁稳定，可从以下三个方面着手。

（1）降低颗粒的体积。方法有机械均质、超声波均匀和胶体磨处理。最近的研究表明，对苹果、甜瓜等果蔬的破碎果肉加入一种纤维素酶和果胶酶的混合物进行处理，再进行均质，这样可进一步降低颗粒体积。

（2）增加分散介质的黏度。通常，果蔬汁的黏度主要取决于其中的果胶物质含量，这就要求尽快钝化果胶酶，柑橘类果汁、番茄汁加工均如此。另外，通过添加一些胶体物质来增加稠度是一种有效的手段。

（3）降低颗粒和液体之间的密度差。通过加入高酯化和亲水的果胶分子，作为保护分子，包埋颗粒可降低密度差。鉴于时间缘故，本实验仅通过稳定剂的添加来提高浊汁饮料的稳定性。

三、主要实验器材

1. 实验仪器和工具

万分之一电子天平、黏度仪、均质机、高温瞬时杀菌机、不锈钢锅、不锈钢勺、50 mL量筒、500 mL烧杯、250 mL烧杯、0.5 mL移液管、25 mL刻度试管、玻璃棒、酸性精密pH试纸等。

2. 实验材料

果汁（苹果汁、橙汁）、牛奶、柠檬酸、蔗糖、果胶、黄原胶、羧甲基纤维素钠（CMC - Na）、海藻酸钠、藻酸丙二醇酯（PGA）、单甘酯、蔗糖脂肪酸酯、山梨醇酐单硬脂酸酯、酪蛋白酸钠、聚氧乙烯山梨醇酐单油酸酯。

四、操作方法

（1）果汁的稳定性实验：分别用果胶、黄原胶、羧甲基纤维素钠、海藻酸钠、藻酸丙二醇酯对果汁按饮料配方进行稳定性实验，每次取6支25 mL刻度试管，分别加入20 mL果汁，再分别加入不同量的同一种稳定剂,充分混匀后静置24 h,观察是否出现分层情况,记录试管中沉淀的量(以高度表示,mL),确定较佳的稳定剂种类及用量。

(2)通过比较选出适宜的稳定剂种类及添加量,然后做放大实验。在饮料中加入该稳定剂,调配成5 L饮料,取1 L做对照,其余的分别通过高温瞬时杀菌(121℃,15 s)、巴氏杀菌(85℃,20 min)、水浴杀菌(100℃,10 min),冷却后放置24 h,比较不同杀菌方式对果汁稳定性的影响。

(3)添加该适宜的稳定剂,配制果汁饮料5 L,取1 L做对照,其余的通过均质机均质(45℃,20 MPa,2次),然后均通过上述的最佳杀菌方式杀菌,比较均质作用对果汁饮料稳定性的影响。

(4)通过同样的方法,确定不同稳定剂对果汁饮料稳定性的调配效果。

(5)通过同样的方法,以单甘酯、蔗糖脂肪酸酯、山梨醇酐单硬脂酸酯、酪蛋白酸钠、聚氧乙烯山梨醇酐单油酸酯等乳化稳定剂为材料,确定其在牛奶中的稳定效果,以及均质条件、杀菌方式对其稳定性的影响。

五、实验记录与结果分析

将实验结果填于表1-3-2～表1-3-8,并对结果进行分析。

表1-3-2　果胶对果汁的稳定效果

果胶添加量(g/kg)	0			
饮料黏度(Pa·s)				
分层情况				
沉淀量(mL)				

表1-3-3　黄原胶对果汁的稳定效果

黄原胶添加量(g/kg)	0			
饮料黏度(Pa·s)				
分层情况				
沉淀量(mL)				

表1-3-4　CMC-Na对果汁的稳定效果

CMC-Na添加量(g/kg)	0			
饮料黏度(Pa·s)				
分层情况				
沉淀量(mL)				

表1-3-5 海藻酸钠对果汁的稳定效果

海藻酸钠添加量(g/kg)	0				
饮料黏度(Pa·s)					
分层情况					
沉淀量(mL)					

表1-3-6 PGA对果汁的稳定效果

PGA添加量(g/kg)	0				
饮料黏度(Pa·s)					
分层情况					
沉淀量(mL)					

表1-3-7 杀菌方式对果汁的稳定效果

处理方式	对照	巴氏杀菌	水浴杀菌	高温瞬时杀菌
饮料黏度(Pa·s)				
分层情况				
沉淀量(mL)				

表1-3-8 均质对果汁的稳定效果

处理方式	对照	饮料黏度(Pa·s)	分层情况、沉淀量(mL)
未均质处理			
均质			

六、思考题

(1)影响饮料稳定性的因素有哪些?在使用稳定剂时需注意什么?

(2)饮料生产中如何选择稳定剂?影响稳定剂黏度的因素有哪些?

第四章 乳制品工艺基础实验

实验一 原料乳的常规检验

一、实验目的

（1）了解原料乳验收中常规检验的项目。

（2）掌握原料乳的常规检验的方法及评定方法。

二、原料乳的常规检验

牛乳的验收是按：食品卫生的要求；加工工艺的要求；感官等方面的要求进行的。

在保证食品卫生上，病牛所产的乳、污染化学药物的乳、有抗生素残留以及其他对人有害物质的牛乳不能用作食品。在加工工艺方面规定杂菌总数在 50 万个/mL 以下。牛乳的成分指标、杂质度指标等均应符合标准规定。

牛乳的验收应按：感官指标；酸度；密度及相对密度；新鲜度；微生物检验；抗生素残留等项目进行验收。其中，前三项是必检项目，即常规检验，后三项可定期进行检验。

（一）感官检验

感官检验是采用视、嗅、尝的方法对被检验样品的质量进行评定，对个别样品如硬质干酪，还需采用触压的方法。

视：以评定者的视觉来观察样品的外观色泽、组织状态等。

嗅：以评定者的嗅觉，来判定样品的气味。

尝：评定者通过对样品的品尝，来判定其滋味。

触压：评定者借助评定器械或用手触压样品，以判定其质地。

1. 牛乳的感官评定方法

评定时将牛乳置于 15～20℃水中保温 10～15 min（乳温低的情况下），然后充分摇匀，进行感官评定。

（1）色泽评定：将少量混匀的牛乳倒入白瓷器皿中，观察其颜色。

（2）气味评定：将牛乳加热后嗅其气味。

（3）滋味评定：取少量牛乳放入口中，品尝其滋味。

（4）组织状态评定：将牛乳倒入小烧杯内，静置 1 h 左右，再小心倒入另一小烧杯内，仔细观察第一个小烧杯底部有无沉淀和絮状物，再取一滴乳置于拇指上，检查是否黏滑。

2. 感官评定的标准

GB 19301——2010《食品安全国家标准·生乳》对原料乳的感官标准要求是:

(1)色泽:呈乳白色或微黄色。

(2)滋味、气味:具有乳固有的香味,无异味。

(3)组织状态:呈均匀一致液体,无沉淀、无凝块、无正常视力可见异物。

3. 感官评定的要求与注意事项

(1)评定人员不能吸烟,以免影响自己和别人的感官评定。身体欠佳,特别是患感冒者不能参加评定(因感冒者的味觉、嗅觉明显降低),否则会出现不准确的评定结果。

(2)评定前 30 min,不能食用高香料食品,不能喝口味浓的饮料,不能吃糖果或嚼口香糖。

(3)评定人员不能使用气味浓郁的化妆品,应该用无香味的肥皂洗手。在有浓气味实验室工作的人员,不能参加感官评定。

(4)评定人员不能处于饥饿状态,任何烦恼和兴奋均会影响评定结果。

(5)感官评定的样品应当一致,在颜色、形状、数量、温度等方面没有显著差异。品尝时应使少量样品接触舌头的各部位仔细品尝,要避免吞咽或大口地喝。每品尝一种样品后要用清水漱口。

(6)感官评定场所应该安静、清洁,光线良好,无任何干扰气味(如霉味、化学药品味等)。所使用的器皿要清洁。

(二)相对密度的测定

相对密度是物质重要的物理常数之一。液体食品的相对密度可以反映食品的浓度和纯度。在正常情况下各种液体食品都有一定的相对密度范围。例如:全脂牛乳 1.028 ~ 1.032;脱脂牛乳 1.033 ~ 1.037。当这些液体食品中出现掺杂、脱脂、浓度改变或品种改变时,均可出现相对密度的变化。

相对密度测定简单、快速,是食品生产过程中经常采用的工艺控制措施,生产部门常用于监视原料、半成品和成品的质量。

1. 仪器

(1)乳稠计:附有 20℃/4℃ 和 15℃/15℃ 两种温度的乳稠计,两种乳稠计的换算关系式如下:

$$a + 2 = b \qquad (1-4-1)$$

式中:a——20℃/4℃ 测得的读数;

b——15℃/15℃ 测得的读数。

两种乳稠计以 15℃/15℃ 为主。乳稠计刻度为 15 ~ 40 度,相当于密度为 1.015 ~ 1.040 g/cm³,如图 1-4-1 所示。

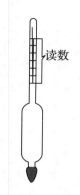

图 1 - 4 - 1　乳稠计

（2）温度计:0 ~ 100℃。

（3）玻璃圆筒（或 200 ~ 250 mL 量筒）:圆筒高应大于乳稠计的长度,其直径大小应使乳稠计沉入后,玻璃圆筒（或量筒）内壁与乳稠计的周边距离不小于 5 mm。

2. 操作方法

将 10 ~ 25℃的牛乳样品小心地注入容积为 250 mL 的量筒中,加到量筒容积的 3/4,勿使发生泡沫。用手拿住乳稠计上部小心地将它沉入到相当标尺刻度 30 处,放手让它在乳中自由浮动,但不能与筒壁接触。待静置 2 ~ 3 min 后,读取乳稠计读数,以牛乳表面层与乳稠计的接触点,即新月形表面的顶点为准。

根据牛乳温度和乳稠计读数,查牛乳温度换算表（见表 1 - 4 - 1 和表 1 - 4 - 2）将乳稠计读数换算成 20℃或 15℃时的度数。

相对密度 d_4^{20} 与乳稠计度数的关系如下式所示。

$$d_4^{20} = 乳稠计读数/1000 + 1.000 \qquad (1 - 4 - 2)$$

牛乳温度换算如表 1 - 4 - 1 和表 1 - 4 - 2 所示。

3. 计算举例

牛乳试样温度为 16℃,用 20℃/4℃的乳稠计测得相对密度为 1.0305,即乳稠计读数为30.5。换算成温度为 20℃时乳稠计度数,查表 1 - 4 - 2,同 16℃、30.5 对应的乳稠计度数为 29.5,即 20℃时的牛乳相对密度为 1.0295。

若计算全乳固体,则可换算成 15℃/15℃的乳稠计度数。这可直接从 20℃/4℃的乳稠计读数 29.5 加 2 求得,即 29.5 + 2 = 31.5。

表 1 - 4 - 1　乳稠计读数变为温度 15℃时的度数的换算表

乳稠计数	鲜乳温度（℃）														
	8	9	10	11	12	13	14	15	16	17	18	19	20	21	22
15	14.2	14.3	14.4	14.5	14.6	14.7	14.8	15.0	15.1	15.2	15.4	15.6	15.8	16.0	16.2
16	15.2	15.3	15.4	15.5	15.6	15.7	15.8	16.0	16.1	16.3	16.5	16.7	16.9	17.1	17.3

乳稠计数	鲜乳温度（℃）														
	8	9	10	11	12	13	14	15	16	17	18	19	20	21	22
17	16.2	16.3	16.4	16.5	16.6	16.7	16.8	17.0	17.1	17.3	17.5	17.7	17.9	18.1	18.3
18	17.2	17.3	17.4	17.5	17.6	17.7	17.8	18.0	18.1	18.3	18.5	18.7	18.9	19.1	19.3
19	18.2	18.3	18.4	18.5	18.6	18.7	18.8	19.0	19.1	19.3	19.5	19.7	19.9	20.1	20.3
20	19.1	19.2	19.3	19.4	19.5	19.6	19.8	20.0	20.1	20.3	20.5	20.7	20.9	21.1	21.3
21	20.1	20.2	20.3	20.4	20.5	20.6	20.8	21.0	21.2	21.4	21.6	21.8	22.0	22.2	22.4
22	21.1	21.2	21.3	21.4	21.5	21.6	21.8	22.0	22.2	22.4	22.6	22.8	23.0	23.2	23.4
23	22.1	22.2	22.3	22.4	22.5	22.6	22.8	23.0	23.2	23.4	23.6	23.8	24.0	24.2	24.4
24	23.1	23.2	23.3	23.4	23.5	23.6	23.8	24.0	24.2	24.4	24.6	24.8	25.0	25.2	25.5
25	24.0	24.1	24.2	24.3	24.5	24.6	24.8	25.0	25.2	25.4	25.6	25.8	26.0	26.2	26.4
26	25.0	25.1	25.2	25.3	25.5	25.6	25.8	26.0	26.2	26.4	26.6	26.9	27.1	27.3	27.5
27	26.0	26.1	26.2	26.3	26.4	26.6	26.8	27.0	27.2	27.4	27.6	27.9	28.1	28.4	28.6
28	26.9	27.0	27.1	27.2	27.4	27.6	27.8	28.0	28.2	28.4	28.6	28.9	29.2	29.4	29.6
29	27.8	27.9	28.1	28.2	28.4	28.6	28.8	29.0	29.2	29.4	29.6	29.9	30.2	30.4	30.6
30	28.7	28.8	28.9	29.2	29.4	29.6	29.8	30.0	30.2	30.4	30.6	30.9	31.2	31.4	31.6
31	29.7	29.8	30.0	30.2	30.4	30.6	30.8	31.0	31.2	31.4	31.6	32.0	32.2	32.5	62.7
32	30.6	30.8	31.0	31.2	31.4	31.6	31.8	32.0	32.2	32.4	32.7	33.0	33.3	33.6	33.8
33	31.6	31.8	32.0	32.2	32.4	32.6	32.8	33.0	33.2	33.4	33.7	34.0	34.3	34.7	34.8
34	32.5	32.8	32.9	33.1	33.5	33.7	33.8	34.0	34.2	34.4	34.7	35.0	35.3	35.6	35.9
35	33.6	33.7	33.8	34.0	34.2	34.4	34.8	35.0	35.2	35.4	35.7	36.0	36.3	36.6	36.9

表 1-4-2 乳稠计读数变为温度20℃时的度数的换算表

乳稠计数	鲜乳温度（℃）															
	10	11	12	13	14	15	16	17	18	19	20	21	22	23	24	25
25	23.3	23.5	23.6	23.7	23.9	24.0	24.2	24.4	24.6	24.8	25	25.2	25.4	25.5	25.8	26.0
26	24.2	24.4	24.5	24.7	24.9	25.0	25.2	25.4	25.6	25.8	26	26.2	26.4	26.6	26.8	27.0
27	25.1	25.3	25.4	25.6	25.7	25.9	26.1	26.3	26.5	26.8	27	27.2	27.5	27.7	27.9	28.1
28	26.0	26.1	26.3	26.5	26.6	26.8	27.0	27.3	27.5	27.6	28	28.2	28.5	28.7	29.0	29.2
29	26.9	27.1	27.3	27.5	27.6	27.8	28.0	28.3	28.5	28.8	29	29.2	29.5	29.7	30.0	30.2
30	27.9	28.1	28.3	28.5	28.6	28.8	29.0	29.3	29.5	29.8	30	30.2	30.5	30.7	31.0	31.2
31	28.8	29.0	29.2	29.4	29.6	29.8	30.0	30.3	30.5	30.8	31	31.2	31.5	31.7	32.0	32.2
32	29.8	30.0	30.2	30.4	30.6	30.7	31.0	31.2	31.5	31.8	32	32.3	32.5	32.8	33.0	33.3
33	30.7	30.8	31.1	31.3	31.5	31.7	32.0	32.2	32.5	32.8	33	33.3	33.5	33.8	34.1	34.3
34	31.7	31.9	32.1	32.3	32.5	32.7	33.0	33.2	33.5	33.8	34	34.3	34.4	34.8	35.1	35.3

乳稠计数	鲜乳温度(℃)														
	10	11	12	13	14	15	16	17	18	19	20	21	22	23	24	25
35	32.6	32.8	33.1	33.3	33.5	33.7	34.0	34.2	34.5	34.7	35	35.3	35.5	35.8	36.1	36.3
36	33.5	33.8	34.0	34.3	34.5	34.7	34.9	35.2	35.6	35.7	36	36.2	36.5	36.7	37.0	37.3

(三)酒精实验

1. 原理

根据牛乳中蛋白质遇到酒精时的凝固特性,来判断牛乳的酸度。

2. 试剂

68%乙醇(体积分数)(应调整至中性)。

3. 仪器

φ15 mm × 150 mm 试管。

4. 操作方法

于试管中用等量68%中性乙醇与牛乳混合,一般用1~2 mL或3~5 mL,摇匀,如不出现絮片,可认为牛乳是新鲜的,其酸度不会高于20 °T;如出现絮片,即表示酸度较高。牛乳酸度与被乙醇所凝固的蛋白质的特征之间的关系见表1-4-3。

表1-4-3　牛乳在不同的酸度下,被68%乙醇凝固的牛乳蛋白特征

牛乳酸度(度数)	牛乳蛋白质凝固的特征	牛乳酸度(度数)	牛乳蛋白质凝固的特征
21~22	很细的絮片	26~28	大的絮片
22~24	细的絮片	28~30	很大的絮片
24~26	中型絮片		

也可用其他浓度的乙醇来代替68%乙醇,但要在不同度数的酸度下才能开始产生蛋白质的凝固。对于收乳的标准,应该采用68%、70%或72%中性乙醇较适宜。表1-4-4为在各种浓度的乙醇中,牛乳蛋白凝固的特征。

表1-4-4　在各种浓度的乙醇中,牛乳蛋白凝固的特征

乙醇浓度(度数)	牛乳蛋白质凝固的特征	牛乳酸度(度数)	乙醇浓度(度数)	牛乳蛋白质凝固的特征	牛乳酸度(度数)
44	细的絮片	27.0	68	细的絮片	20.0
52	细的絮片	25.0	70	细的絮片	19.0
60	细的絮片	23.0	72	细的絮片	18.0

三、结果与分析

1. 感官评定

表 1 - 4 - 5　原料乳的感官评定表

项目	色泽评定	气味评定	滋味评定	组织状态评定
样品一				
样品二				

2. 相对密度测定

表 1 - 4 - 6　原料乳的相对密度测定表

项目	乳温(℃)	乳稠计读数	牛乳相对密度
样品一			
样品二			

3. 酒精试验

表 1 - 4 - 7　原料乳的酒精试验表

项目	所用酒精浓度(%)	是否有絮状沉淀	牛乳的酸度(°T)
样品一			
样品二			

四、思考题

(1) 原料乳的验收一般从哪几个方面进行检验?

(2) 原料乳的验收可分为常规检验和定期检验,它们包含的具体内容是什么?

(3) 原料乳的酒精实验可反映牛乳的什么加工性能?

实验二　原料乳的标准化计算

一、实验目的

了解和掌握原料乳的标准计算,并验证计算结果。

二、实验原理

(一)乳的标准化

乳的标准化是调整原料乳中的脂肪和非脂固体间的比例关系,使其比例符合制品的要求。若原料乳的脂肪含量不足,应添加稀奶油或分离除去一部分脱脂乳;当原料乳的脂肪含量过高时,可添加脱脂乳或提取一部分稀奶油。

标准化时必须先掌握即将标准化原料乳和用于标准化的稀奶油或脱脂乳的脂肪和非脂固体含量,作为标准化的依据。为了计算方便,设:

F——原料乳的含脂率,%;

SNF——原料乳的中非脂固体的含量,%;

M——原料乳的数量,kg;

F_1——稀奶油的脂肪含量,%;

SNF_1——稀奶油中非脂固体含量,%;

C——稀奶油的数量,kg;

F_2——脱脂乳的脂肪含量,%;

SNF_2——脱脂乳中非脂固体含量,%;

S——脱脂乳的数量,kg;

R_1——成品中脂肪含量与非脂乳固体含量的比值;

R_2——原料乳中脂肪含量与非脂乳固体含量的比例。

1. 稀奶油非脂固体含量的计算

从原料乳中分离出来的稀奶油,可按下列公式计算稀奶油中的非脂固体含量:

$$稀奶油中非脂固体含量 = \frac{100 - 稀奶油的含脂率}{100} \times 脱脂乳中非脂固体含量$$

$$即:SNF_1 = \frac{100 - F_1}{100} \times SNF_2 \% \tag{1-4-3}$$

2. 脱脂乳中非脂固体含量的计算

从原料乳中分离出来的脱脂乳,可按下列公式计算脱脂乳中的非脂固体含量:

$$脱脂乳中非脂固体含量 = \frac{原料乳中非脂固体的含量}{100 - 原料乳的含脂率} \times 100\%$$

$$即:SNF_2 = \frac{SNF_1}{100 - F} \times 100\% \tag{1-4-4}$$

3. 原料乳脂肪不足时的标准化

当原料乳含脂率不足时,可添加稀奶油进行标准化,使其中脂肪含量与非脂固体含量的比值符合制品的要求,即:

$$R_1 = \frac{M \times F + C \times F_1}{M \times SNF + C \times SNF_1} \tag{1-4-5}$$

若上述关系成立的话,解此式可得 C。

$$C = \frac{R_1 \times SNF - F}{F_1 - R_1 \times SNF_1} \times M(\text{kg}) \tag{1-4-6}$$

4. 原料乳含脂率过高时的标准化

如果原料乳的含脂率过高,可加入脱脂乳进行标准化。根据制品要求,应有如下关系:

$$R_1 = \frac{M \times F + S \times F_2}{M \times SNF + S \times SNF_2} \tag{1-4-7}$$

则可求得:

$$S = \frac{[F/R_1 - SNF] \times M}{SNF_2 - F_2/R_1}(\text{kg}) \tag{1-4-8}$$

5. 用方块图解法进行标准化计算

方块图解法又叫皮尔逊法,生产上采用此法比较简单,其原理是设原料乳的含脂率为 $p\%$,脱脂乳或稀奶油的脂肪含量为 $q\%$,按比例混合后,使混合乳的脂肪含量为 $r\%$,原料乳数量为 x ,脱脂乳或稀奶油量为 y 时,对脂肪进行物料衡算,则形成下列关系:

$$px + qy = r(x + y)$$

则 $x(p - r) = y(r - q)$

或 $\dfrac{x}{y} = \dfrac{r - q}{p - r}$ $\tag{1-4-9}$

式中:若 $q < r, p > r$,表示需要添加脱脂乳;如果 $q > r, p < r$,则表示应添加稀奶油。用方块图表示它们之间的比例关系如下。

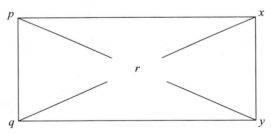

(二)标准样品制备

制备含脂率为某一数值的标准乳样,实际上就是乳的标准化过程。在制备前应首先了解即将标准化的原料乳的含脂率和非脂固体含量,及用于标准化的稀奶油或脱脂乳的脂肪和非脂固体含量,作为标准的依据。

标准化的准确性取决于采样的代表性、检验正确性、计算精确性、计量准确性和实际操作条件等。

为了方便起见,现就利用方块图解法进行乳的标准化计算来制备一定含脂率的标准乳样。

1. 含脂率为 0.5% 的标准乳样品制备

(1)计算。现有 5 kg 含脂率为 3.5% 的原料乳,因含脂率过高,拟用脂肪含量为 0.2% 的脱脂乳调整,使标准化后的混合乳脂肪含量为 0.5% ,需添加脱脂乳多少千克?

解:因 $q < r, p > r$,按关系式 $\dfrac{x}{y} = \dfrac{r - q}{p - r}$,则得: $\dfrac{x}{y} = \dfrac{0.5 - 0.2}{3.5 - 0.5} = \dfrac{0.3}{3.0}$

用方块图解为：

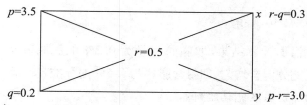

已知：$x = 5$（kg）

故 $\dfrac{5}{y} = \dfrac{0.3}{3.0}$，则 $y = 50$（kg）

（2）制备方法。根据计算结果，取脂肪含量为0.2%的脱脂乳50 kg，与含脂率为3.5%的原料乳5 kg充分混合均匀，即得含脂率为0.5%的标准乳样品。

2. 含脂率为1.0%的标准乳样品制备

（1）计算。现有5 kg含脂率为3.5%的原料乳，因含脂率过高，拟用脂肪含量为0.2%的脱脂乳调整，使标准化后的混合乳脂肪含量为1.0%，需添加脱脂乳多少千克？

解：因 $q < r, p > r$，按关系式 $\dfrac{x}{y} = \dfrac{r-q}{p-r}$，则得：$\dfrac{x}{y} = \dfrac{1.0-0.2}{3.5-1.0} = \dfrac{0.8}{2.5}$

用方块图解为：

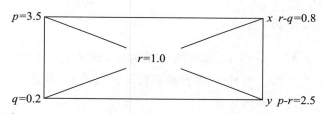

已知：$x = 5$（kg）

故 $\dfrac{5}{y} = \dfrac{0.8}{2.5}$，则 $y = 15.63$（kg）

（2）制备方法。根据计算结果，取脂肪含量为0.2%的脱脂乳15.63 kg，与含脂率为3.5%的原料乳5 kg充分混合均匀，即得含脂率为1.0%的标准乳样品。

3. 含脂率为1.5%的标准乳样品制备

（1）计算。现有5 kg含脂率为3.5%的原料乳，因含脂率过高，拟用脂肪含量为0.2%的脱脂乳调整，使标准化后的混合乳脂肪含量为1.5%，需添加脱脂乳多少千克？

解：因 $q < r, p > r$，按关系式 $\dfrac{x}{y} = \dfrac{r-q}{p-r}$，则得：$\dfrac{x}{y} = \dfrac{1.5-0.2}{3.5-1.5} = \dfrac{1.3}{2.0}$

用方块图解为：

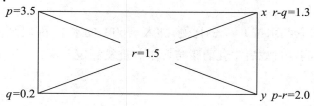

已知：$x = 5$（kg）

故 $\dfrac{5}{y} = \dfrac{1.3}{2.0}$，则 $y = 7.69$（kg）

（2）制备方法。根据计算结果，取脂肪含量为 0.2% 的脱脂乳 7.69 kg，与含脂率为 3.5% 的原料乳 5 kg 充分混合均匀，即得含脂率为 1.5% 的标准乳样品。

4. 含脂率为 3.0% 的标准乳样品制备

（1）计算。现有 5 kg 含脂率为 3.5% 的原料乳，因含脂率过高，拟用脂肪含量为 0.2% 的脱脂乳调整，使标准化后的混合乳脂肪含量为 3.0%，需添加脱脂乳多少千克？

解：因 $q < r, p > r$，按关系式 $\dfrac{x}{y} = \dfrac{r-q}{p-r}$，则得：$\dfrac{x}{y} = \dfrac{3.0 - 0.2}{3.5 - 3.0} = \dfrac{2.8}{0.5}$

用方块图解为：

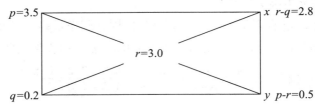

已知：$x = 5$（kg）

故 $\dfrac{5}{y} = \dfrac{2.8}{0.5}$，则 $y = 0.89$（kg）

（2）制备方法。根据计算结果，取脂肪含量为 0.2% 的脱脂乳 0.89 kg，与含脂率为 3.5% 的原料乳 5 kg 充分混合均匀，即得含脂率为 3.0% 的标准乳样品。

三、实验器材

1. 主要仪器设备

烧杯、量筒、天平、电炉、均质机等。

还有牛乳脂肪测定方法中所使用的仪器与试剂。

2. 实验材料

全脂乳粉、脱脂乳粉、奶油等。（有条件的学校可采用新鲜牛乳）

四、操作方法

（1）先将全脂乳粉与水按 1∶7 的比例，加入至 60℃ 的水中，配成 500 mL 的全脂牛乳。再用 300 目的绢布过滤，测定过滤后牛乳的脂肪含量。重复测定 3 次，取平均值，得到该全脂牛乳的脂肪含量 F_1。

（2）再将脱脂乳粉与水按 1∶7 的比例，加入至 60℃ 的水中，配成 500 mL 的牛乳。再用 300 目的绢布过滤，测定过滤后牛乳的脂肪含量。重复测定 3 次，取平均值，得到该脱脂牛乳的脂肪含量 F_2。

（3）计算，若有 1 kg 的脂肪含量为 F_1 的全脂牛乳，要配成脂肪含量为 2.0% 的标准化乳，需添加多少公斤脂肪含量为 F_2 的脱脂牛乳？

（4）根据计算结果，用实验验证。脂肪含量为 F_1 的全脂牛乳和脂肪含量为 F_2 的脱脂牛乳混合后，在混合乳的温度为 60℃下进行均质，均质压力为 20 MPa。均质后，测定混合后乳的脂肪含量。

五、结果与分析

将实验结果填入表 1－4－8。

表 1－4－8　全脂牛乳和脱脂牛乳标准化实验表

	乳的脂肪含量（%）	乳的平均脂肪含量（%）	乳的添加量（kg）	混合乳的脂肪含量（%）
全脂牛乳			1	
脱脂牛乳				

六、思考题

（1）标准化的概念是什么？有什么意义？

（2）标准化在工艺流程中一般放在哪个工序后？

（3）标准化在实际生产中怎样实现？

实验三　原料乳均质效率检验

一、实验目的

（1）了解不同均质温度对均质效果的影响，以及检测均质效率的方法。

（2）进一步强化均质原理的掌握。

二、实验原理

均质是指对脂肪球进行机械处理，使它们呈较小的脂肪球均匀一致地分散在乳中。均质作用是由以下三个因素协调作用而产生的（见图 1－4－2）。

（1）牛乳以高速度通过均质头中的窄缝对脂肪球产生巨大的剪切力，此力使脂肪球变形、伸长和粉碎。

（2）牛乳液体在间隙中加速的同时,静压能下降,可能降至脂肪的蒸汽压以下,这就产生了气穴现象,使脂肪球受到非常强的爆破力。

（3）当脂肪球以高速冲击均质环时会产生进一步的剪切力。

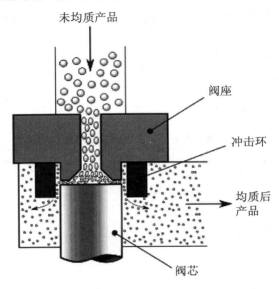

图 1－4－2　脂肪球在均质头中的状态

原料乳的均质效率就是通过一定的检测方法了解原料乳中脂肪球的大小和数量的变化程度,或用其他方法来反映脂肪球大小和数量的变化程度。

三、实验器材

1. 仪器与设备

显微镜、100 mL 分液漏斗或 100 mL 量筒、10 mL、20 mL、25 mL 移液管;直径为 500 mm 的离心沉淀机、均质机。

2. 实验材料

鲜牛乳。

四、操作方法

(一) 显微镜检测法

（1）取 3 份原料乳各 100 mL,分别在 40℃、50℃、60℃下用均质机进行均质,均质压力为 20 MPa。

（2）将原料乳和均质后的原料乳在显微镜的油镜下观察脂肪球的大小。

（3）通过比较脂肪球的大小来判断均质效率。

(二) 均质指数法

（1）取 3 份原料乳各 150 mL,分别在 40℃、50℃、60℃下用均质机进行均质,均质压力为 20 MPa。

（2）用 100 mL 分液漏斗或 100 mL 量筒；取 100 mL 均质乳在冰箱内贮存 48 h（4~6℃）；

（3）将上层 1/10 的乳吸出，并将下层 9/10 的乳摇匀，分别测定上层和下层的脂肪含量。

（4）根据下面公式计算均质指数：

$$均质指数 = \frac{100 \times (W_t - W_b)}{W_t} \qquad (1-4-10)$$

式中：W_t——上层脂肪含量；

　　　W_b——下层脂肪含量。

判断标准：一般均质指数在 1~10 范围内表明均质效果可接受。

（三）尼罗（NIZO）法

（1）取三份原料乳各 100 mL，分别在 40℃、50℃、60℃下用均质机进行均质，均质压力为 20 MPa。

（2）取 25 mL 均质后的乳样在直径 500 mm，转速为 1000 r/min 的离心机内，于 40℃ 条件下离心 30 min。

（3）离心后，取 20 mL 下层样品，测定其乳脂含量 W_1。同时，测定未经处理的原料乳的乳脂含量 W_2。

（4）根据下面公式计算尼罗值：

$$尼罗值 = \frac{W_1}{W_2} \times 100 \qquad (1-4-11)$$

（5）根据尼罗值判断均质效率。

五、结果与分析

1. 显微镜检测法

将实结果填入表 1-4-9，并对结果进行分析讨论。

表 1-4-9　显微镜检测法测定牛乳均质效果

样品	未均质样	40℃均质样	50℃均质样	60℃均质样
脂肪球大小				

注　脂肪球大小通过感官评定法，用"大"、"较大"、"较小"、"小"表示。

2. 均质指数法

将实验结果填入表 1-4-10，并按式（1-4-10）计算结果，并对结果进行分析讨论。

表 1 - 4 - 10 均质指数法测定牛乳均质效果

样品		脂肪含量	均质指数
未均质样	上层 W_t		
	下层 W_b		
40℃均质样	上层 W_t		
	下层 W_b		
50℃均质样	上层 W_t		
	下层 W_b		
60℃均质样	上层 W_t		
	下层 W_b		

3. 尼罗法

将实验结果填入表 1 - 4 - 11,并按式(1 - 4 - 11)计算结果,并对结果进行分析讨论。

表 1 - 4 - 11 尼罗法测定牛乳均质效果

样品	脂肪含量	尼罗值
未均质样	$W_2 =$	
40℃均质样	$W_1 =$	
50℃均质样	$W_1 =$	
60℃均质样	$W_1 =$	

六、思考题

(1)原料乳均质前后有何主要变化?

(2)原料乳均质后,对原料乳的哪些指标有影响? 对产品质量产生什么影响?

实验四 乳制品杀菌效果比较

一、实验目的

(1)了解乳制品生产过程中的不同杀菌工艺。

(2)掌握不同杀菌工艺具有的不同杀菌效果及对最终产品的影响。

二、实验原理

杀菌的目的首先是杀死引起人类疾病的所有致病微生物,其次是尽可能多地破坏能影响产品味道和保存期的微生物和酶类系统,以保证产品质量。

牛乳杀菌工艺条件的确定主要是依据这些微生物的耐热性。一般细菌孢子的耐热性较高,在100℃温度下数分钟加热也不死灭。肉毒梭状芽孢杆菌的致死条件常被用来作为食品完全灭菌的指标,细菌或酵母的营养细胞在60~70℃的温度下较短时间即会死灭。大多数的病原菌耐热性低,而其中以结核菌的耐热性最高。牛乳的低温保持式杀菌或高温短时杀菌的加热条件,均依据结核菌的破坏为标准。

从杀死微生物的观点来看,牛乳的热处理强度是越强越好。但是,强烈的热处理对牛乳的外观、味道和营养价值会产生不良后果。因此,时间和温度组合的选择必须考虑到微生物和产品质量两方面,以达到最佳效果。下表是乳品厂中主要的热处理方法。

表1-4-12　乳品工业中主要的热处理分类

工艺名称	温度(℃)	时间
初次杀菌	63~65	15 s
低温长时巴氏杀菌	63	30 min
高温短时巴氏杀菌(牛乳)	72~75	15~20 s
高温短时巴氏杀菌(稀奶油等)	>80	1~5 s
超巴氏杀菌	125~138	2~4 s
超高温灭菌(连续式)	135~140	几秒
保持灭菌	115~120	20~30 min

本实验是将原料乳通过不同的杀菌工艺操作后,经过细菌培养,测定其菌落总数的方法来比较不同杀菌工艺条件的杀菌效果。

三、实验器材

1. 主要仪器

恒温水浴锅、医用灭菌锅、250 mL三角烧瓶、恒温培养箱、冰箱、恒温水浴、天平;电炉、吸管、广口瓶或三角烧瓶、玻璃珠、平皿、试管、酒精灯、乳钵或均质器、灭菌刀或剪刀、灭菌镊子。

2. 培养基和试剂

营养琼脂培养基、75%乙醇、浓度0.85%生理盐水。

四、操作方法

1. 样品处理

(1)样品1:用250 mL三角烧瓶取原料乳100 mL,塞好棉花塞,放入63℃的恒温水浴锅内,杀菌30 min。

(2)样品2:用250 mL三角烧瓶取原料乳100 mL,塞好棉花塞,放入75℃的恒温水浴锅内,杀菌10 min。

(3)样品3:用250 mL三角烧瓶取原料乳100 mL,塞好棉花塞,放入医用灭菌锅内,杀菌 20 min。

2. 每种样品按以下操作步骤操作,计算菌落总数

(1)无菌操作,取样品 25 mL 于含有 225 mL 灭菌生理盐水或其他稀释液的灭菌玻璃瓶内(瓶内预置适当数量玻璃珠),经充分振摇做成 1 + 10 均匀稀释液。

(2)用 1 mL 灭菌吸管吸取 1 + 10 稀释液 1 mL,沿管壁徐徐注入含有 9 mL 灭菌生理盐水或其他稀释液的试管内(注意吸管尖端不要触及管内稀释液),振摇试管混合均匀,做成 1 + 100 稀释液。

(3)另取 1 mL 灭菌吸管,按上述操作顺序做 10 倍递增稀释液,如此每递增稀释一次,即换用一支 1 mL 灭菌吸管。

(4)根据原料乳的污染情况的估计,选择 2 ~ 3 个适宜稀释度,分别在做 10 倍递增稀释的同时,即以吸取该稀释度的吸管移 1 mL 稀释液注解于灭菌平皿内,每个稀释度做两个平皿。

(5)稀释液移入平皿后,应及时将凉至 46℃ 营养琼脂培养基(或放置于(46 ±1)℃ 水浴保温)注入平皿约 15 mL,并转动平皿使混合均匀。同时将营养琼脂培养基倾入加有 1 mL 稀释液(不含样品)的灭菌平皿内做空白对照。

(6)待琼脂凝固后,翻转平板,置(36 ±1)℃ 恒温培养箱内培养(48 ±2)h 取出,计算平皿内菌落数目,乘以稀释倍数,即得每毫升样品所含菌落总数。

3. 菌落计数方法

做平板菌落计数时,可用肉眼观察,必要时用放大镜检查,以防遗漏。在记下各平板的菌落数后,求出同稀释度的各平板平均菌落数。

4. 菌落数的报告

(1)平板菌落数的选择。选取菌落数在 30 ~ 300 之间的平板作为菌落总数测定标准。一个稀释度使用两个平板,应采用两个平板平均数,其中一个平板有较大片状菌落生长时,则不宜采用,而应以无片状菌落生长的平板作为该稀释度的菌落数,若片状菌落不到平板的一半,而其余一半中菌落分布又很均匀,即可计算半个平板后乘以 2 代表全皿菌落数。平皿内如有链状菌落生长时(菌落之间无明显界线)若仅有一条链,可视为一个菌落;如果有不同来源的几条链,则应将每条链作为一个菌落计。

(2)稀释度的选择。

① 应选择平均菌落数在 30 ~ 300 之间的稀释度,乘以稀释倍数报告结果(如表 1 - 4 - 13 中例 1)。

② 若有两个稀释度,其生长的菌落数均在 30 ~ 300 之间,视两者之比如何来决定。若其比值小于或等于 2,应报告其平均数;若大于 2,则报告其中较小的数字(如表 1 - 4 - 13 中例 2 及例 3)。

③ 若所有稀释度的平均数均大于 300,则应按稀释度最高的平均菌落数乘以稀释倍数报告结果(如表 1 - 4 - 13 中例 4)。

④ 若所有稀释度的平均数均小于30,则应按稀释度最低的平均菌落数乘以稀释倍数报告结果(如表1-4-13中例5)。

⑤ 若所有稀释度均无菌落生长,则以小于1乘以最低稀释倍数报告结果(如表1-4-13中例6)。

⑥ 若所有稀释度的平均菌落数均不在30~300之间,其中一部分大于300或小于30时,则以最接近30或300的平均菌落数乘以稀释倍数报告结果(如表1-4-13中例7)。

(3)菌落数的报告。菌落数在100以内时,按其实有数报告,大于100时,采用二位有效数字,在二位有效数字后面的数值,以四舍五入方法计算。为了缩短数字后面的零数,也可用10的指数来表示。

表1-4-13　稀释度选择及菌落数报告方式

例次	稀释液及菌落数			两稀释液之比	菌落总数(个/g 或个/mL)	报告方式(个/g 或个/mL)
	10^{-1}	10^{-2}	10^{-3}			
1	多不可计	164	20	—	16 400	16 000 或 1.6×10^4
2	多不可计	295	46	1.6	37 750	38 000 或 3.8×10^4
3	多不可计	271	60	2.2	27 100	27 000 或 2.7×10^4
4	多不可计	多不可计	313	—	313 000	310 000 或 3.1×10^5
5	27	11	5	—	270	270 或 2.7×10^2
6	0	0	0	—	$<1 \times 10$	<10
7	多不可计	305	12	—	30 500	31 000 或 3.1×10^4

五、结果与分析

将实验结果填入表1-4-14。

表1-4-14　不同杀菌条件下杀菌效果的比较

项目	杀菌温度(℃)	杀菌时间(min)	稀释倍数	培养温度(℃)	培养时间(h)	菌落数(个/mL)
样品1						
样品2						
样品3						

六、思考题

(1)影响杀菌效果好坏主要有哪些因素?

(2)在本实验中,主要针对哪些因素进行讨论?

(3)在实际生产中,为了达到良好的杀菌效果,会采取哪些措施?

第五章 肉制品工艺基础实验

实验一 猪肉的分割与猪肉组织观察

一、实验目的

(1)了解猪胴体的分割方法。

(2)了解猪肉的肌肉组织构造。

二、实验原理

生鲜畜禽肉不仅是人们日常生活的必需食品,同时也是食品加工业的重要基础原料。畜禽屠宰后进入生鲜食品流通渠道或进入食品加工环节之前一般需进行分割处理,以做到不同部位原料的合理利用。

本实验通过对猪胴体肉的分割和对不同肌肉组织结构的观察,可进一步加深理解肉制品原料与产品品质之间的重要联系。家畜胴体是指家畜屠宰后除去毛、皮、头、蹄、内脏(猪保留板油和肾脏,牛、羊等毛皮动物还要除去皮)后的部分,又称为带骨肉或白条肉。沿脊椎中线劈成两半,则称为半胴体。去骨的胴体则称为净肉。胴体由肌肉组织、脂肪组织、结缔组织和骨组织四大部分组成。其组成的比例大致为肌肉组织 50% ~ 60%,脂肪组织 15% ~ 45%,骨组织 5% ~ 20%,结缔组织 9% ~ 13%。虽然畜肉的分割在不同国家的分割标准有所不同,但目的是一样的,都是为了利于进一步加工或直接供给消费者。

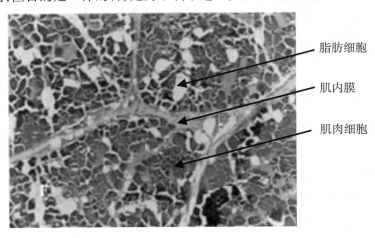

脂肪细胞

肌内膜

肌肉细胞

图 1 - 5 - 1　横纹肌的断面 200 倍显微图

肌肉组织是构成肉的主要部分,可分为横纹肌、心肌、平滑肌三种。其中横纹肌(即骨骼肌)是肉制品的主要原料,也是决定肉质优劣的主要组成,故列为本实验的主要观察对象。横纹肌是由多量的肌纤维、少量的结缔组织以及脂肪细胞、腱膜、血管、神经、淋巴等按一定顺序排列构成的,如图1-5-1所示。

肌肉组织由肌纤维集合而成,每一条肌纤维就是一个多核的肌细胞。细胞有细胞膜(称为肌膜),各个肌纤维由有结缔组织性质的称为肌内膜的纤维网连接起来。多条肌纤维平行排列成束,并由结缔组织的肌束膜包围。多股肌纤维束平行排列形成肌肉的纤维状结构,并由结缔组织的肌外膜包围(如图1-5-2),构成肌肉。肉的粗老或嫩滑多汁的口感主要与肌纤维的粗细程度、内肌束膜的厚薄及内肌束膜处脂肪的沉积量有关。

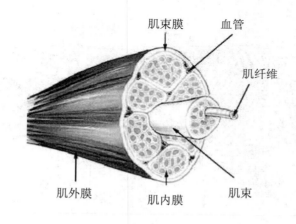

图1-5-2　肌肉结构

肉的颜色也是反映肉的品质的重要因素。影响肉的颜色内在因素主要有以下几点。

(1)动物种类、年龄及部位。猪肉一般为鲜红色(牛肉深红色,羊肉浅红色)。

(2)肌红蛋白(Mb)的含量。肌红蛋白多则肉色深,含量少则肉色浅,因动物种类、年龄及部位不同而异。

(3)血红蛋白(Hb)的含量。肉中血液残留多则肉色深。放血充分肉色正常,放血不充分或不放血(冷宰)的肉色深且暗。

(4)贮藏加工过程中变化。主要是肌红蛋白结合的亚铁血色素发生的一系列化学变化:刚屠宰后,还原肌红蛋白与亚铁血色素结合,使肉呈深红色;经十几分钟后亚铁血色素与氧结合为氧合肌红蛋白(铁仍为2价),使肉呈鲜红色;再经几小时或几天,亚铁肌红蛋白被氧化为高铁肌红蛋白,使肉表现为褐色。

三、主要实验器材

1.实验仪器和工具

钢锯或斩骨钢刀、剔骨刀、不锈钢切肉刀、钢丝手套、不锈钢操作台、砧板、放大镜、冰箱

（柜）等。

2. 实验材料

新鲜猪半胴体（或带骨的背腰肉、臀腿肉等部分胴体）、保鲜用复合塑料袋。

四、操作方法

1. 肉的分割

本实验以猪半胴体或部分半胴体为分割对象。我国对猪肉的分割是将半胴体分为肩、背、腹、臀、腿五大部分，按图1-5-3所示进行分割。锯骨及不同部位肌肉分割操作如图1-5-4、图1-5-5所示。

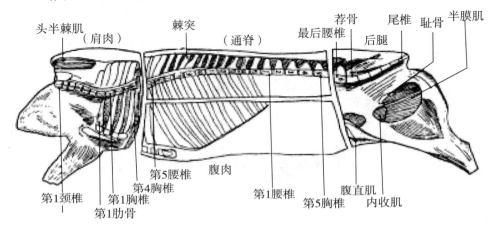

图1-5-3　猪胴体肉的分割

（1）前躯：在第4胸椎和第5胸椎之间，与背线约成直角切断，分离下前腿。去掉肩胛骨、肱骨、前臂骨、腕骨、胸椎、颈椎、肋骨（包括肋软骨）及胸骨。

图1-5-4　猪胴体锯骨操作

图1-5-5　不同部位肌肉分割

（2）里脊、通脊和腹部肉：在耻骨的前下方，从后端一直切至最后腰椎部，切离下时脊，继续沿股肌膜张肌前缘切到直腹肌。在荐椎和最后腰椎的结合部与脊线约成直角切断，分离里脊、通脊和腹部肉。接着分离里脊。去除附着体壁的横断隔膜，去除胸椎、腰椎、胸骨（包括剑状软骨），在第5肋骨长度的1/3处（不包括肋软骨）与背线约成平行状切断，分离下通脊和腹部肉。

（3）后腿：从最后一根腰椎前，与背线约成直角切断。

（4）前躯：取下前臂骨、颈椎、胸椎、胸骨、肋骨（包括肋软骨）、肩胛骨及臂骨。整形时脂肪的厚度要保证在 10 cm 以内。

（5）通脊：去掉胸椎、肋骨、腰椎及肩胛软骨。整形时要保证脂肪厚度在 10 cm 以内。

（6）腹部肉：去掉横隔膜和腹部脂肪，取下肋骨（包括肋软骨）及胸骨（包括剑状软骨），大致切成长方形。在做表面脂肪整形时，脂肪的厚度要保证在 10 cm 以内。

（7）后腿：去掉腰椎、胫骨、髋骨、荐骨、尾椎及膝盖骨。在整形时，脂肪的厚度要保证在 10 cm 以内。

（8）里脊：去掉周围脂肪，整形。

（9）肩部肉：在肩关节上部与背线平行切开。在肩胛骨上端部与背线平行切断前肘。整形时脂肪的厚度要保证在 10 cm 以内。

（10）前肘：整形时脂肪的厚度要保证在 10 cm 以内。

（11）分割肉的保鲜处理（于实验学时外完成）：经以上步骤分离的分割肉用保鲜塑料袋包装封口，于 −2 ~ −3℃冷却 24 h，然后将冷却温度调至 0~1℃。

2. 肌肉组织的观察

（1）原料的选择与预处理：为了便于观察和对比，取宰后 1 d 内于 0~1℃冷藏的完整猪后腿股内肌。将肌肉表面附着的脂肪去除，用清水淋洗一次，沥干或用纱布吸干表面的水分。

（2）肌肉外表的观察：用肉眼观察股内肌外表是否有一层近似透明的肌外膜所包裹。观察肉的外表颜色及深浅度差别。

（3）肌肉断面的观察：用锋利的切肉刀沿肌纤维垂直方向将肌肉切断。用肉眼观察肌肉断面，纹理是否致密，是否存在大理石状纹理的结构。用放大镜进一步观察断面中肌束膜的厚薄、分布、形成的纹理、包裹的面积大小、断面颜色及色泽的深浅。

五、实验记录与结果分析

将以上实验的观察记录结果填入表 1−5−1 中，并对猪肉的组织结构的差别可能形成不同肉的口感进行判断分析。

表 1−5−1　肌肉组织的观察

观察项目	猪肉（股内肌）
外表颜色及深浅	
断面纹理致密性	
是否有大理石状纹理	
肌束内膜厚度及包裹的面积大小（平均）	
肌肉断面颜色及深浅	

六、思考题

(1)肌肉断面呈大理石状,是什么造成的?

(2)肌肉的嫩度与什么因素有关?

实验二   肉的腌制处理

一、实验目的

(1)强化肉的腌制原理与作用,学习肉制品的腌制处理方法。

(2)了解食盐、亚硝酸盐、磷酸盐用量对原料肉腌制效果的影响,熟悉检测肉制品的色泽、重量变化的方法。

二、实验原理

腌制可起到防腐、呈色和提高肉的持水性三大主要作用。肉的腌制主要是利用各种腌制剂改变鲜肉的特性,常用的腌制剂及主要作用原理如下。

(1)食盐:食盐是肉类腌制的主要配料(添加量一般为1.5%～3%),它可使肉制品呈现咸味,形成高渗透压(浓度10%～15%)抑制微生物;同时,适当的食盐浓度可松弛并改变肌肉蛋白的结构,促进盐溶蛋白溶出吸水,从而提高肉品的保水性和黏结性;但过高的食盐浓度会导致肉失水(如火腿、腊肉等腌制品)。

(2)硝酸盐和亚硝酸盐:硝酸盐和亚硝酸盐的主要作用是使腌制肉呈现稳定鲜艳的色泽,也可较好地抑制肉毒梭菌的生长。但过量亚硝酸盐会增大毒性,应用中亚硝酸钠(钾)的最大使用量为0.15 g/kg,硝酸钠(钾)的最大使用量为0.05 g/kg。

(3)磷酸盐:磷酸盐可增强肉的保水性和黏结性,其使用量为一般0.1%～0.5%。其中,多聚磷酸盐(如焦磷酸盐、三聚磷酸盐等)的效果较好。

(4)砂糖:糖类主要是增加肉制品的甜度,使肉变得柔嫩,增添风味,提高品质。砂糖、葡萄糖的用量一般为原料肉的1%～3%。

(5)抗坏血酸钠、异抗坏血酸钠:抗坏血酸具还原性,有抗氧化及护色作用,可加速亚硝酸分解形成NO,加速腌制,促进发色;还可减少致癌物质亚硝胺的形成。其使用量一般为0.03%～0.05%。

腌制肉制品时,根据产品和工艺需要,可加入更多的配料和添加剂(如香辛料、红曲红、香精等),通常将各种腌制剂按比例混合后使用。

肉的腌制方法主要有干腌法、湿腌法、注射腌制、多方法混合腌制和机械辅助腌制等。

三、实验器材

1. 仪器与设备

设备：电子天平、色差计、温度计、冷藏冰箱等。

器材：切刀、砧板、不锈钢容器、量筒。

2. 实验材料

原料：鲜肉，如猪瘦肉、牛肉等。

试剂：食用盐（NaCl 含量不低于 90%），亚硝酸钠（钾），三聚磷酸盐，糖，（异）抗坏血酸。

四、操作方法

1. 干法腌制

干法腌制是将一定量的混合腌制剂撒擦在肉的表面上，或将混合腌制剂与肉在搅拌机中拌匀后，然后堆放入容器或堆叠在腌制室内控温腌制的方法。干腌法主要利用肉内的水和可溶性盐溶蛋白等与混合腌制剂形成"盐水"，利用渗透和扩散由外至内完成腌制。这种方法腌制的时间较长，原料肉会失去部分水分。腌制周期越长、用盐量越高、原料肉越瘦、腌制温度越高产品失水越严重。干法腌制的肉制品风味独特，我国的火腿、腊肉、咸肉等均采用此法腌制。此处只介绍基本的干腌方法，干腌肉制品的加工详见第二篇第四章肉制品加工工艺实验。

（1）选肉：取新鲜的猪肉（实际中应根据不同产品的品质要求选择肥瘦合适的肉）。

（2）处理：清洗，剔骨，去皮，根据需求除肥膘、血管、筋腱、结膜等，然后将处理好的肉切成 3~5 cm 的条块准备腌制。在整个处理过程中应保持环境洁净，操作迅速，尽量缩短处理时间，肉的温度不超过 15℃。

（3）腌制：将处理好的原料肉分成四份，分别将不同的腌制剂与原料肉直接混合拌匀，堆放在容器中，密闭、覆膜或敞开，在 0~10℃ 腌制 4~24 h，然后取出观察，分别测定肉的色差和汁液流失率。各组混合腌制剂参考如下：

第一组：空白对照组：不添加任何腌制剂，做空白对照组。

第二组：食盐腌制：将原料称重，按每 100 g 样品加入 2.5 g 精盐的比例进行腌制。（食盐的添加量可按腌制的肉块大小、时间、温度、产品需要进行调节，但各组实验添加量保持一致。也可按需要和喜好添加一定的白砂糖，糖的添加量可按糖盐比为 1∶1~1∶3 的比例加入，各组添加量保持一致。）

第三组：食盐 + 亚硝酸盐腌制，将原料称重，按每 100 g 样品加入 2.5 g 精盐和 0.015 g 亚硝酸钠（钾）的比例进行腌制。

第四组：食盐 + 亚硝酸盐 + 三聚磷酸盐腌制，将原料称重，按每 100 g 样品加入 2.5 g 精盐、0.015 g 亚硝酸钠（钾）和 0.5 g 三聚磷酸盐的比例进行腌制。

（4）色差测定：使用色差仪对每组样品进行色差测定，记录结果进行对比。

（5）汁液流失率测定：腌制结束的样品沥干水分或用吸水纸吸干水分后称重，对比腌制前后的质量变化。

汁液流失率 = 100% × （腌制前的样品质量 − 腌制后的样品质量）/腌制前的样品质量

（6）感官描述分析：3 ~ 5 人一组，对腌制后的样品，或腌制完封装、杀菌或孰制后的样品进行感官描述分析，描述分析指标包括色泽、组织状态、气味、滋味、口感等。

2. 湿法腌制

湿法腌制是将原料肉浸泡在腌制剂中腌制，或将原料肉与定量的腌制剂溶液拌匀后腌制的方法。浸泡湿腌的腌制液可重复使用，定量的腌制剂溶液则基本全部渗入产品（可按原料肉质量的 10% ~ 40% 加入腌制剂溶液）。湿法腌制可用于大块分割肉的腌制或小块肉粒腌制。

（1）选肉：取新鲜的猪肉（实际中应根据不同产品的品质要求选择肥瘦合适的肉）。

（2）处理：清洗，剔骨，去皮，根据需求除肥膘、血管、筋腱、结膜等，然后将处理好的肉切成均匀的小块或通过 5 ~ 15 mm 孔径的绞肉孔板准备腌制。在整个处理过程中应保持环境洁净，操作迅速，尽量缩短处理时间，肉的温度不超过 15℃。

（3）腌制：按每 100 g 原料肉添加 10 ~ 30 g 腌制剂溶液的比例进行湿腌（湿腌时也可加入产品所需要的全部外加水分）。将处理好的原料肉分成四份，分别用不同腌制剂溶液与原料肉混合拌匀，置于容器中，密闭或覆膜以便隔空气腌制，在 0 ~ 5℃腌制 4 ~ 24 h，然后取出观察，分别测定肉的色差和增重率。各组腌制剂溶液参考如下：

第一组：空白对照组。将原料称重，每 100 g 原料肉添加 15 g 洁净冰水，不添加任何腌制剂，做空白对照组。

第二组：食盐 + 糖腌制。将原料称重，每 100 g 原料肉添加 15 g 腌制剂溶液。按每 100 g 腌制剂溶液加入 15 g 精盐和 10 g 白砂糖的比例用洁净冰水配制。食盐的添加量可按腌制的肉块大小、时间、温度、产品需要进行调节，但各组实验添加量保持一致。

第三组：食盐 + 糖 + 亚硝酸盐 + （异）抗坏血酸钠腌制。将原料称重，每 100 g 原料肉添加 15 g 腌制剂溶液。按每 100 g 腌制剂溶液加入 15 g 精盐、10 g 白砂糖、0.075 g 亚硝酸钠（钾）和 0.15 g 的（异）抗坏血酸钠比例用洁净冰水配制。

第四组：食盐 + 糖 + 亚硝酸盐 + （异）抗坏血酸钠 + 三聚磷酸盐腌制。将原料称重，每 100 g 原料肉添加 15 g 腌制剂溶液。按每 100 g 腌制剂溶液加入 15 g 精盐、10 g 白砂糖、0.075 g 亚硝酸钠（钾）、0.15 g 的（异）抗坏血酸钠和 3 g 三聚磷酸盐的比例用洁净冰水配制。

（4）色差测定：使用色差仪对每组样品进行色差测定，记录结果进行对比。

（5）增重率的测定：腌制结束的样品沥干水分或用吸水纸吸干水分后称重，对比腌制前后的质量变化。

增重率 = 100% × （腌制后的样品质量 − 腌制前的样品质量）/腌制前的样品质量

（6）感官描述分析:3~5人一组,对腌制后的样品,或腌制完封装、杀菌或熟制后的样品进行感官描述分析,描述分析指标包括色泽、组织状态、气味、滋味、口感等。

3. 注射腌制法

注射腌制法是用多针头盐水注射机将配制好的腌制液均匀注射入肉内部,或通过泵将腌制液经动脉系统压入肉内部的腌制方法。注射腌制可加速腌制液的扩散,提高腌制效率。

手工注射较繁琐,可用多针头肌肉注射腌制机,实验方法和过程参考干法腌制和湿法腌制。

4. 多方法混合腌制和机械辅助腌制

在实际中可根据需要将干腌法、湿腌法、注射腌制法结合使用,如先干腌后再放入盐水中腌制,注射腌制盐水后在表面涂抹混合腌制剂腌制等。

此外,可用机械作用力加速肉制品的腌制,如在腌制过程中采用机械的嫩化(有敲打、揉搓、摔打、轧切等机械作用)、滚揉(有摩擦、碾压等机械作用)、真空等物理手段辅助腌制。通过这些物理机械作用来破坏肌肉纤维结缔组织、松弛肌肉纤维蛋白内部结构,从而有利于盐溶蛋白的提取,增强蛋白质的水化作用和筋腱中胶原蛋白的吸水能力,提高腌制效果,改善产品的保水性、黏结性、嫩度、口感和外观,提高产品出品率。

实验需要真空滚揉设备等,方法和过程参考干法腌制和湿法腌制。

五、结果与分析

1. 色差及质量变化结果及分析

将实结果填入表1-5-2,并对结果进行分析讨论。

表1-5-2　不同腌制条件下肉的色差及质量变化结果

样品	腌制条件	色差值	汁液流失率	增重率
第一组	空白对照样			
第二组				
第三组				
第四组				

2. 感官描述分析记录表

将样品的色泽、组织状态、滋味、口感等描述分析结果填入表1-5-3,并对结果的分析讨论。

表1-5-3　不同腌制条件下肉的感官特征描述分析

样品	腌制条件	色泽	组织状态	气味	滋味口感
第一组	空白对照样				
第二组					
第三组					
第四组					

六、思考题

（1）干腌法和湿腌法的优缺点各有哪些？

（2）原料肉腌制前后有哪些主要变化？是什么原因引起的？

（3）原料肉的腌制对肉品的哪些品质指标有影响？对后续产品质量产生了什么影响？

实验三　肉的斩拌与重组

一、实验目的

（1）学习肉制品的斩拌与重组方法，强化肉的斩拌与重组的作用原理。

（2）了解瘦肉、盐类、蛋白质、水、脂肪等添加量对肉斩拌与重组效果的影响，熟悉检测肉制品的黏结性、蒸煮损失率的方法。

二、实验原理

斩拌是将绞碎的肉在斩拌机内进一步碎化的过程。肉的重组是在斩拌过程中，随着肌肉纤维不断碎化和盐溶蛋白的溶出，碎肉间形成网络结构，黏着性不断提高，最后又重组成交联的整体，完成重组的过程。

肌细胞中的盐溶蛋白具有较强的持水能力和交联能力，经加盐腌制等处理它们不仅能够保持肉本身的水分还能保持一定外加的水分。盐溶蛋白中的肌动蛋白和肌球蛋白等是呈纤维状的结构蛋白，外面由一层结缔组织膜（含细胞膜）包裹着；这层膜若不被打开，肌动蛋白和肌球蛋白只能保持组织内部的水分，不能保持外来水分。斩拌破坏了这些结缔组织膜，使结构蛋白的残片暴露出来。在盐溶作用下，这些蛋白质能够溶出并吸水溶胀交联，最后形成网状的蛋白质胶状体，使破碎的肌肉重新实现组合。这种蛋白质胶状体又具有很强的乳化性，能结合包裹脂肪颗粒；并且在加热时，能防止脂肪粒之间的结合溢出，从而使重组后的肉糜具有良好的保水性和保油性。

在肉的重组中加入TG酶（谷氨酰胺转胺酶）可提高重组效果，TG酶利用蛋白质肽链上的谷氨酰胺残基的γ-酰胺基为供体，赖氨酸残基的ε-氨基为受体，催化转酰基反应，而使蛋白质分子内或分子间发生共价交联。TG酶既可以催化肌肉蛋白质之间的交联，又可以催化植物蛋白与肌肉蛋白之间的交联。

影响斩拌质量的因素：原料肉品质、食盐添加量、磷酸盐添加量、辅助剂添加量、水和脂肪的添加量、斩拌温度、斩拌时间、斩拌机的速度（转速）；斩拌机的刀锋利程度、装载量等。

三、实验器材

1. 仪器与设备

设备:绞肉机、斩拌机、质构仪、制冰机、电子天平、温度计、弹簧秤等。

器材:切刀、砧板、不锈钢容器、量筒。

2. 实验材料

原料:鲜肉,如猪瘦肉、牛肉、肥肉等。

试剂:食用盐(NaCl 含量不低于 90%),亚硝酸钠(钾),三聚磷酸盐,糖,大豆蛋白粉,TG 酶(谷氨酰胺转胺酶)。

四、操作方法

(1)选肉:选取新鲜检疫合格的猪肉或冻藏不超过 6 个月的肉,冷冻多次的肉不用。

(2)处理:清洗,剔骨,去皮,除血管、筋腱、结膜等,肥瘦分开分别使用,瘦肉尽量除净肥膘,控制肥膘比例在 10% 以下。然后将处理好的瘦肉和肥肉分别切成 2～5 cm 的长条(形状适合绞肉机绞制),以便绞碎或腌制。在整个处理过程中应保持环境洁净,操作迅速,尽量缩短处理时间,肉的温度不超过 15℃。

(3)腌制:乳糜类产品可根据需要腌制,也可不腌制而在斩拌过程中加入腌制剂。如需要腌制可根据需要参考本章"实验二　肉的腌制"一节进行腌制。腌制时瘦肉和肥肉分别腌制,肥肉只用盐和糖腌制。

(4)绞肉:将瘦肉和肥肉分别用绞肉机绞碎。瘦肉块可通过孔径为 3～10 mm 的绞肉机,肥肉可通过孔径为 10～25 mm 的绞肉机,或切成 0.5～1.5 cm³ 的小块。

(5)斩拌:按每 100 g 瘦肉加入 18 g 冰屑的量准备冰屑或冰水混合物。将待斩拌的原料肉均匀倒入斩拌机圆盘内,开动斩拌机,在斩拌机进行斩切或搅拌的同时均匀加入精盐,低速斩拌几圈后,加入 1/3 冰水高速斩拌至肉具有黏性,然后加入磷酸盐,加入肥肉约 20 g,再加入 1/3 冰屑,继续高速斩拌至肉的温度为 5～7℃时加入剩余冰屑,继续斩拌至结束,结束前慢速斩拌几圈,以排除肉糜内的空气。总的斩拌时间一般在 15 min 左右。在整个斩拌过程中肉的温度应保持在 8～10℃ 以内,最高不超过 15℃。

斩拌较好的重组肉有以下特点:用手用力拍打肉馅,肉馅能成为一个整体,且发生颤动,从肉馅中拿出手来,分开五指,手指间形成良好的蹼。

实验样品处理如下:

第一组样品:在斩拌过程中只加入冰屑和肥肉,做手动搅拌对照组或机械斩拌对照组。

第二组样品:在斩拌过程中加入冰屑和精盐,按每 100 g 瘦肉加入 2.5 g 精盐的比例添加。可将盐溶于冰水混合物中再加入肉糜中。

第三组样品:在斩拌时加入冰屑、精盐和三聚磷酸盐。按每 100 g 瘦肉加入 2.5 g 精盐、0.5 g 三聚磷酸盐的比例添加。

第四组样品:在斩拌时加入冰屑、精盐、三聚磷酸盐、大豆蛋白粉和TG酶(谷氨酰胺转胺酶)。按每100 g瘦肉加入2.5 g精盐、0.5 g三聚磷酸盐、5～10 g大豆蛋白粉和0.01 g TG酶(谷氨酰胺转胺酶)的比例添加。

(6)黏结性测定 黏结性是判断肉重组效果的重要指标,可用之判断肉的重组效果。有质构仪时,在质构仪相应的测定方法下测定,黏结性以拉伸撕裂或挤压破裂的时间和力的积分表示。

无质构仪时,可以用断裂力大小进行简单验证性判断。具体方法为:用刀完整切取一定性状(条形)的斩拌重组后的样品,至于细线之上,系上细线,用弹簧秤勾住细线缓慢将样品从中间拉裂,读取弹簧秤受力最大值。反复几次求平均值。

(7)蒸煮损失率测定 重组肉的水分蒸煮损失率,可判断重组后肉制品的稳定性和保水性。将重组后的样品称量后用蒸煮袋密封包装(袋内空气应尽量少),在90℃下加热10 min。取出吸干表面水分,称重。

蒸煮损失率 = 100% × (蒸煮前样品质量 - 蒸煮后的样品质量)/蒸煮前样品质量

(8)感官描述分析:3～5人一组,对实验样品或封装、蒸煮煮制后的样品进行感官描述分析,描述分析指标包括色泽、组织状态、气味、滋味、口感等。

(9)注意事项:在肉的斩拌和重组过程中瘦肉、蛋白质、水和脂肪的配比很重要。一般肉馅重量10%～30%的脂肪可以在斩拌形成的蛋白质网络中构成稳定的蛋白质—水—脂肪混合物;脂肪含量太高时,所需要的蛋白质网络要更强,稳定的混合物就难以形成。

斩拌时,在不加水和其他物质的情况下斩切肌肉纤维能有效地将肌肉纤维斩开,把游离出来的结构细胞斩碎,斩拌效果较好。但高速斩拌时的刀片摩擦会引起肉温急速升高,所以斩拌时常加入冰屑或冰水(一般为瘦肉的10%～25%)斩拌。

五、结果与分析

1. 黏结性及蒸煮损失率结果及分析

将实验结果填入表1-5-4,并对结果进行分析讨论。

表1-5-4 不同腌制条件下肉的色差及质量变化结果

样品	斩拌重组条件	黏结性	蒸煮流失率
第一组	空白对照样		
第二组			
第三组			
第四组			

2. 感官描述分析记录表

将样品的色泽、组织状态、滋味、口感等描述分析结果填入表1-5-5,并对结果进行分析讨论。

表 1 - 5 - 5　不同腌制条件下肉的感官特征描述分析

样品	斩拌重组条件	色泽	组织状态	气味	滋味口感
第一组	空白对照样				
第二组					
第三组					
第四组					

六、思考题

（1）斩拌肉制品时应该注意哪些问题？为什么？

（2）影响肉的斩拌和重组的因素主要有哪些？是如何影响的？

（3）重组肉与新鲜肉的品质有何区别？

（4）磷酸盐和 TG 酶在肉的斩拌和重组中的作用机理是什么？

实验四　肉糜凝胶特性

一、实验目的

（1）学习肉糜凝胶特性的特点和形成过程。

（2）了解离子强度、温度、添加剂等的添加量对肉糜凝胶形成效果的影响，熟悉检测肉糜的弹性、硬度、保水性等指标的方法。

二、实验原理

肉糜的凝胶特性是指肌肉中溶出的蛋白质在加热等作用下，经过分子结构的改变和集聚，最终形成网状的凝胶体。这种凝胶特性主要是由肌肉中盐溶性肌原纤维蛋白形成的，且其中的肌球蛋白是起凝胶作用的主要蛋白质。

肌球蛋白在肌肉较低的生理离子强度下（0.15 ~ 0.25 mol/L）是不溶的。添加食盐和磷酸盐使肌肉离子强度提高（0.3 ~ 0.6 mol/L）后，肌球蛋白能够被溶解和提取，且提取的肌球蛋白呈溶胶状态。肉在加工中经腌制、斩拌等处理，肌球蛋白大量溶出，可与其他组分形成均匀而黏稠的溶胶体。经过加热，这些溶胶态蛋白质形成巨大的网状凝胶体，能够将水分和脂肪等保持在凝胶体的网状结构内部。

肉糜凝胶特性的形成过程可以分为肌肉组织的破碎、盐溶蛋白的提取、蛋白质的变性、蛋白质—蛋白质间的集聚和凝胶网状结构的形成等主要步骤。影响肉糜凝胶特性的主要因素有肌肉蛋白质的浓度和特性、离子强度、pH 值、温度、磷酸盐等。

三、实验器材

1. 仪器与设备

设备:绞肉机、斩拌机、质构仪、制冰机、电子天平、温度计、弹簧秤等。

器材:切刀、砧板、不锈钢容器、量筒。

2. 实验材料

原料:鲜肉,如猪瘦肉、牛肉、肥肉等。

试剂:食用盐(NaCl 含量不低于 90%),亚硝酸钠(钾),三聚磷酸盐,糖,大豆蛋白粉,TG 酶(谷氨酰胺转胺酶)。

四、操作方法

(1)选肉:首选选取新鲜的猪背脊肉、猪后腿肉或鸡胸肉,其他瘦肉均可。

(2)处理:清洗,剔骨,去皮,除血管、筋腱、结膜等,肥瘦分开分别使用,瘦肉尽量除净肥膘,控制肥膘比例在 10% 以下。然后将处理好的瘦肉和肥肉分别切成 2~5 cm 的长条以备绞碎或腌制。在整个处理过程中应保持环境洁净,操作迅速,尽量缩短处理时间,肉的温度不超过 15℃。

(3)绞肉:将瘦肉和肥肉分别用绞肉机绞碎。瘦肉块可通过孔径为 3~10 mm 的绞肉机,肥肉可通过孔径为 10~25 mm 的绞肉机,或切成 0.5~1.5 cm³ 的小块。

(4)腌制:腌制时瘦肉和肥肉分别腌制,肥肉只用盐腌制。

(5)斩拌:每 100 g 瘦肉加入 15 g 冰屑的量准备冰屑或冰水混合物。将待斩拌的原料肉均匀倒入斩拌机圆盘内,开动斩拌机,在斩切或搅拌的同时均匀加入精盐,低速斩拌几圈后,加入 1/3 冰屑高速斩拌至肉具有黏性时,加入磷酸盐,再加入 1/3 冰屑,继续高速斩拌至肉的温度为 5~7℃时加入剩余冰屑,继续斩拌至结束,结束前慢速斩拌几圈,以排除肉糜内的空气。总的斩拌时间一般在 15 min 左右。在整个斩拌过程中肉的温度应保持在 8~10℃以内,最高不超过 15℃。

食盐添加量对肉糜凝胶特性的影响,实验样品处理如下:

第一组样品:在斩拌时加入冰屑做空白对照。

第二组样品:在斩拌时加入冰屑和精盐,按每 100 g 瘦肉加入 1 g 精盐的比例添加。

第三组样品:在斩拌时加入冰屑和精盐,按每 100 g 瘦肉加入 3 g 精盐的比例添加。

磷酸盐添加量对肉糜凝胶特性的影响,实验样品处理如下:

第四组样品:在斩拌时加入冰屑、精盐和三聚磷酸盐。按每 100 g 瘦肉加入 2.5 g 精盐和 0.2 g 三聚磷酸盐的比例添加。

第五组样品:在斩拌时加入冰屑、精盐和三聚磷酸盐。按每 100 g 瘦肉加入 2.5 g 精盐和 0.5 g 三聚磷酸盐的比例添加。(注:此处的实验设计还可加入更多对照验证因素,如调整 pH 值、添加淀粉、蛋白粉、TG 酶等。)

（6）凝胶化:将处理好的样品分别缓慢升温至40℃、50℃、70℃,加热 30 min(含升温时间),冷水冷却后进行弹性、硬度和保水性测定。

（7）弹性和硬度测定:弹性和硬度是肉糜凝胶特性的重要指标。其测定可借助于质构仪进行测定,在质构仪 TPA(质构特性分析)模式下,利用特定探头进行测定。每个样品重复测定 5 次,重复样品规格一致,取平均值。

（8）凝胶持水性测定　肉糜凝胶的持水性能是肉制品出品率的重要指标。持水性可通过蒸煮损失率和保水性反应。

蒸煮损失率测定:将重组后的样品称量后用蒸煮袋密封包装(袋内空气应尽量少),在 90℃下加热 10 min。取出吸干表面水分,称重。

蒸煮损失率 =100% ×(蒸煮前样品质量 – 蒸煮后的样品质量)/蒸煮前样品质量

保水性测定:取制备好的凝胶称重,经 3000 r/min 离心 3 min 后,除去离心出的水分,再次称重,然后计算保水性。

保水性 =100% ×(离心前样品质量 – 离心后的样品质量)/离心前样品质量

（9）感官评分:3～5 人一组,对凝胶化的样品进行感官描述分析,指标包括切面组织状态、汁液流失、压按触感等。

五、结果与分析

1.黏结性及蒸煮损失率结果及分析

将实验结果填入表 1 – 5 – 6,并对结果进行分析讨论。

表 1 – 5 – 6　不同腌制条件下肉的色差及质量变化结果

样品	斩拌条件	凝胶化温度	弹性/硬度	蒸煮损失率	保水性
第一组	空白对照样				
第二组					
第三组					
第四组					
第五组					

2.感官描述分析记录表

将样品的切面组织状态、汁液流失、压按触感等描述分析结果填入表 1 – 5 – 7,并对结果的分析讨论。

表 1 – 5 – 7　不同腌制条件下肉的感官特征描述分析

样品	斩拌条件	凝胶化温度	切面组织状态	汁液流失	压按触感
第一组	空白对照样				
第二组					

样品	斩拌条件	凝胶化温度	切面组织状态	汁液流失	压按触感
第三组					
第四组					
第五组					

六、思考题

（1）影响肉制品凝胶特性的因素主要有哪些？这些因素是如何影响的？

（2）提高肉制品凝胶特性的方法有哪些？

第六章　罐藏食品工艺基础实验

实验一　罐藏食品的排气和密封

实验（一）　罐藏食品的排气

一、实验目的

（1）掌握罐藏食品的排气原理。

（2）了解排气方法和排气温度对罐头真空度的影响。

（3）掌握常用排气方法。

（4）熟悉手扳封罐机、小型真空封罐机的操作。

二、实验原理

目前，国内罐头排气所采用的方法有加热排气、真空封罐排气和蒸汽喷射排气法等。本实验选用加热排气和真空封罐排气两种方法进行实验。加热排气的原理是利用热介质，将热量传给罐壁，再向罐内传递，使罐内食品受热膨胀，食品中的水分受热产生水蒸气，以及罐内所存在的空气本身的受热膨胀，造成罐内气体向外排出，从而达到排除罐内空气的目的。排气后经封罐、杀菌冷却后，罐内就能形成一定的真空度。真空封罐排气的原理是在封罐过程中，利用真空泵将封罐机真空室和罐头顶隙内的空气抽出，形成一定的真空度，随之迅速卷边封口，从而实现罐内形成一定真空度的目的。

三、主要实验器材

1. 实验仪器与设备

罐头真空度测定仪、加热排气热水箱（或水浴锅）、100 mL 移液枪、玻璃旋转瓶单头旋盖机、GT4B2 单头真空封罐机或玻璃旋转瓶单头真空旋盖机。

2. 实验材料

500 mL 旋开式罐头玻璃瓶、马口铁空罐及罐盖。

四、操作方法

1. 加热排气法

采用加热排气的罐头食品其最终真空度主要取决于排气完成后封罐时罐内温度 T_1

(一般为排气箱内温度)对应的蒸汽分压 $P_{汽1}$ 和测定罐头真空度时罐内温度 T_2(一般为室温)对应的蒸汽分压 $P_{汽2}$,即罐头真空度 $W_{罐} = P_{汽1} - P_{汽2}$。

由于测定室温变化幅度较小,$P_{汽2}$ 值变化不大,所以 W 值主取决于封罐的罐内蒸汽分压 $P_{汽1}$,而 $P_{汽1}$ 又取决于封罐时罐内食品的温度。本实验验证在相同排气时间、不同排气温度下的排气效果。为便于比较,实验的罐头内容物为清水。具体操作方法如下。

(1)样品准备:取 500 mL 四旋玻璃瓶空瓶 12 只,编成 4 组每组 3 只,各加清水至满。为便于比较真空度,用移液枪分别从每只罐头中吸取相同体积的水,以保持统一顶隙度(5～10 mm),然后将罐盖扣上,编好实验号。

(2)加热排气:将样品按编号分别置于 70℃、80℃、90℃、100℃的排气箱或水浴锅中加热排气。加热时间为 8～15 min,待罐头中心温度分别达到 70℃、80℃、90℃、100℃时,取出罐头立即用玻璃瓶旋盖机封罐。旋盖密封时注意防止罐内清水被甩出,否则影响到顶隙不统一。封罐后将罐头用自来水冷却至常温。

(3)测定罐头真空度:用罐头真空度测定仪测定真空度,将结果记录在表 1-6-1 中。

表 1-6-1　封罐温度与罐头真空度关系

实验组号		封罐温度 T_1(℃)	$W_{罐}$(kPa)	
			各罐值	平均值
1组	1	70		
	2			
	3			
2组	1	80		
	2			
	3			
3组	1	90		
	2			
	3			
4组	1	100		
	2			
	3			

2. 真空封罐排气法

采用真空封罐方法时,罐头真空度 $W_{罐} = W_{密封室} + (P_{汽1} - P_{汽2})$,其中 $P_{汽1}$ 和 $P_{汽2}$ 为封罐时罐内食品温度 T_1 对应的蒸汽分压和测定罐头真空度时罐内温度 T_2 对应的蒸汽分压。当密封时罐内食品温度设定不变时,则 $(P_{汽1} - P_{汽2})$ 基本为定值,罐头真空度便取决于真空封罐机真空室的真空度 $W_{室}$。本实验验证在相同食品温度而不同 $W_{室}$ 下最终罐头获得的真空度情况。为便于比较,实验的罐头内容物为清水。具体操作方法如下。

（1）样品准备：选取马口铁空罐 15 只，编成 5 组每组 3 只，编写上实验号，加清水至满。为便于比较真空度，用移液枪分别从每只罐头中吸取相同体积的水，以保持统一顶隙度（5 ~ 10 mm），扣上罐盖后立即封罐。

（2）真空封罐：将 5 组罐头分别在 $W_{室}$ 为 40 kPa、50 kPa、60 kPa、70 kPa、80 kPa 真空度下进行封罐。

（3）测定罐头真空度：将罐头冷却至常温后，用罐头真空度测定仪测定真空度，填入表 1 – 6 – 2。

表 1 – 6 – 2　$W_{密封室}$ 与罐头真空度关系

实验组号		$W_{密封室}$（kPa）	$W_{罐}$（kPa）	
			各罐值	平均值
1 组	1	40		
	2			
	3			
2 组	1	50		
	2			
	3			
3 组	1	60		
	2			
	3			
4 组	1	70		
	2			
	3			
5 组	1	80		
	2			
	3			

五、结果与讨论

根据表 1 – 6 – 1 数值，对排气效果进行比较讨论；根据表 1 – 6 – 2 数值，对不同真空度 $W_{密封室}$ 的排气效果进行比较讨论。

六、思考题

（1）本实验用清水代替内容物，如果换成糖水苹果块，两种排气方法的实验结果还会相同吗？

（2）请思考罐头生产企业排气工序的实际生产操作应注意哪些问题？

实验(二) 金属圆罐的封罐方法

一、实验目的

(1)掌握金属罐二重卷边的封罐原理。

(2)了解金属封罐机主要部件的作用和卷封的基本过程。

(3)掌握封罐机的操作方法和维护。

二、实验原理

容器密封是罐藏食品得以长期保存不变质的关键因素之一。目前,金属罐的密封方法基本采用二重卷边密封技术,由二重卷边封罐机完成;其密封原理是利用了二重卷边后金属罐盖钩(三层叠合)和罐身翻边(二层叠合)以及盖钩内橡胶密封圈之间多重牢固严密叠合所形成的良好密封性。

二重卷边是由封罐机完成的,不论何种类型的封罐机,完成二重卷边的主要部件均由托盘、压头和卷边滚轮三个部分组成。如图1-6-1所示为单压头圆罐封罐机。卷边滚轮由头道滚轮和二道滚轮组成,压头和滚轮的机械部分统称为封罐机头。托盘是放置罐身用的,与压头配合使罐身和罐盖夹紧,滚轮进行卷封作业时,罐身与罐盖能始终保持固定状态。对于圆罐罐身转动式封罐机,则在托盘下面装有平面从动滚珠轴承,使转动灵活。压头的平面必须和中心线成直角,托盘与压头必须在同一中心线上,托盘平面与压头平面呈水平状态互相平行,才能夹紧罐头保持四周高低一致,压力均匀。卷封滚轮分头道滚轮和二道滚轮,两者外形和尺寸基本相同,但滚轮槽形有差别。头道滚轮的槽形狭而深,其作用

二道滚轮
头道滚轮
压头
托盘

图1-6-1 半自动二重卷边封罐机

是使罐盖钩逐步弯曲到罐身钩里,进而连同罐身钩一起进行卷曲,相互钩合,使二重卷边基本定型。二道滚轮的槽形比头道滚轮宽且浅,其作用是把已经初步定型的卷边压扁压紧,形成光滑的矩形的二重卷边结构。

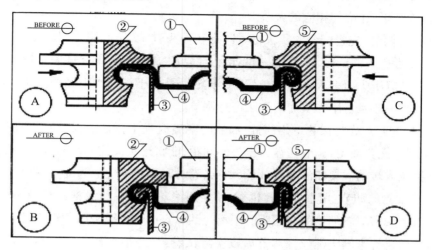

图 1 - 6 - 2　二重卷边的预封与密封操作示意图

①—压头　②—头道滚轮　③—罐身翻边　④—罐盖　⑤—二道滚轮
A—预封操作前状态　B—头道滚轮预封操作后状态
C—二道滚轮密封前状态　D—二道滚轮密封前状态

本实验可选用半自动、全自动和真空封罐机三种设备中的一种。三种封罐机的操作程序有所不同,但卷封原理和过程大致相同。如图 1 - 6 - 2 所示,当装有内容物的空罐进入封罐机时,罐盖就被自动送到空罐上(手扳封罐则需手工加盖),接着罐头被送到托盘上,托盘上升,罐头被托盘和压头夹紧,压头凸缘起着承受卷边滚轮压力的作用。然后头道卷边滚轮开始水平运动,逐渐靠近压头,对罐盖的边缘施以压力,并沿罐盖边缘迅速旋转,从而将罐盖的边缘弯曲到罐身钩的下面,头道滚轮作业结束滚轮即退出,紧接着,二道滚轮以同样水平运动,逐渐靠近压头,将初步定型的卷边压紧,完成卷边后,二道滚轮退出,托盘下降,二重卷边全部完成。

三、实验器材

1. 实验设备

金属圆罐手板封罐机或半自动封罐机、全自动卷边投影仪、便携式罐头真空度测定仪。

2. 实验材料

可选用常见的 5133 型、691 型或 6113 型马口铁空罐易拉罐及罐盖。

四、操作方法

本实验采用手扳封罐机或半自动封罐机。可将空罐装入 85 ~ 90℃ 清水(预留合适顶隙)作为实罐进行封罐实验。注意不同罐型要配合相应的压头。具体操作方法如下。

1. 主要工作部件的调节

根据罐型对压头、托盘和滚轮进行调节,使三者能相互配合。在生产过程中,根据二重卷边质量检验结果,还应作相应的调节。

(1)压头的调节:先将配合的压头捻紧固定在压头轴上,然后用手回转压头,并推进任何一个滚轮靠近压头的凸缘,观察压头的凸缘上部与滚轮边缘下部之间整个圆周上的距离有无差异,以确定压头面是否在水平位置上,滚轮是否与压头轴成正确的直角。压头与滚轮高低的配合,一般是采用加填片的方法进行调节。

(2)托盘的调节:先将滚轮退出,将已加盖的空罐放置于托盘上,脚踏掣动杆上升托盘至罐头完全嵌入压头面内,调节托盘和压头的间距,能将罐头夹住不动时,固定托盘。调节后,用手力推拉或转动被夹住的罐头,以不动摇、卷封时无滑动现象为度。

(3)头道滚轮的调节:用手力回转机械,使头道滚轮向压头凸缘推进至最适位置,捻紧固定螺丝,调节头道滚轮的槽面与压头凸距离至约 1.6 mm,视罐金属薄钢板的不同厚度而略有差别,然后再捻紧固定螺丝。调节后以空罐试卷封,并检查初步定型卷边整个圆周上的厚度、宽度,并剖开检查罐盖钩的卷曲度,有无不足或过度现象。

(4)二道滚轮的调节:调节二道滚轮的槽面与压头边缘的距离为 0.8 mm。其他的调节与头道滚轮的调节相同。调节后,将头道滚轮卷边形成的初步定型卷边,进行二道滚轮试卷封。卷封后,检验卷边的外形、厚度、宽度、埋头度是否符合质量要求,并剖开检验卷边的叠接度、紧密度和罐盖钩完整率(检验方法见本篇第八章实验一)。

2. 试卷封

主要部件调节后,应经过试卷封。试卷封是指检查压头边缘上部与卷边的最上部是否在同一平面上,滚轮与压头边缘调节是否正确,托盘向上推压力是否足够,托盘中心线与压头中心线是否一致,卷边结构是否符合规格要求等。

3. 正式卷封

检查机械各部件及其相互关系完全正常和合格后方可正式卷封。

(1)加盖:将罐盖准确地放在罐身的翻边上。

(2)进罐:将罐头置于托盘正中,使托盘上升时,罐盖的凹面能正确地嵌入压头内。

(3)头道滚轮卷封:当托盘上升至与压头相互夹紧罐头后,徐徐推进头道滚轮使滚轮槽面接触罐盖钩边缘,由于压头夹住罐头,滚轮的转动和推进压力徐徐加大,经 6~7 次转动,即可完成头道滚轮的卷封作业。

(4)二道滚轮卷封:头道滚轮退出,徐徐推进二道滚轮,将头道初步形成的定型卷边压紧成为二重卷边结构。

(5)出罐:二道滚轮完成卷封作业后退出,降下托盘恢复原位。

(6)检查:将二重卷边按实验二进行检查。并将实验和检验数据填入表 1-6-3 中。

有条件时可同时采用自动封罐机、真空封罐机分别进行操作实验,并比较各种封罐机的封罐效率和封罐质量。

五、结果与讨论

对完成的封罐样品的卷封状况进行分析讨论。

六、思考题

（1）如果卷封完后发现盖钩与身钩的重叠率很低，你认为是哪些原因造成的？

（2）二重卷边的密封质量由哪些因素决定？请用有关参数说明。

表 1-6-3　封罐实验数据及结果

封罐机类型	实验号	外高 H（mm）	卷边宽度 W（mm）	卷边厚度 T（mm）	埋头度 C（mm）	罐身钩长度 BH（mm）	罐盖钩长 CL（mm）	叠接长度 OL（mm）	叠接率 OL（%）	紧密度 TR（%）	真空度（kPa）
手扳式封罐机	1										
	2										
	3										
	平均										
自动封罐机	1										
	2										
	3										
	平均										
真空封罐机	1										
	2										
	3										
	平均										

实验（三）　蒸煮袋封口实验

一、实验目的

（1）掌握蒸煮袋热熔封口原理、不同材料的热熔温度及相应的操作方法。

（2）熟悉真空包装机和连续封口机的工作原理与维护。

二、实验原理

蒸煮袋一般指兼具高强度、高阻气性、保香性和耐热性的复合薄膜袋。材料至少有三层复合而成：内层一般为具有热熔性的 PE 或 CPP 或 HDPE，中间和外层一般为强度高和阻气性好并耐热的 Al、BOPA、BOPE 等。复合层之间的黏合剂和标签印刷油墨均要能耐125℃以上的高温，以便在高温杀菌后复合层不分层、标签图案不变色。不论是哪种蒸煮袋,都是利用内层的聚烯烃材料受热时相互熔合、受压、冷却定型后而达到紧密结合,进而保证蒸煮袋的密封。

三、实验器材

1. 实验设备

连续薄膜封口机,真空充气包装机(单室或双室),图 1 - 6 - 3 所示为双室真空(充气)包装机,图 1 - 6 - 3 所示为双室真空系统结构原理示意图。

图 1 - 6 - 3　双室真空(充气)包装机

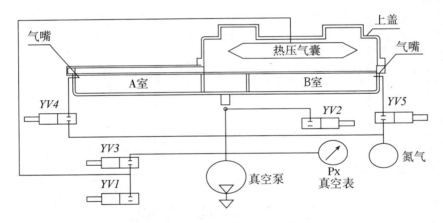

图 1 - 6 - 4　双室真空(充气)包装机真空系统结构原理示意图

2. 实验材料

铝箔复合蒸煮袋、透明复合蒸煮袋。

四、操作方法

(一)连续薄膜封口机的操作

1. 调节封口温度和时间

蒸煮袋的热合温度和时间与内层材料的品种和复合材料的总厚度有关。通常蒸煮袋的热合温度在 130～180℃之间,热合时间在 1～3 s 之间。

根据这些特性将温度和时间的调节旋扭调节至相应的位置。

2. 预热和试运行

接通电源,打开加热开关使加热元件升温,再打开输送带开关让其试运行。

3. 封口

先将内容物装入蒸煮袋,注意必须保持蒸煮袋袋口内外侧干净,否则达不到熔合的目的,然后编好实验号。将袋放好,蒸煮袋由输送带送入,经过加热元件时,袋口被加热的同时受到一定压力,将蒸煮袋热熔合,继续往前运送时即开始冷却定型,封口即完成。

4. 袋口质量检查

封口后需检查封口部位是否平坦、服帖,然后用手拉动封口处,检查其牢固度,必要时需进行封口强度的检查。

(二)真空包装机的封口操作

1. 真空度、温度和热封时间的调节

根据蒸煮袋的特性,将封口真空度、温度和时间旋钮调节到相应的位置。有的包装机真空室的真空度通常由抽真空的时间来控制,一般抽真空的时间要调在大于 30 s 时才能获得大于 0.05 MPa 的真空室真空度。有的包装机热封温度是通过调节热封条的电压来实现(一般厚度的蒸煮袋调在 24 V,厚度较大的调在 36 V)。

2. 预热和试运行

接通总电源,将一个空袋放到热封条上,合上真空室,此时机器开始自动运行。其过程是:抽真空、突然释放真空、热封条瞬间升温、维持封合时间、真空室盖子弹开。打开盖子,取出封好的袋子,检查袋口的封合是否平整、牢固。否则要重新设定相关的参数,再试运行到合格为止。

3. 封口

试运行正常后,将装有内容物并编好实验号的蒸煮袋(一般内容物体积不要超过袋子的 2/3,否则袋口不易压紧)袋口平行摆放于热封条上。蒸煮袋袋口内外均要保持干净,特别是外侧不得粘有油等滑腻的东西,否则抽真空时袋口压不住。然后关上真空室盖,包装机自动先抽真空直至真空室达到设定的真空度,但此时因袋口被压紧而袋内的空气并未排除,因而处于鼓胀的相对高压状态。然后真空室的真空突然释放,袋内的空气被压出,同时热封条瞬间升温并维持设定的封合时间,最后真空室盖子弹开,封口完成。打开盖子,取出封好的袋子。

4. 检查封口质量

检查蒸煮袋口熔合处的平坦、服帖和牢固状况。

五、结果与讨论

将实验数据和检查结果填入表 1 - 6 - 4 中,并对封口质量进行分析讨论。

六、思考题

(1)真空包装复合材料热封面一般为哪些高分子材料? 任何高分子材料都能热封吗?

（2）热封不足或热封过度的原因分别有哪些?

表1-6-4　蒸煮袋热熔合封口实验结果

封口机类型	实验号	封口温度(℃)	加热时间(min)	真空度(kPa)	封口质量
连续封口机	1				
	2			—	
	3				
真空包装机	1				
	2				
	3				

实验二　罐头的杀菌与冷却

实验(一)　常压沸水杀菌与冷却

一、实验目的

（1）掌握沸水杀菌与冷却的基本原理及其操作方法。
（2）了解工业用常压杀菌设备的结构与维护。

二、实验原理

大部分 pH 值低于 4.5 的酸性食品,如水果和酸渍蔬菜罐头产品,其腐败菌类型主要以酵母、霉菌、巴氏固氮梭状芽孢杆菌、酪酸梭状芽孢杆菌、多粘芽孢杆菌、软化芽孢杆菌和乳酸菌等为主,这些腐败菌的 D100℃ 一般在 1 min 以下。另外,这些产品原料组织中所存在的对罐头贮藏品质有影响的酶类如多酚氧化酶、果胶酶等在前处理工艺中也进行过钝灭。同时,若采用高温高压杀菌又可能对这些产品感官特性、营养价值和色泽等造成较严重的破坏。为此,这类罐头食品通常较宜采用沸水杀菌方式进行处理。连续水浴杀菌槽或立式常压杀菌锅是常见的罐头常压杀菌设备。利用电热或蒸汽加热水介质,通过热水对罐头进行传热,热量由罐外壁逐步向罐中心传递,使罐头内容物所污染的微生物及残存的酶进行钝灭。

三、实验器材

1. 实验设备与仪器

小型立式杀菌锅(如图1-6-7)或电热常压蒸煮锅、无线 F_0 值记录仪。

2. 实验材料

500 mL 罐头瓶的糖水菠萝罐头,杀菌条件为:(5 min - 30 min)/100℃。

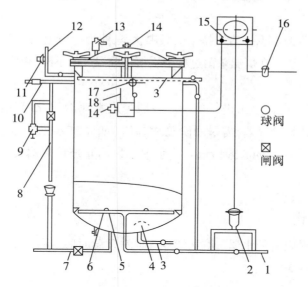

图 1-6-5 立式杀菌锅

1—蒸汽管 2—薄膜阀 3—进水管 4—进水缓冲板 5—蒸汽喷射管 6—杀菌篮支架
7—排出管 8—溢水管 9—保险阀 10—排气管 11—减压阀 12—压缩空气管
13—安全阀 14—泄气阀 15—调节器 16—空气减压过滤器 17—压力表 18—温度计

四、操作方法

本实验采用热水杀菌。杀菌与冷却操作方法如下。

1. 制作罐头

杀菌前制作好一定数量的糖水菠萝罐头,罐头 pH < 4.0。选取其中 1 罐,做好标记,将 F_0 值记录仪温度记录时间间隔设置为 1 min,然后置于罐内冷点部位,排气、密封。其他罐头同样需经排气、密封。

2. 杀菌锅进水

先向杀菌锅内注入需要的水量。在进水之前必须将杀菌锅清洗干净,以免对罐头造成污染。

3. 水加热

徐徐打开蒸汽阀门,直接通入蒸汽将杀菌锅内的水加热至 50~60℃。

4. 进罐

将装好罐头的杀菌篮放入杀菌锅内,注意将装入 F_0 值记录仪的罐头放置于杀菌篮中心位置。为避免玻璃罐破裂,可预先将罐头预热至 50℃后再放入锅内。需将罐头全部浸没于水中,最上层的罐头应在水面 15 cm 以下。

5. 升温

继续通入蒸汽加热升温,5 min 内将杀菌锅的水加热至沸腾,并开始记录杀菌时间。

6. 恒温杀菌

从开始记录杀菌时间起,一直维持水的微沸状态,即维持恒定的杀菌温度,并延续到规定的 30 min 杀菌时间。注意在恒温杀菌过程中不得造成温度的下降,否则将影响杀菌效果。

7. 冷却

杀菌结束后,将杀菌篮吊出进行冷却。一般采用水池冷却,冷却用水必须经加氯处理过。玻璃罐应考虑其急冷温差,需采用阶段冷却法(如先放入 70℃ 水池中冷却 10 min,然后放入 40℃ 水池中冷却 5 min,最后放入冷水中),以防止玻璃罐爆裂。最后将玻璃罐冷却到 38℃ 以下。

五、结果与讨论

记录罐头放入锅内后的水温、水再次沸腾时的升温时间、恒温杀菌时间、冷却时间,并将数据填入表 1 - 6 - 5 中。

表 1 - 6 - 5　常压沸水杀菌实验结果

最初水温(℃)	升温时间(min)	恒温杀菌时间(min)	冷却时间(min)

然后找出做标记的罐头,取出无线 F_0 值记录仪,在计算机中导出 Excel 数据表,以 $\Delta t = 1$ min 为时间间隔,将达到 60 ~ 100℃ 的温度及对应的时间填入表 1 - 6 - 6,以巴氏固氮梭状芽孢杆菌为对象菌,Z 取 11℃,$D100 = 0.5$ min,减菌指数 n 取 8,最低 $F_0 = 8D100 = 4.0$ min。采用逼近法($F_0 = \sum_{1 \to n} F_i = \Delta t_i \sum_{1 \to n} 10^{(T_i - 100/Z)}$)计算累积杀菌强度 F_0 值是否达到 4.0 min。如果达到要求,说明该罐头按此杀菌条件的商业杀菌操作是成功的,否则存在腐败风险。

表 1 - 6 - 6　F_0 值手工计算表

序号	Δt_i(min)	罐内冷点温度 T(℃)	F_i 计算值	$\sum_{1 \to n} F_i$
0	t	60		
1	$t + 1$			
2	$t + 2$			
3	$t + 3$			
...	...			
n	$t + n$			

六、思考题

(1)罐头玻璃瓶的急冷温差一般为多少?

(2)为什么罐头杀完菌后要迅速冷却到 38℃ 以下?

(3)用高压蒸汽直接通入冷水加热,从安全角度考虑,在蒸汽阀门与锅炉之间还应安装什么阀门?

实验(二)　高压蒸汽杀菌与冷却

一、实验目的

(1)掌握高压蒸汽杀菌与冷却的原理和操作方法。

(2)了解工业用高压杀菌设备的结构和安全维护措施。

二、实验原理

pH 值高于 4.5 的低酸性食品,如常见的水产品、肉禽类和大部分蔬菜类罐头食品,其腐败菌一般为嗜热性和嗜温性芽孢菌,这些腐败菌具有较强的耐热性能(D121.1℃常在 0.1 min 以上),常温较难杀灭。要确保这类罐头食品的有效保质期,必须采用高温杀菌。

高压蒸汽杀菌原理是:在一个耐高压的密闭环境中,输入高压饱和水蒸气并直接与罐头接触,通过水蒸气的潜热使罐头内容物升温。高压蒸汽同时会加热锅内空气并通过排气口逐渐将受热膨胀的空气驱赶出高压锅,锅内全部由饱和水蒸气占据后,锅内温度将随着蒸汽压力的增加而升高,当锅内蒸汽压力达到 102.97 kPa 以上时,锅内温度可达 121℃以上,由此实现高温杀菌。杀菌结束后,通入冷却水对罐头进行冷却,为防止冷却过程中罐藏容器的变形或爆裂,应采用反压冷却。

三、实验器材

1. 实验设备

实验型 TS－25C 型或 FY50 型电热高温反压杀菌锅(有条件时可直接采用工业高压蒸汽杀菌锅进行生产实验)、空气压缩机、无线 F_0 值记录仪。

2. 实验材料

马口铁罐装的低酸性食品罐头(如 6113# 八宝粥),杀菌条件为:(15 min－20 min－30 min)/[(127+1)℃]。

图 1－6－6　TS－25C 型电热高温反压杀菌锅

四、操作方法

TS－25C 型实验型高温高压杀菌锅的操作方法

1. 准备工作

（1）启动空压机，使贮气罐的压力达到 0.67 MPa 以上，系统的工作压力达到 0.5 MPa。将气管与杀菌锅进气阀相连固定好。

（2）接通杀菌锅的总电源。

（3）打开总的给水阀，向系统内供水。

（4）提前准备好一定数量的待杀菌的低酸性罐头（本实验以 6113# 八宝粥为例），选取其中 1 罐，做好标记，将 F_0 值记录仪温度记录时间间隔设置为 1 min，然后置于罐内冷点部位，排气、密封。其他罐头同样需经排气、密封。

2. 杀菌模式的设定

设定为高压蒸煮反压模式。根据八宝粥杀菌条件：（15 min － 20 min － 30 min）/［(127 +1)℃］，按杀菌锅操作模式要求，设定罐内的杀菌温度为 127℃、升温时间为 15 min，恒温杀菌时间为 20 min、冷却时间为 30 min。

3. 进罐

将罐头放在杀菌篮上，注意将装入 F_0 值记录仪的罐头放置于杀菌篮中心位置，然后放入杀菌罐内并固定好，关闭杀菌罐盖。

4. 运转

按下启动键后，便按程序自动地进行升温、加热杀菌、冷却等全部过程。全过程结束时便发出鸣叫，并亮安全灯。

5. 出罐

亮安全灯后即可打开杀菌锅盖取出罐头。对罐头真空度、完整性进行检验。

6. 结束操作

实验全部结束时，关掉所有电源，关掉进气总阀和进水总阀。排除空压机和贮气罐的空气和冷凝水。

五、结果与讨论

找出做标记的罐头，取出无线 F_0 值记录仪，在计算机中导出 Excel 数据表，以 $\Delta t =$ 1 min 为时间间隔，将达到 100℃ 以上的温度及对应的时间填入表 1 － 6 － 7，以肉毒梭状芽孢杆菌为对象菌，Z 取 10℃，D121.1 = 0.21 min，减菌指数 n 取 12，最低 F_0 = 12D121.1 = 2.52 min。但考虑到八宝粥罐头原料复杂，可能污染嗜热脂肪芽孢杆菌、嗜热解糖梭状芽孢杆菌等（D121.1 = 3.0 ~ 5.0），生产实践中 F_0 值放大至 5.5 min。采用逼近法（$F_0 = \sum_{1 \to n} F_i = \Delta t_i \sum_{1 \to n} 10^{(T_i - 121.1/Z)}$）计算累积杀菌强度 F_0 值是否达到 5.5 min。如果达到要求，说明该罐头按此杀菌条件的商业杀菌操作是成功的,否则存在腐败风险。

表 1 - 6 - 7 F_0 值手工计算表

序号	Δt_i(min)	罐内冷点温度 T(℃)	F_i 计算值	$\sum\limits_{1 \to n} F_i$
0	t	100		
1	$t+1$			
2	$t+2$			
3	$t+3$			
...	...			
n	$t+n$			

六、思考题

(1)高压杀菌锅的额定杀菌温度是指罐头容器冷点一定要达到的温度吗?

(2)在本实验中,对于八宝粥罐头的杀菌而言,杀菌条件中恒温杀菌时间 20 min 与 F_0 值要求的 5.5 min 为什么不一样?

实验(三) 静止式和回转式高压水浴杀菌与冷却

一、实验目的

(1)掌握高压水浴杀菌与冷却原理及其操作方法。

(2)了解工业用高压水浴杀菌设备的结构和安全维护措施。

(3)比较静止式和回转式杀菌方式的杀菌效率。

二、实验原理

凡肉类、鱼贝类、部分蔬菜类等低酸性的大直径扁罐、罐头瓶或软罐头,一般要采用高压水浴杀菌工艺,以防止罐藏容器变形和跳盖。其原理是利用高压水来平衡罐内外压力。对于罐头瓶来说,可以保持罐盖的稳定。由于处于高压状态,故能提高锅内水的沸点,促进传热。杀菌锅内的高压是由通入的压缩空气和水压来维持的。杀菌锅内的压力不同,水的沸点温度也不同,其关系见表 1 - 6 - 9。为了保证罐藏容器不产生变形、不跳盖或不破袋,杀菌时杀菌锅内的反压力必须大于该杀菌温度下相应的饱和蒸汽压力,一般为 0.021 ~ 0.027 MPa。高压水浴杀菌时,其杀菌温度必须以温度计读数为准。

罐头在静止状态下进行加热杀菌时,由于罐头本身不产生任何运动,故其传热速率较慢。对于导热—对流型传热的某些罐头产品,如块形、颗粒与液体混装的罐头、流动性较差或随着杀菌温度升高黏度增大的罐头食品,利用回转能使颗粒或块形食品在流体中产生移动,或向罐头顶隙位置的移动,从而促进热量的传递、缩短杀菌时间,提高生产效率和产品质量。回转式杀菌锅有罐头回转和杀菌篮回转两大类。本实验采用 ER – SQ 系列—全水式杀菌锅,该设备可实现水浴高压静止式和回转式杀菌。图 1 – 6 – 7 为双锅全水式高压杀菌锅结构原理示意图。

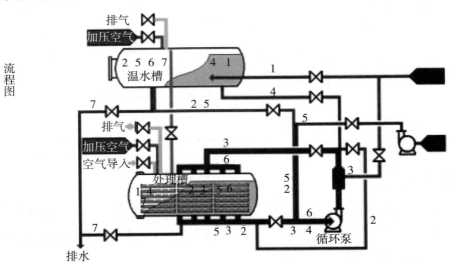

图 1 – 6 – 7　ER – SQ 系列—全水式杀菌锅结构原理图

1—装锅准备过程　2—进水过程　3—升温杀菌过程　4—回收过程
5—给水过程　6—冷却过程　7—排液出锅过程

三、实验器材

1. 实验设备与仪器

ER – SQ 系列—全水式杀菌锅、该设备可实现静止式和回转式杀菌(其结构原理图见图 1 – 6 – 7)、空气压缩机、无线 F_0 值记录仪。

2. 实验材料

蒸煮袋装低酸性食品罐头。本实验选用净重 100 g 清水蘑菇罐头,105 μm 厚铝箔复合蒸煮袋包装。

四、操作方法

(一)静止式杀菌操作

1. 设定杀菌模式

输入杀菌条件(F_0 值为 9.8 min,静止式杀菌条件为:(5 min – 45 min – 10 min)/121℃(170 kPa);回转式杀菌条件为:(3 min – 18 min – 3 min)/121℃(170 kPa))。

2. 进袋

将装好罐头的杀菌篮放入杀菌锅内,关闭锅门或盖,保持密封性。

3. 进水

关排水阀,打开进水阀,杀菌锅内进水。水位应高出最上层罐头 15 cm 左右。

4. 进压缩空气

进水完毕后,关掉所有的排气阀和溢水阀,打开压缩空气阀,向杀菌锅送入压缩空气,使锅内压力升至比杀菌温度相应的饱和蒸汽大 0.021 ~ 0.027 MPa,并在整个杀菌过程中维持这个压力。

表 1 - 6 - 8　高压锅内压力与相应温度计温度的关系

压力(MPa)	相当于饱和水蒸气温度(℃)	压力(MPa)	相当于饱和水蒸气温度(℃)
0.0069	101.8	0.0686	115.2
0.0098	102.8	0.0755	116.4
0.0137	103.6	0.0874	117.6
0.0177	104.5	0.0892	118.8
0.0206	105.3	0.0961	119.9
0.0245	106.1	0.1030	120.9
0.0275	106.9	0.1098	122.0
0.0314	107.7	0.1177	123.1
0.0343	108.4	0.1245	124.1
0.0382	109.2	0.1314	125.1
0.0412	109.9	0.1382	126.0
0.0451	110.6	0.1451	127.0
0.0481	111.3	0.1520	127.8
0.0520	112.0	0.1587	128.8
0.0549	112.6	0.1657	129.8
0.0618	114.0		

5. 进汽升温

启动 F_0 记录和计算软件。打开蒸汽阀进蒸汽使水温升高到规定的杀菌温度。

6. 恒温杀菌

当锅内水温达到规定的杀菌温度时,必须维持杀菌锅内的压力和温度恒定。按产品工艺规程延续至规定的杀菌时间。

7. 冷却

待 F_0 值达到 9.8 min 后,恒温杀菌结束,关掉进汽阀,继续进压缩空气,同时打开进水阀向杀菌锅内进冷却水对罐头进行冷却。当冷却水灌满后,要开排水阀,但需保持进水量与出水量的平衡,使锅内的水温逐渐降低。待水降至 38 ~ 40℃ 时,关掉进水阀和压缩空气阀,继续排出冷却水。

8. 出篮

杀菌锅内的冷却水排尽后冷却结束,打开杀菌锅门或盖,取出罐头。

(二)回转式杀菌操作

1. 准备工作(同前)

2. 进罐

将装好罐头的杀菌篮放入杀菌锅内,然后将杀菌篮固定好。关闭杀菌锅盖。

3. 处理方式的选择

本实验为回转置换式杀菌，设定回转速度为10r/min，并输入杀菌条件。

4. 运转

启动回转模式及F_0记录和计算软件。设备便自动按程序进行回转、升温、加热杀菌、冷却等全部过程。全过程结束后设备会发出鸣叫，并亮安全灯。

5. 实验全部结束

关掉电源开关、蒸汽和水的阀门，排除空压机、贮气罐内的空气和冷凝水。

6. 出篮

杀菌锅内的冷却水排尽后冷却结束，打开杀菌锅门或盖，取出罐头。

五、结果与讨论

记录杀菌与冷却过程中的实验数据，并填入表1−6−9。比较静止式与回转式的杀菌效率，并做出分析。

表1−6−9　静止式与回转式杀菌实验结果

杀菌方式	杀菌温度（℃）	升温时间（min）	加热杀菌时间（min）	冷却时间（min）	F_0值（min）
静止式					
回转式（10 r/min）					

六、思考题

（1）高压水浴杀菌主要针对哪些包装形式的罐头食品，其优越性有什么？

（2）为了节约热能，现在国内企业在实际生产中越来越多地选择双锅型回流式高压菌锅，请查阅有关资料，写出其杀菌操作过程。

（3）结合本实验结果，分析回转式杀菌锅的优点有哪些？

实验三　加热杀菌过程中罐内压力、冷点温度和F_0值的测定

一、实验目的

（1）了解温度、压力传感器的操作方法。

（2）掌握热力杀菌过程中罐头冷点温度、罐内压力和F_0值的测定方法。

二、实验原理

了解罐藏食品在热力杀菌过程中罐内压力、冷点温度的实际变化是制定合理杀菌规程的重要参数，结合F_0值的测定可以更加科学制定出有合理杀菌温度和反压压力参数的杀

菌条件,同时对降低实际生产中破罐率、提高生产效率以及保证食品安全均具有重要意义。

随着现代信息技术的快速发展,热力杀菌过程中罐头冷点温度、罐内压力和 F_0 值的测定已由传统的连线测定方式向无线传输技术改变。无线内置多功能数据采集器集合了传感器和存贮芯片,小巧、抗高温、测定精度高,而且可同时实现温度、压力多参数的实时测定,结合无线数据交换技术和数据处理软件,可对测定模式、参数进行设定,并同步实现 F_0 值的结果计算,有方便、快捷、准确、实时等显著特点。

图 1 – 6 – 8　Dace Trace 无线(温度/压力)验证系统
1—数据采集器　2—数据交换盒　3—数据处理软件

本实验采用已广泛应用于科研和工业化生产环节的无线(温度/压力)验证系统同步实现热力杀菌过程中罐头冷点温度、罐内压力和 F_0 值的测定。系统由数据采集器、数据交换盒(含 USB 数据线)和数据处理软件组成,图 1 – 6 – 8 所示为 Data Trace 无线(温度/压力)验证系统。数据采集器是一个小巧的无线独立部件,可以自动按设定的时间间隔(1 s ~ 18 h)同时探测关键参数(如温度、压力等),然后将数千个数据记录于芯片中。数据交换盒可以将数据通过 USB 数据线传输至电脑,并通过数据处理软件完成数据的收集、分析和报告。

三、实验器材

1. 实验设备与仪器

TS – 25C 实验型电热高温反压杀菌锅(或有条件时采用回转式杀菌锅)、空气压缩机、封罐机、真空包装机、无线(温度/压力)验证系统(MPRF 无线温度/压力记录器)。

2. 实验材料

马口铁罐(如 6113#等)、铝箔复合蒸煮袋、500 mL 玻璃罐头瓶。

四、操作方法

1. 罐头样品的准备

为了测定多种情况下的罐内温度、压力变化情况,可分别按下面几种方式准备罐头样品,并相应进行实验。

(1)不同包装容器在杀菌过程中情况比较。分别用6113#马口铁罐、500 mL 四旋玻璃瓶、铝箔复合蒸煮袋三种包装容器包装同一种食品(如选择玉米糊),实际测定时要选取其中1个包装在其内先放置好数据采集器,注意数据采集器在罐内要根据说明固定好,将探头放于相应的冷点位置上(如图1-6-9所示),装罐后封口,然后做好记号。

(2)不同传热类型食品在杀菌过程中情况比较。可进一步选用对流型(如椰汁饮料)、传导型(如花生酱)和对流—传导型(如玉米糊)等类型的食品,均采用同一罐型(如6113#)的马口铁空罐包装,测定不同传热类型食品在杀菌过程中温度、压力变化情况,并进行比较。

(3)静止式与回转式杀菌方式情况比较。有条件时可进一步选择传导型(如花生酱)和对流—传导型(如玉米糊)的食品,均采用同一罐型(如6113#)的马口铁空罐包装,测定采用回转式杀菌锅时,在不同回转速度下杀菌过程中温度、压力变化情况,并与静止式杀菌的情况相比较。

2. 进罐

将罐头放在杀菌篮上,测定用的罐头放置的部位应根据实验要求而定,如放置在杀菌篮的中心、边缘等部位,并可模拟实际生产时罐头的不同堆放方式。

图1-6-9　数据采集器探头位置

3. 杀菌锅运行与结束

参照本章实验二的相关杀菌与冷却操作完成整个杀菌与冷却过程。注意玻璃瓶、铝箔蒸煮袋的杀菌冷却要施行反压。杀菌结束后,将数据采集器回收、清洁。

五、结果与讨论

将数据采集器放置于数据交换盒内读取数据,通过 USB 连线将数据导入计算机处理软件,进行温度、压力曲线绘制及 F_0 值的计算,将结果打印。对采用不同包装容器、不同传热类型食品以及静止与回转杀菌方式下温度变化(半对数坐标传热曲线)、压力变化(罐内外压力变化曲线)及 F_0 值(积分曲线)结果进行比较分析,总结各自特点及优缺点,并结合食品内的钝灭对象修正和制订合理的杀菌条件。

六、思考题

（1）如何判断不同传热类型罐头食品内的冷点位置？

（2）在实验过程中，为什么除了考虑冷点位置外，还必须考虑罐头在杀菌锅内的堆放方式及内置记录器样品在杀菌篮中的位置？

（3）在修正和制订合理的杀菌条件时，为什么必须同时考虑杀菌对象和酶的钝灭对象？

实验四　罐藏食品真空度检验及其感官鉴定

一、实验目的

（1）掌握罐藏食品感官质量一般鉴定方法。

（2）掌握罐藏食品的真空度检测方法。

二、实验原理

罐藏食品的真空度是经排气、密封、杀菌与冷却等工序形成的，是非常重要的食品物理指标之一。罐头的真空度可反映其生产工艺是否合理，甚至可直接判断其是否为合理产品。罐头的合理真空度一般在 0.027 ~ 0.051 MPa 范围，，大号罐头可适当低些，否则罐身容易产生凹瘪，小号罐头的罐身抗压强度较大，可允许有较大的真空度。一般情况下，罐头的真空度在杀菌与冷却结束后在流水线上通过光电检测法进行初步检验，但其具体真空度值则由真空度检测仪来完成。图 1 - 6 - 10 为常用的台式真空度检测器，其工作原理是采用钢针管刺穿罐头顶隙端的罐盖，同时针管外圈软硅胶密封垫压紧罐盖确保罐子不泄漏，钢针连通真空表，从而获得罐内真空度数值。由于钢针通道内径仅 0.6 mm，尽可能降低了表连接通道空间产生的误差，使表读数更接近罐内真实数值。

图 1 - 6 - 10　台式真空度测定器

感官指标是罐藏食品商品质量的重要组成部分,包括色泽、风味、组织形态三类指标。对于特定的食品,其感官质量与原料特性及加工工艺具有必然联系,人的感觉器官对食品的颜色、风味和组织状态具有相当高的敏感度,借助这种感觉能对食品的感官质量进行比较准确的描述,可对其等级及食品安全性能给予初步评价。

三、实验器材

1. 仪器设备

台式真空检测仪、温度计、游标卡尺、白瓷盘、汤匙、不锈钢丝网、烧杯、量筒、漏斗、卫生开罐刀等。

2. 实验材料

按原料和包装物分类,分别准备各类罐头。

四、真空度检测操作方法

(1)样品选择:为方便起见,可先选择肉眼可见顶隙的玻璃瓶罐头(如市售的玻璃瓶水果罐头)进行真空度测定,熟练后再对肉眼不可见顶隙的马口铁罐头(如市售的午餐肉罐头等)进行真空度测定。分别选择3罐,编好号码。

(2)准备好仪器:将台式真空测定器置于水平台上,将真空表调整到与罐头高度合适的间距,在真空表下部针管外套上硅胶密封垫。

(3)固定样品:依次将编好号的罐头顶隙朝上置于真空表下端,注意避开易开拉环位置,左手固定好罐头。

(4)真空度测定:右手握紧杠杆把手,均匀用力下压,真空表下部针管刺穿瓶盖,保持压紧状态,读取真空表读数,注意分度值为 0.002 Mpa。其他罐头依次按上面程序进行测定。

(5)食品温度与罐头顶隙的测定:旋开瓶盖(玻璃瓶罐头)或拉开易开盖(马口铁罐头),用温度计插入罐内食品测定其温度;用游标卡尺测定食品的顶隙。将上述测定数据均填入表 1 - 6 - 10。注意:测定后的样品要保留,用于感官指标的鉴定。

表 1 - 6 - 10 罐头真空度测定结果

罐头名称	罐头编号	真空度(MPa)	食品温度(℃)	顶隙高度(mm)
玻璃瓶罐头	1			
	2			
	3			
	平均			
马口铁罐头	1			
	2			
	3			
	平均			

五、感官指标的鉴定操作方法

（一）组织形态检验

不同品种的罐头有不同的检验方法。

1. 肉禽、水产类罐头组织与状态检验

（1）将罐头置于 80 ~ 85℃温水中加热至汤汁溶化，然后将罐头打开，先滤去汤汁。

（2）部分产品先检验罐头内容物排列情况。

（3）将罐内食品轻倒入白瓷盘中，先观察其形态、结构，然后用玻璃棒轻轻拨动，检查其组织是否完整，块形大小和块数多少。鱼类罐头还应检查其脊骨有无外露现象，骨肉是否连接，鱼皮是否附在鱼体上，是否有黏罐现象，并仔细观察有无杂质或夹杂物存在。

2. 糖水水果、蔬菜类罐头组织与形态检验

（1）在室温下将罐打开，先滤去汤汁。

（2）部分蔬菜罐头，在倒入白瓷盘之前，须先检查排列情况。

（3）将罐头内容物轻轻倒入白瓷盘中，先观察其形态、结构，然后用玻璃棒轻轻拨动，检查其组织是否完整，块形大小和块数多少。糖水水果类罐头还需检查其块形大小是否均匀，处理是否正确，有无机械伤、皱缩、破裂、煮融和斑点等果实。

3. 糖浆类罐头组织与形态检验

（1）将罐头置于 70 ~ 80℃温水中加热至汁液溶化。

（2）开罐后将罐头内容物平倾于金属丝筛中，静置 3 min，使汁液下沉到筛底，用匙轻轻数一数内容物个数或块数，观察其大小是否均匀、有无生硬、破裂、煮融等果实。

4. 果酱类罐头组织与形态检验

（1）将罐头在室温（15 ~ 20℃）下开罐。

（2）用匙提取果酱一匙，置于干燥白瓷盘上，在 1 min 内观察其酱体有无流散和汁液分泌现象，有无杂质及种子。

（二）色泽检验

习惯上食品颜色比食品形状、大小等因素对食品的感官质量影响更大，颜色往往作为判断食品质量的一个重要指标。因此，在进行组织与形态鉴定的同时，必须鉴定内容物的色泽，观察其是否符合标准要求。

（1）肉禽类、水产类罐头可将收集的汤汁注入量筒中，静置 3 min 后，观察其色泽和澄清程度。同时检查食品本身的色泽是否符合产品应有的色泽。

（2）糖水水果类及蔬菜类罐头，可将其汁液收集在小烧杯中，观察其汁液是否清晰透明，有无夹杂物及引起混浊的果肉碎屑。观察果块的颜色是否正常，有无褐变，有无退色等现象。

（3）糖浆类罐头，可将其糖浆收集于白瓷盘中，观察其是否混浊，有无果冻和有无大量果屑及夹杂物存在。观察糖浆的色泽是否正常。

（4）果酱及番茄酱类罐头，可将酱体全部倒入白瓷盘中，观察其色泽是否均匀，是否符合标准要求，并用匙将酱体薄薄拨匀，观察其是否有夹杂物。

（5）果汁类罐头，在玻璃容器中静置 0.5 h 后，观察其沉淀程度，有无分层和油圈现象，浓淡是否适中，有无褐变、变色等现象。

（三）香气检验

食品的香气是通过人的鼻中的嗅觉细胞而感觉的。物质的香气被感觉的条件是：该物质必须有挥发性；通过空气进入嗅觉的敏感区域；嗅觉气体被溶解、扩散和吸收；嗅觉气体刺激嗅觉细胞，并且作出反应。空气中有气味的物质，分子首先吸附和溶解在嗅黏膜表面，然后进一步扩散至嗅觉细胞的纤毛，通过刺激、传导和信号转换而引起嗅觉。食品香气检验方法如下：

先对罐头样品进行随机编号。为了消除人为因素的干扰所产生心理上的偏见，样品的品尝顺序都应有所不同。可以借助随机数表（见附录）进行编号。首先在随机数表中任意选择一个位置，例如 4 个同品种样品，选第 10 行第 7 列开始以多位数（例如三位数）来编号是 183，向右移，在相应位置上得 026、997、140。样品品尝顺序，也按上述方法，任意选择一个位置，例如第 20 行第 10 列开始取数 8，因为只有 4 个样品，故向右取 4 个数（大于 4 不选），则样品品尝先后顺序为 3、1、2、4。同理可得到每位品尝者的食品随机编号和品尝顺序号，列入表 1 - 6 - 11 中。然后进行香气检验。

表 1 - 6 - 11　罐头香气评定罐号、随机号、顺序及评定结果

品尝者编号	A		B		C		D	
	随机号	结果	随机号	结果	随机号	结果	随机号	结果
1	407（4）		026（2）		113（1）		018（3）	
2	313（1）		670（3）		733（4）		953（2）	
3	213（3）		288（2）		489（4）		454（1）	
4	748（4）		733（3）		991（1）		978（2）	
5	565（2）		388（3）		537（1）		095（4）	
6	……		……		……		……	
7	……		……		……		……	
8	……		……		……		……	

注　① 罐头品种由实验者选定。罐号 A、B、C、D 表示同一品种的 4 罐样品。随机号可根据随机数表自行设计。
　　② 评定结果，只需注明"正常"、"异味"。

（四）滋味检验

人对食品的味觉首先是食品的味觉物质呈溶解形式，其浓度大于味阈值，其次味觉感受器（味觉细胞）很快对味觉刺激作出反应，最后因味觉反应能保持较长时间，使味觉刺激由神经系统传入大脑，引起味觉。味觉过程可以用吸附、解吸和化学键的概念加以阐明。

试样扩散舌头表面渗透舌头内部（味觉细胞）传入中枢神经产生味觉。味觉器官是指舌上的味蕾和神经系统。味觉物质对味蕾的刺激引起与其相连的神经反应,再传递至大脑中枢神经系统引起味觉。在舌这一味觉敏感器上布满了味蕾,但呈现出不同感觉的味蕾的集中区域有所不同,一般甜味敏感味蕾主要集中在舌尖,苦味敏感味蕾主要集中在舌后根。咸味敏感味蕾主要集中在舌缘前部,而酸味敏感味蕾主要集中在舌缘后部。因此,品味时应适当加以注意。滋味检验方法如下。一般滋味检验都与香气检验同时进行,嗅香气后接着就品尝滋味。

(1)罐头样品随机编号:方法与罐头香气检验中的随机编号方法相同。同一品种取4罐样品编号为 A、B、C、D。

(2)打开罐,用勺取固形物或汤汁进行品尝。将食品分别接触舌头的各个部位,以判断各种味道。每品尝一个样品后都应用清水漱口。肉禽类和水产品检验有无异味,是否有应有的滋味,有无油哈味及异臭味,肉质软硬是否适中。果蔬类罐头检验其与原果蔬的风味是否相近似,果汁(浓缩果汁需冲稀至规定浓度)、果酱还需在口中细嚼慢咽,评定其酸甜度、黏稠感,将汁或酱放在舌头上,前后移动评定其细腻感或粒度感。将品尝结果填入表1－6－12中。

表1－6－12　罐头滋味评定罐号、随机号、顺序及评定结果

品尝者编号	A		B		C		D	
	随机号	结果	随机号	结果	随机号	结果	随机号	结果
1	731(1)		644(3)		630(4)		6626(2)	
2	143(4)		828(1)		454(3)		103(2)	
3	643(3)		113(1)		228(2)		421(4)	
4	388(2)		652(1)		656(3)		804(4)	
5	929(1)		950(3)		308(2)		265(4)	
6	……		……		……		……	
7	…＋…		……		……		……	
8	……		……		……		……	

注　评定结果应根据罐头品种的要求而描述。

六、思考题

(1)罐头真空度过低对罐头质量及安全性可能造成什么影响?

(2)查阅有关果蔬罐头标准,说明果蔬罐头如何评定等级。

(3)在进行品尝检验时,如果样品较多,最好每品完一样都漱一次口,为什么?

第七章　其他食品工艺基础实验

实验一　果酱、果冻凝胶强度的测定

　　果酱是将处理的新鲜果实,加糖及酸度调节剂混合后,用超过100℃温度熬制而成的凝胶物质,也叫果子酱。果冻是由食用明胶加水、糖、果汁浓缩,冷却凝胶成冻。

　　凝胶是食品常见的形态之一。对于食品而言,凝胶的形成不仅可以改进其形态和质地,而且对持水力、稠度、黏结性等方面均起着重要作用。目前,普遍采用的是质构仪来测量果酱、果胶凝胶强度。在测量过程中要注意采用的转子或探头尺寸和仪器的灵敏度。

一、实验目的

　　(1)掌握果酱、果冻凝胶强度的基本测定原理。
　　(2)了解果酱、果冻凝胶强度测定的影响因素。

二、实验原理

　　凝胶强度为第一次挤压变形时,物体所产生应力变化的最大值。置于操作台表面的待测物随操作台一起运动(匀速),支架上的探头在一定温度下,刺入到凝胶表面以下一定的深度(未破裂),接触以后,把力传给压力传感器,然后压力传感器把力信号转换成电信号输出。分析不同条件下形成的凝胶硬度的变化趋势,即可得出的凝胶强度特性以及相关关系的曲线。

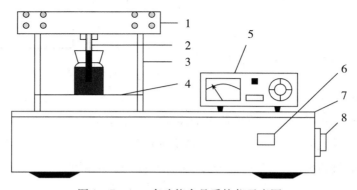

图1-7-1　多功能食品质构仪示意图

1—横梁　2—探头　3—立柱　4—操作台　5—转速控制器
6—正反开关　7—底座　8—直流电机

三、实验器材

1. 仪器与设备

物性测试仪(型号为 TA – XT2 plus, 测试探头为 P/ 0.5R, 测定速度为 0.5 mm/s, 测前速度为 0.5 mm/s, 返回速度为 0.5 mm/s, 测试温度为 20℃)、恒温水浴锅、搅拌器、电热恒温培养箱、分析天平(精度 0.01 g)、锥形瓶、铁架台、玻璃棒、电炉。

2. 实验材料

果酱、果冻、$CaCl_2$、KCl。

四、操作方法

取一定量样品(精确至 0.01 g)于 250 mL 烧杯中, 加蒸馏水 100 mL, 称量并记录总量, 将烧杯置于 80℃水浴, 加热期间用玻璃棒间断搅拌 3 次, 加热 20 min 后至样品全部水化, 边搅拌边加 2.5% 的 $CaCl_2$、KCl 溶液各 2 mL, 取出烧杯, 快速擦干外壁, 称量, 补充蒸发水量至原总量, 搅拌均匀。趁热将胶溶液倾入锥形瓶, 自然冷却至凝胶, 于 20℃恒温箱中放置 20 h 后, 将锥形瓶取出后置于测试探头下, 按凝胶强度测定仪说明书进行操作, 移动手柄使砝码添加装置杆下端与凝胶表面接触, 加大力度使凝胶的表面发生破裂(端点进入凝胶 4 mm 以上), 记录此时凝胶强度值, 同时, 测量凝胶的温度。每一样品浓度梯度测定三个平行样品, 取平均值。

试样的凝胶强度(P), 单位为克每平方厘米(g/cm^2), 按下列公式(式 1 – 7 – 1)计算:

$$P = G \times f \qquad\qquad (1 – 7 – 1)$$

式中: P ——试样的凝胶强度, 单位为克每平方厘米, g/cm^2;

$\quad\quad\ G$ ——测定的凝胶强度值, 单位为克每平方厘米, g/cm^2;

$\quad\quad\ f$ ——从附表 1 – 7 – 3 查得的温度校正系数。

五、结果与分析

将实验结果填入下表 1 – 7 – 1、表 1 – 7 – 2, 并对结果进行分析讨论。

表 1 – 7 – 1　不同果酱、果胶浓度的凝胶强度比较

项目	样品一	样品二	样品三	样品四	样品五
果酱浓度					
凝胶强度(g/cm^3)					

注　表中的样品一、样品二等可根据实验中采购的果酱或果冻的品牌来标示, 如"喜之郎"水果果冻。

表 1 – 7 – 2　金属离子对果酱、果胶浓度的凝胶强度影响

样品	$CaCl_2$	KCl	不加离子
果酱			
果胶			
凝胶强度(g/cm^3)			

六、思考题

(1)果酱、果胶凝胶强度的影响因素除了金属离子,还有哪些方面?

(2)怎样判断果酱、果胶凝胶的形成?如何确定它们的最低凝胶浓度?

附录

1. 凝胶强度与温度校正关系

凝胶强度与温度校正关系如表1-7-3所示。

表1-7-3　凝胶强度与温度校正关系

温度(℃)	校正系数	温度(℃)	校正系数
10	0.74	21	1.03
11	0.76	22	1.06
12	0.79	23	1.09
13	0.81	24	1.13
14	0.84	25	1.16
15	0.86	26	1.20
16	0.89	27	1.23
17	0.91	28	1.27
18	0.94	29	1.31
19	0.97	30	1.31
20	1.00		

2. 凝胶强度的简易装置测定法

具体测定方法如下:胶体溶液在电炉上煮沸,冷却形成凝胶后。取一铁架台、一支截面光滑平整的玻璃棒(直径依凝胶强度选定)、一台天平、一个锥形瓶。将玻璃棒固定在铁架台上,将凝胶体放在天平的一端,锥形瓶放在天平的另一端,在锥形瓶中加入水平衡天平(设此时锥形瓶和水总重为W_1),调整玻璃棒的截面使其与凝胶体的表面轻轻接触,然后往锥形瓶中缓慢的加水,注意观察,当玻璃棒穿透凝胶体表面时,立即停止加水,称锥形瓶和水总重,设为W_2。则凝胶强度的计算公式为:

$$凝胶强度(g/cm^2) = \frac{W_2 - W_1}{S}$$

式中:S——玻璃棒的截面积。

实验二　谷物的膨化效果比较

一、实验目的

(1)了解谷物挤压膨化过程,进一步强化谷物膨化原理的掌握。

（2）了解谷物膨化后理化性质的变化，熟悉谷物膨化效果的影响因素。

二、实验原理

膨化（Puffing）是利用相变和气体的热压效应原理，使被加工物料内部的液体迅速升温气化、增压膨胀，并依靠气体膨胀力，带动组分中高分子物质的结构变性，从而使之具有网状组织结构特征，形成定型的多孔物质的过程。谷物膨化有两种工艺，一种为挤压膨化，另一种为气流膨化。挤压膨化是将物料均匀地喂入挤压机中，借助螺杆强制输送，通过摩擦、剪切和加热产生高温、高压，使物料经受破碎、混炼、剪切、熔化、杀菌和熟化等一系列复杂的连续化处理。当物料从机筒末端模具中挤出时，压力骤然降至常压，水分急剧汽化而产生巨大的膨胀力，物料瞬间极度膨化，形成多孔状的产品（见图 1-7-2）。

评价谷物的膨化效果一般方法是检测谷物膨化产品的水分含量、膨化度、水溶性指数和吸水性指数。

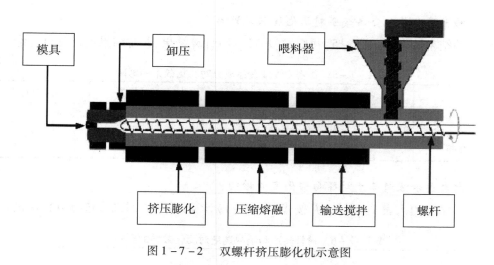

图 1-7-2　双螺杆挤压膨化机示意图

三、实验器材

1.仪器与设备

物性分析仪、分析天平、电热恒温鼓风干燥箱、CR-400 型色彩色差仪、大容量低速离心沉淀机、DSE-25 型双螺杆挤压膨化机。还有谷物膨化效果测定方法中所使用的玻璃器皿和试剂。

2.实验材料

玉米淀粉、马铃薯粉、大米、减阻剂、乳化剂。

四、操作方法

将 75% 的马铃薯粉和 25% 的玉米粉预先充分混合均匀，在挤压机中加入适量水，一般控制总水量为 15% 左右,然后送入挤压机。挤压机螺杆转速为 200 ~ 350 rPm,温度为 120 ~ 160℃,机内最高工作压力为 0.5 ~ 1 MPa,食品在挤压机内的停留时间为 10 ~ 20 s。最后,经过特殊的模具,挤压出一定宽度和厚度的薄片。

五、结果与分析

1. 淀粉的糊化温度对膨化效果影响

将实验结果填入表 1 - 7 - 4,并对结果进行分析讨论。

表 1 - 7 - 4　　淀粉糊化温度对膨化效果的影响

处理	膨胀度	色度指数	水溶性指数	吸水性指数
T_1				
T_2				
T_3				

2. 谷物中增加其他食品成分对膨化效果的影响

将实验结果填入表 1 - 7 - 5,并按式(1 - 7 - 2)计算结果,并对结果进行分析讨论。

表 1 - 7 - 5　　谷物中添加食品成分对膨化效果的影响

处理	膨胀度	色度指数	水溶性指数	吸水性指数
盐				
山梨糖醇				
麦芽糖醇				

3. 螺杆转速和喂料速度对径向膨化度的影响

将实验结果填入表 1 - 7 - 6,并按式(1 - 7 - 1)计算结果,并对结果进行分析讨论。

表 1 - 7 - 6　　螺杆转速和喂料速度对膨化效果的影响

处理	参数	膨胀度	色度指数	水溶性指数	吸水性指数
螺杆转速					
喂料速度					

六、思考题

(1)调节水分和温度压力的目的是什么?

(2)如何分析和判断挤压食品生产中的质量问题及影响因素?

附录:谷物膨化效果的指标测定

1. 膨化度测定

用游标卡尺测定样品直径,每个样品随机测定 10 次;求其平均值作为产品的平均直径,除以模口直径,其商值为膨化度。

2. 水溶性指数和吸水性指数测定

将产品磨成粉,过 60 目,取样 1.6 ~ 2.0 g(干基 W_0),放入已知重量的离心管(W_1)中,加入 25 mL 蒸馏水,震荡,直至膨化物被完全分散。30℃水浴中保持 30 min,间隔 10 min 手摇 30 s。4200 r/min 离心 15 min 后,将上清液倒入 500 mL 烧杯(W_2)中,105℃烘至恒重(W_3),称离心管重(W_4)。

$$水溶性指数 = \frac{W_3 - W_2}{W_0} \times 100\% \quad 吸水性指数 = \frac{W_4 - W_1}{W_0} \times 100\% \quad (1 - 7 - 2)$$

式中:W_0——样品干基重 g;

W_1——离心管恒重 g;

W_2——烧杯恒重 g;

W_3——烧杯 + 干物质重,g;

W_4——离心管 + 凝胶物质重,g。

3. 色度指数

将产品磨成粉,过 60 目,用 CR – 400 型色彩色差仪测定。

实验三　食品的冷冻干燥

一、实验目的

(1)了解真空冷冻设备的构造及原理。

(2)理解预冻的作用。

(3)掌握真空冷冻干燥的原理及操作要点。

二、实验原理

真空冷冻干燥技术是在低温和真空状态下进行的,其加工过程处于基本无氧和完全避光的环境中,使食品中的成分不会发生剧烈的化学反应,原理是建立于把已经冷冻的蔬菜放在压力低于水的三相点压力条件下时,蔬菜中的固态冰可以直接转化为气态的水蒸气散出,在保持原物料的外观形状的前提下达到干燥目的。因此,真空冷冻干燥得到的产品保持了新鲜食品所具有的色泽、香气、味道、形状和有效地保存了食品中的各种维生素、碳水化合物和蛋白质等营养成分。

根据热力学中的相平衡理论,当压力低于三相点压力时,固态冰可以直接转化为气态的水蒸气即冰晶升华。真空冷冻干燥就是把含有大量水的物质预先冷冻,使物质中的游离水结晶,冻结成固体,然后在高真空条件下使物质中的冰晶升华,待冰晶升华后再除去物质中部分吸附水,最终得到残余水量为 1% ~4% 的干制品。

真空冷冻干燥分三个阶段,先预冻,再升华干燥(初级干燥),最后解析干燥(次级干燥),得到干制品。

三、主要实验器材

1. 实验仪器和工具

真空冷冻干燥机、低温冰箱、托盘。

2. 实验材料

菠菜、香菜、抗坏血酸、柠檬酸。

四、操作方法

1. 预处理

在冻干前,将摘洗干净、去掉水分的菠菜和香菜约 20 g(称重 w_1),置于柠檬酸稀溶液中浸泡 2 ~3 min,然后准备预冻。

2. 预冻结

预冻温度低于菠菜和香菜共晶点的温度才能冻结,否则会出现鼓泡和干缩现象。菠菜共晶点的温度为 −7 ~ −2℃,香菜共晶点温度为 −8 ~ −3℃。菠菜应先放到 −15℃ 的冰柜内,然后再继续降温到 −30℃。香菜应先放到 −20℃ 的冰柜内,然后再继续降温到 −40℃。均达到预冻温度后,需在此温度下保持 1 ~2 h,这样可以使物料冻透而不是立即进行升华干燥。

3. 升华干燥

菠菜冻干压力为 30 ~60 Pa,香菜冻干压力为 20 ~50 Pa。菠菜升华干燥时间为 5 ~6 h,香菜升华干燥时间为 3 ~4 h。

4. 解吸干燥

主要目的是除去残留的吸附水。由于干燥层的阻力很大,吸附水逸出很困难,需要较高的温度和真空度。香菜解吸干燥的适宜温度为 15 ~20℃,菠菜解吸干燥的适宜温度为 30 ~35℃。

5. 后处理

取出冻干的冻干蔬菜(称重 w_2),冻干后的菠菜和香菜疏松多孔,极易吸湿氧化,消除空气后应及时包装。

6. 产品检验

观察成品的色泽和外形,记录相应的结果。

7. 复水

称重后的蔬菜放在 30 ~ 50℃ 的温水中复水 20 min，再称量复水后的物料质量 w_3。

五、实验记录与结果分析

1. 感官评定结果

记录色泽和外形情况。

感官指标：外观形状饱满（不塌陷）；断面呈多孔海绵样疏松状；保持了原有的色泽；具有浓郁的芳香气味。复水较快，复水后芳香气味更浓。

2. 计算干燥率和复水率

$$干燥率 = w_2/w_1 \times 100\%$$

$$复水率 = w_3/w_2 \times 100\%$$

六、思考题

（1）加热升华时温度是不是越低越好？为什么？

（2）冻干食品与传统干燥食品相比有哪些优点？

实验四　果蔬的冰温贮藏

一、实验目的

（1）掌握生鲜果蔬冰温保鲜的一般原理和方法。

（2）熟悉生鲜果蔬的冰温保鲜操作。

（3）掌握测定冰温保鲜效果的常用检测指标。

二、实验原理

生物组织的冰点均低于 0℃，当温度高于冰点时，细胞始终处于活体状态。这是因为生物细胞中溶解了糖、酸、盐类、多糖、氨基酸、肽类、可溶性蛋白质等许多成分，而各种天然高分子物质及其复合物以空间网状结构存在，使水分子的移动和接近受到一定阻碍而产生冻结回避，因而细胞液不同于纯水，冰点一般在 -0.5 ~ -3.5℃ 之间。

冰温是指从 0℃ 以下至食品冰点以上的温度区域，在此温度范围进行生鲜果蔬的贮藏即称之为冰温贮藏。果蔬等生鲜食品在冰温条件下贮藏时，其品质（如蛋白质结构、微生物繁殖速度、酶活性等）发生变化，称为冰温效应。在冰点温度附近，为阻止生物体内冰晶形成，生鲜果蔬从生物体内不断地分泌大量的不冻液以降低冰点，不冻液的主要成分是葡萄糖、氨基酸、天冬氨酸等。同时，冰温贮藏也可有效抑制微生物的生长和酶的活力，主要原因是在冰温条件下,水分子呈有序状态排布,可供利用的自由水含量也随之大为降低。

冰温贮藏的主要优点有:不破坏细胞;有害微生物的活动及各种酶的活性受到抑制;呼吸活性低,保鲜期得以延长;能够提高水果、蔬菜等的品质。

三、实验仪器与设备

制冰机、全自动连续式温度记录仪、真空预冷机、精密恒温恒湿箱、冰箱、分光光度计、组织捣碎机、阿贝折光仪、分析天平、保鲜袋等。

四、实验操作

1. 实验材料预处理

(1)选样:取抗病力强、耐贮性好、颜色常绿、皮坚光亮的中晚熟品种青椒。

(2)清洗:破碎制冰机所制的冰块,倒入适当的无菌水中,调成10℃左右的冷净水,洗涤采后新鲜的青椒,去除泥沙和表面污物,按质量、大小进行搭配,平均分成5份,并标为①~⑤号,备用。

(3)空白对照:取①号样,沥干青椒表面水分,未经任何处理直接放入保鲜袋中,置于室温(20℃)下保存,以作为空白对照。

(4)冰温调节剂的渗入:取④、⑤号样,分别浸入已配制好的质量分数为2%的山梨糖醇溶液和2%乳糖溶液(两者均为冰点调节剂)当中,10 min左右捞起。

(5)真空预冷的准备:取②~⑤号样,装入已清洗干净的塑料筐中,如果表面较干可适当喷洒冷净水使之湿润,取3~4个较长的青椒用表面包裹住连续式温度记录仪的探针,再用棉纱线进行捆扎,注意捆扎力度要适当,以青椒表面轻微变形,探针不易滑出为好,将捆扎好的青椒及探针放置在青椒堆垛的中央,并留出导线接入温度记录仪,把塑料框和温度记录仪一同放入真空预冷机中进行预冷。

(6)真空预冷:关闭真空预冷机的箱门,打开真空预冷机和与之配套的空气压缩机。在触控面板上首先设定预冷终点温度为4℃,然后进行排水操作,以排出真空预冷机中的积水,再关闭排水键,启动空压机,当真空表的指标进入绿色区域时,启动制冷压缩机进行制冷,此时空压机仍要保持工作状态。设备运行过程中应注意观察是否正常运转,由于青椒的壁薄、表面积大,水分蒸发较快,所以一般情况下青椒真空预冷的时间比较短,约10 min即可达到温度终点,如图1-7-3示例所示。实验时可每隔1 min记录触控面板上的温度1次,填入表1-7-6,并绘制曲(折)线。

(7)将经过真空预冷的②号样取出,用保鲜袋包装,放入已设定好(4±1)℃的冰箱当中保存12 d,作为对照。

(8)将经过真空预冷的③~⑤号样取出,用保鲜袋包装,放入已设定好-1℃的精密恒温恒湿箱当中保存12 d。

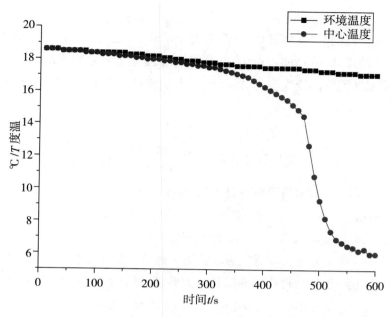

图 1 - 7 - 3　青椒真空预冷曲线图(示例)

2. 果蔬新鲜度指标检测

每隔 2 d 取①～⑤号样进行如下指标的检测:可溶性固形物测定(折光法)、可溶性糖测定(蒽酮法)、呼吸强度测定(静置法)。

(1)可溶性固形物含量的测定(折光法):打开手持式折光仪盖板,用干净的纱布或擦镜纸小心擦干棱镜玻璃面。在棱镜玻璃面上滴 2 滴蒸馏水,盖上盖板。对准光源,折光仪于水平状态伸向前方,从接眼部处观察,检查视野中明暗交界线是否处在刻度的零线上。若与零线不重合,则旋动刻度调节螺旋,使分界线面刚好落在零线上。再打开盖板将水擦干,然后换滴 2 滴经破碎后 3 层纱布粗滤的青椒汁,进行观测,读取视野中明暗交界线上的刻度,即为青椒汁中可溶性固形物含量(%)。重复 3 次,取平均值填入表 1 - 7 - 7 记录实验数据,并绘制曲(折)线。

(2)可溶性糖测定(蒽酮法):

①标准曲线的制作:精密称取干燥至恒重的分析纯葡萄糖适量,制成 1.0 mg/mL 的葡萄糖标准溶液,分别移取葡萄糖标准溶液 0.1,0.2,0.3,0.4,0.5 mL 置于 10 mL 具塞试管中,用蒸馏水补到 1.0 mL,分别加入 4.0 mL 蒽酮试剂,迅速浸于冰水浴中冷却,各管加完后一起浸于沸水浴中,管口盖上塞子以防蒸发,当水浴重新煮沸时,准确记时 10 min。取出用水冷却,室温放置 10 min 左右,于 620 nm 波长处进行测定,以同样处理的蒸馏水为试剂空白进行比色。绘制工作曲线,计算回归方程。

②可溶性糖的提取:分别取部分①～⑤号样青椒,擦净表面污物,剪碎混匀,称取 $W = 0.20 ～ 0.30$ g,共 3 份,分别放入 3 支刻度试管中,加入 5～10 mL 蒸馏水,塑料薄膜封口,于沸水中提取30 min(提取 2 次),提取液过滤入 25.0 mL 容量瓶中,反复冲洗试管及残渣,

定容至刻度。

③试样吸光度值的测定：移取 0.5 mL 样液于试管中（重复 2 次），加蒸馏水至 1.0 mL，同制作标准曲线的步骤，分别加入 4.0 mL 蒽酮试剂，显色并测定吸光度值。

④计算：根据所测定的吸光度值，由标准线性方程求出可溶性糖的量，按下式计算测试样品中可溶性糖的含量。

计算公式：

$$可溶性糖含量 = \frac{C \times 25}{W \times 1000} \times 100\% \qquad (1-7-3)$$

式中：C——标准方程求得可溶性糖含量，mg；

W——组织重量，g。

重复 3 次，取平均值填入表 1 - 7 - 8 记录实验数据，并绘制曲（折）线。

（3）呼吸强度测定（静置法）：呼吸强度的测定通常是采用定量碱液吸收果蔬在一定时间内呼吸所释放出来的 CO_2，再用酸滴定剩余的碱，即可计算出呼吸所释放出的 CO_2 的量，求出其呼吸强度。其单位为每千克每小时释放出 CO_2 毫克数。

移取 0.4 mol/L 的 NaOH 20.0 mL 放入培养皿中，将培养皿放进呼吸室，放置隔板，放入 0.5 kg ①～⑤号样青椒，封盖，测定 1 h，取出培养皿把碱液移入锥形瓶中（冲洗 3～5 次），加饱和 $BaCl_2$ 5.0 mL 和酚酞指示剂 2 滴，用 0.3 mol/L 草酸（$H_2C_2O_4$）标准溶液滴定，用同样方法作空白滴定。

计算公式：

$$呼吸强度（CO_2\ mg/kg \cdot h）= \frac{(V_1 - V_2) \times N \times 44}{W \times h} \qquad (1-7-4)$$

式中：V_1——空白对照，mL；

V_2——测样时 $H_2C_2O_4$ 用量，mL；

N—— $H_2C_2O_4$ 摩尔浓度；

W—— 样品重量，kg；

h—— 测定时间，h。

酸碱滴定重复 3 次，取平均值代入式 1 - 7 - 4 中计算，并将计算结果填入表 1 - 7 - 10 记录实验数据，绘制曲（折）线。

五、实验记录与结果分析

1. 真空预冷降温曲线的绘制

将所测温度记录填入表 1 - 7 - 7，绘制成真空预冷曲线。

表1-7-7 不同样品真空预冷过程温度记录

时间(min) 样品	温度(℃)											
	1	2	3	4	5	6	7	8	9	10	11	12
②号样(4℃)												
③号样(-1℃)												
④号样(-1℃, 2%山梨糖醇)												
⑤号样(-1℃, 2%乳糖)												

2. 指标检测实验记录与分析

将所测温度记录填入表1-7-8、表1-7-9、表1-7-10,绘制成不同保鲜条件下样品品质指标变化曲线。

(1)不同保鲜条件下样品可溶性固形物含量变化的曲线绘制。

表1-7-8 不同保鲜条件下的样品可溶性固形物含量

保鲜天数 样品	可溶性固形物含量(%)						
	0 d	2 d	4 d	6 d	8 d	10 d	12 d
①号样(常温)							
②号样(4℃)							
③号样(-1℃)							
④号样(-1℃, 2%山梨糖醇)							
⑤号样(-1℃, 2%乳糖)							

(2)不同保鲜条件下样品可溶性糖含量变化的曲线绘制。

表1-7-9 不同保鲜条件下的样品可溶性糖的含量

保鲜天数 样品	可溶性糖的含量(%)						
	0 d	2 d	4 d	6 d	8 d	10 d	12 d
①号样(常温)							
②号样(4℃)							
③号样(-1℃)							
④号样(-1℃, 2%山梨糖醇)							
⑤号样(-1℃, 2%乳糖)							

（3）不同保鲜条件下样品呼吸强度变化的曲线绘制。

表 1-7-10　不同保鲜条件下的样品呼吸强度的变化

保鲜天数　　样品	呼吸强度[CO_2 mg/(kg·h)]						
	0 d	2 d	4 d	6 d	8 d	10 d	12 d
①号样（常温）							
②号样（4℃）							
③号样（-1℃）							
④号样（-1℃，2%山梨糖醇）							
⑤号样（-1℃，2%乳糖）							

六、思考题

（1）冰点调节剂在冰温保鲜中主要起什么作用？

（2）为何上述可溶性固形物测定（折光法）、可溶性糖测定（蒽酮法）、呼吸强度测定（静置法）三大指标可以用来判断果蔬的新鲜度？

第八章　食品包装材料与容器检测实验

实验一　金属罐二重卷边封罐质量检验

一、实验目的

（1）了解食品包装容器金属罐的二重卷边封罐质量检验要求。

（2）掌握实际生产中对金属罐容器封罐质量重要指标参数的检测方法。

二、实验原理

二重卷边封罐质量是决定金属罐包装食品产品质量和食品安全的关键因素之一。在实际生产中，罐藏食品生产企业的管理者必须懂得金属容器的技术要求。二重卷边封口结构的重要参数包括卷边长度、罐身钩长度、罐盖钩长度、叠接长度、卷边间隙长度、叠接率、罐身钩搭接百分率、卷边厚度等。只有这些参数均符合要求才能保证金属罐的封罐质量。随着测微技术、投影技术和软件分析技术的不断进步，金属罐的二重卷边封罐质量检验手段也得到不断创新，已由传统的手工检测过渡到全自动检测，不仅方便快捷，而且检测精度高，可满足大规模生产过程中对批量样品快速、准确的检测要求，为降低废罐率和食品安全风险提供了技术保证。

本实验采用金属罐二重卷边自动投影仪技术和卷边检测软件对金属罐二重卷边质量进行检测，该系统可清晰投影、直观显示、自动分析并快速显示检测结果，在规模罐头企业已广泛使用。

三、实验器材

1. 仪器设备

工作手套、游标卡尺、电动卷封锯、VSM8A 型自动卷边投影仪（含光学摄像系统和图像处理系统）。

2. 实验材料

购置一批市售金属罐罐头或自行密封的金属易拉罐样品（二片罐及三片罐，圆罐或异形罐均可），每个品种规格至少 3 个。

四、检测方法

（1）样品准备：将市售或自行密封的金属罐罐头开罐，倒出内容物，用清水清洗干净，晾干,编好号码。

图 1 - 8 - 1   VSM8A 型自动卷边投影仪   图 1 - 8 - 2   易拉罐卷封锯

(2)切割二重卷封截面:按图 1 - 8 - 3 所示各型罐所标示的 1、2、3 检测部位,将罐头容器用标记笔分别标上 1、2、3 记号。在 2 部位用卷封锯切出卷边截面。

(3)二重卷边投影检测:打开二重卷边投影仪,启动计算机图像处理软件,依次对各罐头容器卷边截面进行投影,显示卷封长度、罐身钩长度、罐盖钩长度、搭接长度、卷封间隙长度、搭接长度百分率、罐身钩搭接百分率、卷边厚度、材料厚度、紧密度和皱纹度等参数。保存各样品的投影图像,保存 Excel 数据结果表,最后打印出实验结果。

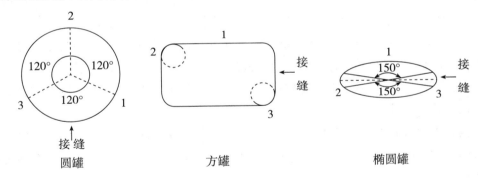

图 1 - 8 - 3   叠接长度和叠接率测量图

(4)罐头卷封其他缺陷检验:对完成投影检测的样品通过目测观察,检验是否存在大塌边、滑口、卷边断裂、快口、跳封、铁舌、牙齿、锐边、轻微双线、卷边涂料擦伤,如果存在,用游标卡尺量取相应尺寸。

表 1 - 8 - 1   金属罐头容器缺陷分类表

严重缺陷	主要缺陷
假封、大塌边、滑口、卷边断裂、快口、跳封、叠接长度 <1 mm、叠接率 <50%、紧密度 <50%(Φ153 mm <75%)、> 0.64 mm 牙齿、> 1.27 mm 铁舌、泄漏	出现 < 1.27 mm 的铁舌、出现 < 0.64 mm 的牙齿、锐边、轻微双线、卷边涂料擦伤

(5)判定及处置:根据表 1 - 8 - 1 进行容器缺陷判断。每一个样品的缺陷计数只计一

个最严重的缺陷。检验发现有一个或一个以上严重缺陷存在,则判为不可接受。目测或投影检测结果不可以接受可复验一次,抽样数加倍。复验或重新抽样检验可以接受,断定为合格;如果有一个或一个以上缺陷,即判定为复验不合格。

五、结果分析

根据以上检测内容,将各种金属罐容器检测结果填入表 1 - 8 - 2 中,并对其进行最终评定和处置。

表 1 - 8 - 2　检测结果

金属罐容器样品种类	检测次数	抽检样品数	缺陷类别及个数			最终评定及处置结果
			罐盖	罐身	二重卷边检测结论	
	第一次					
	复检					
	第一次					
	复检					
	第一次					
	复检					
	第一次					
	复检					

六、思考题

(1)叠接率一般要求大于 50%,请问叠接率是否越大越好? 为什么?

(2)随着金属易拉罐罐身焊接方式的进步,罐头容器二重卷边重要的质量指标中传统的三率之一"接缝盖钩完整率"逐渐被取消,为什么?

实验二　蒸煮袋基本性能的检验

蒸煮袋是用塑料薄膜、金属铝箔或其复合材料制成的具有气密性好、耐高温的包装袋,能够有效保持包装产品原有的口感、气味,防止变质,延长商品货架寿命及保质期。目前,流通在市场上的蒸煮袋一般分为二层膜、三层膜和四层膜 3 种结构:二层膜主要有 BOPA/CPP、PET/CPP;三层膜主要有 PET/AL/CPP、BOPA/AL/CPP、PET/BOPA/CPP、BOPA/PVDC/CPP、PET/PVDC/CPP;四层膜主要有 PET/BOPA/AL/CPP、PET/AL/BOPA/CPP。

在最新版的国家标准 GB/T 10004—2008《包装用塑料复合膜、袋 干法复合、挤出复合》中,含铝箔结构的蒸煮袋并没有被包含在标准中,对于含有铝箔结构的产品,如果既能够满足 GB/T 28118—2011《食品包装用塑料与铝箔复合膜、袋》的要求,也能够满足蒸煮袋最新国标 GB/T 10004—2008 的要求,原则上也可以进行使用。蒸煮袋按使用温度分为 4 个等级,见表 1 - 8 - 5。蒸煮袋的检验项目主要包括物理机械性能、功能性、卫生性能等项目类别,具体内容见表 1 - 8 - 6。国家标准 GB/T 10004—2008 对于各等级、不同生产工艺制造的蒸煮袋的性能要求和指标都有详细的规定,例如表 1 - 8 - 7、表 1 - 8 - 8 是其部分物理机械性能的指标。

一、实验目的

(1)了解食品包装蒸煮袋质量检验要求。

(2)掌握实际生产中对蒸煮袋质量重要指标参数的检测方法。

二、实验原理

本实验主要从透湿性、耐压性、跌落强度和耐热性能几方面进行实验。

透湿性的检测:在规定的温度、相对湿度条件下,试样两侧保持一定的水蒸气压差,测量透过试样的水蒸气量,计算水蒸气透过量。

耐压性能的检测:将蒸煮袋平放在两光滑的平板之间,通过在上加压板上逐步增加砝码,目视在规定的时间内,蒸煮袋是否破裂或渗漏。

跌落性能的检测:将蒸煮袋从一定高度自由下落到光滑、坚硬的水平面,观察试样是否破裂。

耐热性能的检测:在高温环境下放置一定的时间,检验试样是否出现异常现象。

三、实验器材

1. 水蒸气透过量检测所需仪器等材料

(1)恒温恒湿箱:恒温恒湿箱温度精度为 ±0.6℃;相对湿度精度为 ±2%;风速为0.5 ~ 2.5 m/s。恒温恒湿箱关闭门之后,15 min 内应重新达到规定的温度、湿度。

(2)透湿杯及定位装置:如图 1 - 8 - 4 所示。透湿杯由质轻、耐腐蚀、不透水、不透气的材料制成。有效测定面积至少为 25 cm²。

(3)分析天平(精度 0.1 mg)。

(4)干燥器。

(5)量具:测量薄膜厚度精度为 0.001 mm;测量片材厚度精度为 0.01 mm。

(6)密封蜡:密封蜡应在温度38℃、相对湿度90% 条件下暴露不会软化变形。若暴露表面积为 50 cm²,则在 24 h 内质量变化不能超过 1 mg。

密封蜡配方:a. 85 % 石蜡(熔点为 50 ~ 52℃)和15% 蜂蜡组成;b. 80% 石蜡(熔点为 50 ~ 52℃)和20% 黏稠聚异丁烯(低聚合度)组成。

(7)干燥剂:无水氯化钙粒度为 0.60 ~ 2.36 mm。使用前应在(200 ±2)℃烘箱中干燥 2 h。

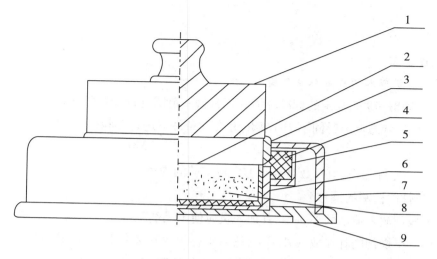

图 1 - 8 - 4　透湿杯组装图

1—压盖(黄铜)　2—试样　3—杯环(铝)　4—密封蜡　5—杯子(铝)
6—杯皿(玻璃)　7—导正杯(黄铜)　8—干燥剂　9—杯台(黄铜)

2. 耐压性能的检测所需仪器

(1)热封试验仪:室温约300℃,热封压力0.05～0.7 MPa。

(2)耐压装置(如图1 - 8 - 5 所示)。

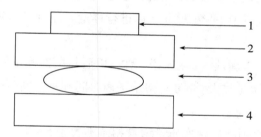

图 1 - 8 - 5　耐压实验装置图

1—砝码　2—上加压板　3—试验袋　4—托板

3. 跌落性能的检测所需仪器

(1)热封试验仪:室温约300℃,热封压力0.05～0.7 MPa。

(2)卷尺:最大量程≥800 mm。

(3)天平(精度0.1 g)。

4. 耐热性能的检测所需仪器

(1)热封试验仪:室温约300℃,热封压力0.05～0.7 MPa。

(2)高压灭菌锅(带反压装置)。

5. 实验材料

本实验中蒸煮袋基本性能的检验将选择无铝箔结构的蒸煮袋作为实验的样品。

四、检测方法

(一)准备工作

1.试样状态调节和实验的标准环境

按 GB/T 2918—1998 规定的标准环境和正常偏差范围进行,温度为(23±2)℃,相对湿度为(50±10)%,状态调节时间不小于 4 h,并在此条件下进行实验。

2.取样

取样包装应完好无损,取样数量需足够完成实验的项目。

(二)耐热性能检测的操作

(1)将干燥剂放入清洁的杯皿中,其加入量应使干燥剂距试样表面约 3 mm 为宜。

(2)将盛有干燥剂的杯皿放入杯子中,然后将杯子放到杯台上,试样放在杯子正中(热封面朝向杯中),加上杯环后,用导正环固定好试样的位置,再加上压盖。

(3)小心地取下导正环,将熔融的密封蜡浇灌到杯子的凹槽中。密封蜡凝固后不允许产生裂纹及气泡。

(4)待密封蜡凝固后,取下压盖和杯台,并清除粘在透湿杯边及底部的密封蜡。

(5)称量封好的透湿杯。

(6)将透湿杯放入已调好温度,湿度的恒温恒湿箱中,16 h 后从箱中取出,放入处于(23±2)℃环境下的干燥器中,平衡 30 min 后进行称量。注意以后每次称量前均应进行上述平衡步骤。

(7)称量后将透湿杯重新放入恒温恒湿箱内,以后每两次称量的间隔时间为 24 h、48 h 或 96 h。注意若试样透湿量过大,亦可对初始平衡时间和称量间隔时间做相应调整。但应控制透湿杯增量不少于 5 mg。

(8)重复步骤(7),直到前后两次质量增量相差不大于 5% 时,方可结束实验。注意:

① 每次称量时,透湿杯的先后顺序应一致,称量时间不得超过间隔时间的 1%。每次称量后应轻微振动杯子中的干燥剂使其上下混合;

② 干燥剂吸湿总增量不得超过 10%。

(9)结果表示。水蒸气透过量(*WVT*)以式(1-8-1)表示:

$$WVT = \frac{24 \times \Delta m}{A \times t} \qquad (1-8-1)$$

式中:*WVT*—— 水蒸气透过量,$g/m^2 \cdot 24 h$;

　　　　t—— 质量增量稳定后的两次间隔时间,h;

　　　△*m*—— *t* 时间内的质量增量,g;

　　　　A—— 试样透水蒸气的面积,m^2。

注意:若需做空白实验的试样计算水蒸气透过量时,式 1-8-1 中的 △*m* 需扣除空白实验中 *t* 时间内的质量增量。

实验结果以每组试样的算术平均值表示,取3位有效数字。每一个试样测试值与算术平均值的偏差不超过±10%。

(三)耐压性能检测的操作

(1)取5个试样袋,袋内充约1/2容量的水,并封口。

(2)分别称量各试样的重量并记录。

(3)将试样逐个放在上下板之间,实验中上下板应保持水平,不变形,与袋的接触面应光滑,上下板的面积应大于实验袋。

(4)根据试样的总质量按下表规定加砝码,保持1 min(负荷为上加压板与砝码质量之和,要求如表1-8-3所示)。

(5)目视袋是否破裂或渗漏。

表1-8-3　试样总质量与测试负荷对应表

袋与内容物总质量(g)	负荷(N)	
	三边封袋	其他袋
<30	100	80
30~100(不含100)	200	120
100~400	400	200
>400	600	300

(四)跌落性能检测的操作

(1)取5个试样袋,袋内充约1/2容量的水,并封口。

(2)分别称量各试样的重量并记录。

(3)根据试样总质量按表1-8-4的规定选择测试高度。

表1-8-4　试样总质量与跌落测试高度对应表

袋与内容物总质量(g)	跌落高度(mm)
小于100	800
100~400	500
大于400	300

(4)实验面应为光滑、坚硬的水平面(如水泥地面),将每个试样袋先从水平方向进行自由跌落,再垂直方向进行自由跌落一次,目视是否破裂。

(5)逐个完成5个试样袋的跌落实验。

(五)耐热性能检测的操作

(1)取5个试样袋(比200mm×120mm尺寸大的需制成200mm×120mm的小袋),充入袋容积1/2~2/3的水后排气密封好。

(2)将试样袋放入高压灭菌锅中。

（3）根据蒸煮袋的类型选择高压灭菌锅的温度，水煮用蒸煮袋的为100℃，高温水煮用的按最高使用温度处理，如135℃高温蒸煮使用的，以135℃处理。

（4）放置30 min，减压冷却至室温取出。

（5）检查试样袋有无明显变形，层间剥离、热封部位剥离等异常现象，如样品封口破裂时需取样重做。

五、结果分析

根据上述检测内容，对各种检测结果进行最终评定。

六、思考题

（1）蒸煮袋透湿性主要与包装的食品什么品质关系较大？

（2）蒸煮袋的抗压性能是重要指标，在实际生产中内外压差一般不能超过多少？

附：蒸煮袋等级及各种性能要求

蒸煮袋等级及各种性能要求见表1-8-5～表1-8-8。

表1-8-5　产品按使用温度分类表

使用温度	T≤80℃	80℃＜T≤100℃	100℃＜T≤121℃	121℃＜T≤145℃
产品等级	普通级	水煮级	半高温蒸煮级	高温蒸煮级

表1-8-6　蒸煮袋检验项目表

项目类别	检验项目
物理机械性能	剥离力，N/15 mm
	热合强度，N/15 mm
	拉断力（纵、横向），N
	断裂标称应变（纵、横向），%
	直角撕裂力（纵、横向），N
	抗摆锤冲击能，J
	摩擦系数
	耐高温介质性
	穿刺强度，N
	透光率和雾度，%
	表面电阻率，Ω
	水蒸气透过量，g/（m^2·24 h）
	氧气透过量，cm^3/（m^2·24 h·0.1 MPa）

续表

项目类别	检验项目
功能性	耐热性
	耐压性能
	跌落性能
卫生性能	卫生指标
	溶剂残留量
	特定化学物质

表 1 - 8 - 7　剥离力、热合强度性能指标

项目		指标			
		普通级	水煮级	半高温水煮级	高温水煮级
剥离力[（N/15 mm）]		≥0.6	≥2.0	≥3.5	≥4.5
热合强度	挤出复合(ex)	≥6	≥10	—	—
	干法复合(dr)	≥7	≥13	≥25	≥35

表 1 - 8 - 8　物理机械性能指标

项目		BOPP/exPE－LD(普通级)	BOPP/drPE－LD(普通级)	PA/dr CPP PET/dr CPP (水煮级)	PA/dr CPP PET/dr CPP (半高温蒸煮级)	PA/dr CPP PET/dr CPP (高温蒸煮级)
拉断力/N	纵向、横向	≥20	≥30	≥40		
断裂标称应变(%)	纵向	50～180		≥35		
	横向	15～90		≥35		
直角撕裂力(N)	纵向、横向	≥1.5	≥3.0	≥6.0		
抗摆锤冲击能(J)		≥0.4	≥0.6	≥0.6		
水蒸气透过量[g/(m²·24 h)]		≤5.8		≤15.0		
氧气透过量[cm³/m²·24 h·0.1 MPa)]		≤1800		≤120		

实验三　利乐包密封性能的检验

利乐包是瑞典利乐公司(Tetra Pak)开发出的一系列用于液体食品的包装产品,该产品目前在国内的饮料包装市场的占有率达到90%。

利乐包的包材由纸、铝、塑组成的六层复合包装,根据灌装产品的不同组成成分略有差别,材质比例分配大致为:纸板75%,塑料20%,铝箔5%(见图1-8-6),这种结构的包装材料能够有效地防止微生物的污染、光线的照射和异味的侵入,最大限度地保持产品的质量。

利乐包装材料在使用前是板材卷筒形式,经过纸仓向上供送到纵封贴条(LS)敷贴器将 LS 贴条粘于包装材料一侧进入双氧水浴槽浸泡灭菌后进入无菌室。在无菌室内完成干燥,纸管成形,并灌装,横封后送出无菌室,再进入终端成型设备进行折角折翼,贴角贴翼整形后成型。由于包装后的成品要经过运输、贮存、销售等环节,利乐包如果密封不好,将会无法阻止微生物的入侵,有害微生物会污染产品,影响产品的质量,因此密封性能极大的影响着产品的保质期,各生产企业都会对利乐包装的密封完整性做严格的检验。

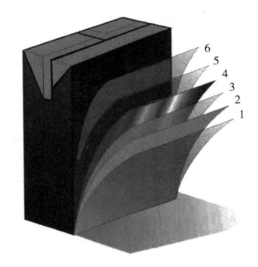

图 1-8-6 利乐包装结构

1—聚乙烯层 2—纸层 3—聚乙烯层 4—铝箔层 5—聚乙烯层 6—聚乙烯层

一、实验目的

(1)了解利乐包密封完整性的检验方法。

(2)进一步了解利乐包的结构。

二、实验原理

利乐包密封性能的好坏是与原材料及成型过程中横封、纵封质量密切相关的,检验利乐包装的密封性能时,肉眼可见的明显的泄漏包装,很容易被检验出来,肉眼不可见的细小的泄漏则很难被发现,因此利乐包装密封性能是由一系列检验方法组成的系统,本次实验选择几种快速检验的方法,对利乐包装的密封完整性进行检验。

电导法原理:包装浸泡在导电液(食盐溶液)中,如包装内表面塑料层上有破损,包装外的导电液和包装内的导电液会导通,用电导仪可以检测出来。

铜沉积法原理:包装浸泡在导电液(食盐溶液)中,如包装内表面塑料层上有破损,包装外的导电液和包装内的硫酸铜溶液会导通,在电解条件下,Cu 析出在塑料层破损的位置可被检测出来。

渗透液法原理:异丙醇具有很强的渗透性,在常温下不会和利乐包的内表层塑料发生反应,露丹明粉加入到溶液中呈现红色,便于观察,用这种方法可以模拟微生物穿透包材的各复合层进入包装的渗透情况,如利乐包无法通过此实验,则表明包材复合层中的微生物屏障被破坏,利乐包的密封性能存在缺陷。

三、实验器材

1. 仪器与设备

500 mL 烧杯、1 L 锥形瓶若干、吸液管、微安计(带有两个探头)、剪刀、电解铜试验仪。

图 1 - 8 - 7　电解铜试验仪

2. 实验材料

(1)浓度 1% 左右的氯化钠溶液、浓度 10% 左右的氯化钠溶液。

(2)渗透液:将 1.5 g 露丹明粉溶入 1L 异丙醇中,充分搅拌后沉降 2 h 过滤后待用。

(3)硫酸铜溶液:将 0.5 ~ 1.0 g 软化剂加入到 1 L 的锥形瓶中,加入 200 mL 蒸馏水,用磁力搅拌器将溶液充分搅拌,加入 100 g 硫酸铜晶体($Cu_2SO_4 \cdot 5H_2O$)在混合时再加入 800 mL 蒸馏水,确保硫酸铜充分溶解,将 2.6 g 硝酸加入溶液,搅拌 15 min,静置待用。

(4)内装物为非脂类产品的利乐包若干:用裁纸刀从样品的中部沿平行于底部的方向将样品切开,洗干净包装后擦干(或晾干)切口处。样品不少于 9 组(每个利乐包切开后上部和下部两个样品为 1 组)。

四、操作方法

1. 电导法

(1)在塑料盆中放入一些 1% 的氯化钠溶液,液面高度不得高于测试样品的高度。

(2)取三组裁取后的利乐包样品,在样品中放入约1/2的氯化钠溶液,确保溶液浸没薄弱区域,如顶/底角和折痕线处。

(3)取其中一个样品小心放入盆中,使包装的底角完全浸没,将微安计的两个探针一个放在样品内的氯化钠溶液中,另一个放在盆中的氯化钠溶液中。探针不要划伤样品内部。

(4)观察微安计上的指针偏转情况,如果微安计读数不稳定并大于0,将样品的边缘擦干再继续测试,如果指针快速偏转并显示稳定,则表示样品有接触到铝箔层的破损,如指针无偏转,则表示测试样品内层无破损,记录所观察的现象。

(5)按上述方式逐个测试完所有样品并记录。

2. 铜沉积法

(1)在塑料盆中放入一些10%的氯化钠溶液,液面高度不得高于测试样品的高度。

(2)取三组裁取后的利乐包样品,在样品中放入约1/2的硫酸铜溶液,确保溶液浸没薄弱区域,如顶/底角和折痕线处。

(3)取其中一个样品小心放入盆中,使包装的底角完全浸没,将电解铜试验仪黑色探针放在盆中的氯化钠溶液中,将红色探针放在样品中的硫酸铜溶液中。探针不要划伤样品内部。

(4)持续按 Push 键约 4 s,测试仪打开,再按 Push 键,电解开始,红色指示灯亮起,将红色电极在包装内的四个角之间移动约 3 min,电解出来的铜会沉积在包材破裂处,记录所观察的现象。

(5)按上述方式逐个测试完所有样品并记录。

3. 渗透液法

(1)取三组裁取后的利乐包样品,将渗透液涂在内表面的关键点上,如角落、横封、交叉处等,让渗透液在样品内表面保持至少 5 min。

(2)然后用吸液管将多余的渗透液吸干,用干纸巾擦干净或在通风处风干。

(3)样品干燥后,打开样品的边角和底角,从纵封重叠处小心地把包装的纸板层撕开,检查在包装角落、横封及交叉处是否有渗透液泄漏形成的斑点,任何渗透液的泄漏都说明包装密封完整性有缺陷。

(4)按上述方式逐个检验完所有样品并记录观察到的现象。

五、结果与分析

1. 电导法

将实验结果填入表 1 – 8 – 9,并对结果进行分析讨论。

表 1-8-9　电导法测定利乐包密封效果

样品		指针是否偏转	密封性能
样品一	上部		
	下部		
样品二	上部		
	下部		
样品三	上部		
	下部		

2. 铜沉积法

将实验结果填入表 1-8-10,并对结果进行分析讨论。

表 1-8-10　铜沉积法测定利乐包密封效果

样品		是否有铜沉积	密封性能
样品一	上部		
	下部		
样品二	上部		
	下部		
样品三	上部		
	下部		

3. 渗透法

将实验结果填入表 1-8-11 并对结果进行分析讨论。

表 1-8-11　渗透液法测定利乐包密封效果

样品		是否有渗漏	密封性能
样品一	上部		
	下部		
样品二	上部		
	下部		
样品三	上部		
	下部		

六、思考题

(1)内装物为乳制品的利乐包放置一段时间后是否可用电导法进行测试？为什么？

(2)实验过程中哪些影响因素会影响测试结果？

实验四　塑料薄膜透气性测定

透气性是衡量塑料薄膜阻隔性的一项重要的指标。气体通常指氧气、氮气、二氧化碳等,其中氮气、二氧化碳是惰性气体,对包装物的保鲜是有利的,氧气则可能为微生物滋生提供有利条件,从而影响产品的保质期。塑料薄膜作为食品、医药行业的常用包装材料,氧气的渗透可能导致食品变质、药品失效,影响产品的保质期,因此要求塑料薄膜具有良好的气体阻隔性能,不同的气体对同一种塑料薄膜的透气系数是不同的。本实验主要研究的是氧气对包装材料的透过性能,即薄膜的透氧性能。

一、实验目的

(1)了解等压法、压差法氧气透过率的测试原理。

(2)掌握等压法、压差法氧气透率测试仪的使用方法。

(3)观察不同材料的透气特性。

二、实验原理

气体对塑料薄膜的透过是一个单分子扩散的过程,属于质量传递过程。如图 1 - 8 - 8 所示,即气体在高压侧的压力作用下先溶解于塑料薄膜内表面,然后气体分子在塑料薄膜中从高浓度向外散发。整个过程出现的快慢由溶解度系数和扩散系数这两个因素决定。

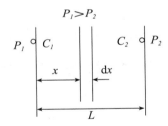

图 1 - 8 - 8　塑料薄膜的透气过程

氧气、氮气、二氧化碳气体在塑料薄膜中的扩散,可以在很短的时间内达到稳定状态。若在塑料薄膜两侧保持一个恒定的压力差,气体将以恒定的速率透过薄膜。可以采用压差法和等压法进行塑料薄膜透性的测定。

1. 压差法实验原理

真空法是压差法中最具代表性的一种测试方法,其测试原理(见图 1 - 8 - 9)是利用试样将渗透腔隔成两个独立的空间,先将试样两侧都抽成真空,然后向其中一侧(高压侧)充入 0.1 MPa(绝压)的测试气体,而另一侧(低压侧)保持真空状态,使试样两侧形成 0.1 MPa 的测试气体压差。测试气体通过薄膜渗透进入低压侧并引起低压侧压力的变化,利用高精度真空计来测量这个压力随时间的变化量从而计算出被测气体的透气量 R。由此得到的透气量单位一般是:cm³/(m²·24 h·0.1 MPa)。

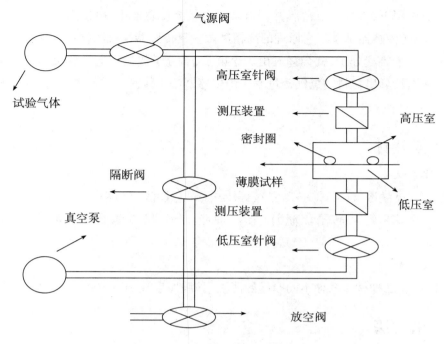

图1-8-9　压差法透气仪原理

2. 等压法实验原理

库仑计法是等压法中最具代表性的一种测试方法,其测试原理(见图1-8-10)是利用试样将渗透腔隔成两个独立的气流系统,一侧为流动的测试气体(可以是纯氧气或是含

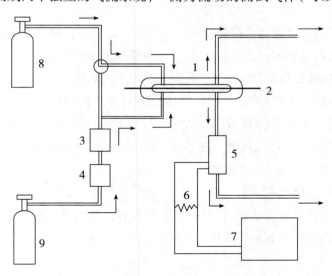

图1-8-10　等差法(库仑计法)透气仪构造原理

1—透气室　2—试样　3—催化装置　4—流量计　5—库仑计　6—负载电阻器
7—记录仪　8—氧气钢瓶　9—氮气钢瓶

氧气的混合气体),另一侧为流动的干燥氮气,试样两边的压力相等,但氧气分压不同。在氧分压差的作用下,氧气透过薄膜并被氮气流携带至传感器中,由传感器精确测量出氮气流中的氧气量(传感器基于库仑原理的高精度微量氧传感器来检测材料氧气透过率。传感器中每通过 1 个氧气分子,就会释放出 4 个电子,氧分子数量和电子数量的关系是成线性正比的。)从而计算出材料的氧气透过率。由传感器法直接测得的是氧气透过率,其常用单位是:$mL/(m^2 \cdot day)$。

三、实验器材

1. 仪器与设备

压差法气体渗透仪(VAC - V2 型)、等压法(库仑计法)气体渗透仪(OX2/230 型)、取样器、取孔器、取样刀、转子流量计、真空油脂、千分尺或薄膜厚度测定仪、载气(氮气、氧气)。

2. 实验材料

PC、PA、PS 三种材质两种不同厚度的薄膜(薄膜厚度在 10~1000 μm 之间为宜)。

四、操作方法

1. 压差法

(1)取厚度一致的三种材质的薄膜(厚度测试方法可按 GB/T 6672—2001 进行),薄膜应无明显缺陷,用压差法气体渗透仪的取样刀和取样器裁取三块实验用试样。

(2)将试样按 GB 2918—1998 进行塑料薄膜的标准环境温湿度进行状态调节,时间不少于 4 h。

(3)阅读压差法气体渗透仪使用说明书,接通电源,打开连接仪器的计算机电源开关。

(4)按要求在各试验腔上涂上真空油脂,在下腔放置好滤纸,放上经状态调节的试样。轻按使试样与试验腔上的真空油脂良好接触。合好上腔,旋紧即可。

(5)进入软件控制系统,输入各试验腔样品的名称、厚度等信息,设置温度为 23℃,选择"比例模式 10%",阻隔性选择 GTR≥1,实验气体置换时间设置为"60 s",上腔气体压力"1.01 kgf/cm² (约 9.91 Pa)",选择三腔实验,下腔脱气时间设置为"60 s",上下腔脱气时间设置为"10 h",体积选择"常规测试"。

(6)设置好参数,启动实验。

(7)试验结束后,系统自动提示"试验结束",保存试验结果,查询试验结果并记录。

(8)重新设置参数,将上腔气体压力参数改为"1.31 kgf/cm² (约 12.85 Pa)"。其余参数不变,启动试验。

(9)试验结束后,系统自动提示"试验结束",保存试验结果,查询试验结果并记录。

2. 等压法

(1)取两种厚度的三种材质的薄膜(厚度测试方法按 GB/T 6672—2001 进行),薄膜应无明显缺陷,用等差法气体渗透仪的取样刀和取样器裁取六块实验用试样(每种材质每个厚度的试样各两张)。

(2)将试样按 GB 2918—1998 进行塑料薄膜的标准环境温湿度进行状态调节,时间不少于 4 h。

(3)阅读等压法气体渗透仪使用说明书,添加蒸馏水,打开系统气源,并按要求调节为 0.25~0.3 MPa 之间,接通电源,打开连接仪器的计算机电源开关,启动控制软件。

(4)按要求在"A"、"B"、"C"三个测试腔上涂上真空油脂,放上经状态调节的试样。轻按使试样与试验腔上的真空油脂良好接触,盖好盖子并紧固。

(5)进入软件控制系统,输入各试验腔样品的名称、厚度等信息,设置温度为 23℃,选择"薄膜"类测试,设置"A"、"B"、"C"三个测试腔参数:标准试验模式,循环次数 2 次,测试时间 60 min,循环间隔为"3",吹零时间 60 min,预热 1 h。

(6)点击开始试验。试验过程中对流量进行调节,氧气流量调至(10±1)mL/min。调节氧气压力调节阀和氮气压力调节阀至压力表显示均为 80 kPa。

(7)试验结束后,点"试验腔状态",可查看试验曲线,也可通过选择查看各试验腔的试验结果,包括透氧系数、透氧量等数据,结果取两次测试的平均值。

(8)用另一种厚度的三种薄膜试样更换"A"、"B"、"C"三个测试腔已经测试完的试样,按同样的步骤完成测试。

(9)查询试验结果并记录,结果取两次测试的平均值。

五、结果与分析

1. 压差法

将实验记录和结果填入表 1-8-12,并对结果进行分析讨论。

表 1-8-12　压差法测定薄膜透气性能结果

试样种类	温度(℃)	厚度(μm)	上腔压力 (kgf/cm², 1 kgf/cm² ≈ 9.81 Pa)	透气量 (cm³/m² · 24 h · 0.1 MPa)
PC				
PC				
PA				
PA				
PS				
PS				

2. 等压法

将实验记录和结果填入表 1-8-13,并对结果进行分析讨论。

表 1 - 8 - 13　等差法测定薄膜透气性能结果

试样种类	温度 （℃）	厚度 （μm）	氧气透过率 $[mL/(m^2 \cdot day)]$
PC			
PC			
PA			
PA			
PS			
PS			

六、思考题

（1）提高包装材料阻隔性能的方法或途径？

（2）压差法和等压法各自的特点有哪些？

（3）在测试过程中哪些操作因素会影响实验误差？

第二篇　各类食品工艺实验

食品工艺技能的培养是食品工艺学实验课程的核心内容,强化工艺技能训练对培养食品专业学生的核心实践技能、工程化应用基础技能和职业发展技能将起到重要作用。食品工艺类型较多,本篇实验项目涵盖了焙烤食品、软饮料、乳制品、肉制品、罐头食品、发酵食品、调味品、速冻食品、糖果等主要食品类型的工艺实验。各校可结合专业培养目标和自身实验条件针对性选择其中的部分项目开展实验教学。

第一章　焙烤食品工艺实验

实验一　海绵蛋糕加工

一、实验目的

(1)巩固或掌握物理膨松法(机械膨松法)膨松蛋糕的原理。

(2)掌握传统全蛋法生产海绵蛋糕的基本工艺。

(3)掌握几种海绵蛋糕的生产技术。

提示:本实验可作为综合性实验组织教学。

二、主要实验器材

1.实验设备

打蛋机、烤箱、烤盘、蛋糕模具、防烫棉手套、排笔或毛刷、牙签(及油纸或马拉糕纸,刮刀,锯齿刀)等。

2.实验材料

见配方;另外准备少许精炼植物油。

三、实验配方

1.基本海绵蛋糕

低筋面粉或蛋糕专用面粉500 g,优级或一级细砂糖400～500 g,鸡蛋1000 g。

2.普通海绵蛋糕(原味)

低筋面粉或蛋糕专用面粉500 g,优级或一级细砂糖400～500 g,鸡蛋1000 g,食盐5 g,精炼植物油100 mL。

3.柠檬海绵蛋糕

低筋面粉或蛋糕专用面粉500 g,优级或一级细砂糖400～500 g,鸡蛋1000 g,食盐5 g,精炼植物油100 mL,柠檬色香油适量。

4.香草海绵蛋糕

低筋面粉或蛋糕专用面粉500 g,优级或一级细砂糖400～500 g,鸡蛋1000 g,食盐5 g,精炼植物油100 mL,香兰素2～4 g或按照使用说明使用(注意品牌、有效成分含量和保质期)。

5. 可可海绵蛋糕

低筋面粉或蛋糕专用面粉 470 g,可可粉 30 g,优级或一级细砂糖 600 g,鸡蛋 1000 g,食盐 5 g,精炼植物油 125 mL。

6. 奶香海绵蛋糕

低筋面粉或蛋糕专用面粉 500 g,优级或一级细砂糖 400 ~ 450 g,鸡蛋 1000 g,奶粉 80 g,食盐 5 g,精炼植物油 125 mL。

四、工艺流程

传统全蛋法生产海绵蛋糕的基本工艺流程如下:

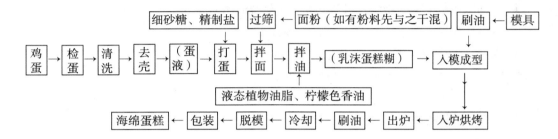

五、实验要求

(1)要求学生事先复习或查阅掌握生产海绵蛋糕所需原辅料加工特性、质量标准和验收要求;复习传统全蛋法加工海绵蛋糕的加工工艺;复习或查阅掌握海绵蛋糕质量标准及其感官品质鉴定方法;复习或查阅掌握生产海绵蛋糕的贮藏与运输技术。

(2)要求学生事先认真仔细预习实验内容。

(3)实验前期阶段由指导教师安排实验任务,讲解实验卫生和安全注意事项、实验原理、工艺操作要点,示范实验设备操作并教会学生正确操作。

(4)实验时可按 5 ~ 8 人为一实验小组进行。各组确定自己的实验产品种类。各组根据实验设备和条件在老师的建议下确定加工规模和各材料用量(实验配方可缩放)。各实验小组在教师指导下自行完成实验任务。指导教师对关键工序进行必要的指导,并及时纠正学生可能出现的错误操作。

(5)本实验产品执行标准 GB/T 20977—2007《糕点通则》。产品规格、配方尽量按标准要求执行。

(6)参照海绵蛋糕标准和其品质感官鉴定方法,将对每组产品进行感官评定、打分考核。

六、操作步骤与要求

1. 准备工作与原料处理

(1)洗净、擦干设备和器具。

（2）设定烤箱温度到蛋糕烘烤温度,适时开始预热烤箱。

（3）称量各原辅料,注意不同原料称量器具的选用（注意感量）。

（4）选取新鲜鸡蛋,鸡蛋温度以 30 ~ 40℃较为理想,温度低于 10℃（会导致打蛋时间过长）,则最好升温;温度也不能超过 50℃（易造成鸡蛋蛋白质变性）。然后将鸡蛋清洗干净,破壳取全蛋液。

（5）粉料混合过筛:根据配方不同,采取面粉过筛,或面粉与可可粉或奶粉干混后过筛。筛子孔径 30 ~ 60 目。

2. 打蛋

打蛋又称搅打、搅拌。它是将全蛋液、细砂糖、盐放入打蛋筒中,装上钢丝搅拌器,开机低速混匀（记录或记住混合料体积和颜色）,之后转为高速搅拌,至稳定黏稠的泡沫即可（可称为鸡蛋完全打发）。切记决不可过度搅拌——会导致产品塌陷等质量缺陷）。此时打发的蛋液具有以下感官特征（打蛋终点）:

①体积由原体积增至 5 ~ 6 倍,之后体积几乎不会增加;

②色泽由原来的黄色变为非常淡的淡黄色;

③形态为黏稠容易流动液体（比一次法打发的蛋糕糊稀得多）,从打蛋器铁丝网上很容易自由落下;

④打蛋过程中打蛋器铁丝划痕明显但划痕容易消失。

特别提醒:初学者有时候因鸡蛋打发不足使蛋糕发不起来、体积小比较瓷实不够松软;有时候因鸡蛋打发过度（使蛋糕糊在入炉烘烤前就会看到气泡逸出的现象——蛋糕糊表面出现大量泡沫）,蛋糕出炉冷却过程中会出现中心塌陷。

3. 拌面

在低速搅拌下或用手工搅拌（用人手、打蛋器、打蛋机的钢丝搅拌头等）将过筛的面粉等混合粉料加入蛋液中,拌匀即可。注意:拌面时绝对不可以长时间搅拌或高速搅拌（会引起面筋性蛋白质吸水形成大量面筋和结实的面筋网络,称起筋。这样的蛋糕收缩、不松软,吃起来会有面包的某种口感）。

建议:

①对初学者建议用手工搅拌拌面,这样容易搅拌均匀且不易搅拌过度。因为初学者用机器搅拌时往往会长时间搅拌,使蛋糕糊起筋。

②在"拌面"工序完成 70% 左右时,开始后续"拌油"工序操作,以减少搅拌时间。

4. 拌油

一边低速机器搅拌或手工搅拌（用人手、打蛋器、打蛋机的钢丝搅拌头等）,一边缓缓加入植物油和柠檬色香油（以防止油脂沉入底部）,拌匀即可。注意:拌油时更是绝对不可以长时间搅拌或高速搅拌（因为植物油是消泡剂,长时或高速搅拌会消除鸡蛋打发时混入的空气气泡,而导致蛋糕发不起甚至板结）。

建议:对初学者建议用手工搅拌拌油,这样容易搅拌均匀且不易搅拌过度。因为初学者用机器搅拌时往往会长时间搅拌,致使蛋糕糊大量消泡,体积急剧变少且变稀(实际上如用5L容积设备搅拌只需数秒钟即可)。

5.入模成型

(1)选好模具:模具形式有多种,每组各有一个炉烘烤时可根据需要和爱好随意选择合适模具(及其适合的炉温)。但多组共放于同一烤炉烘烤时(炉温相同),建议模具大小和蛋糕厚度不要差距太大(否则小蛋糕会烤的比较干硬)。

(2)洗净、晾干或烘干模具。

(3)把模具放在烤盘上,给模具内壁和底部刷油。刷油越多后序脱模越易。

(4)将面糊立即倒入刚刷过油的蛋糕模具中,装入量不要超过模具高度的2/3(蛋糕糊在烘烤膨胀过中及蛋糕糊在未定型前不至于溢出为度)。

6.入炉烘烤

将入模成型的蛋糕立即放入预热的烤炉内烘烤,炉温160~220℃,烘烤时间为20~50 min。具体炉温和烘烤时间主要根据蛋糕的大小、薄厚、装入量、烤炉及其加热形式而定。一般蛋糕越小、蛋糕越薄、装入量越少,炉温要求越高、烘烤时间要求越短。反之亦然。如直径10 cm以上的蛋糕平炉烘烤常用温度:上火180℃、下火160℃(热风转炉选用180℃);蛋糕卷的蛋糕糊则用上火220℃、下火180℃烘烤(热风转炉选用220℃)。

烘烤终点可以通过以下三种方法确定:第一种方法是插签法:将牙签插入蛋糕的几何中心后拔出,若牙签上刚好无黏性物料黏附,则表明蛋糕刚刚烤好。反之,若牙签上还有黏性物料黏附,则需要继续烘烤;第二种方法是手拍法:用手轻拍蛋糕表面,感觉有沙沙声、表面无弹性甚至会形成凹陷即表示未熟。反之,若轻拍时无沙沙声、有弹性且凹痕立即恢复原状即表示蛋糕已熟;第三种方法是眼看鼻嗅法:观察蛋糕表面的颜色和闻蛋糕的香气(在炉温合理的前提下),这种方法要有一定的实际生产经验才能较好地应用。当然,上述三种方法同时使用判定终点更为准确。

7.出炉、刷油、冷却、脱模、包装

立即取出烤好的蛋糕,给表面刷一层精炼植物油。自然或强制冷却蛋糕到45℃左右时即可食用或品质评定;冷却到其几何中心温度降到室温时(冷透)进行脱模、包装。

七、实验记录、结果计算与品评讨论

记录有关的实验数据与结果,参照GB/T 20977—2007《糕点通则》的技术指标对产品进行感官评定,并对结果进行分析讨论。

八、注意事项

(1)鸡蛋一定要新鲜。鸡蛋越新鲜,鸡蛋液越易打发,鸡蛋糕越易发起。

(2)设备和器具要洗净擦干,尤其是在打蛋筒中不能留有油脂。

(3)面粉一定要过筛。若有其他粉料如淀粉、可可粉、泡打粉等,最好与面粉一起过筛,拌入蛋糊中才会均匀且产品中就不会有生粉颗粒。但因奶粉颗粒较大，不易过筛，且奶粉易吸潮，故将奶粉拌入过筛后的面粉中为妥。

（4）打蛋时，蛋和糖混合，加温到40℃左右最好，即以手触之感觉微温的程度。鸡蛋太冷打发效果不佳，太热蛋液就会开始凝结，根本不能打发。打蛋的速度要高，打蛋时间以蛋液充分打起为度，不能长时间打蛋。

（5）加入面粉后不要过度用力和长时间搅拌，低速或用手拌匀就行了（刚不见干面粉即可），否则面粉一遇水再经搅拌就会形成面筋网络即"起筋"而使蛋糕收缩。

（6）油脂在加入面粉之后加入；在慢速搅拌下缓缓加入，切记不要瞬间全部加入，以防它们沉入底部而搅拌不匀。

（7）打蛋之前，要先开烤箱预热，并保证在蛋糕放入烤炉时烤炉温度达到烘烤温度。海绵蛋糕采用平炉烘烤时，要求上火较高，下火较低。如烘烤直径为15cm的蛋糕时，上火180℃，下火160℃。

（8）从打蛋开始到蛋糕入炉烘烤，工序衔接要紧凑，时间越短蛋糕品质越好。尤其在拌入面粉后，要及时烘烤。

（9）若蛋糕表面色泽已经很好，但蛋糕还没有熟，这时要降低炉温，同时给蛋糕表面盖上蛋糕纸，以防蛋糕被烤焦。

（10）海绵蛋糕一定要用流质油，如精炼植物油包括调和油、色拉油和熔化的奶油或熔化的人造奶油等，因为油脂是在鸡蛋打发、面粉和匀后拌入，若是固体的油则无法拌匀。油脂加得多当然会使蛋糕更柔润美味，但过量容易沉入面糊底部而沉淀，而且太多的油会破坏打发的蛋糕糊，因为液态油脂是消泡剂。但若添加乳化剂使大量油脂融入面糊中而不致沉淀，会使蛋糕吃起来更加可口。不加油脂的蛋糕口感较差。

（11）当面粉用量较多、鸡蛋用量较少时，要添加水或牛奶以调节面糊的浓稀程度。由于分蛋法打的面糊较全蛋法打的面糊浓稠，故可适当多添加一些水或牛奶，而全蛋法生产时则少加些。牛奶也可换成果汁、咖啡液、蜂蜜等其他流质液体，以改变蛋糕的风味。

（12）由于可可粉有苦味，所以加入量不要过多，同时要适当多加一点糖；由于可可粉吸水性强，容易使面糊很稠、产品较干，所以配方中可以加大鸡蛋用量或加入适量水或油脂。

（13）面粉要用低筋粉，使用中筋、高筋粉时一定要用淀粉取代一定量的中筋粉、高筋粉，以降低面粉的面筋含量。

（14）制作海绵蛋糕失败或品质较差的原因一般有以下几种。

①蛋液太冷：蛋液不容易打成浓稠状，需延长搅拌时间。

②蛋液搅拌不足：蛋糊不浓，稀稀的，体积又小，蛋糕会膨胀不良。

③面粉筋度过高或搅拌过度：蛋糕出炉后易收缩，表示面粉筋度过高或搅拌时用力过度使面糊"起筋"了。

④油脂或牛奶未拌匀：蛋糕底层有孔洞或结油皮，表示油脂或牛奶未拌匀。

⑤烤箱温度太高：蛋糕表面隆起破裂、颜色焦黑，表示烤箱温度太高。

⑥烤箱温度太低:烘烤时间已到,蛋糕还未熟,且其表面平坦,四周向内收缩、黏手,表示烤箱温度太低。

⑦烤箱上、下火设置不正确:蛋糕表面焦黑,底面不熟或色浅,即上火太高或模型放在上层了(多层烤炉)。

九、考核形式

实验过程考核:包括考勤、现场提问、操作、分析问题、解决问题、产品评分等。

十、实验报告要求

(1)每人提交一份实验报告。

(2)严格按照实验步骤注意记录实验数据,分析实验结果。

(3)指出实验过程中存在的问题,并提出相应的改进方法。

十一、思考题

(1)海绵蛋糕机械膨松的原理是什么?

(2)所用的原辅料各有什么作用?

(3)打蛋时物料的温度、打蛋的速度和打蛋的时间对蛋糕的膨松有什么影响?打蛋的终点如何判定?

(4)为什么要在低速搅拌下将过筛的面粉等混合粉料加入蛋液中,拌匀即可,不可长时、高速搅拌?

(5)用带有三种搅拌器的搅拌机(也称打蛋机)生产蛋糕时,选用哪一种搅拌器?

(6)为什么烤箱要事先预热?

实验二　戚风蛋糕加工

一、实验目的

(1)掌握戚风蛋糕的基本生产工艺。

(2)掌握几种戚风蛋糕的生产技术。

提示:本实验可作为设计性实验组织教学。

二、主要实验器材

1. 实验设备

打蛋机、烤箱、烤盘、戚风蛋糕模具、防烫棉手套、排笔或毛刷、牙签(及油纸或马拉糕纸、刮刀、锯齿刀)等。

2. 材料

参见配方。

三、实验配方

1. 牛奶戚风蛋糕配方

细砂糖 500 g,低筋面粉 700 g,色拉油 320 g,鸡蛋 1250 g,塔塔粉 10 g,泡打粉 10 g,牛奶 80 g,细盐 6 g。

2. 香草戚风蛋糕配方

细砂糖 550 g,低筋面粉 450 g,蛋黄 325 g,蛋白 750 g,水 200 g,色拉油 200 g,泡打粉 10 g,香草粉约 5 g,盐 5 g,塔塔粉 10 g。

3. 香橙戚风蛋糕配方

鸡蛋 1600 g,细砂糖 800 g,低筋面粉 400 g,玉米淀粉 250 g,精制油 250 g,鲜奶 100 g,塔塔粉 12 g,细盐 8 g,香橙浓汁或香橙香料适量。

四、工艺流程

生产戚风蛋糕的基本工艺流程如下:

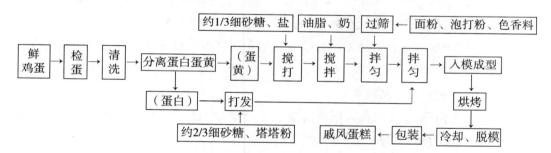

五、实验要求

(1)要求学生事先复习或查阅掌握生产油脂蛋糕所需原辅料加工特性、质量标准和验收要求;复习油脂蛋糕加工工艺;复习或查阅掌握油脂蛋糕质量标准及其感官品质鉴定方法;复习或查阅掌握生产油脂蛋糕的贮藏与运输技术。

(2)要求学生事先认真仔细预习实验内容。

(3)实验前期阶段由指导教师安排实验任务,讲解实验卫生和安全注意事项、实验原理、工艺操作要点,示范实验设备操作并教会学生正确操作。

(4)实验时可按 5～8 人为一实验小组进行。各组确定自己的实验产品种类。各组根据实验设备和条件在老师的建议下确定加工规模和各材料用量(实验配方可缩放)。各实验小组在教师指导下自行完成实验任务。指导教师对关键工序进行必要的指导,并及时纠正学生可能出现的错误操作。

（5）本实验产品执行标准 GB/T 20977—2007《糕点通则》。产品规格、配方尽量按标准要求执行。

（6）参照蛋糕标准和其品质感官鉴定方法，对每组产品进行感官评定、打分考核。

六、操作步骤与要求

1. 准备工作与原料处理

（1）洗净、擦干设备和器具。

（2）设定烤箱温度到蛋糕烘烤温度，开始预热烤箱。

（3）将泡打粉（有颗粒时压碎）加入面粉中，一起过筛。

（4）分离蛋白和蛋黄：选取新鲜鸡蛋，清洗干净，将鸡蛋分离成蛋白和蛋黄两部分。

2. 打发蛋白

将蛋白打到起泡时，加入约 2/3 白砂糖及塔塔粉，用钢丝搅拌器高速搅拌至硬性发泡，成雪花膏状。

3. 制备蛋黄面糊

把蛋黄和剩余的约 1/3 的白砂糖及细盐一起放在打蛋桶中，用钢丝搅拌器中速搅拌，成浓稠乳沫状时，依次慢慢加入精制油、鲜奶、水等液体物料（最好分数次加入，每加入一次，都要充分搅拌均匀）；最后加入过筛的低筋粉和泡打粉等粉料及食用色香料搅匀即可，不可搅拌过度。

4. 混合蛋黄面糊和打发的蛋白

将打发的蛋白分 1～2 次加入蛋黄面糊中，每次要求低速搅拌混匀即可，不可高速长时搅拌，否则面糊会过稀，导致失败。

5. 入模成型

把空模具放入烤盘中（千万记住：模具不可涂油，否则实验必败！），将面糊及时倒入戚风蛋糕模具内，高度以模具高度的 2/3 为宜，并使表面平整。

6. 烘烤

蛋糕及烤盘放入上火 180℃、下火 160℃ 的烤箱，烤至蛋糕表面呈金黄色并熟透时取出。

烘烤终点可以通过以下三种方法确定：将牙签插入蛋糕的几何中心后拔出，若牙签上刚好无黏性物料黏附，则表明蛋糕已经烤好，反之，若牙签上还有黏性物料黏附，则需要继续烘烤；另一种方法是用手轻拍蛋糕表面，感觉有沙沙声、表面呈凹陷状即表示未熟，可再烤数分钟，若无沙沙声且凹痕立即恢复原状即表示熟；第三种方法就是观察蛋糕表面的颜色和闻闻蛋糕的香气，这种方法要有一定的实际生产经验才能较好地应用。

蛋糕烤好后立即取出。

7.冷却、脱模、包装

立即取出烤好的蛋糕,给表面刷一层精炼植物油。自然或强制冷却到45℃左右时即可食用或品质评定;冷却到其几何中心温度降到室温时(冷透)进行脱模、包装。

七、实验记录、结果计算与品评讨论

记录有关的实验数据与结果,参照GB/T 20977—2007《糕点通则》的技术指标对产品进行感官评定,并对结果进行分析讨论。

八、注意事项

(1)分蛋时要小心,勿使蛋白沾到一丝油、水或蛋黄。

(2)分离蛋白和蛋黄时,鸡蛋越新鲜,两者越易分离;蛋的温度越低,越易分离。

(3)糖需分成两份,一份加在蛋黄中,一份加在蛋白中。先取相当于蛋白总重量2/3的糖置于一旁(1个蛋白取糖约20 g),以备蛋白打到起泡时加入,其余的糖就加在蛋黄里。

(4)加精炼植物油及牛奶时,最好分数次加入,手工搅拌时一定要这样做。

(5)面粉筛入后轻轻拌匀即可,不要用力搅拌或搅拌过久。

(6)蛋白一定要打到硬性发泡,即其尖端能竖立不下垂才行,否则烤好后蛋糕易塌陷。

(7)将蛋白泡沫与蛋黄面糊拌匀时,动作要轻且快,如果拌得太久或太用力,面糊会渐渐变稀。入炉烘烤时,面糊越浓,蛋糕烤好后就越膨松而不易塌陷;如果面糊呈稀软状态则可能失败。

(8)用什么模型烘烤皆可,但初学者若用戚风蛋糕专用的活动环状模型来做就不易失败。因为戚风蛋糕太松软,不能像天使蛋糕一样用摔打的方法取出,若用活动模型来烤,就可轻松取出。

(9)模具也和天使蛋糕一样不可涂油,因为戚风蛋糕的面糊必须借助黏附模具壁的力量往上膨胀,有油就失去黏附力,造成蛋糕的塌陷。

(10)戚风蛋糕的烘焙温度与海绵蛋糕相同,通常为上火180℃、下火160℃,放烤箱下层烤35～40 min。

(11)戚风蛋糕与分蛋式海绵蛋糕的做法实无差异,只是多加了塔塔粉与泡打粉而已。

(12)戚风蛋糕常用来做各种节日庆典的纪念蛋糕,如结婚蛋糕、生日蛋糕等。因为戚风蛋糕非常松软、味美,深受大多数人喜爱。

(13)制作戚风蛋糕失败的原因。戚风蛋糕是蛋糕中最难制作的一种蛋糕,失败的原因一般有以下几种。

①分离蛋白不小心,蛋白沾到一丝蛋黄或油、水。蛋白不纯净就无法打硬,故蛋糕一出炉便会剧烈收缩。

②蛋白没有打到硬性发泡:蛋白未打到硬性发泡,虽然蛋糕在烤箱内膨胀得很高,但一出炉便会立刻收缩塌陷。

③蛋白打发过度,呈棉花球状:导致蛋白泡沫与蛋黄面糊不易拌匀,烤好后蛋糕内含有白色蛋白碎块,表示蛋白打发过头了。

④蛋黄加糖、油、牛奶等搅拌时没有拌匀:面糊最后未搅拌均匀(尤其是底部),烤好后蛋糕底层会有油皮或湿面糊沉淀。

⑤泡打粉或塔塔粉受潮或超过保存期限而失败:使用无效的泡打粉或塔塔粉,蛋糕膨胀力不够,以致蛋糕的体积不够大。

⑥泡打粉未过筛而直接加入:泡打粉未随面粉过筛而直接加入面糊中,蛋糕表面会高低不平,一边膨胀得多,一边膨胀得少。

⑦烤箱温度太高:烤焙时间未到,蛋糕表面已焦而内部未熟即是烤箱温度太高。

⑧烤箱温度太低:烤焙时间已到,蛋糕内部仍未熟,其表面平坦且黏手,四周向内收缩、模型壁上甚至有黏手的面糊,则表示烤箱温度太低。

九、考核形式

实验过程考核:包括考勤、现场提问、操作、分析问题、解决问题、产品评分等。

十、实验报告要求

(1)每人提交一份实验报告。

(2)严格按照实验步骤注意记录试验数据,分析实验结果。

(3)指出实验过程中存在的问题,并提出相应的改进方法。

十一、思考题

(1)塔塔粉的作用是什么?

(2)比较分蛋法海绵蛋糕工艺与戚风蛋糕工艺上的异同点。

(3)生产戚风蛋糕失败的原因可能有哪些?

实验三　法式面包加工

一、实验目的

(1)熟悉法式面包的基本生产工艺。

(2)掌握一次发酵法面包生产工艺。

(3)掌握几种法式面包的生产技术。

提示:本实验可作为设计性实验组织教学。

二、主要实验器材

1. 实验设备

和面机或多用途搅拌机、醒发箱、发酵箱(也可用醒发箱代替)、烤箱、烤盘、面包模具、防烫棉手套、排笔或毛刷、不锈钢操作台或案板、刮刀、面团称量器具、锯齿刀等。

2. 实验材料

见配方。另外少许精炼植物油(刷烤盘用)。

三、实验配方

1. 法式长棍、中棍、短棍等面包配方

使用典型的法式面包配方,如:高筋粉 1000 g,即发活性酵母 10 g,细盐 20 g,白砂糖 15 g,人造奶油、奶油或起酥油 15 g,"师傅—300"面包改良剂 10 g,温水约 600 g。

2. 法式辫子面包配方

使用典型的法式面包配方,如:高筋粉 800 g,低筋粉 200 g,盐 20 g,白砂糖 12 g,"S—500"面包改良剂 10 g,即发活性干酵母 10 g,温水约 600 g,表面装饰用白芝麻约 100 g。

3. 麸皮长棍配方

高筋粉 800 g,低筋粉 200 g,麸皮 100～200 g,盐 20 g,白砂糖 15 g,"S—500"面包改良剂 10 g,酵母 12 g,温水约 620 g。

四、工艺流程

一次发酵法生产面包的基本工艺流程如下:

原辅料 → 预处理 → 面团调制 → 发酵 → 整形(分块→搓圆→中间醒发→成型→装盘) → 最后醒发 →
烘烤 → 冷却 → 包装 → 产品

五、实验要求

(1)要求学生事先复习或查阅掌握生产产品所需原辅料加工特性、质量标准和验收要求;复习面包加工工艺;复习或查阅掌握面包质量标准及其感官品质鉴定方法;复习或查阅掌握生产面包的贮藏与运输技术。

(2)要求学生事先认真仔细预习实验讲义中实验内容。

(3)实验前期阶段由指导教师安排实验任务,讲解实验卫生和安全注意事项、实验原理、工艺操作要点,示范实验设备操作并教会学生正确操作。

(4)实验时可按 5～8 人为一实验小组进行。各组确定自己的实验产品种类。各组根据实验设备和条件在老师的建议下确定加工规模和各材料用量(实验配方可缩放)。各实验小组在教师指导下自行完成实验任务。指导教师对关键工序进行必要的指导,并及时纠正学生可能出现的错误操作。

（5）本实验产品执行标准 GB/T 20981—2007《面包》。产品规格、配方尽量按标准要求执行。

（6）参照面包标准 GB/T 20981—2007 和面包评分方法（GB/T 14611—2008 中的附录），将对每组产品进行感官评定、打分考核。

六、操作步骤与要求

（一）法式长棍

（1）搅拌好的面团经发酵使面团的体积增加 2 倍时翻面，再延长发酵约 25 min。

（2）取出发酵好的面团，分割成 280 g 的面团，稍加搓圆并进行中间醒发 12～15 min 后取出，放置数分钟，待表面水分略干时擀成长方形薄片，再卷成长棍状，要尽量卷紧，收口朝下放入烤盘，将面包坯放入醒发箱进行最后醒发至六成时即可取出。

（3）将醒发的面包坯在室内放置数分钟，待表面干燥时用利刀在上表面斜开数刀，再进醒发箱醒发至原面团体积 3 倍时取出。

（4）将面包坯放入热风转炉烘烤，初期加入蒸汽，温度设为 220℃；在平炉中烘烤时在面包坯表面喷水汽后，烘烤温度设定为上火 220℃、下火 180℃。烤至表面金黄，且表皮硬脆并熟透时出炉。

产品特点：外脆内软，故又称法式脆皮大棒。

（二）法式辫子面包

其基本操作步骤和要求与上述"（一）法式长棍"的基本操作步骤和要求基本相同。现就其不同之处和需要强调的环节介绍如下：

（1）取出发酵好的面团，分割成 160 g 的面团，稍加搓圆并进行中间醒发 12～15 min 后取出，放置数分钟，待表面略干时搓成长条。

（2）用 3 根长条盘成辫子状，在表面喷上水后蘸上芝麻，放入烤盘，进醒发箱进行最后醒发至原来体积 3 倍时取出烘烤。

（三）麸皮长棍

其基本操作步骤和要求与上述"（一）法式长棍"的基本操作步骤和要求相同，不同之处是在面团调制中加油脂时加入麸皮。

七、实验记录、结果计算与品评讨论

记录有关的实验数据与结果，参照面包标准 GB/T 20981—2007 和面包评分方法（GB/T 14611—2008 中的附录），对产品进行感官评定，并对结果进行分析讨论。

八、注意事项

法式面包在烘烤前，表面不能刷蛋液，否则面包会因长时间烘烤而表面颜色过深。

九、考核形式

实验过程考核:包括考勤、现场提问、操作、分析问题、解决问题、产品评分等。

十、实验报告要求

(1)每人提交一份实验报告。

(2)严格按照实验步骤注意记录实验数据,分析实验结果。

(3)指出实验过程中存在的问题,并提出相应的改进方法。

十一、思考题

(1)烘烤法式面包的工艺条件与烘烤方包、甜面包有何不同?

(2)麸皮与面粉等一起加入和面好不好?为什么?

(3)法式面包有哪些特点?

实验四 酥性饼干加工

一、实验目的

(1)熟悉酥性饼干的基本生产工艺。

(2)掌握酥性饼干的生产技术。

提示:本实验可作为设计性实验组织教学。

二、主要实验器材

1.设备器具

专业调粉机(或多用途搅拌机)、专业成型机(或通槌及刀子)、专业烤炉(或烤箱及烤盘)、操作台(或案板)、粉筛子、电子秤。

2.材料

见配方。

三、实验配方

1.酥性饼干基本配方

酥性饼干专用粉1000 g(或低筋面粉950 g+淀粉50 g),白砂糖290 g,饴糖50 g,起酥油150 g,奶油或无盐人造奶油20 g,全脂奶粉46 g,鸡蛋170 g,食盐5 g,大豆磷脂5 g,小苏打4 g,碳酸氢铵3 g,抗氧化剂BHA 0.2 g,水约70 g。

2. 奶油（酥性）饼干配方

酥性饼干专用粉 1000 g（或低筋面粉 950 g + 淀粉 50 g），白砂糖 290 g，饴糖 50 g，奶油或无盐人造奶油 170 g，全脂奶粉 46 g，鸡蛋 170 g，食盐 5 g，大豆磷脂 5 g，小苏打 4 g，碳酸氢铵 3 g，抗氧化剂 BHA 0.2 g，水约 70 g。

3. 奶油味（酥性）饼干配方

酥性饼干专用粉 1000 g（或低筋面粉 950 g + 淀粉 50 g），白砂糖 290 g，饴糖 50 g，起酥油 170 g，全脂奶粉 46 g，鸡蛋 170 g，食盐 5 g，大豆磷脂 5 g，小苏打 4 g，碳酸氢铵 3 g，抗氧化剂 BHA 0.2 g，水约 70 g，奶油香精约 4 g。

四、工艺流程

生产酥性饼干的基本工艺流程如下：

原辅料 → 预处理 → 面团调制（调粉） → 成型 → 烘烤 → 冷却 → 整理 → 包装 → 酥性饼干产品

五、实验要求

（1）要求学生事先复习或查阅掌握生产酥性饼干所需原辅料加工特性、质量标准和验收要求；复习酥性饼干加工工艺；复习或查阅掌握酥性饼干质量标准及其感官品质鉴定方法；复习或查阅掌握酥性饼干贮藏与运输技术。

（2）要求学生事先认真仔细预习实验内容。

（3）实验前期阶段由指导教师安排实验任务，讲解实验卫生和安全注意事项、实验原理、工艺操作要点，示范实验设备操作并教会学生正确操作。

（4）实验时可按 5～8 人为一实验小组进行。各组确定自己的实验产品种类。各组根据实验设备和条件在老师的建议下确定加工规模和各材料用量（实验配方可缩放）。各实验小组在教师指导下自行完成实验任务。指导教师对关键工序进行必要的指导，并及时纠正学生可能出现的错误操作。

（5）本实验产品执行标准 GB/T 20980—2007《饼干》。产品规格、配方尽量按标准要求执行。

（6）参照饼干标准和其品质感官鉴定方法（SB/T 10141—1993《酥性饼干用小麦粉》附录中的酥性饼干评分标准），将对每组产品进行感官评定、打分考核。

六、操作步骤与要求

1. 准备工作与原料处理

（1）接通烤箱电源，设定烤箱的温度为烘烤温度开始预热。

（2）面粉：混合、过筛、除杂。若有淀粉时，先与面粉混合后过筛。奶粉也可与面粉混合后过筛，也可直接使用，但要注意奶粉成散状，不能吸潮结块。

（3）白砂糖：最好加水溶解过滤，但若水少，则要求白砂糖纯度高，且需粉碎。若白砂糖与水和鸡蛋一起混合溶解时，白砂糖不必粉碎。

（4）油脂：若刚从冷库取出，使之升温变软（但不能熔化）。

（5）鸡蛋：检查、清洗、消毒、去蛋液或取蛋白。

2. 面团调制（调粉）

酥性饼干的面团调粉温度低，俗称冷粉。酥性面团的糖、油用量大，面筋形成量少，吸水量少，面团疏松，不具延伸性；靠糖、油调节润胀度，胀发率较少，密度较大。这种面团要求具有较大程度的可塑性和有限的弹性，操作中还要求面团有结合力，不黏辊筒和印模，成型后的饼干坯应具有保持花纹的能力，形态不收缩变形，烘烤后具有一定的膨胀率，使饼干内部孔洞性好，从而口感酥松。面团调制技术要求如下：

（1）将油脂、糖（糖粉）、饴糖、盐、水（或糖浆）、乳粉、蛋、磷脂、膨松剂、抗氧化剂等辅料投入调粉机中充分搅拌混合溶解、乳化成均匀的乳浊液。

（2）在乳浊液形成后加入香精香料拌匀，以防止香精挥发。

（3）加入过筛面粉（或混合的粉料），低速搅匀即可。面粉在一定浓度的糖浆及油脂存在的状况下吸水胀润受到限制，不仅限制了面筋蛋白的吸水，控制面团的起筋，而且可以缩短面团的调制时间。

（4）水要一次加够，调制中途不能补加。

（5）面团温度应在 22 ~ 30℃ 之间，在调粉机中调 5 ~ 10 min。

（6）静置：调酥性面团并不一定要采取静置措施，但当面团黏性过大，胀润度不足，影响操作时，需静置 10 ~ 15 min。

3. 成型

（1）成型机成型：酥性面团有条件的可用辊切成型机等酥性饼干成型机成型。压延比不要超过 4∶1。比例过大易造成皮子表面不光、黏辊筒、饼干僵硬等弊病。宜采用无针孔有花纹印模。

（2）手工成型：无成型设备可用通棰将酥性面团压成 2.5 ~ 3 mm 厚的光滑面片，使用无针孔有花纹印模手工成型。

注意：当面团结合力过小，不能顺利操作时，采用适当辊轧的办法，可以得到改善。

4. 烘烤

酥性饼干易脱水，易着色，采用高温烘烤，在 300℃ 条件下烘 3 ~ 5 min。

5. 冷却

自然或强制冷却到室温。

6. 整理

人工检出烤焦、变形、断裂等次品饼干。

七、实验记录、结果计算与品评讨论

记录有关的实验数据与结果,参照 GB/T 20980—2007《饼干》和 SB/T 10141—1993《酥性饼干用小麦粉》附录中的酥性饼干评分标准对产品进行感官评定和打分,并对结果进行分析讨论。

八、注意事项

(1)调粉时要特别注意投料顺序和工艺要求。当调酥性面团黏性过大,胀润度不足,影响操作时,需适当静置,以改善面团性能,静置时间 10 ~ 15 min。

(2)当成型时面团结合力过小,不能顺利操作时,采用适当辊轧的办法,可以得到改善。

九、考核形式

实验过程考核:包括考勤、现场提问、操作、分析问题、解决问题、产品评分等。

十、实验报告要求

(1)每人提交一份实验报告。

(2)严格按照实验步骤注意记录实验数据,分析实验结果。

(3)指出实验过程中存在的问题,并提出相应的改进方法。

十一、思考题

(1)酥性面团要求具有较大程度的可塑性和有限的弹性,如何调制?

(2)酥性面团一般不需要静置,一般也不需要辊轧,但面团在什么情况下需要稍许静置或适当辊轧?

(3)为什么酥性饼干其表面是无针孔的清晰凸花纹图案?

实验五　西点塔类点心加工

一、实验目的

(1)掌握酥性面团类制品的起酥原理。

(2)掌握酥性面团的调制工艺和几种塔的生产技术。

提示:本实验可作为设计性实验组织教学。

二、主要实验器材

1. 设备器具

和面机,发酵箱,醒发箱,刮刀,烤箱,烤盘,排笔或毛刷,塔盆(又叫浅盏、塔杯),案板,面粉筛子,刮刀,电子秤。

2. 材料

参见配方。

三、实验配方

1. 塔杯面团的基本配方

中筋面粉(也可用高筋粉3份+低筋粉7份代替)1000 g,砂糖粉500 g,鲜鸡蛋5个,起酥油或人造奶油500 g,泡打粉10g(共制得约2260 g塔杯面团)。

2. 蛋塔配方

塔杯面团[注]约250 g,净全蛋250 g,细砂糖250 g,牛奶125 mL,水250 mL,粟粉或吉士粉12 g,白醋1~2滴。

3. 水果船塔配方

塔杯面团[注]约250 g,水果结淋120 g,打发的鲜奶油80 g,装饰用鲜水果或罐装水果适量。(水果结淋配方:蛋黄3个,白砂糖100 g,玉米淀粉45 g,人造黄油45 g,牛奶400 g,水果汁100 g)。

注:塔杯面团的用量因塔盆的大小形状、面片的薄厚、操作者的操作差异等因素变化较大,故配方中的塔杯面团的用量仅供参考。

四、工艺流程

塔类点心的生产基本工艺流程如下:

生产塔杯面团原辅料 → 预处理 → 面团调制 → 冷冻及备用 → 制备塔杯 → 烘烤 → 冷却 →

装入馅料(水果结淋)→ 装饰料装饰 → 水果塔

蛋塔 ← 冷却 ← 继续烘烤 ← 装入馅料(蛋塔水浆)← 烘烤

五、实验要求

(1)要求学生事先复习或查阅掌握生产该产品所需原辅料加工特性、质量标准和验收要求;复习产品加工工艺;复习或查阅掌握产品质量标准及其感官品质鉴定方法;复习或查阅掌握产品贮藏与运输技术。

(2)要求学生事先认真仔细预习实验内容。

(3)实验前期阶段由指导教师安排实验任务,讲解实验卫生和安全注意事项、实验原理、工艺操作要点,示范实验设备操作并教会学生正确操作。

(4)实验时可按 5~8 人为一实验小组进行。各组确定自己的实验产品种类。各组根据实验设备和条件在老师的建议下确定加工规模和各材料用量(实验配方可缩放)。各实验小组在教师指导下自行完成实验任务。指导教师对关键工序进行必要的指导,并及时纠正学生可能出现的错误操作。

(5)本实验产品执行标准 GB/T 20977—2007《糕点通则》。产品规格、配方尽量按标准要求执行。

(6)参照产品标准和其品质感官鉴定方法,将对每组产品进行感官评定、打分考核。

六、操作步骤与要求

(一)酥性面团的调制

(1)将人造奶油和糖粉一起用钢丝搅拌器高速打发至泛白膨松的羽毛状。

(2)鸡蛋分数次加入继续打发,且每加一次蛋液,必须将混合料搅拌打发到膨松细腻状,然后才能加入下一批蛋液进行打发。

(3)加入一起过筛的中筋粉和泡打粉低速搅拌均匀(决不能搅拌过度),得到酥性面团。

(4)将酥性面团装入洁净的撒有面粉的盘内,用保鲜纸包好,放入冰箱冷冻,随用随取。

(二)蛋塔生产

1. 制备馅料(蛋塔水浆)

①将细砂糖与粟粉、吉士粉拌匀。

②牛奶与水混合加热煮沸。

③上述①、②混合,使砂糖溶解、淀粉完全糊化。

④冷却混合料到 50℃以下。

⑤加入打散的鸡蛋液,搅匀。

⑥加入数滴白醋,搅匀。

⑦混合料过筛,得到蛋塔水浆。

2. 制备塔杯、烘烤

将酥性面团放在台板上,用擀面杖将其擀压成厚 3~4 mm 的面皮,用圆形或椭圆形扣压模切成圆形面片,放入撒有较多面粉的圆形塔盆、圆形菊花塔盆或船形塔盆内,用手将每只塔盆的底部及周边轻轻地揿压一下,让其紧切于塔盆且外沿突出高度约 2 mm。装入烤盘,进入 190℃的烤箱烘烤,至塔杯外沿呈浅褐色时取出。

3. 装入馅料(蛋塔水浆)

给塔杯内装入蛋塔水浆,约 4/5 高度。

4. 烘烤、冷却

将蛋塔放回烤箱中继续烘烤，上火温度为 160～170℃、下火温度为 200～210℃ 的平炉中烘烤 15～18 min，烤熟后取出，冷却、脱模即是产品。

（三）水果塔的生产

1. 制备塔杯

将酥性面团放在案板上，用擀面杖将其擀压成厚约 3 mm 的面皮，卷起铺放在排列整齐的圆形塔盆或船形塔盆内，用擀面杖再在上面（盆沿平面）擀压一下，以除去多余的面片，然后用手将每只塔盆的底部轻轻撖压一下，使其成浅碟状，再用刀尖在底部戳数个小孔，并装入烤盘。

2. 烘烤、冷却

塔杯进入 190℃ 的烤箱烘烤，至呈褐黄色并熟透时取出冷透。

3. 制备馅料和装饰料

（1）制备馅料（水果结淋）。将蛋黄和白砂糖一起搅拌至泛白，加入玉米淀粉搅拌均匀，然后将人造黄油和牛奶及水果汁一起烧煮至沸，冲入蛋黄混合物内搅拌，再倒回锅内继续烧煮至熟透即成。

（2）打发鲜奶油或植脂奶油（忌廉）。洗净擦干打蛋机，将解冻或半解冻状态的鲜奶油或植脂奶油打发，呈雪白色硬性发泡状。

4. 装入馅料和装饰

将水果结淋装入裱花袋内，将其裱在烤熟的塔盆面皮内，然后将打发的鲜奶油也用同样方法进行装饰，最后放上各种水果装饰点缀即成。

七、实验记录、结果计算与品评讨论

记录有关的实验数据与结果，参照 GB/T 20977—2007《糕点通则》对产品进行感官评定，并对结果进行分析讨论。

八、注意事项

（1）塔杯面团是酥性面团，其调制可参见酥性饼干面团和曲奇饼干面糊调制。

（2）制备蛋塔水浆时，蛋液一定要打散，且要通过筛子过滤（除去没有完全打散的蛋白，否则蛋挞黄色蛋羹中往往会有白色蛋白丝而影响美观）后再倒入不热的混合料中（不让蛋液过早变性凝固）。

九、考核形式

实验过程考核：包括考勤、现场提问、操作、分析问题、解决问题、产品评分等。

十、实验报告要求

（1）每人提交一份实验报告。

（2）严格按照实验步骤注意记录实验数据,分析实验结果。

（3）指出实验过程中存在的问题,并提出相应的改进方法。

十一、思考题

（1）在生产酥性面团时,加入面粉一旦揉和均匀,就不要再多加揉搓,以防面团内所含的油脂渗出,造成做出的食品硬脆并缺乏光泽,而且一旦油脂渗出,面团就很松散,像油酥一样,做起来也倍感困难。

（2）调制好的酥性面团需要放在冰箱内,冰冻后再制作,这样做起来方便,质量也好,而且这种面团放在冰箱内可保存长时间而不变质。

（3）烘烤蛋塔时,宜上火稍小、下火稍大,这样烘烤出来的产品,色泽最佳。

实验六　广式月饼加工

一、实验目的

（1）熟悉月饼的基本生产工艺过程。

（2）掌握广式莲蓉月饼的生产技术。

（3）掌握莲蓉馅料的生产技术。

提示:本实验可作为设计性实验组织教学。

二、主要实验器材

1. 设备器具

和面机、烤箱、烤盘、排笔或毛刷、案板、月饼模子、刮刀、电子秤。

2. 材料

参见配方。

三、实验配方

广式月饼皮料(约2000 g):富强粉1000 g,糖浆800~840 g(白砂糖+柠檬酸+水,制作后述),花生油240 g,碱水16~18 g(碱粉+小苏打+水,制作后述)。

莲蓉馅料(约8000 g):莲子1700 g,白砂糖2500 g,花生油500 g,碱水80 g~100 g,猪油420 g。

月饼饰面料:鸡蛋液150 g。

四、工艺流程

生产月饼的基本工艺流程如下：

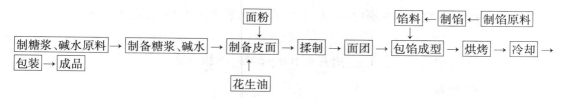

五、实验要求

（1）要求学生事先复习或查阅掌握生产该产品所需原辅料加工特性、质量标准和验收要求；复习其加工工艺；复习或查阅掌握其质量标准及其感官品质鉴定方法；复习或查阅掌握其贮藏与运输技术。

（2）要求学生事先认真仔细预习实验内容。

（3）实验前期阶段由指导教师安排实验任务，讲解实验卫生和安全注意事项、实验原理、工艺操作要点，示范实验设备操作并教会学生正确操作。

（4）实验时可按 5～8 人为一实验小组进行。各组确定自己的实验产品种类。各组根据实验设备和条件在老师的建议下确定加工规模和各材料用量（实验配方可缩放）。各实验小组在教师指导下自行完成实验任务。指导教师对关键工序进行必要的指导，并及时纠正学生可能出现的错误操作。

（5）本实验产品执行标准 GB/T 20977—2007《糕点通则》。产品规格、配方尽量按标准要求执行。

（6）参照桃酥标准和其品质感官鉴定方法，将对每组产品进行感官评定、打分考核。

六、操作步骤与要求

1. 制糖浆（需提前制作）

糖浆所用原料配方：白砂糖 700 g，清水 245～280 g，柠檬酸 0.35～0.5 g。先将 3/4 的清水倒入锅内，加入白砂糖加热煮沸 5～6 min，再将柠檬酸用少许水溶解后加入糖溶液中。如果糖液沸腾剧烈，可将剩余的清水逐渐加入锅内，以防止糖液飞溅。煮沸后改用慢火煮30 min 左右，煮至剩下的糖液约 875 g 即成月饼糖浆。贮藏 15～20 d 后才可使用。

2. 制馅

（1）莲子去皮去心：食用碱用水溶化后与莲子拌湿倒入盛器内，再倒入开水浸没莲子，加盖焖一会，待莲子皮能用手捏脱就可取出用清水多次冲去碱味；然后用竹刷将莲子皮刷浮，多次漂去浮皮，再用水冲洗干净；稍沥干，用竹扦逐个通去莲心。

（2）煮烂：把去皮、心的莲子加清水煮烂，用绞肉机绞成泥。

（3）炒蓉：将莲子泥、白砂糖和 1/3 的油放在锅内，用猛火煮沸，边煮边铲动；待水分蒸发，莲蓉变稠，改用文火炒，这时将剩下的油分两次加入，直炒到莲蓉稠厚，手捏成团就可起锅（注意：煮炒时均用铜锅）。

馅料质量要求：色泽米灰透白，不得泛红，入口香甜、软润质感、无硬粒杂质。

3. 制碱水

取碱粉 25 g，加入小苏打 1 g，用开水 100 g 溶解，冷却后使用。

4. 制皮面（和面）

面粉放在台板上围成圈，放入糖浆和碱水，充分混合后再加入花生油，然后徐徐加入面粉，揉搓成细腻发暄的软性面团。面团要在 1 h 内成型完毕。

5. 包馅成型

（1）选择合适的月饼模具：饼模有圆形和椭圆形两种，每一种模的大小有别，模内一般都刻有花纹图案或字样。

（2）包馅成型：皮馅比例一般为 1∶4～1∶6（技术越高包入的馅料越多）。先将皮面和馅料分别下剂，将饼皮压成扁圆薄片，然后放入馅心揉圆收口朝下，装入特制的木模印内或已加热的铜模内（模内刻有产品名称，模内先刷层油）用手轻轻压实，再用木模小心敲击厚板，将饼磕出（铜模可在烘烤后脱模）。生坯装上烤盘，间距适当，准备烘烤。

6. 烘烤

坯表面刷一层清水，入炉，在 150～160℃下烘烤 5 min 左右，饼面呈微黄色后取出刷上鸡蛋液，再入炉烘烤 15 min 左右，饼面呈金黄色、腰边呈象牙色即成。

7. 冷却、包装

自然冷却并包装。

七、实验记录、结果计算与品评讨论

记录有关的实验数据与结果，参照 GB/T 20977—2007《糕点通则》对产品进行感官评定，并对结果进行分析讨论。

八、注意事项

（1）制糖浆实际上是蔗糖在酸作用下分解转化为还原糖的过程，因此糖的溶解、防止返砂、转化火候、转化时间、转化终点非常重要。

（2）莲蓉馅料制作后期要注意火候，防止焦糊。

（3）包馅成型是技术性较强的工序，要多学多练。

九、考核形式

实验过程考核：包括考勤、现场提问、操作、分析问题、解决问题、产品评分等。

十、实验报告要求

（1）每人提交一份实验报告。

（2）严格按照实验步骤注意记录实验数据,分析实验结果。

（3）指出实验过程中存在的问题,并提出相应的改进方法。

十一、思考题

（1）在此实验基础上如何生产双黄莲蓉月饼?

（2）广式月饼对面粉有何要求? 为什么要用糖碱水和面?

第二章 软饮料加工工艺实验

实验一 芒果汁饮料工艺

一、实验目的

(1)了解掌握芒果汁生产的原料处理及配料的比例。

(2)熟悉和掌握芒果汁饮料的加工工艺过程和操作要点。

(3)学会生产设备的性能和使用方法。

提示:本实验可作为设计性实验组织教学。

二、实验原料

芒果、白砂糖、稳定剂、酸味剂、抗氧化剂、香精、色素。

三、实验设备及仪器

不锈钢锅、打浆机、榨汁机、胶体磨、脱气机、压盖机、糖量计、玻璃瓶、皇冠盖、温度计、烧杯、台秤、天平、电磁炉等。

四、设计指标

果汁含量≥10%(质量分数)、总糖8%~15%、总酸0.1~0.3。

五、实验要求

(1)按5~8人分组,并选出一名组长,负责仪器和实验室的申请以及物资的准备,需在一星期前告知老师,并负责整组后期的实验报告收集。

(2)在实验前,要求每组成员认真查阅文献,做好实验预习,了解实验可能会出现的问题,熟悉芒果汁的加工工艺、原料比例,掌握相应的实验仪器以及操作注意事项。

(3)实验过程中,要求每位同学遵守实验室规则和卫生指标指导。

(4)在实验结束后,每人需完成一份实验报告,交予组长,在实验老师规定上交的时间之前上交。

六、工艺流程

原料处理 → 加热软化 → 去皮去核 → 打浆过滤 → 混合调配 → 真空脱气

成品 ← 冷却 ← 杀菌 ← 灌装、密封 ← 均质

瓶、盖准备

七、操作要求

（1）原料处理：采用新鲜无霉烂，无病虫害、冻伤及严重机械伤的水果，成熟度八至九成。然后以清水清洗干净，并摘除过长的果根，用小刀修除干痕、虫蛀等不合格部分，最后再用清水冲洗一遍。

（2）加热软化：洗净的果实以 2 倍的水进行加热软化，沸水下锅，加热软化 3～8 min。

（3）打浆过滤：软化后的果实趁热打浆，浆渣再以少量水打一次浆，用 60 目的筛过滤。

（4）混合调配：按产品配方加入甜味剂、酸味剂、稳定剂等在配料灌中进行混合并搅拌均匀（原果浆 33%～40%，砂糖 13%～15%，稳定剂 0.2%～0.35%，色素、香精适量）。

（5）真空脱气：用真空脱气罐进行脱气，料液温度控制在 30～40 ℃，真空度为 55～65 kPa。

（6）均质：均质压力为 18～20 MPa，使组织结构稳定。

（7）灌装、密封：均质后的果汁经加热后，灌入事先清洗消毒好的玻璃瓶中，压盖密封。

（8）杀菌、冷却：扎盖后马上进行加热杀菌，杀菌条件为 100 ℃、20～30 min，杀菌后冷却至室温。

八、感官评定

按表 2－2－1 进行感官评定。

表 2－2－1　实验芒果汁评分表

评价小组	评价项目				综合得分
	色泽	滋味	香味	清澈度	
A					
B					
C					
D					

九、考核形式

考核：现场提问、实验报告、实验数据、实验效果分析以及解决方法的合理性、实验

报告。

十、实验报告要求

(1)每人一份实验报告,最终由组长统一收集上交,在老师规定的时间之前上交。

(2)根据实验数据,分析实验效果。

(3)反思实验过程,指出实验过程中存在的问题,并提出相应的改进方法。

十一、思考题

(1)哪些措施可以防止在生产过程中褐变问题的发生?

(2)目前饮料工业的灌装和杀菌方式有哪些?

实验二 澄清苹果汁的加工工艺

一、实验目的

(1)了解掌握澄清苹果汁的实验原理。

(2)熟悉和掌握澄清苹果汁生产工艺和操作要点。

(3)了解防止出现质量问题的措施并理解措施的理论依据。

提示:本实验可作为设计性实验组织教学。

二、实验原理

澄清苹果汁饮料的生产是采用物理的方法如压榨、过滤等方法,破碎果实制取汁液加以澄清,再通过加糖、酸、香精等混合调整后,杀菌灌装而制成。变色、变味是果汁饮料生产中常见的问题,主要原因是酶促褐变、非酶促褐变和微生物的生长繁殖。在加工过程中可以采用加热漂烫钝化酶的活性,添加抗氧化物、有机酸,避免与氧接触等措施来避免上述问题,并通过严格灭菌操作等手段来延长果汁的保质期。

三、实验原料

苹果、白砂糖、柠檬酸、果胶酶、明胶、维生素 C 等。

四、实验设备及仪器

不锈钢刀、孔径 0.5 mm 的筛网、榨汁机、不锈钢破碎机、螺旋压榨机、卧式杀菌锅、数字式 pH 计、全自动封口机、果汁过滤分离机、便携式数显糖度计、简易式灌装机、玻璃瓶、温度计、烧杯、台秤、天平、电磁炉等。

五、设计指标

各指标按表 2 - 2 - 2、表 2 - 2 - 3、表 2 - 2 - 4 进行。

表 2 - 2 - 2　感官指标

项目	指标
色泽	果肉色、透明、无变色情况
风味	具有新鲜苹果固有的滋味和香气,无异味
口感	自然清爽、酸甜可口无异味
杂质	果汁为澄清透明状,无肉眼可见外来杂质
稳定性	振摇均匀后 12 h 内无沉淀,应保持均匀体系

表 2 - 2 - 3　理化指标

项目	指标
总砷(以 As 计)/(mg/L)	≤0.10
铅(Pb)/(mg/L)	≤0.04
铜(Cu)/(mg/L)	≤1.00

表 2 - 2 - 4　微生物指标

项目	指标
菌落总数/(个/L)	≤100
大肠菌落(MPN/100 mL)	≤3
致病菌(沙门氏菌、志贺氏菌、金黄色葡萄球菌)	不得检出
霉菌和酵母菌总数/(个/mL)	≤20

六、实验要求

(1)实验前,要求学生先查阅资料,搞清楚苹果汁生产工艺流程,了解苹果汁有关营养物质成分,注意在加工中如何保鲜保质,熟悉澄清苹果汁的制作工艺过程,并了解其相关的机械设备。

(2)学生自己设计澄清苹果汁的配方和生产工艺。按 5~8 人为一实验小组,各实验小组自己根据澄清苹果汁生产的技术原理、影响感官、理化、微生物等方面因素,各组自己制定澄清苹果汁生产工艺,产品配方,各实验小组自己制作澄清苹果汁。各实验小组要提前一星期,把自己制定澄清苹果汁生产工艺,所需工具,产品配方报实验室老师,由实验室老师准备。

(3)实验前期阶段由指导教师安排实验任务,讲解实验卫生和安全注意事项、实验原理,示范实验设备操作并教会学生正确操作。实验过程中指导教师只对关键工序进行指导,并及时纠正学生可能影响人身安全的错误操作。

(4)要求学生在实验过程中严格按照实验规范和卫生标准进行,加强食品质量与安全意识。

七、工艺流程

新鲜优质苹果 → 预处理 → 澄清 → 精滤

包装 ← 杀菌 ← 脱气 ← 糖酸调整

八、操作要点

（1）原料选择：成熟适中、新鲜完好，多汁、无病虫害、无腐烂损伤的苹果。适宜的品种有国光、红玉、红富士等。

（2）预处理。

①清洗：把挑选出来的果实放在流水槽中冲洗。如表皮有残留农药，则用0.5%～1%的稀盐酸或0.1%～0.2%的洗涤剂浸洗，然后再用清水强力喷淋冲洗。清洗的同时进行分选和清除烂果。

②去核修整：有局部病虫害、机械伤害的不合格苹果用不锈钢刀修削干净并清洗，合格的苹果切瓣去果心。

③破碎：用不锈钢破碎机将苹果破碎成碎块后及时把碎片的苹果送入榨汁机。在榨汁时放入苹果重量0.1%的抗坏血酸溶液护色。

④热处理：苹果破碎之后，需进行加热处理。由于加热能改变细胞的半透性，使果肉软化、果胶质水解，降低汁液的黏度，因而可以提高出汁率。另外，加热还有利于色素和风味物质的渗出，并能抑制酶的活性。一般处理条件为60～70 ℃、15～30 min。

（3）压榨和粗滤：用螺旋压榨机把破碎后的苹果碎块压榨出苹果汁，再用孔径0.5 mm的筛网进行粗滤，使不溶性固形物含量下降到2%以下。

澄清和精滤：果汁中的单宁与蛋白质易形成大分子聚合物而凝聚，果胶对细小悬浮物如残存果肉颗粒有保护作用，使果汁浑浊不清。另外，果汁中的亲水胶体（果胶质、树胶质和蛋白质）经电荷中和、脱水加热，都会引起胶体的凝沉，这是果蔬汁浑浊的主要原因。在澄清生产中，它们会影响产品的稳定性，必须除去。澄清苹果汁可采用自然澄清法、硅藻土澄清法、明胶澄清法和果胶酶澄清法四种。

本实验提供两种方法。方法一，将榨取的苹果汁加热至82～85 ℃，再迅速冷却，促使胶体凝聚，达到果汁澄清的目的。澄清处理后的苹果汁，采用需要添加助滤剂的过滤器进行过滤。用硅藻土作滤层的还可除去苹果中的土腥味。方法二，通过经0.04 g/L的果胶酶处理后的苹果汁，再加适量明胶、单宁、皂土、硅溶胶等澄清剂对果汁进行絮凝、沉降处理，静置一段时间后取上部清液并用离心或过滤的方法进行精致处理。

（4）糖酸调整：澄清后的苹果汁可以通过加白砂糖、加柠檬酸使果汁的糖酸比维持在18∶1～20∶1，成品的糖度为12%，酸度为0.4%。天然苹果汁中的可溶性固形物含量为

15% ~ 16%。

（5）脱气：如果不需要浓缩，透明果汁可进行脱气处理。

（6）杀菌：将果汁迅速加热到90℃以上，维持几秒钟时间，以达到高温瞬时杀菌目的。

（7）包装：将经过杀菌的果汁迅速装入消毒过的玻璃瓶中，趁热密封。密封后迅速冷却至38 ℃，以免破坏果汁的营养成分。

九、感官评定

色、香、味、形是食品的质量指标之一，这些指标即是食品的感官指标。同学们可以根据澄清苹果汁感官评定表，对实验产品进行感官评定。评定结果填入表2－2－5

提示：由于各组实验设计的配方有所差异，可以把其他实验组的苹果汁产品一起进行感官评定，评价效果会更好。

表2－2－5　实验澄清苹果汁评分表

评价小组	评价项目					综合评分
	色泽	风味	口感	杂质	稳定性	
A						
B						
C						
D						

十、考核内容

考核：现场提问、分析问题、解决问题、实验报告。

十一、实验报告要求

（1）每人提交一份实验报告。

（2）严格按照实验步骤注意记录实验数据，分析实验结果。

（3）指出实验过程中存在的问题，并提出相应的改进方法。

十二、思考题

（1）澄清苹果汁加工工艺中出现果汁变色、变味的原因有哪些？如何预防？

（2）目前饮料工业生产中对于苹果汁的灌装和杀菌方式有哪些？

（3）制作澄清苹果汁时澄清工艺的目的是什么？

（4）果汁制作过程中可以通过哪些方法来提高果汁的出汁率？

（5）为了让避免加工过程中微生物对果汁的污染，可以通过哪些方式加以控制？

实验三　蔬菜汁的加工工艺

实验(一)　胡萝卜汁饮料加工工艺

一、实验目的

(1)了解掌握胡萝卜汁饮料加工的基本原理。

(2)掌握胡萝卜汁饮料生产工艺的全过程。

(3)熟悉并掌握液相色谱法、氨基酸自动分析仪的测定。

提示:本实验可作为设计性实验组织教学。

二、实验原料

原材料:胡萝卜、白砂糖。

试剂:柠檬酸、羧甲基纤维素钠、黄原胶、抗坏血酸、菠萝香精。

三、实验设备及仪器

仪器设备:组织捣碎机、调配罐、高压均质机、脱气机、灌装机、封盖、电热手提压力蒸汽消毒器、液相色谱仪、氨基酸自动分析仪。

四、设计指标

制作出的胡萝卜汁饮料产品应达到下列要求:

1. 感观指标

色泽:具有胡萝卜特有的橙红色,色调明亮,正常;

香气:具有胡萝卜特有的香气,香气协调柔和;

滋味:具有新鲜胡萝卜的滋味,味感协调柔和,酸甜适口,无异味;

性状:果肉汁均匀一致,质感适宜,细腻,无明显分层现象;

杂质:无肉眼可见的外来杂质。

2. 理化指标

可溶性固形物≥28%;

酸度（以柠檬酸计）≤0.18%;

食用添加剂含量应符合 GB 2760;

胡萝卜素和各氨基酸总量应符合一定指标。

3. 微生物指标

细菌总数 ≤100(cfu/mL);

大肠菌群数 ≤6(MPN/mL)；

致病菌不得检出。

五、实验要求

（1）要求学生首先查阅资料，熟悉胡萝卜汁饮料的制作工艺过程，了解其相关的机械设备，搞清楚各种添加试剂的作用和功能，并能够用仪器对饮料进行成分的营养分析。

（2）学生可以自己设计胡萝卜饮料的配方和生产工艺。按5~8人为一实验小组，各实验小组自己根据胡萝卜饮料生产的技术原理，制定胡萝卜饮料生产工艺，产品配方，各实验小组自己制作胡萝卜饮料。但各实验小组要提前一星期，把自己制定胡萝卜饮料生产工艺，所需工具，产品配方报实验室老师，由实验室老师准备。

（3）实验前期阶段由指导教师安排实验任务，讲解实验卫生和安全注意事项、实验原理，示范实验设备操作并教会学生正确操作。实验过程中指导教师只对关键工序进行指导，并及时纠正学生可能影响人身安全的错误操作。

（4）要求学生在实验过程中严格按照实验规范和卫生标准进行，加强食品质量与安全意识。

（5）学生在实验过后可以向老师反映实验的改进和一些解决措施，若有其他蔬菜汁饮料的工艺方案，也可以向老师提出，如果可以也可以申请实验器材等做新的实验。

六、工艺流程

原料选择 → 去皮 → 清洗 → 预煮 → 打浆 → 研磨 → 调配

成品 ← 冷却 ← 杀菌 ← 密封 ← 灌装 ← 脱气 ← 均质

七、操作要点

（1）原料选择：选择充分成熟、未木质化、无病虫害、无机械伤的新鲜胡萝卜。

（2）去皮：用2%~4%热碱溶液烫洗1~2 min，再用冷水冲洗，洗去碱液，去皮。

（3）清洗：用流动水再次充分冲洗。

（4）预煮：用原料1.5倍的水预煮2~3 min，温度控制在95~100 ℃，从而抑制胡萝卜氧化酶的活性，使胡萝卜组织软化。

（5）打浆：将预煮过的原料与预煮水一起倒入组织捣碎机捣碎成糊状，再用筛过滤，筛孔直径为0.4~0.6 mm，弃渣取汁。

（6）研磨：用胶体磨将胡萝汁细磨一次，使汁液的颗粒细粒化，均匀细腻。

（7）调配：将研磨后的胡萝卜汁送至调配罐，在不断搅拌的条件下，按配方添加处理好的辅料混合均匀。

饮料配方(%)：胡萝卜汁30，白砂糖10，柠檬酸0.3，维生素C 0.2，羧甲基纤维素钠

0.1,黄原胶 0.1,香精适量,软水补足 100 。

（8）均质：将调配好的胡萝卜汁饮料采用高压均质机均质,均质压力为 20～25 MPa,使饮料增加均质度和稳定性。

（9）脱气：均质后的饮料,在真空脱气机中脱除空气,脱气温度为 40～50 ℃,真空度不低于 0.075 MPa。

（10）灌装：密封脱气后的饮料用灌装机装入 250 mL 玻璃瓶中,再用封盖机封盖。

（11）杀菌：将灌装密封后的饮料置于杀菌锅中进行杀菌,温度为 115～121 ℃,时间为 5～10 min,然后冷却即为成品。

注意事项：

（1）碱液处理后的果蔬应该立即投入流动水中彻底漂洗,漂净胡萝卜表面的余碱,必要时可用 0.1%～0.3% 的盐酸中和,以防变色,必要时也可以用稀盐或柠檬酸等溶液护色。

（2）原料预煮后必须急速冷却,以保持胡萝卜脆嫩度,可立即加入预煮水。

八、感官评定

色、香、味、形是食品的质量指标之一,这些指标即是食品的感官指标。同学们可以根据胡萝卜汁饮料感官评定表对实验产品进行感官评定,并将结果填入表 2－2－6。

提示：由于各组实验设计的配方有所差异,可以把其他实验组的胡萝卜汁饮料一起进行感官评定,评价效果会更好。

表 2－2－6　实验胡萝卜汁饮料评分表

评价小组	评价项目					综合评分
	色泽	滋味	香味	流动性	稳定性	
A						
B						
C						
D						

九、成分分析

胡萝卜素：液相色谱法（M icroPak. Si210,柱层析 300 mm×4 mm ）。

氨基酸：835250 型氨基酸自动分析仪。

分析结果填入表 2－2－7。

表 2－2－7　胡萝卜汁的营养成分

主要营养成分	含量
胡萝卜素（mg/100 g） 总氨基酸量（mg/100 g）	

十、考核形式

考核：现场提问、分析问题、解决问题、实验报告。

十一、实验报告要求

（1）每人提交一份实验报告。

（2）严格按照实验步骤注意记录实验数据，分析实验结果。

（3）指出实验过程中存在的问题，并提出相应的改进方法。

十二、思考题

（1）饮料中加入的羧甲基纤维素钠、黄原胶的作用是什么？

（2）实验中用碱液去皮有什么好处？

（3）通过本次实验，请思考企业生产蔬菜汁饮料的整个流程是怎么样的？

（4）上网查一下复合蔬菜汁饮料和果蔬饮料的优越性。

实验（二）　番茄汁饮料加工工艺

一、实验目的

（1）了解掌握番茄汁饮料加工的基本原理。

（2）掌握番茄汁饮料生产工艺的全过程。

（3）熟悉并掌握液相色谱法的测定。

提示：本实验可作为设计性实验组织教学。

二、实验原料

番茄、白砂糖、柠檬酸、柠檬酸钠、抗坏血酸、羧甲基纤维素钠、黄原胶、魔芋粉、茶多酚（化学纯）。

三、实验设备及仪器

破碎打浆机、黏度计、均质机、脱气机、液相色谱仪、电子天平、杀菌机、自动真空灌封机等设备。

四、设计指标

制作出的番茄汁饮料产品应达到下列要求：

1.感官指标

色泽：汁液呈红色、橙红色或橙黄色；

滋味及气味:具有新鲜番茄汁应有的纯正滋味,无异味;

组织与形态:汁液均匀混浊,允许有少量的微小番茄肉悬浮在汁液中,静置后允许有轻度分层,浓淡适中,但经摇动后,应保持原有的均匀混浊状态,汁液黏稠适度;

其他杂质:不得检出。

2. 理化指标

总糖≥5 g/100 mL(以葡萄糖计);总酸<0.5 g/100 mL(以柠檬酸计);番茄红素≥6 mg/100 mL;氯化钠=0.3%~1.0%。

3. 卫生指标

添加剂按 GB 2760 规定执行。细菌总数≤100 cfu/mL;大肠杆菌≤5 MPN/100 mL;致病菌(肠道致病菌及致病性球菌)不得检出。

五、实验要求

(1)要求学生首先查阅资料,熟悉番茄汁饮料的制作工艺过程,了解其相关的机械设备,搞清楚各种添加试剂的作用和功能,并能够用仪器对饮料进行成分的营养分析。

(2)学生可以自己设计番茄饮料的配方和生产工艺。5~8人为一实验小组,各实验小组自己根据番茄饮料生产的技术原理,制定番茄饮料生产工艺,产品配方,各实验小组自己制作番茄饮料。但各实验小组要提前一星期,把自己制定番茄饮料生产工艺,所需工具,产品配方报实验室老师,由实验室老师准备、购买。

(3)实验前期阶段由指导教师安排实验任务,讲解实验卫生和安全注意事项、实验原理,示范实验设备操作并教会学生正确操作。实验过程中指导教师只对关键工序进行指导,并及时纠正学生可能影响人身安全的错误操作。

(4)要求学生在实验过程中严格按照实验规范和卫生标准进行,加强食品质量与安全意识。

(5)学生在实验过后可以向老师反映实验的改进和一些解决措施。

六、工艺流程

(番茄预处理)

番茄原料选择 → 清洗 → 检剔 → 破碎 → 热烫 → 榨汁 → 调配 → 脱气 ↓
冷却成品 ← 倒瓶杀菌 ← 密封 ← 热灌装 ← 杀菌 ← 均质

七、操作要点

(1)番茄原料的选择:选择九成熟、颜色鲜、无虫害、香味浓郁、可溶性固形物4%以上的新鲜番茄作原料。

(2)番茄预处理:去蒂清洗,剔除番茄果蒂,用清水洗去其表面附着的泥沙病菌及残留农药,再破碎榨汁,采用85℃,30 s热破碎榨汁工艺,得到番茄浆汁。

（3）调配：按配方称取白砂糖、柠檬酸、稳定剂及其他添加剂以适量热水溶解处理过滤，然后与番茄汁混合均匀并补充水至所需的容量。

（4）脱气均质：将调配好的番茄汁饮料予以脱气并进入均质机均质使果肉进一步细化并可防止沉淀。

（5）杀菌：杀菌温度 85 ℃，维持 8～10 min。

（6）热灌装、密封、倒瓶杀菌：杀菌后的物料由自动真空灌封机实施热灌装密封，保证罐中心温度不低于80℃，然后倒瓶杀菌。

（7）冷却：实行三段梯度冷却，迅速降至常温。

注意：

（1）番茄由于含水量高，果实皮薄汁多，很容易腐烂变质，应该及时挑选新鲜的番茄。

（2）热破碎榨汁中的汁液加热温度要控制在适合范围内，不能太高，否则制作出来的饮料黏度高，影响产品质量。

八、感官评定

色、香、味、形是食品的质量指标之一，这些指标即是食品的感官指标。可以根据番茄汁饮料感官评定表，对实验产品进行感官评定。评定结果填入表 2－2－8。

提示：由于各组实验设计的配方有所差异，可以把其他实验组的番茄汁饮料一起进行感官评定，评价效果会更好。

表 2－2－8　实验番茄汁饮料评分表

评价小组	评价项目					综合评分
	色泽	滋味	香味	流动性	稳定性	
A						
B						
C						
D						

九、成分分析

番茄素：液相色谱法（MicroPak. Si210，柱层析 300 mm×4 mm）；

氨基酸：835250 型氨基酸自动分析仪。

分析结果填入表 2－2－9。

表 2－2－9　番茄汁的营养成分记录（/100 g）

主要营养成分	含量
番茄红素（mg）	
总糖（mg）	
总酸（mg）	
氯化钠（%）	

十、考核形式

考核：现场提问、分析问题、解决问题、实验报告。

十一、实验报告要求

（1）每人提交一份实验报告。

（2）严格按照实验步骤注意记录试验数据，分析实验结果。

（3）指出实验过程中存在的问题，并提出相应的改进方法。

十二、思考题

（1）饮料中加入的羧甲基纤维素钠、黄原胶、魔芋粉的作用是什么？

（2）实验中为什么不直接榨汁，而要用热破碎法榨汁呢？

（3）本实验中为什么要倒瓶杀菌呢？

实验四　花生乳的加工工艺

一、实验目的

（1）了解花生乳的加工原理及营养价值。

（2）熟悉和掌握花生乳制作的工艺流程。

（3）了解其他植物蛋白饮料的生产特性。

提示：本实验可作为设计性实验组织教学。

二、实验原理

植物蛋白饮料是指用蛋白质含量较高的植物果实、种子以及核果类或坚果类的果仁等为原料，与水按一定比例磨碎、去渣后加入配料制得的乳浊状液体制品，其成品蛋白质含量不低于0.5%。

花生具有富含蛋白质、人体必需氨基酸、不饱和脂肪酸，低胆固醇、营养成分全面的特点，能防止机体衰老，促进脑细胞发育及防止动脉硬化。以花生仁为主要原料，经浸泡、破碎、制浆、脱腥等工艺制成浆液后，辅以一定的甜味剂、乳化剂、稳定剂，即可配制出营养丰富、风味独特的植物蛋白饮料——花生乳。

三、实验材料与用具

1. 实验材料

花生仁、白砂糖、香精、乳化剂（蒸馏单甘酯、蔗糖脂肪酸酯）、碳酸氢钠、稳定剂（海藻酸纳、黄原胶、明胶)等。

2. 实验设备

配料罐(玻璃瓶、易拉罐)、蒸煮设备、磨浆机、过滤机、砂轮磨、胶体磨、均质机、灌装机、杀菌器、100 目和 200 目筛网。

3. 相关配方

乳化剂:蔗糖脂肪酸酯 0.15%,单甘酯 0.08%;

稳定剂:黄原胶 0.01%,明胶 0.01%,海藻酸钠 0.005%。

四、工艺流程

$$\boxed{原料选择} \rightarrow \boxed{灭酶去红衣} \rightarrow \boxed{浸泡} \rightarrow \boxed{磨浆} \rightarrow \boxed{分离} \rightarrow \boxed{花生浆}$$

$$\boxed{成品} \leftarrow \boxed{冷却} \leftarrow \boxed{二次杀菌} \leftarrow \boxed{密封} \leftarrow \boxed{灌装} \leftarrow \boxed{杀菌} \leftarrow \boxed{均质} \leftarrow \boxed{过滤} \leftarrow \boxed{调配}$$

五、操作要点

1. 原料选择

花生仁以粒小、含蛋白质高、风味浓的品种为宜,保存期不能超过一年。生产时必须剔除霉烂变质、虫蛀、出芽及瘦小的种仁和砂石、铁屑等杂质。

2. 灭酶去红衣

花生仁中含有脂肪氧化酶,会使花生乳产生青涩味。花生仁红衣色素影响产品的色泽,红衣中的红衣单宁则影响产品的口感。因此制浆前,应灭酶和脱去红衣,方法有干法和湿法两种。

(1)烘烤脱衣(干法):烘烤温度 110 ~ 130 ℃,时间 10 ~ 20 min。花生干燥时烘烤温度相对低些,时间亦长些。烘烤以形成淡淡黄色、产生香味而不太熟为宜,取出后手工搓去红衣。

(2)热烫脱衣(湿法):脱壳花生仁在 95 ℃以上热水中浸渍几十秒钟,使花生衣刚润透而未渗入果肉为宜,然后用机械摩擦去皮。脱衣后花生仁需采用沸水热烫 2 ~ 3 min 灭酶,然后用清水漂洗冷却。

烘烤温度和时间对饮料品质影响较大,烘烤不够,不仅风味差而且有豆腥味;烘烤过度,花生乳化性能差,蛋白质热稳定性受到影响,易出现絮凝沉淀现象,降低花生蛋白提取率。所以本实验使用湿法热烫脱衣。

3. 浸泡

花生蛋白质贮存于种仁子叶的亚细胞颗粒蛋白体内,为了提高花生营养物质的提取率,采用浸泡的方法,使花生仁吸水膨胀,软化组织,有利于后面的磨浆操作。

浸泡温度一般在 45 ℃以下,也可采用 80 ~ 85 ℃的热水浸泡,提高花生提取率。不过浸泡温度不宜过高,以免花生蛋白质变性。冬季浸泡 12 ~ 14 h,夏季浸泡 8 ~ 10 h。浸泡时的料水比一般为 1∶3,并添加 0.25% ~ 0.5% NaHCO₃,使溶液的 pH 值在 7.5 ~ 9.5 之间,以利于蛋白质的溶出。

4. 磨浆

花生磨浆一般采用两次磨浆法。粗磨用砂轮磨,磨浆时料水比为 1∶(8 ~ 10),有时 1∶15,根据生产条件和饮料种类决定。精浆分离 100 目筛网。精磨用胶体磨,精磨时注意调节胶体磨动、静磨片之间的距离,使花生浆粒细度达到 100 ~ 200 目。浆粒粗,细胞组织未能充分破坏,蛋白质不能充分提取出来,降低饮料的营养价值,但浆粒过细不利于浆液分离,影响过滤。

5. 调配

制造花生乳的原料除花生浆液外,还有砂糖、乳化剂、乳化稳定剂(增稠剂)和香料等。配料时可以将乳化剂、稳定剂与部分花生浆混合,通过胶体磨均匀混合后加入其余花生浆中,然后将其与糖液混合,配料时温度保持在 60 ~ 65 ℃。

本实验采用的产品配方为:花生仁 6% ~ 8%,砂糖 6% ~ 8%,乳化剂和稳定剂 0.2% ~ 0.3%,聚磷酸盐分散剂 0.15% ~ 0.4%(与金属离子螯合,提高花生乳稳定性)。

6. 均质

采用二次均质,第一次采用 50 ~ 60 ℃、30 MPa 的压力均质,第二次采用 70 ~ 80℃、30 ~ 35MPa 的压力均质。均质使蛋白质颗粒和乳状液中脂肪滴进一步乳化细微化,有利于稳定剂与蛋白质结合,提高产品乳化稳定性。

7. 杀菌、灌装、密封

在 85 ~ 90 ℃下进行巴氏杀菌,然后进行热灌装,灌装温度一般为 70 ~ 80 ℃,用玻璃瓶作为包装容器。

8. 二次杀菌与冷却

灌装密封后进行二次杀菌,花生乳属于低酸性食物,因此需要采用高温杀菌方式(121 ℃,15 ~ 30 min),杀菌后冷却到 37 ℃左右。

六、成品评价

(1)感官要求:色泽:乳白色,无分层、沉淀现象;滋味:口感细腻,脂香浓郁,有花生典型的香气与滋味;组织状态:花生乳状液均匀一致,无明显脂肪上浮和分层沉淀;杂质:无肉眼可见的外来杂质。

(2)理化指标:总糖 4% ~ 8%;蛋白质含量 ≥1%,一般在 1.2 ~ 1.4;脂肪含量 ≥1%,一般在 1.5 ~ 1.8;pH = 6.5 ~ 7.2;重金属含量:砷(As)≤0.5 mg/kg,铅(Pb)≤1.0 mg/kg,铜(Cu)≤1.0 mg/kg;食品添加剂按 GB 2760 规定。

(3)微生物指标:细菌总数 ≤100 个/mL;大肠杆菌群 ≤3cfu/100mL;致病菌(肠道菌和致病性球菌)不得检出;黄曲霉毒素 B1 ≤3.0 mg/kg。

(4)本实验以感官分析试验评定花生乳品质,结果以百分制表示,综合评分由 4 ~ 8 人的打分平均而得,评分标准见表2-2-10,评分结果填入表2-2-11。

表2-2-10　花生乳评分标准

分值	香味	甜味	组织状态	风味
21~25	花生口感纯正,香气浓郁	适宜柔和	良好	良好
11~20	香气一般	甜度不足	稍差	较好
0~10	生腥味、哈败味	甜度过强	过稠	稍差

表2-2-11　花生乳评分表

序号	评价项目				综合评分
	甜味	风味	香味	组织状态	
1					
2					
3					
4					

七、考核形式

考核:现场提问、分析问题、解决问题、实验报告。

八、实验报告要求

(1)每人提交一份实验报告。

(2)严格按照实验步骤注意记录实验数据,分析实验结果。

(3)指出实验过程中存在的问题,并提出相应的改进方法。

九、思考题

(1)植物蛋白乳状液性质与产品的稳定性有何关系?

(2)怎样保证和提高产品的稳定性?

(3)植物蛋白饮料生产中如何提高原料中蛋白质的提取回收率?

(4)在加工环节如何避免出现腥味和青涩味,保证口感?

实验五　茶饮料加工工艺

一、实验目的

(1)了解掌握奶茶生产的基本原理。

（2）掌握奶茶生产工艺。

提示：本实验可作为设计性实验组织教学。

二、实验原料

蒸馏水、红茶茶叶、乳原料（可用鲜乳、炼乳、乳粉等，单独或合并使用均可）、白砂糖、抗坏血酸、水、香精、色素、乳化剂、pH值调整剂（小苏打）、异抗坏血酸钠、NaOH等，可根据设计的配方，向所在实验室提前申请。

三、实验设备及仪器

电子天平、电磁炉、均质机、温度计、大烧杯、不锈钢桶、盛奶茶的塑料瓶（PET）或玻璃瓶及盖、2000 mL、1000 mL量筒、200目不锈钢筛、250目尼龙滤布、玻璃搅拌棒、搅拌器、纱布、pH试纸等。

四、设计指标

制作出的奶茶产品应达到下列要求：蛋白质含量≥0.4%；茶多酚含量≥250 mg/L；红茶叶添加量≥0.6%；奶粉添加量≥3.0%；pH=6.8~7.2。

色泽：呈浅黄或浅棕色的乳液；

香气与滋味：具有茶和奶混合的香气与滋味，甜酸适口；

外观：允许有少量沉淀，振摇后仍呈均匀状乳浊液；

杂质：无肉眼可见的外来杂质。

五、实验要求

（1）要求学生首先查阅资料，搞清楚奶茶生产需要的不同原料，奶茶液体结构有何特点，熟悉奶茶的制作工艺过程，了解奶茶的制作相关的机械设备的使用。

（2）学生自己设计奶茶的配方和生产工艺。按5~8人为一实验小组，学生自己拆装、调试制作奶茶器材、设备。各实验小组自己根据奶茶生产的流程、口味组成、口感影响，各组自己调整奶茶的生产工艺、产品配方进行制作。各实验小组要提前一星期，把自己制定的奶茶生产工艺、所需工具、产品配方报实验室老师，由实验室老师准备、购买。

（3）实验前期阶段由指导教师安排实验任务，讲解实验卫生和安全注意事项、实验原理，示范实验设备操作并教会学生正确操作。实验过程中指导教师只对关键工序进行指导，并及时纠正学生可能影响人身安全的错误操作。

（4）要求学生在实验过程中严格按照实验规范和卫生标准进行，加强食品质量与安全意识。

六、工艺流程

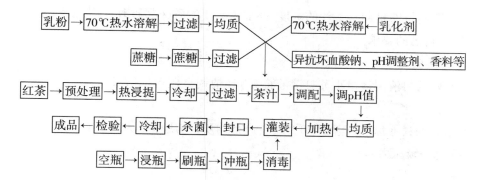

七、操作要点

1. 设备清洗消毒

凡是用作奶茶的生产用具、机械和设备等,均需先用自来水冲洗数次,有的还需刷洗,最后用灭菌过滤水反复冲洗备用。

2. 空瓶清洗

灌装用瓶需先用 2% ~ 3% 的 NaOH 溶液于 50 ℃浸泡 5 ~ 20 min,然后用刷子把瓶的内外刷洗干净,再用灭菌水冲洗数次使瓶内外清洁不留残渣,沥干备用。

3. 乳原料

乳原料一般可使用鲜乳、脱脂乳、炼乳、全脂或脱脂奶粉等,单独或合并使用均可。如果只使用脱脂乳及其制品时,添加一些乳脂肪会使产品风味变得更好。

4. 茶叶原料

茶叶最好选用当年的新鲜茶叶,不用陈茶。在浸提前可用适当清水冲洗可除去相当一部分灰尘,降低茶汁中由于灰尘而引起的混浊和沉淀。

5. 浸提用水

浸提用水对茶汁的色、香、味有很大影响。如果使用钙镁含量较多的硬度较高的水,会使茶汁发生浑浊、沉淀、味淡、也缺乏香气;铁离子含量高的水会使茶汁色泽变成黑紫色,并造成沉淀。所以实验时可直接采用市售的蒸馏水进行制作。

6. 提取(热浸提)

把茶叶放在干净容器内,用热水浸泡。茶水比例通常为 1:20 ~ 1:30 较合适。提取水温以 80 ~ 90 ℃为宜,一般提取时间 15 ~ 20 min 即可达到提取率。

7. 冷却

冷却的目的是使茶浸出液快速降至室温,以防止长时间静置引起茶汁氧化褐变。冷却至室温(20 ~ 30 ℃)即可。

8. 过滤

茶汁中的杂质,采用多级过滤,首先用 200 目的不锈钢筛网粗滤掉茶渣,再采用 250 目尼龙滤布过滤去除细小杂质。精滤后的茶汁要求澄清透明,无混浊或沉淀。

9. 调配

调配作业的目的是调整茶汁的浓度,并加入必要的香味品质改良剂,使奶茶的质地、口感、感官符合自己的要求。

10. 调 pH 值

将调配好的料液用适量小苏打溶液将其 pH 值调整在 6.8 ~ 7.2。

11. 均质

将调配好的料液加热升温至 70℃ 左右进行均质,均质压力为 5 ~ 10 MPa(二级压力),30 ~ 35 MPa(一级压力)。

12. 加热

将茶汁加热至 80 ~ 95 ℃,一方面加热去除茶汁中的氧气,同时还兼杀菌作用。如果使用 PET 瓶,灌装后就不能再次杀菌,因此,加热目的主要是杀菌。所以加热茶汁需达到杀菌的温度。通常采用高温瞬时灭菌机或超高温瞬时灭菌机,但鉴于实验室设备限制,使奶茶煮沸即可。

13. 灌装与封口

热灌装,将茶汁加热后稍冷却至 86 ~ 88 ℃后立即灌入耐热 PET 瓶中,立即封罐进行密封,然后将密封后的 PET 瓶倒置 30 ~ 60 s,利用茶汁的余热对瓶盖进行杀菌。因本制品易于起泡,故不应装填过满。

14. 杀菌与冷却

杀菌可使用 95 ~ 100 ℃、15 ~ 20 min 条件杀菌,耐热 PET 瓶装瓶后最后不能经高温杀菌,所以可进行此杀菌。将灌装封口的奶茶冷却至 30℃ 左右即可。

八、感官评定

色、香、味、形是食品的质量指标之一,这些指标即是食品的感官指标。同学们可以根据奶茶感官评定表对实验产品进行感官评定。评定结果填入表 2 - 2 - 12。

提示:由于各组实验设计的配方有所差异,可以把其他实验组的奶茶一起进行感官评定,评价效果会更好。

表 2 - 2 - 12   实验奶茶评分表

评价小组	评价项目					综合评分
	色泽	滋味	香味	形体	杂质	
A						
B						
C						
D						

评分标准:色泽:应呈浅黄或浅棕色的乳白色泽;香气与滋味:应具有茶和奶混合的香气与滋味,甜酸适口;外观:应允许乳浊液久置后有少量沉淀,振摇后仍呈均匀状乳浊液;杂质:应无肉眼可见的外源杂质。

九、考核形式

考核:现场提问、分析问题、解决问题、实验报告。

十、实验报告要求

(1)每人提交一份实验报告。

(2)严格按照实验步骤,注意记录实验数据,分析实验结果。

(3)指出实验过程中存在的问题,并提出相应的改进方法。

十一、思考题

(1)茶饮料的定义是什么?

(2)茶叶的浸提原理?

(3)调节奶茶的 pH 值的意义是什么?

(4)均质的作用是什么?

第三章　乳制品加工工艺实验

实验一　巴氏杀菌乳

一、实验目的

(1)掌握巴氏杀菌乳加工的基本过程。

(2)熟悉均质、杀菌等基本单元操作,熟悉均质机的使用方法。

(3)掌握鲜乳的验收方法。

(4)掌握巴氏杀菌乳杀菌效果的检测方法。

提示:本实验可作为综合性实验组织教学。

二、主要实验器材

1. 设备器具

巴氏杀菌生产线(包括配料缸、平衡槽、进料泵、板式换热器、分离机、均质机、灌装机)、高压灭菌锅、奶瓶及瓶盖多套。冷却水槽、不锈钢锅、电炉、石棉网、搅拌勺、奶桶、纱布等。

2. 材料

鲜奶。

三、基本工艺流程

鲜奶验收 → 净化 → 预热 → 均质 → 杀菌 → 冷却 → 灌装 → 封口 → 冷藏 → 检验 → 成品

空瓶 → 清洗 → 消毒 （→灌装）

四、实验要求

(1)要求学生首先查阅巴氏杀菌乳国家标准等资料,复习巴氏杀菌乳生产工艺相关内容,了解鲜牛乳等原料的加工特性和主要营养成分。

(2)实验前期阶段由指导教师安排实验任务,讲解实验卫生和安全注意事项、实验原理、工艺操作要点,示范实验设备操作并教会学生正确操作。

(3)实验时可按 5~8 人为一实验小组进行。各实验小组在教师指导下自行完成实验任务。指导教师对关键工序进行必要的指导,并及时纠正学生可能出现的错误操作。

（4）本实验执行 GB 19645—2010《巴氏杀菌乳》标准。

五、操作步骤与要求

1. 空瓶的清洗、消毒

将用于装消毒奶的瓶子先用清水冲洗，然后用洗洁精和瓶刷清洗，再用清水冲净，放入大锅内，将水烧沸，保持 10 min，进行消毒；再将瓶取出沥干水，备用。

2. 鲜奶的验收

为了确保巴氏杀菌乳的质量，鲜奶要进行验收，主要采用酒精实验，即采用 72% 乙醇（体积分数）对鲜奶的酸度进行检测，以确定能否作为巴氏杀菌乳的原料，酸度应在 18°T 以下；另外还要检测一下鲜奶的相对密度、滋味和气味、组织状态等。经检验合格的鲜奶才能用于生产。

3. 预热

预热的目的是为了使均质效果达到最佳。将鲜奶放入锅内，用电炉预热至 60 ~ 65℃。

4. 均质

均质压力为 15 ~ 20 MPa，均质温度为 60 ~ 65℃。

5. 杀菌

这是关键工序，一般采用加热方法进行杀菌，一般有低温长时法（LTLT 法）、高温短时法（HTST 法）和超高温瞬时法（UHT 法）。本实验将均质好的鲜奶放入巴氏杀菌生产线内，以 85℃/15 s 杀菌。

若没有巴氏杀菌生产线，亦可将均质后的鲜奶放入不锈钢锅内，采用水浴或用电炉加热，并不断搅拌，当鲜奶的温度达到 85℃ 开始计时，并保持 5 min，杀菌结束。

6. 冷却

杀菌后，迅速用冷水冷却至常温。

7. 灌装、封口

将冷却后的牛乳装于已消毒好的瓶中，尽量将瓶装满。然后封盖。

若有液体软包装机，可利用此设备进行灌装、封口。

8. 冷藏、检验

灌装、封口后的消毒乳，迅速放入冰箱在 4 ~ 6℃ 下贮存。经检验合格，得到成品。

六、杀菌效果实验（磷酸酶法）

1. 试剂

（1）中性丁醇：沸程 115 ~ 118℃。

（2）吉勃氏（Gibb）酚试剂：将 0.04 g 2,6 - 双溴醌氯酰胺溶于 10 mL 的 95% 乙醇中，置于棕色瓶中，于冰箱内保存，但不能超过一周，最好临用时配制。

（3）硼酸盐缓冲液：溶解 28.427 g 硼酸钠（$Na_2B_4O_7 \cdot 10H_2O$）于 900 mL 水中，加氢氧

化钠 3.27 g 或 1 mol/L 氢氧化钠溶液 81.75mL,用水稀释至 1000 mL。

（4）缓冲基质:将 0.05g 苯甲基亚磷酸钠结晶溶于 10 mL 硼酸盐缓冲液中,用水稀释至 100 mL。临用时配制。

2.分析方法

（1）取 5 份牛乳各 10 mL,分装于 5 支试管中,然后分别置于 50℃、60℃、70℃、80℃、90℃水浴下保持 5 min。这样就制得 5 种乳样,每种乳样都按下列步骤进行操作。

（2）吸取 0.5 mL 乳样置于带塞试管中,加 5 mL 缓冲基质溶液,振摇后经 36～44℃水浴 10 min。

（3）加入吉勃氏(Gibb)酚试剂 6 滴立即摇匀,静置 5 min。

（4）观察颜色变化(为增加反应灵敏度,可加 2 mL 中性丁醇,反复倒转试管,每次倒转后稍停片刻使气泡破裂,分出丁醇,然后观察结果)。

（5）做空白对照实验。

3.判断标准

有蓝色出现时表示加热消毒处理不够,说明乳中磷酸酶未破坏。无蓝色变化则表示乳经过 80℃以上加热消毒,说明乳中磷酸酶已被破坏。

七、结果与分析

1.工艺参数和工艺条件记录

工艺参数记入表 2-3-1。

表 2-3-1 工艺参数和工艺条件

工艺名称	工艺参数
鲜奶预热温度	
均质温度和压力	
鲜奶杀菌温度和时间	

2.实验结果记录

巴氏杀菌乳杀菌效果检验记录填入表 2-3-2。

表 2-3-2 杀菌效果

项目	杀菌温度(℃)	杀菌时间	颜色	是否有磷酸酶活性
样品一	50			
样品二	60			

3.对鲜奶及产品进行感官评定

鲜奶与巴氏杀菌乳的感官评定结果填入表 2-3-3。

表 2 – 3 – 3　感官评定结果

项目	色泽	滋味和气味	组织状态
鲜奶			
巴氏杀菌乳			

八、思考题

（1）消毒乳的杀菌方法有哪些？本实验采用的杀菌方法是哪一种？并比较这些杀菌方法？

（2）为什么消毒乳杀菌后要迅速冷却？

实验二　灭菌乳

一、实验目的

（1）掌握灭菌乳加工的基本过程。

（2）了解超高温灭菌的基本方法。

（3）熟悉均质、杀菌等基本单元操作；了解超高温灭菌设备的操作。

提示：本实验可作为综合性实验组织教学。

二、主要实训器材

1. 设备器具

巴氏杀菌生产线（包括配料缸、平衡槽、进料泵、板式换热器、分离机、均质机、灌装机）、超高温灭菌器、高压灭菌锅、奶瓶及瓶盖多套。冷却水槽、不锈钢锅、电炉、石棉网、搅拌勺、奶桶、纱布等。

2. 材料

见实验参考配方。

三、实验参考配方

配方一：儿童维生素强化牛奶（以 1 kg 实验量配料）

牛乳（1 kg）、维生素 A（3750 ~ 7500 IU）、维生素 D（500 ~ 1000 IU）。

配方二：可可牛奶（以 1 kg 实验量配料）

牛奶（0.5 ~ 0.6 kg）、稳定剂（1 ~ 3 g）、白砂糖（40 ~ 60 g）、巧克力香精适量、可可粉（4 ~ 8g），加水至 1 kg。

四、基本工艺流程

原料乳验收 → 巴氏杀菌 → 脱气 → 均质 → 超高温灭菌 → 冷却 → 无菌灌装 → 空瓶的清洗 → 灭菌 → 成品

无菌平衡

五、实验要求

（1）要求学生首先查阅灭菌乳国家标准等资料，复习灭菌乳生产工艺相关内容，了解鲜牛乳等原料的加工特性和主要营养成分。

（2）实验前期阶段由指导教师安排实验任务，讲解实验卫生和安全注意事项、实验原理、工艺操作要点，示范实验设备操作并教会学生正确操作。

（3）实验时可按 5 ~ 8 人为一实验小组进行。各实验小组在教师指导下自行完成实验任务。指导教师对关键工序进行必要的指导，并及时纠正学生可能出现的错误操作。

（4）本实验执行 GB 25190—2010《灭菌乳》标准。

六、操作步骤与要求

1. 空瓶的清洗与灭菌

用于装消毒奶的瓶子先用清水冲洗，然后用洗洁精和瓶刷清洗，再用清水冲净。将洗好的瓶放入高压灭菌锅内进行灭菌，121℃/15 min。

2. 原料乳的验收

为了确保乳制品的质量，原料乳要进行感官检验（包括：色泽、滋味、气味、组织形态等）、比重测定和酒精实验。经检验合格的原料乳才能用于生产。

3. 巴氏杀菌

巴氏杀菌可有效地提高生产的灵活性，及时杀灭嗜冷菌，避免其繁殖代谢产生的酶类影响产品的保质期。

本实验将验收后的原料乳放入巴氏杀菌生产线内，以 85℃/15 s 杀菌。若没有巴氏杀菌生产线，亦可将均质后的鲜奶放入不锈钢锅内，采用水浴或用电炉加热，并不断搅拌，当原料乳的温度达到 85℃开始计时，并保持 5 min，杀菌结束。

4. 脱气

将巴氏杀菌好的乳，送入真空脱气罐进行脱气。真空度为 90.7 ~ 93.3 kPa（680 ~ 700 mmHg），温度为 83℃。

5. 均质

采用二级均质，均质温度为 75℃，第一级均质压力为 15 ~ 20 MPa，第二级均质压力为 5 MPa。

6. 超高温灭菌

将均质好的牛乳，送入超高温灭菌器进行超高温灭菌，灭菌温度为 137℃，保持 4 s。

7. 冷却

灭菌乳通过热回收管进行冷却。用水冷却至灌装温度为20℃。

8. 无菌平衡

若牛乳的灭菌温度低于设定值,则牛乳就返回平衡槽,再次进行超高温灭菌。

9. 无菌灌装

冷却好的牛乳直接进入灌装设备或无菌罐贮存。将灭菌后的牛乳在灭菌的环境中,装入步骤1中已灭菌的瓶子中,尽量装满,然后封口。

七、结果与分析

(1)列表记录实验产品的名称、原辅料的使用量、各个环节的工艺参数及其工艺条件,并计算产品得率及其他有关工艺数据(实验前预习并制好表格,实验时填写数据)。

(2)对产品进行感官评定。

(3)对相关问题进行分析讨论。

八、注意事项

(1)设备灭菌。在投料前,先用水代替原料乳进行超高温灭菌,加热至130℃以上,并在超高温灭菌器及灌装设备中进行循环30 min,从而达到设备灭菌。

(2)灌装过程要确保无菌。

(3)原料乳的理化性质,乳中微生物的种类及含量对超高温灭菌乳的品质的影响很大,因此控制原料乳的质量对保证超高温灭菌乳至关重要。表2-3-4所列是对灭菌乳的原料乳的一般要求。

表2-3-4　灭菌乳的原料乳的一般要求

项目	指标	项目	指标
理化特性		滴定酸度(°T)	≤16
脂肪含量(%)	≥3.10	冰点(℃)	-0.54～-0.59
蛋白质含量(%)	≥2.95	抗生素含量(μg/mL)	
相对密度(20℃/4℃)	≥1.028	―青霉素	<0.004
酸度(以乳酸计)(%)	≤0.144	―其他	不得检出
pH值	6.6～6.8	体细胞数(个/mL)	≤500000
杂质度(mg/kg)	≤4	微生物特性	
汞含量(mg/kg)	≤0.01	细菌总数(cfu/mL)	≤100000
农药含量(mg/kg)	≤0.1	芽孢总数(cfu/mL)	≤100
蛋白稳定性	通过体积分数为75%的酒精试验	耐热芽孢数(cfu/mL)	≤10
		嗜冷菌数(cfu/mL)	≤1000

九、思考题

(1)灭菌乳的灭菌原理是什么?

（2）超高温灭菌的方法有哪些？

（3）超高温灭菌乳的生产中，哪些工序是关键工序？

实验三　凝固型酸奶

一、实验目的

（1）掌握凝固型酸奶加工的基本过程。

（2）观察凝固型酸奶在发酵过程中物料形态的变化。

（3）了解怎样判断发酵终点。

（4）了解凝固型酸奶的各个感观指标。

（5）熟悉均质机（胶体磨）、杀菌机、恒温培养箱等设备的使用方法。

提示：本实验可作为综合性实验组织教学。

二、主要实验器材

1. 设备器具

均质机（胶体磨）、高压灭菌器、超净工作台、奶桶、冰箱、台秤、天平、不锈钢锅、电炉、酒精灯、试管、三角烧瓶、普通温度计等。

2. 材料

鲜奶、全脂奶粉、脱脂奶粉、酸奶菌种、白糖、淀粉、$CaCl_2$ 等。

三、实验参考配方

配方一：非脂乳固体（SNF）8.5%，糖的含量为7%。

配方二：非脂乳固体（SNF）8.2%，糖的含量为7.5%。

四、工艺流程

原料乳 （全脂乳或脱脂乳）→ 杀菌 （85℃/15 min）→ 冷却 （至 35～40℃）→ 加发酵剂 （1%～2%）→ 灌装 → 封口 → 发酵 （37～40℃/3～3.5 h）→ 冷藏 （4～5℃）→ 检验 → 成品

五、实验要求

（1）要求学生首先查阅发酵乳国家标准等资料，复习发酵乳生产工艺相关内容，了解鲜牛乳等原料的加工特性和主要营养成分。

（2）实验前期阶段由指导教师安排实验任务，讲解实验卫生和安全注意事项、实验原理、工艺操作要点，示范实验设备操作并教会学生正确操作。

（3）实验时可按 5~8 人为一实验小组进行。各实验小组在教师指导下自行完成实验任务。指导教师对关键工序进行必要的指导，并及时纠正学生可能出现的错误操作。

（4）本实验执行 GB 19302—2010《发酵乳》标准。

六、操作步骤与要求

1. 原料乳检验

原料检验：

新鲜度：煮沸实验合格，酸度 18°T 以下；

抗生素检验：TTC 实验阴性。

2. 发酵剂的制备

（1）乳酸菌纯培养物：

原料乳 → 检验 → 脱脂 → 分装于灭菌试管 → 灭菌（115℃/15 min）→ 冷却（40℃）→

接种（纯菌种干或已活化的菌剂1%~2%）→ 适温培养（37~45℃/3~6 h）→ 凝固 → 4℃冷藏备用

一般重复上述工艺 4~5 次，接种 3~4 h 后凝固，酸度达 90°T 左右为准。

（2）母发酵剂制备：

原料乳 → 检验 → 脱脂 → 分装于灭菌三角瓶（300~400 mL）→ 灭菌（115℃/15 min）→ 冷却（40℃）

→ 接种（乳酸菌纯培养物，2%~3%）→ 培养（37~45℃适温，3~6 h）→ 凝固 → 冷藏（4℃）

（3）工作发酵剂制备：

原料乳 → 检验 → 脱脂或不脱脂 → 杀菌（85℃/15 min）→ 冷却（40℃）

→ 接种（母发酵剂，2%~3%）→ 培养（37~45℃适温，3~6h）→ 凝固 → 4℃冷藏备用

3. 凝固型酸奶制造

（1）原料乳检验：要求使用 F > 3.2%，TS > 11.5%，酸度 < 18°T，TTC 实验阴性的鲜原料乳，并于原料中添加 6%~8% 的纯净蔗糖。

（2）杀菌：将原料置于锅内，用水浴或电炉加热，以 85~90℃/10 min 杀菌。

（3）冷却：杀菌结束，用冷水冷却至 40℃。

（4）添加工作发酵剂：选用保加利亚乳酸杆菌和嗜热乳酸链球菌的混合菌种，添加量为 2%~3%，并迅速搅拌均匀。

（5）灌装：灌装于经无菌处理的酸奶瓶中，装量为 227 g 或 250 g，立即用上蜡无菌酸奶封口纸封线。

（6）培养：置于 40~45℃ 培养箱内，培养 3~3.5 h，然后抽查制品酸度和品质，若酸度达 70~80°T（或 pH = 4~5），组织均匀、致密，无乳清析出，表明凝块质地良好，可转入冷藏箱。

（7）冷藏：于 4~5℃ 下冷藏 24 h，进行后发酵，酸度可达 80~90°T。

（8）检验：酸度（pH = 4 ~ 4.5）。

（9）成品：贮放于 4 ~ 5℃冷藏箱内。

七、结果与分析

（1）工艺参数与工艺条件记录。工艺参数记入表 2 - 3 - 5。

表 2 - 3 - 5　工艺参数

工艺名称	工艺参数
原料乳杀菌温度和时间	
接种温度	
接种量（以配料计）	
培养温度和时间	
冷藏温度	

（2）感观评定。

感官评定结果记入表 2 - 3 - 6。

表 2 - 3 - 6　感官评定结果

	口感	色泽	组织状态
配方一			
配方二			

（3）对产品进行感官评定。

（4）对相关问题进行分析讨论。

八、思考题

（1）在凝固型酸奶生产中,加入发酵剂的目的是什么?

（2）酸使牛乳中的酪蛋白质发生沉淀的原理是什么?

（3）若酸牛乳产品中有气泡产生,其原因是什么? 怎样解决?

（4）酸牛乳的发酵过程分为几个阶段? 各阶段的特点是什么?

附：原料乳抗生素残留量检查（TTC 检验法）

一、原理

TTC（2，3，5－氯化三苯基四氮唑）是作为指示剂，如果在原料乳中有抗生素存在，加入菌种，经培养后，菌种不增殖，此时，由于作为指示剂的 TTC 在其中不被还原，所以仍呈无色状态；与此相反，如果没有抗生素存在，则加入菌种会增殖，TTC 被还原变红色，样品又随之染成红色。也说是说，被检样品呈乳的原色时，为阳性，表明有抗生素残留；染成红色时，为阴性，表明无抗菌素残留。

二、菌种

使用嗜热链球菌，菌种在脱脂乳培养基或 10% 脱脂乳粉培养基中保存，接种时间不超过 20 d，不然就有绝种的危险。

脱脂乳进行 8℃/10 min 灭菌。

先把试管灭菌好，然后再装入脱脂乳进行灭菌。因为，要保证无菌，需用 8℃/10 min 的灭菌条件。

于检验的前一天，将菌种接种于脱脂乳培养基中，于（36±1）℃，15 h 培养后，用灭菌脱脂乳培养基或 10% 脱脂乳粉培养基稀释 2 倍（1∶1），使用时，用已接入菌种，经培养后的培养基加入等量未接菌种的培养基稀释成 1∶1 即可用。

三、TTC 试剂配制

称取 TTC 粉末 1 g，溶解于 25 mL 灭菌蒸馏水中，装入棕色瓶中，放置于 7℃ 冰箱，暗处保存。如溶液变色，则不能使用。

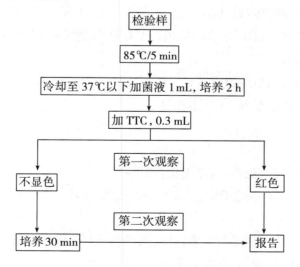

四、操作方法

取乳样（9 mL）→ 杀菌（80℃/5 min）→ 冷却（至37℃以下）→ 接种（1 mL）→

培养［水浴（36±1）℃，培养2.4 h］→ 加入TTC 0.3 mL → 培养［水浴（36±1）℃，培养30 min］→

观察（红色为"阴性"，呈原色为"阳性"）

菌液对照管——先将灭菌全脂乳（不含抗生素）9 mL，同样吸入1 mL菌液，即作对照，不加TTC。

TTC对照管——全脂牛乳（不含抗菌素）。

（1）菌液对照：

灭菌全脂乳9 mL → 杀菌（85℃/5 min）→ 冷却 → 加菌液1 mL → 培养［水浴（36±1）℃，2 h］

→ 不加TTC → 培养［水浴（36±1）℃，30 min］→ 观察（不显色）

（2）TTC对照：

灭菌全脂乳9 mL → 杀菌（85℃/5 min）→ 冷却 → 加菌液1 mL → 培养［水浴（36±1）℃，2 h］

→ 加TTC液0.3 mL → 培养［水浴（36±1）℃，20 min］→ 第二次观察（红色）

菌种保存：

（1）从已经培养的菌液中吸取菌种，于灭菌的脱脂乳中，经37℃，24 h培养后，取出，放于室温保存，不得超过20d。

（2）脱脂乳粉10 g，加蒸馏水100 mL，灭菌（8℃/10 min），取5 mL 0.2～0.25 mL菌种，每天接2支，一支实验用，一支保存菌种。

五、判断方法

准确培养30 min，观察结果，如不显色，再继续培养30 min，做第二次观察。在观察时，要迅速判断其显色状态，检验时呈乳的原色，为"阳性"；呈红色为"阴性"。

显色状态标准判断。

"+"阳性，未显色，有抗生素存在；

"－"阴性，呈淡红色、桃红，无抗生素存在。

六、注意事项

（1）TTC试剂应于暗处保存，避免光线直射。

（2）4%的TTC水溶液应贮于棕色瓶内并放入7℃冰箱。若出现黑色者则不能使用，每次配制不宜过多。

（3）脱脂乳培养基要绝对无抗生素污染，做好的培养基应做实验。

（4）水浴温度要准确，保持（36±1）℃。

（5）试管、吸管、蒸馏水均需高压灭菌后，才能使用。

（6）水浴培养时，应避光，判断结果要迅速。

每个样品重复 3 次，对照管做 1 次（TTC 对照，菌液对照）。

实验四　发酵型乳饮料

一、实验目的

（1）掌握发酵型乳饮料加工的基本过程。

（2）掌握活菌性发酵乳饮料和杀菌型发酵乳饮料的生产技术。

（3）比较凝固型酸奶加工与发酵型乳饮料加工的异同点。

（4）熟悉接种、均质、杀菌等单元操作，以及这些单元操作设备的使用方法。

提示：本实验可作为设计性实验组织教学。

二、主要实验器材

1. 设备器具

均质机（胶体磨）、高压灭菌器、超净工作台、奶桶、冰箱、台秤、天平、不锈钢锅、电炉、酒精灯、试管、三角烧瓶、普通温度计等。

2. 材料

鲜奶、全脂奶粉、脱脂奶粉、酸奶菌种、白糖、淀粉、$CaCl_2$ 等。

三、实验参考配方

（1）学生设计配方：每个实验小组事先设计好配方。

（2）参考配方：

酸乳 30%、白砂糖 10%、果胶 0.4%、果汁 6%、乳酸（浓度 45%）0.1%、香精 0.15%、水 53%。

四、工艺流程

1. 以牛乳为原料

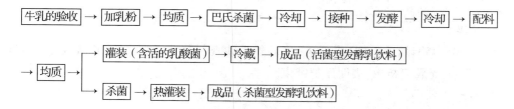

185

2. 以乳粉为原料

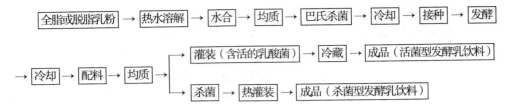

五、实验要求

（1）要求学生首先查阅发酵乳国家标准等资料，复习发酵乳生产工艺相关内容，了解鲜牛乳等原料的加工特性和主要营养成分。并设计好发酵乳饮料的配方，以及工艺操作步骤和工艺参数，经指导老师审核后实施。

（2）实验前期阶段由指导教师安排实验任务，讲解实验卫生和安全注意事项、实验原理、工艺操作要点，示范实验设备操作并教会学生正确操作。

（3）实验时可按 5～8 人为一实验小组进行。各实验小组在教师指导下自行完成实验任务。指导教师对关键工序进行必要的指导，并及时纠正学生可能出现的错误操作。

（4）本实验执行 GB 19302—2010《发酵乳》标准。

六、操作步骤与要求

1. 发酵前原料乳成分的调整

（1）以牛乳为原料：考虑到发酵后要与果汁、香料、糖类等混合制成乳饮料，原料乳中的非脂乳固体含量要提高到 15%～18%，所以要将牛乳中添加脱脂乳粉来达到。

（2）以乳粉为原料：在发酵前，要配制成非脂乳固体含量为 15%～18% 的原料乳。

2. 均质

将配好的原料加热至 50～60℃，然后用均质机进行均质，均质压力为 20 MPa。

3. 巴氏杀菌

将均质好的原料装入锅内，用水浴或电炉加热，以 85～90℃/15 min 杀菌。

4. 冷却

用冷水冷却至接种温度，即 42～43℃。

5. 接种

选用保加利亚乳酸杆菌和嗜热乳酸链球菌的混合菌种，添加量为 2%～3%，并迅速搅拌均匀。

6. 发酵

置于 40～45℃培养箱内，培养 7～8 h，然后抽查制品酸度和品质，若酸度达 110°T，组织均匀、致密，无乳清析出，表明发酵结束。

7. 冷却

将发酵好的酸奶，放入冷藏柜冷却，冷却至 10℃以下。

8. 配料

在酸奶发酵过程中,将高甲氧基果胶(HM 果胶)等稳定剂加到白砂糖液或果汁、葡萄糖液中杀菌备用。

发酵好的酸奶冷却后,边破碎凝乳,边加入上述的杀菌备用的混合物,并调节混合料的 pH 值为 3.8~4.2。

9. 均质

在此过程采用二级均质,均质温度为 70~75℃,均质压力:第一级均质 20 MPa,第二级均质 5 MPa。

10. 成品

(1)活菌型发酵乳饮料

①在上一步均质后,用冷水迅速将混合料冷却至 10℃ 以下,最好冷却到 5℃。

②将混合料装入已杀菌的瓶子中,加盖,进行冷藏,得到活菌型发酵乳饮料成品。

(2)杀菌型发酵乳饮料

①在上一步均质后,装入包装瓶内,用水浴加热杀菌,杀菌条件为 95~98℃,20~30 min。

②杀菌结束后,迅速冷却至室温,即得到杀菌型发酵乳饮料成品。

七、结果与分析

(1)列表记录实验产品的名称、原辅料的使用量、各个环节的工艺参数及其工艺条件,并计算产品得率及其他有关工艺数据(实验前预习并制好表格,实验时填写数据)。

(2)对产品进行感官评定。

(3)对相关问题进行分析讨论。

八、注意事项

(1)乳酸菌饮料的生产必须使用高质量的原料乳或乳粉,原料乳或乳粉中细菌总数应低且不含抗生素。

(2)在生产活菌型发酵乳饮料时,其包装材料一定要事先消毒,否则,产品易造成二次污染。

九、思考题

(1)发酵型乳饮料与凝固型酸奶相比,发酵后的酸度是否相同? 为什么?

(2)若要使发酵型乳饮料发酵后的酸度再大些,对接种菌种需做哪些考虑?

(3)以牛乳为原料和以乳粉为原料所生产的发酵型乳饮料会有什么区别?

实验五　调配型乳饮料

一、实验目的

（1）了解和掌握调配型酸性含乳饮料的加工工艺。

（2）比较发酵型酸奶与调配型酸性含乳饮料的不同。

（3）了解调配型酸性含乳饮料加工中的主要工艺点。

提示：本实验可作为综合性实验组织教学。

二、主要实验器材

1. 设备器具

均质机（胶体磨）、高压灭菌器、超净工作台、奶桶、冰箱、台秤、天平、不锈钢锅、电炉、酒精灯、试管、三角烧瓶、普通温度计等。

2. 材料

鲜奶、全脂奶粉、脱脂奶粉、酸奶菌种、白糖、淀粉、$CaCl_2$、柠檬酸、柠檬酸钠、果味香精等。

三、实验参考配方

全脂奶粉 5%，白砂糖 12%，羧甲基纤维素钠 0.4%，柠檬酸钠 0.5%，柠檬酸（调 pH = 3.8 ~ 4.0），果味香精适量。

四、工艺流程

全脂奶粉 → 热水溶解 → 水合 → 混料 → 酸化 → 调和 → 均质 → 杀菌 → 热灌装 → 冷却 → 成品

五、操作步骤与要求

（1）热水溶解：用大约一半的 50℃ 左右的软化水来溶解乳粉，确保乳粉完全溶解。

（2）水合：将稳定剂与为其质量 5 ~ 10 倍的白砂糖预先干混，然后在高速搅拌下（2500 ~ 3000 r/min），将稳定剂和糖的混合物加入到 70℃ 左右的热水中打浆溶解，经胶体磨分散均匀。

（3）混料：将稳定剂溶液、剩余白砂糖及其他甜味剂，加入到还原乳中，混合均匀后，进行酸化。

（4）酸化：酸化过程是调配型酸性乳饮料生产中最重要的步骤，成品的品质取决于调酸过程。

① 酸化前应将还原乳的温度降至 20℃以下。

② 为保证酸溶液与还原乳充分均匀地混合,混料罐应配备高速搅拌器,同时酸味剂用软化水稀释(10% ~20% 溶液)缓慢地加入混料罐。加酸液浓度太高或太快,会使酸化过程形成的酪蛋白颗粒粗大,产品易出现沉淀现象。

③为了避免局部酸度偏差过大,可在酸化前在酸液中加入一些缓冲盐类如柠檬酸钠等。

④为保证酪蛋白颗粒的稳定性,在升温及均质前,应先将还原乳的 pH 值降低至 4.0以下。

(5)调和:酸化过程结束后,将香精、复合微量元素及维生素加入到酸化的还原乳中,同时对产品进行标准化定容。

(6)均质:将调和好的混合料先预热至 60℃,进行均质,均质压力为 20 MPa。

(7)杀菌:由于调配型酸性含乳饮料的 pH 值一般在 3.8 ~4.2 之间,因此属于高酸食品。本实验采用玻璃瓶灌装,所以先灌装,再采用 95 ~98℃/30 min 水浴杀菌,然后快速冷却至 20℃。

六、结果与分析

(1)列表记录实验产品的名称、原辅料的使用量、各个环节的工艺参数及其工艺条件,并计算产品得率及其他有关工艺数据(实验前预习并制好表格,实验时填写数据)。

(2)对产品进行感官评定。

(3)对相关问题进行分析讨论。

七、注意事项

酸化过程是影响调配型酸性含乳饮料成品品质的关键步骤,一定要注意加料的先后顺序。

八、思考题

(1)调配型酸性含乳饮料与发酵型乳饮料的区别?

(2)调配型酸性含乳饮料生产的关键步骤是什么? 实验中应怎样操作?

(3)比较调配型酸性含乳饮料与发酵型乳饮料的营养价值。

实验六　冰淇淋的生产工艺与配方

一、实验目的

(1)了解掌握冰淇淋生产的基本原理。

（2）掌握冰淇淋生产工艺的全过程。

（3）学会并掌握冰淇淋产品配方的计算方法。

提示：本实验可作为设计性实验组织教学。

二、实验原料

全脂奶粉、全脂甜炼乳、奶油、鲜鸡蛋液、砂糖、棕榈油、稳定乳化剂、香精、色素等。可根据设计的配方，向所在实验室提前申请。

提示：学生小组选择原料后，要了解各原料中脂肪、糖及固形物组成，以便于后面配方的设计及计算。

三、实验设备及仪器

电子天平、电磁炉、胶体磨、均质机、冰淇淋凝冻机、低温冰柜、温度计、低温温度计、旋转黏度计、高剪切机、热水器、2 000 mL 烧杯、5 L 不锈钢桶、盛冰淇淋塑料杯及盖、2 000 mL、1 000 mL 量筒、5 mL、1 mL、2 mL 移液管、吸耳球、石棉网、80 目和 100 目不锈钢筛、玻璃搅拌棒、搅拌器。

四、设计指标

制作出的冰淇淋产品应达到下列要求：

总固形物含量≥32%；脂肪含量≥10%；蛋白质含量≥3.2%；砂糖含量≥16%；膨胀率≥80%。

五、实验要求

（1）要求学生首先查阅资料，搞清楚冰淇淋生产的不同原料，冰淇淋组织结构有何特点，在加工中如何形成，熟悉冰淇淋的制作工艺过程，了解其相关的机械设备。

（2）学生自己设计冰淇淋的配方和生产工艺。按 5~8 人为一实验小组，学生自己拆装、调试冰淇淋机设备。各实验小组自己根据冰淇淋生产的技术原理、影响膨胀率的因素，各组自己制定冰淇淋生产工艺，产品配方，各实验小组自己制作冰淇淋。各实验小组要提前一星期，把自己制定冰淇淋的生产工艺，所需工具，产品配方报实验室老师，由实验室老师准备、购买。

（3）实验前期阶段由指导教师安排实验任务，讲解实验卫生和安全注意事项、实验原理，示范实验设备操作并教会学生正确操作。实验过程中指导教师只对关键工序进行指导，并及时纠正学生可能影响人身安全的错误操作。

（4）要求学生在实验过程中严格按照实验规范和卫生标准进行，加强食品质量与安全意识。

六、工艺流程

设计配方 → 原料称量 → 混合 → 过滤 → 杀菌 → 冷却 → 均质 → 冷却 → 老化 → 凝冻 → 灌装 → 速冻硬化 → 低温贮藏

七、操作要点

（1）根据各种原材料的成分按实验目标计算各原料的含量、设计配方。

（2）复核过的各种原材料，在配制混合原料前必须经过处理，现将各种原料的处理方法介绍如下：

鲜乳可先用 100 目不锈钢筛进行过滤，以除去杂质。

冰牛乳在使用前，可先击成小块，然后置入烧杯或不锈钢桶中加热溶解，再经过滤。

乳粉在配制前应先加水溶解，然后采用高剪切机充分搅拌一次，使乳粉充分混合以提高配制混合原料的质量。

砂糖应加入适量的水，加热溶解成糖浆并经 100 目筛过滤。

鲜蛋或冰蛋在配制时，可与鲜乳一起混合、过滤。若用蛋粉可与乳粉一起加水混合，并经高剪切机混合。

奶油或人造奶油在配制前，应先检查其表面是否有杂质存在。如有杂质，则应预先处理后用小刀切成小块。

（3）原料混合的顺序宜从浓度低的水、牛乳等液体原料，次而黏度高的炼乳等液体原料，再就是砂糖、乳粉、乳化剂、稳定剂等固体原料，最后以水作容量调整。混合溶解时的温度通常 40～50℃。

（4）巴氏杀菌，混合料杀菌时必须控制温度逐渐由低而高，不宜突然升高，时间不宜过长，否则蛋白质会变性，稳定剂也可能失去作用。灭菌温度应控制在 75～78℃，时间 15 min。

（5）杀菌的混合料通过 80 目筛过滤后进行均质。均质压力为 12～15 MPa，均质温度控制在 65～70℃。

（6）冷却、老化。将均质后的混合料冷却至 8～10℃。放入老化桶，用冷却盐水快速降温至 2～4℃进行老化，老化时间 4～6 h。在凝冻前 30 min 将香精或辅料加入老化桶并搅匀。

（7）凝冻。在冰淇淋凝冻机中，混合料温度降低，附着在内壁的浆料立即冻结成冰淇淋霜层，在紧贴凝冻筒内壁并经快速飞转的两把刮刀刮削，在偏心棒的强烈搅拌和外界空气的混合等作用下，使乳化了的脂肪凝聚，混合料逐渐变厚，体积膨大成为轻质冰淇淋。

（8）灌注、装盘、速冻、硬化。速冻室温度控制在 -30～-35℃，硬化至冰淇淋中心温度 -18℃，即可装入冰柜。

(9)冰淇淋膨胀率的测定。冰淇淋及其原料均用容积为 100 mL 的小烧杯盛满,并且用小匙轻压,使烧杯中不留空隙后称重,以 3 次取样称重的平均值表示。

根据下列公式计算:

$$膨胀率 = \frac{混合料液重 - 同体积冰淇淋重}{同体积冰淇淋重} \times 100\%$$

八、感官评定

色、香、味、形是食品的质量指标之一,这些指标即是食品的感官指标。同学们可以根据冰淇淋感官评定表(见附表)对实验产品进行感官评定,评定结果填入表 2-3-7。

提示:由于各组实验设计的配方有所差异,可以把其他实验组的冰淇淋一起进行感官评定,评价效果会更好。

表 2-3-7　实验冰淇淋评分表

评价小组	评价项目					综合评分
	色泽	滋味	香味	形体	组织	
A						
B						
C						
D						

九、考核形式

考核:现场提问、分析问题、解决问题。

十、实验报告要求

(1)每人提交一份实验报告。

(2)严格按照实验步骤注意记录实验数据,分析实验结果。

(3)指出实验过程中存在的问题,并提出相应的改进方法。

十一、思考题

(1)冰淇淋混合料凝冻的作用是什么?

(2)冰淇淋混合料中加入鲜鸡蛋,其作用是什么?

(3)通过本次实验,请思考企业是如何生产冰淇淋的?

附表 冰淇淋感官评定表①

总 分	扣分	得分
色泽(10分)		
色泽符合品种的要求并均匀一致	0	10
色泽太浅或太深	6	4
色泽不一致(指在一块冰淇淋或一支棒式冰淇淋中)	2	8
三色或双色冰淇淋切开后层次不明	2	8
三色或双色冰淇淋中某一色泽不符合要求	4	6
外涂巧克力外衣双色冰淇淋中某一色泽太浅或太深	1	9
冰淇淋色泽不符合要求	4	6
香味(20分)		
香味宜人,浓淡适宜,与品种要求符合	0	20
香味太浓,浓得触鼻刺眼	5	15
香味较浓	2	18
香味太淡,淡得缺乏香味	5	15
香味较淡	2	18
香味不纯有异味	10	10
香味不纯净	6	14
滋味(40分)		
滋味甜度适中,并完全符合该品种的质量要求	0	40
甜度太高,口味过于浓甜	5	35
甜味太低,低的吃在嘴里缺乏甜味	10	30
有咸味且咸味过浓	5	35
巧克力外衣有异味	10	30
蛋卷有焦味	5	35
有不属于冰淇淋的外来怪味	30	10
形体(15分)		
体积与容积完全符合该品种的质量要求	0	15
有软塌现象	3	12
有收缩现象	4	11
有变形现象	5	10
呈软塌或收缩或变形状态	8	7
凡经涂层的冰淇淋表面有破损现象	4	11
组织(15分)		
组织细腻、体态滑润,无颗粒及明显的冰结晶	0	15

续表

总　分	扣分	得分
有较大的油粒出现,有较大的冰结晶出现	6	9
组织状态不松软	3	12
组织状态过于坚实	5	10
有肉眼可见的杂质	12	3
质地过黏,吃在嘴里难以溶化	6	9

①此表适于冰淇淋、冰霜的所有品种。感官评分90分以上为特级品,80～90分为一级品,70分以下为不合格产品。

第四章 肉制品加工工艺实验

实验一 中式火腿加工工艺

一、实验目的

（1）了解中式火腿的一般生产加工工艺过程,以金华火腿生产工艺为例,掌握传统工艺流程,了解金华火腿新生产工艺。

（2）熟悉火腿加工操作发酵原理,了解火腿风味形成、红色色泽等的由来。

（3）掌握腌渍食品的商业贮藏技术。

提示:本实验可作为综合性实验组织教学。

二、主要实验器材

1. 实验仪器和设备

恒温箱、调湿器、大水池、通风室。

2. 实验材料

猪肉、盐、硝酸盐或亚硝酸盐、抗坏血酸或异抗坏血酸、糖、刀、绳子、刷子、竹签。

三、实验配方

1. 原材料配方

宰杀后 1 h 的 pH 不小于 6.0,且 24 h 之内 pH = 5.6 ~ 6.0 之间的猪腿,或者是冻藏后解冻的猪腿。

2. 腌制剂配方

食盐、少量硝酸盐或者亚硝酸盐(如:硝酸钠、钾,亚硝酸钠、钾)、抗坏血酸或者异抗坏血酸、葡萄糖和蔗糖等腌制材料。

四、工艺流程

原料选择(鲜猪肉后腿) → 修割腿胚 → 腌制(六次) → 洗腿 → 晒腿 → 发酵 → 落架 → 堆叠 → 后熟 → 包装 → 成品

五、实验要求

（1）要求学生首先查阅火腿加工国家标准等资料,复习腌渍发酵贮藏生产工艺相关内容,了解猪腿的加工特性和主要营养成分。

(2)实验前期阶段由指导教师安排实验任务,讲解实验卫生和安全注意事项、实验原理、工艺操作要点,示范实验设备操作并教会学生正确操作。

(3)实验时可按 5～8 人为一实验小组进行。各实验小组在教师指导下自行完成实验任务。指导教师对关键工序进行必要的指导,并及时纠正学生可能出现的错误操作。

本实验制作出的火腿必须微生物检测合格,不含危害物质。

六、操作步骤与要求

以金华火腿加工工艺(传统结合新工艺)为例。

1. 原料选择

金华火腿一般选择"两头乌"猪的鲜后腿,要求皮薄爪细,腿心饱满,瘦肉多,肥膘少,肉质细嫩,腿坯重 5～7.5 kg,平均 6.25 kg 左右的鲜腿最为适宜。

2. 修割腿坯

整理:刮净腿皮上的细毛、黑皮等。

削骨:削平猪腿耻骨(眉毛骨),修整股关节(龙眼骨),不"塌骨",不脱臼。

开面:腿头(胫骨处)节上面皮层处割成半月形,将油膜割去。

修理腿皮:先在臀部修腿皮,然后割去肚腿皮,最后揿出胫骨、股骨、坐骨和血管中的淤血,此时鲜腿已有雏形。

新工艺改进:挂腿预冷,控制温度 0～5℃,预冷 12 h,要求鲜腿深层肌肉温度下降到 7～8 ℃,腿表不结冰。

3. 腌制

改进工艺中采用低温腌制,控制温度 6～10 ℃,先低后高,平均温度要求达 8 ℃。相对湿度控制在 75%～85%,先高后低,要求平均相对湿度达 80%,加盐少量多次,腌制 20 d。

加盐方法少量多次,冬季加盐量 6.5%～7.0%,春秋季,7.0%～8.0%,炎热季节 8.0%～8.5%,可以加入少许硝酸盐或者亚硝酸盐保色以及葡萄糖等糖类提升鲜味,少量抗坏血酸或者异坏血酸作为发色剂。

冬季的翻堆用盐与传统工艺相同,每次加盐腌制情况如表 2－4－1 所示。

表 2－4－1　腌制次数和用盐量

次数	时间	用盐量(以 5 kg 鲜腿计)
第一次用盐	腌制时	62 g
第二次用盐	第一次用盐后的第二天	190 g
第三次用盐	第二次用盐后过 6 d 左右	95 g
第四次用盐	第三次用盐后隔 7 d 左右	63 g

次数	时间	用盐量(以 5 kg 鲜腿计)
第五次用盐	再经过 7 d 左右	检查三签头上是否有盐,如没有再补一些,过多时抹去
第六次用盐	第五次用盐后过 7 d 左右	同上

其他季节开始腌制后,前 5 d 每天翻堆加盐一次,其中第一次加盐和第二次加盐的操作与传统相同,以后每次加盐视腿肉上失盐情况而定,第 6 d 起每隔一天翻堆抹盐一次,总的时间为 20 d。

总之,整个腌制过程中要保证在肉面上始终有食盐的存在,特别是在三签一线位置要有较多的食盐;腌透了的腿,肌肉坚实,肉面暗红色,腌制完成后,腿的重量约为鲜腿的90%左右。

4. 洗腿

浸泡:将腌制好的鲜腿用清水浸泡,要求腿和皮都必须浸没在水中,肉面向下,皮面朝上,层层堆放,腿身不得露出水面。一般浸泡 15 ~ 18 h。

初洗:浸泡好的咸腿用竹帚逐只洗刷,洗腿时必须顺次先洗脚爪、皮面、肉面,洗时要防止后腰肉翘起。初洗后,刮去腿上的残毛和污物,刮时不可伤皮。

再次浸泡洗刷:经刮毛后,将腿再次浸泡在水中(2 ~ 3 h),仔细洗刷后,用草绳将腿拴住吊起,挂在晒架上。

5. 晒腿

洗过的腿在太阳下晒,晒时要求肉面向阳,间距均匀,光照充分,夜间在晒腿架上覆盖油布,保持干燥。且要随时修整,捏弯脚爪、挤腿心、捺腿心、绞腿脚,使腿型美观,晒腿时间冬季一般 5 ~ 6 d,春天 4 ~ 5 d,风干整形温度控制在 15 ~ 20 ℃,湿度控制在 70% 以下,晒至皮紧而红亮,并开始出油为度。

6. 发酵

(1)火腿发酵时,上下、左右、前后相距 5 ~ 7 cm,互不相碰,以有利于火腿表面菌丝的生长。发酵期间,火腿以渐渐生出绿色菌丝为佳。此处新工艺,采用中温失水方式,温湿度与风干整形相同,时间控制在 20 d 左右,为使腿失水均匀,应将挂腿定期交换位置,一般前 5 d 每天交换一次,以后每隔 5 d 交换一次。

(2)发酵时,随着腿身逐渐干燥,腿骨外露,需要再次进行修整,

(3)修整完毕后,继续发酵,发酵时间一般自上架起 2 ~ 3 个月。此时新工艺常采用高温催熟方式,第一阶段催熟 25 ~ 30 ℃,平均温度达到 28 ℃左右,湿度控制在 60% 以下,时间 20 d,每隔 5 d 将挂腿位置交换一次。第二阶段温度控制在 30 ~ 35 ℃,平均温度要求达到 33℃,时间 20 d,每隔 5 d 将挂腿位置交换一次。

7. 落架、堆叠、后熟

火腿根据发酵先后批次、干燥度依次从架上取下,即落架;再刷去霉污,分别按大小

堆叠,此时底层皮面向下,其余各层肉面向下,皮面朝上,于恒温库内堆叠 8 ~ 10 层。温度控制在 25 ~ 30℃,湿度控制在 60% 左右,每隔 5 d 翻堆抹油一次,后熟时间 10 d,即可得成品。

七、实验记录、结果计算与品评讨论

观察各个阶段火腿的外观情况测定新鲜腿肉以及金华火腿加工各阶段深部腿肉的水分含量、食盐含量和 pH,记录在表 2 - 4 - 2 中。

表 2 - 4 - 2　实验记录

加工阶段	鲜肉	腌制完成	发酵初期	发酵中期	发酵中后期	发酵后期	火腿成品
外观情况							
水分含量(%)							
食盐含量(%)							
pH							

八、注意事项

(1)如果原材料中含有冻结的猪腿,必须解冻至其内部温度高于 - 5 ~ 3℃,此外解冻腿与鲜腿必须分开腌制,因为两者的工艺条件有一定的差别。

(2)洗腿时,室温和所用水温度不得超过 25℃,如果有条件可以采用高压温水冲洗,比传统工艺采用的浸泡、刷洗方法更加有助于防止腿肉发生腐败变质。

(3)为了保持火腿肌肉呈现鲜艳的红色,猪腿腌制时常在腌制剂中添加少量的硝酸盐或者亚硝酸盐,使肌红蛋白形成亚硝基肌红蛋白,亚硝基肌红蛋白呈鲜艳的红色。但是我国要求火腿残留量 ≤20 mg/kg(以亚硝酸钠为代表),故应注意硝酸盐或者是亚硝酸盐的使用量。

九、考核形式

考核:现场提问、分析问题、解决问题、实验报告。

十、实验报告要求

(1)每人提交一份实验报告。

(2)严格按照实验步骤注意记录实验数据,分析实验结果。

(3)指出实验过程中存在的问题,并提出相应的改进方法。

十一、思考题

(1)火腿制作过程中,各个阶段其内部、表面都有哪些种类的微生物致使其发酵成特别的香醇味？

（2）若在发酵期间出现少许不良霉菌等发霉现象，该如何处理？

（3）火腿的风味来源与猪腿肉中的蛋白质、脂肪等物质有何联系？

实验二　腊肉加工工艺

一、实验目的

（1）了解腊肉的传统生产工艺过程。

（2）熟悉熏制的操作方法，并了解熏制过程中发生的化学反应。

提示：本实验可作为综合性实验组织教学。

二、主要实验器材

1. 实验仪器和设备

腌制缸、熏炉、消毒柜、干燥机、真空包装机等。

2. 实验材料

鲜猪肉、精盐、亚硝酸钠、白砂糖、白酒、花椒、桂皮、八角、丁香、干辣椒等。

三、实验配方

鲜猪肉 5 kg、精盐 0.2 kg、亚硝酸钠 0.75 g、花椒 0.02 kg、白酒 15 mL、白砂糖 80 g、混合香料 20 g。

混合香料：将桂皮 30 g、八角 10 g、丁香 2 g、干辣椒 20 g 等粉碎拌匀，制作而成，备用。

四、工艺流程

原料肉的选择与处理 → 剔骨 → 切肉条 → 配料 → 腌制 → 风干
↓
成品 ← 真空包装 ← 晾挂或烘干 ← 烟熏

五、实验要求

（1）要求学生首先查阅有关腊肉的国家标准的资料，了解腊肉加工工艺的相关内容，了解腊肉在加工过程发生的化学变化以及风味的形成。

（2）实验前期阶段由指导老师安排实验任务，讲解实验卫生和安全注意事项、实验原理、工艺操作要点，示范实验设备操作并教会学生正确操作。

（3）实验时分实验小组进行，各实验小组在老师的指导下自行完成实验任务，实验过程中指导老师应对关键工序进行必要的指导，并及时纠正学生出现的错误。

六、操作步骤与要求

1. 原料肉的选择与处理、剔骨、切肉条

选择经卫生检验合格,肥瘦层次分明、无伤疤、不带奶脯的肋条肉,并去除净皮上的毛及污垢。切成重 180 ~ 200 g、长 35 ~ 40 cm 的薄条肉,方便悬挂,可在肉的上端穿一小孔,方便穿绳。为了除去表面的浮油、污物,切条后的肋肉可以浸泡于 30℃ 左右的清水中漂洗 1 ~ 2 min,然后沥干水分。

2. 配料、腌制

先把精盐、白糖、亚硝酸钠倒入腌制缸中,再加白酒和混合香料,使之与鲜猪肉混匀。腌制 10 ~ 12 h(每 3 h 翻 1 次缸),使配料完全被吸收后,取出挂竿。

3. 风干

腌制后的肉用绳子拴好,悬挂于通风向阳处风干,一般需 3 d 左右。

风干肉,是将腌制好的肉不经过烟熏,而是在通风处自然风干而制的。据感官评价,风干肉的香味大概可以达到熏腊肉的 60% ~ 70%。

4. 烟熏

将风干好的肉挂在熏房内,引燃木炭,关闭熏房门,使熏烟均匀散布,熏房内初温 70℃,3 ~ 4 h 后逐步降低到 50 ~ 56 ℃,保持 28 h 左右为成品。

5. 晾挂或烘干

烟熏后的肉条,送入通风干燥的晾挂室中晾挂冷却,待肉降至室温即可。如果遇到雨天,应将门帘关闭,以免吸潮。

用干燥机于 60 ~ 70 ℃ 干燥 12 ~ 24 h。

6. 真空包装

放入真空包装袋中,真空封口,包装。

七、实验产品的品评讨论

(1)腊肉形态:熏好的腊肉,肉色红亮,味道鲜香。易保存(水分含量低的干腊肉可保持 3 个月不变质),表里一致,煮熟切成片,透明发亮,色泽鲜艳,黄里透红,味道醇香,肥不腻口,瘦不塞牙,风味独特,营养丰富,还有开胃、去寒、消食等功能。

(2)色泽鉴别:优质腊肉色泽鲜明,肌肉呈鲜红色或暗红色,脂肪透明或呈乳白色;肉身干爽、结实,富有弹性,指压后无明显凹痕。变质的腊肉色泽灰暗无光,脂肪明显呈黄色,表面有霉点、霉斑,揩抹后仍有霉迹,肉身松软、无弹性,且带黏液。

(3)气味鉴别:新鲜的腊肉具有固有的香味,而劣质品有明显酸败味或其他异味。随机抽取 8 ~ 10 块腊肉根据上述的项目对成品进行评价,结果记录在表 2 - 4 - 3 中。

表 2 - 4 - 3　感官评价表

项目＼样品号	1	2	……	10
形态				
色泽				
气味				

八、注意事项

（1）由于硝酸盐、亚硝酸盐有致癌的危险，所以使用的量应减少或者选用代替品如：抗坏血酸、山梨酸与六偏磷酸钠配合物。

（2）加工所用水应该符合 GB 5749—2006《生活饮用水卫生标准》要求。

（3）熏制时不宜采用木柴直接熏制，因为这对口感、色泽、卫生均有不良影响。经实验得出用木炭火直接烤制，口感更香，色泽更好且无烟熏味，卫生指标明显提高。

九、考核形式

考核：现场表现、现场提问、分析问题、解决问题、实验报告。

十、实验报告要求

（1）每人提交一份实验报告。

（2）严格按照实验步骤注意记录实验数据，分析实验结果。

（3）指出实验过程中存在的问题，并提出相应的改进方法。

十一、思考题

（1）完成加工工艺的腊肉还需要进行灭菌再包装吗？为什么？

（2）腊肉的风味来源是什么？在熏制过程中发生了哪些反应？

（3）腊肉中脂肪含量高对人体有害，那是否腊肉越瘦越好？脂质在腊肉加工过程中有什么作用？

第五章 罐头食品加工工艺实验

实验一 糖水水果罐头工艺

随着农产品物流业的快速发展,新鲜水果的远距离反季节销售量逐年提升,但糖水水果罐头作为一类传统的为百姓喜爱的食品,仍然是水果盛产季节重要的一类加工产品。在旋开玻璃瓶和易拉罐新型包装容器普遍应用后,糖水水果罐头的加工附加值得到提升,这类产品仍然占有一定市场。本实验以常见的热带水果——菠萝和洋梨为对象,方便不同季节水果罐头实验的开展。

一、实验目的

(1)了解常见糖水水果罐头的一般生产工艺过程。

(2)掌握酸性罐头食品的商业杀菌技术。

提示:本实验可作为综合性实验组织教学。

二、主要实验器材

1. 实验仪器和设备

温度计、手持糖度计、弹簧托盘秤、游标卡尺、去皮圆筒刀、通芯筒刀(或用手动去皮通芯机代替)、去皮器、不锈钢水果刀、锋利小刀、真空干燥箱、电磁炉、夹层锅(或电热蒸煮锅)、真空封罐机、常压杀菌锅(或带反压功能的电热杀菌锅)。菠萝罐头一般用7113#、968#、8113#、9121#马口铁易开罐以及玻璃四旋瓶,洋梨罐头一般用781#、7110#、8113#马口铁易开罐以及玻璃四旋瓶。

2. 实验材料

新鲜菠萝或洋梨、白砂糖、柠檬酸、盐水、焦亚硫酸钠、抗坏血酸。

三、实验配方

(一)糖水菠萝罐头

1. 罐头配方

果块根据形状种类占总含量的58% ~ 65%,糖水占35% ~ 42%。

2. 糖水配方

白砂糖20% ~ 25%,原汁10% ~ 12%、柠檬酸0.1% ~ 0.3%。

（二）糖水洋梨罐头

1. 罐头配方

金属罐：果块根据罐号占总含量的 55% ~ 60%，糖水占 40% ~ 45%；500mL 玻璃罐：果块占总含量的 50% ~ 55%，糖水占 45% ~ 50%。

2. 糖水配方

白砂糖 12% ~ 18%、柠檬酸 0.15% ~ 0.2%。

四、工艺流程

（一）糖水菠萝罐头

原料验收 → 挑选分级 → 切端 → 去皮通芯 → 雕目 → 切片 → 选片

擦罐 ← 检验 ← 杀菌、冷却 ← 排气、密封 ← 注糖水 ← 果块抽空 ← 装罐（瓶）

成品

（二）糖水洋梨罐头

原料验收 → 分选 → 去皮 → 切块去籽 → 抽空处理

成品 ← 包装 ← 检验 ← 杀菌、冷却 ← 排气、密封 ← 装罐、注汁 ← 冷却 ← 热烫

五、实验要求

（1）要求学生首先查阅菠萝/洋梨及菠萝/洋梨罐头国家标准等资料，预习水果罐头生产工艺相关内容，了解菠萝/洋梨的加工特性和主要营养成分。

（2）实验前，由指导教师安排实验任务，讲解实验卫生和安全注意事项、实验原理、工艺操作要点，示范实验设备操作，并教会学生正确操作。

（3）实验时可按 5 ~ 8 人为一实验小组进行。各实验小组在教师指导下自行完成实验任务。指导教师对关键工序进行必要的指导，并及时纠正学生可能出现的错误操作。

（4）本实验菠萝罐头产品执行 GB13207—2011《菠萝罐头》标准，洋梨罐头产品执行 GB/T 13211—2008《糖水洋梨罐头》标准，产品规格、配方尽量按标准要求执行。

六、操作步骤与要求

（一）糖水菠萝罐头

1. 挑选分级

将烂果、过熟果等不符合要求的菠萝检出，在合格的果实中用游标卡尺测量，选择横径在 95 ~ 110 mm 的菠萝，过大过小的均剔除。

2. 切端

用水果刀将果实两端垂直于轴线切下，要求切面光滑，切端厚度在 12 ~ 25 mm，以使切

面横径约等于去皮圆筒刀的内径。

3. 去皮通芯

用去皮圆筒刀对准切端平面与轴心同心切下外皮,圆刀内径为 70 mm。去掉外皮后用通芯圆筒刀垂直切端平面与轴心切下,除掉菠萝的通芯部位。通芯圆刀的外径为 20 ~ 22 mm。刀刃必须锋利,以使果肉光洁。有条件的可采用手动去皮通芯机完成。

4. 雕目

去皮通芯后的菠萝清洗一遍,除去碎屑,然后用锋利小刀雕目修整果肉凹槽沟道。要求按果目的自然分布及深浅程度雕成螺旋形的沟纹。沟纹要整齐,深浅恰当,呈三角形,切边不起毛。

5. 切片

经雕目后再用小刀削去残留表皮及残芽,清洗一次后在案板上用锋利片刀根据罐形及称量补充情况再切成不同比例的整片、扇形块、长块、方块、长条及碎块。要求切面光滑,心孔垂直,厚度一致。具体切分要求按表 2-5-1 的要求进行,块形示意如图 2-5-1 所示。

表 2-5-1　菠萝片、块的规格要求

片、块名称	规格要求
整片	厚度 8 ~ 18 mm。包括全圆片:用圆柱形菠萝轴向横切;旋圆片:用有螺旋形沟纹的圆柱形菠萝轴向横切;雕目圆片:用果目位置有缺陷的圆柱形菠萝轴向横切
扇形块	将厚度 8 ~ 18 mm 的整片等分(1/10 ~ 1/16)切块,果边允许有雕目沟纹
长块	将圆筒形菠萝切成厚度和宽度大于 13 mm、长度小于 38 mm 的菠萝块
方块	切成均匀的小于 14 mm 方形果块
长条	将圆筒形菠萝沿放射形或纵向切成以上的 66 mm 细长片或条
碎块	大小或形状不规则的小块
碎米	形状如米粒大小的菠萝粒

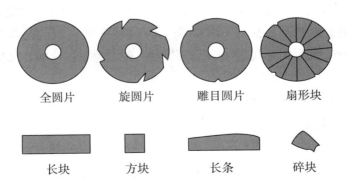

全圆片　　旋圆片　　雕目圆片　　扇形块

长块　　方块　　长条　　碎块

图 2-5-1　雕目后菠萝的切片及果块块形

6. 选片、装罐(瓶)

可根据GB13207—2011《产品代号进行分级装罐(瓶)》,如表2-5-2所示。果块净重要符合标准要求,固形物含量要求如表2-5-3所示。

表2-5-2　装罐介质为糖水的菠萝罐头产品代号

菠萝品种	全圆片、雕目圆片	旋圆片	扇形块	碎块	碎米	长块	方块	长条
深目品种	602 1	602 2	602 3	602 4	602 9	602 11	602 12	602 13
浅目品种	602 5	602 6	602 7	602 8	602 10	602 14	602 15	602 16

表2-5-3　固形物含量要求

装罐类型	固形物指标	固形质量类型	果块允许公差
(除碎米和玻璃瓶型的)所有装罐类型	≥58%	≤245g的单罐	±11%
玻璃瓶装罐型(不包括碎米)	≥45%	246~1600 g的单罐	±9%
碎米	≥62%	≥1600 g的单罐	±4%

如用7113#铁罐,装罐前用82℃热水清洗消毒。每罐填装全圆片或旋圆片果块285~300 g,果块重量公差为±9%。

7. 果块抽空

采用干抽法。装好果块的罐头置于真空干燥箱中,在0.087 MPa真空度下保持10 s,使果肉中空气排出。

8. 注糖水

按配方配好糖水,并煮沸15 min脱硫。每罐按最终净重公差±3%注入糖水,如7113#罐注入125~140 g糖水,并保持90℃以上的温度。

9. 排气、密封

铁罐可用真空封罐机排气密封一次完成(0.048~0.053 MPa真空度),或在90℃热水浴中热力排气5 min再常压卷封。若为玻璃瓶,则热力排气后用手或拧盖机旋盖密封。

10. 杀菌、冷却

菠萝罐头为酸性食品,不同罐号的罐头杀菌条件如下:

7113#:5 min—15 min/100℃;8113#:3 min—18 min/100℃;

9121#:5 min—25 min/100℃;500 mL玻璃:5 min—30 min/100℃。

然后常压水冷却至38℃以下。注意玻璃罐要分段冷却。最后擦罐、贴标、装箱、贮存。

(二)糖水洋梨罐头

1. 原料验收、分选

原料梨要求果实新鲜、饱满,成熟适度,肉质细,无明显的石细胞,呈该品种梨自然色泽,无霉烂、病虫害及机械伤,果实横径在55 mm以上。

2. 去皮、切块去籽

用水果刀去皮,工业上用专用去皮机去皮。去皮后切半,挖去籽巢和蒂把,要使巢窝光滑而又去净籽巢。然后根据梨的大小切成二开块、四开块,并浸入护色盐水液中(盐水浓度 1%~2%)。

3．抽空处理

一般用湿抽法处理。单宁含量低的梨用盐水(2%)抽空;对于极易变色的梨,可用护色液(盐 2%,柠檬酸 0.2%,焦亚硫酸钠 0.02%~0.06%)抽空。抽空液温度以 20~30℃ 为宜,抽空真空度为 0.08~0.09MPa,硬质梨真空度大,细胞壁薄的梨真空度小。真空度达到后要维持数分钟。

4．热烫、冷却

热烫时应沸水下锅,迅速升温(料液比为 1:2)。含酸量低的梨可在热烫水中添中适量的柠檬酸(0.15%)和抗坏血酸(400 ppm)。热烫后用流动水快速冷却,并漂净抽空液的成分。

5．装罐、注汁

装罐和注糖水时要注意固形物的净重要在公差范围内,固形物公差控制在 ±9.0% 之内,净重公差为金属罐 ±1.5%~±2.0%,玻璃罐 ±5.0%。注意块形在罐中要叠放整齐、美观。按实验一的方法配好糖水,注汁后保持 90℃ 以上。

6．排气、密封

金属罐采用真空封罐机卷封(真空度 0.04 MPa)或 95℃ 热力排气后常压卷封。玻璃罐在扣盖后热力排气,拧盖密封。

7．杀菌、冷却

热力杀菌采用表 2-5-4 所列条件进行。杀菌完后迅速冷却至 38℃ 以下。注意玻璃罐要分段冷却。

表 2-5-4　梨罐头的杀菌条件

罐号	净重(g)	杀菌条件	冷却方式
781	300	5 min—15 min/100℃	立即冷却
7110	425	5 min—20 min/100℃	立即冷却
8113	567	5 min—22 min/100℃	立即冷却
500 mL 玻罐	510	5 min—(25~35) min/100℃	分段冷却

七、实验记录、结果计算与品评讨论

从所有实验样品中随机抽取 3 罐 30℃ 保温 10 d,然后按 GB 4789.26—2013《食品安全国家标准·食品微生物学检验·商业无菌检验》检验要求对其感官检验、pH 测定和镜检,均无异常可判定为商业无菌。如出现 1 罐异常就可认为实验失败。将检验结果填入表2-5-5。

表 2-5-5　糖水菠萝罐头或洋梨罐头商业无菌初步检验结果

项目	样品号		
	1	2	3
感官检验			
pH			
镜检结果			

如感官检验、pH 测定和镜检合格,则按 GB 13207—2011《菠萝罐头》的感官要求进行评价与分级。结合前处理加工过程的实验,将实验数据及结果填入表 2-5-6。

表 2-5-6　糖水菠萝罐头或洋梨罐头实验结果

罐型	实验样品数(罐)	合格品数量(罐)	成品率(%)	优质品数量(罐)	一级品数量(罐)

八、注意事项

(1)为获得高质量产品,加工时要选择适宜的品种和成熟度。属于罐藏良种的菠萝品种有:美国无刺卡因、新加坡种、皇后种。我国用于加工的主要品种为沙劳越、巴厘、菲律宾、台种、本地种等。

(2)菠萝含有较多分解能力很强的菠萝蛋白酶,且有机酸含量也较高,在去皮、切片、装罐等工艺操作时,为防止双手皮肤受到侵蚀(长时间还会引起溃烂),务必戴胶皮手套。

(3)果组织中含有较多空气,会影响果肉色泽和风味。因此抽空处理必不可少,要保证抽空质量。水果组织中含空气量因品种、栽培条件、成熟度不同而异,一般梨含空气量占其体积的 3%~5%,桃子为 3%~4%,杏子为 6%~8%,国光苹果为 18%~25%。对这些水果来说,抽空处理必不可少,否则极易引起变色、风味不良、组织松软等质量问题。

(4)经贮藏的梨一般经冷藏出库后不能马上投入生产,必须经过回热处理,使梨心温度升至 10℃以上,否则热烫后色暗,成品易变红。

(5)金属容器最好用素铁罐,利用锡的还原作用使成品具有鲜明的色泽;若用涂料罐,易使成品梨色暗、发红、风味较差。

九、考核形式

考核:现场提问、分析问题、解决问题。

十、实验报告要求

（1）每人提交一份实验报告。

（2）严格按照实验步骤注意记录实验数据，分析实验结果。

（3）指出实验过程中存在的问题，并提出相应的改进方法。

十一、思考题

（1）糖水菠萝罐头为什么可以采用常压巴氏杀菌工艺？其保质期一般为多长时间？

（2）菠萝罐头其中一个质量问题是果块变得软烂，并使汁液混浊，你认为是哪些原因造成的？如何防治？

（3）为什么水果罐头添加抗坏血酸利弊俱在？

实验二　果酱罐头工艺

果酱罐头是一类传统的易贮存、易消化、老少皆宜的开胃早餐类辅助食品，也是水果盛产季节重要的一类加工产品。随着人们饮食中对总糖的摄入量的普遍提高，生产企业也注重开发代糖型或果味酱等新型果酱类产品，以满足各类消费者的饮食需求。本实验以常见水果——苹果和草莓为对象，方便不同季节水果果酱罐头实验的开展。

一、实验目的

（1）了解果酱罐头的一般生产工艺过程。

（2）掌握酸性罐头食品的商业杀菌技术。

提示：本实验可作为设计性实验组织教学。

二、主要实验器材

1. 实验仪器和设备

去皮器、不锈钢水果刀、打浆机、手持糖度计、弹簧托盘秤、温度计、电磁炉、不锈钢锅、纱布、半自动封罐机、常压电热杀菌锅、260 mL 四旋玻璃罐。

2. 实验材料

鲜苹果或鲜草莓，食盐，白砂糖、海藻糖、异麦芽糖醇、柠檬酸、乳酸钙、果胶。

三、实验配方

每小组可按此配方或调整配方称量：成熟的苹果（或成熟的草莓）1100 g、海藻糖40 g、异麦芽糖醇20 g、白砂糖50 g、果胶16 g、柠檬酸1 g、乳酸钙0.4 g、纯净水2000 g。

四、工艺流程

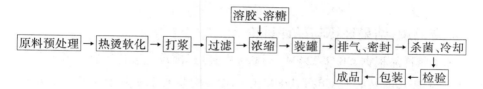

五、实验要求

（1）要求学生首先查阅果酱罐头国家标准等资料,预习水果罐头生产工艺相关内容,了解苹果、草莓等原料的加工特性和主要营养成分。

（2）实验前,由指导教师安排实验任务,讲解实验卫生和安全注意事项、实验原理、工艺操作要点,示范实验设备操作,并教会学生正确操作。

（3）实验时可按 4～6 人为一实验小组进行。各实验小组在教师指导下自行完成实验任务。指导教师对关键工序进行必要的指导,并及时纠正学生可能出现的错误操作。

（4）本实验执行 GB/T22474—2008《果酱》标准。

六、操作步骤与要求

（1）原料预处理。选取成熟的硬质新鲜苹果或完全成熟的草莓,剔除病虫害、腐烂、机械损伤者。用清水冲洗干净。苹果用去皮器去皮,切成四开瓣,用水果刀挖净果蒂、花萼、籽、核巢及残余果皮,确保无影响果酱外观的杂质,并浸没于食盐水中。草莓清洗后去除果蒂即可。

（2）热烫软化、打浆、过滤。将苹果果肉加入不锈钢锅中,热水与果肉比为 1.5∶1。煮沸 5 min,然后连同水一起于打浆机中打成浆汁,最后趁热用不锈钢筛过滤。草莓则热烫 2 min,然后连同水一起于打浆机中打成浆汁,最后趁热用不锈钢筛过滤。

（3）溶胶、溶糖。称取果胶,与总量一半的海藻糖、白砂糖于另一个小不锈钢锅内用不锈钢汤匙充分干混均匀,将混合后的果胶慢慢匀速倒入 60℃ 500 mL 的纯净水中溶解,并不断搅拌,溶解分散均匀,纱布过滤待用。其余的糖料、柠檬酸和乳酸钙用剩余的水溶解并过滤。

（4）果酱浓缩。将过滤后的苹果浆或草莓浆倒入夹层锅中,保持沸腾浓缩。待水分减少 3 成时倒入准备的糖浆。保持沸腾蒸发,其间要不停搅拌。待水分减少五成后倒入溶胶,继续浓缩,期间要不停搅拌防止底部烧结。期间用糖度计检测可溶性固形物含量,当达到 30% 时可结束。

（5）装罐、排气和密封。空罐先用 90℃ 热水清洗并沥干。趁热装罐(保持 95℃ 以上)。装罐时要保持罐口清洁,不得残留果酱,并留好适宜顶隙。排气 5 min 后立即密封。

（6）杀菌、冷却。杀菌与冷却按以下条件操作:260 mL 玻璃罐,5 min—20 min/100℃ ,

分段冷却至38℃以下。

冷却后的成品置于4℃冰水恒温水浴冷却凝固40 min。

七、实验记录、结果计算与品评讨论

取其中3瓶样品根据GB/T 22474—2008《果酱》标准首先进行感官检验并评级。其余样品在30℃保温10d,然后按GB/T 4789.26—2013检验要求对其感官检验、pH测定和镜检,均无异常可判定为商业无菌。如出现1罐异常就可认为实验失败。将实验结果填入表2-5-7中。

表2-5-7 果酱罐头样品商业无菌初步检验结果

项目	样品号		
	1	2	3
感官检验			
pH			
镜检结果			

八、注意事项

(1)苹果品种与成熟度对苹果酱罐头质量有较大影响。因为不同品种和成熟度的苹果所含果胶量有较大差别,而果胶量直接影响果酱的凝胶强度。通常选择含果胶量较多的脆质的、成熟度七至八成的苹果。

(2)果酱浓缩时一定要不断搅拌,否则易焦底,严重引起色泽和风味质量的下降。此外,浓缩时在果酱表面滴一些食油,可帮助浓度越来越高时内部蒸汽顺畅逸出,即防止所谓的"跑锅"。

(3)在加入柠檬酸和果胶时,一般要在浓缩结束前尽可能短的时间内加入,目的是防止果胶的分解。

九、考核形式

考核:现场提问、分析问题、解决问题。

十、实验报告要求

(1)每人提交一份实验报告。

(2)严格按照实验步骤注意记录实验数据,分析实验结果。

(3)指出实验过程中存在的问题,并提出相应的改进方法。

十一、思考题

（1）影响果酱凝胶强度的因素有哪些？

（2）果酱在浓缩时实际已经起到巴氏杀菌的作用,但为什么在密封后还要杀菌？

（3）草莓含有丰富的花色苷,但花色苷为热敏性成分,在企业实际生产草莓果酱时你认为可以如何改进浓缩工艺以获得更好的产品色泽？

实验三　笋罐头工艺

清水笋类罐头是蔬菜罐头的重要品种。本实验以鲜玉米笋或鲜嫩芦笋为实验对象,方便不同季节笋罐头实验的开展。

一、实验目的

（1）了解清水笋罐头的一般生产工艺过程。

（2）掌握蔬菜罐头在实际生产过程中常见质量问题的解决方法。

（3）掌握低酸性蔬菜罐头的商业杀菌技术。

提示:本实验可作为设计性实验组织教学。

二、主要实验器材

1. 实验仪器和设备

不锈钢水果刀、手持糖度计、弹簧托盘秤、电磁炉、温度计、游标卡尺、夹层锅、真空封罐机、实验型反压高温杀菌锅、7116#等型号素铁电阻焊罐、500 mL 四旋玻璃罐。

2. 实验材料

鲜玉米笋或鲜嫩芦笋,食盐,白砂糖,柠檬酸。

三、实验配方

（一）玉米笋罐头

（1）罐头:7116#铁罐固形物含量为50% ±11.0%;玻璃罐固形物含量为50% ±9.0%。

（2）盐水浓度:注汁盐水浓度为2.0% 左右。成品汁中盐浓度为0.8% ~1.5%。

（二）芦笋罐头

（1）罐头:7116#铁罐固形物含量为65% ±3.0%;玻璃罐固形物含量为55% ±5.0%。

（2）盐水浓度:注汁盐水浓度为2.0% 左右、白砂糖2.0%,柠檬酸0.03% ~0.05%,成品汁中盐浓度为0.8% ~1.5%。

四、工艺流程

(一)玉米笋罐头

原料验收 → 挑选 → 预煮 → 去衣须、切柄 → 修理分选 → 洗涤 → 抽空处理

成品 ← 包装 ← 检验 ← 杀菌、冷却 ← 密封 ← 排气 ← 注汁 ← 装罐

(二)芦笋罐头

原料验收 → 清洗 → 刨皮、切段 → 预煮 → 冷却 → 分级

成品 ← 包装 ← 检验 ← 杀菌、冷却 ← 密封 ← 排气 ← 注汁 ← 装罐

五、实验要求

(1)要求学生首先查阅清水蔬菜罐头国家标准等资料,预习玉米笋、芦笋罐头生产工艺相关内容,了解玉米笋/芦笋等原料的加工特性和主要营养成分。

(2)实验前,由指导教师安排实验任务,讲解实验卫生和安全注意事项、实验原理、工艺操作要点,示范实验设备操作,并教会学生正确操作。

(3)实验时可按6~8人为一实验小组进行。各实验小组在教师指导下自行完成实验任务。指导教师对关键工序进行必要的指导,并及时纠正学生可能出现的错误操作。

(4)本实验样品执行 QB/T 4627—2014《玉米笋罐头》及 GB/T 13208—2008《芦笋罐头》标准的要求。

六、操作步骤与要求

(一)玉米笋罐头

1. 挑选

挑选笋体鲜嫩,形态完整良好,呈圆锥形;笋粒饱满,排列紧密整齐,呈黄色或淡黄色的笋。剔除虫害、木质化、空心、糠心、脱粒、畸形和其他严重机械损伤者。一般单个重量为4~19 g,笋最大穗最粗部位截面直径为20 mm,笋长为30~105 mm之间为佳。

2. 预煮

为避免剥衣时损伤笋粒,一般先预煮再去衣须。沸水下锅,料液比为1∶2。维持95℃以上5~8 min。然后于流动清水中漂洗冷却。

3. 去衣须、切柄、修整分选、洗涤

手工剥去包衣,去除花须。用不锈钢刀垂直于轴向切去柄部。并按大级(86~105 mm)、中级(71~85 mm)、小级(56~70 mm)、小小级(40~55 mm)进行分级。洗净残余花须。

4. 抽空处理

用盐水(2%)湿法抽空处理。去除穗心残余空气。

5. 装罐、注汁

抽空后要立即装罐注汁。常用15173#、7116#素铁罐和500 mL玻罐容器。玉米笋在罐中要排列整齐,所装条数和重量参照表2-5-8之规定。注入盐水后保持90℃以上温度。

表2-5-8　玉米笋装罐要求

罐号	净重(g)	固形物		条数				
		含量(%)	净重(g)	整装				段装
				L级	M级	S级	SS级	
15173	2850	50	1475	97~137	138~170	171~200	>200	不计条数
7116	425	50	213	14~19	20~24	25~29	>29	
500 mL玻璃罐	500	50	250	16~22	23~28	29~34	>34	

6. 排气、密封

立即进行真空封罐(真空度0.04~0.053 MPa)。亦可热力排气后常压封罐。

7. 杀菌、冷却

由于玉米笋罐头属于低酸性食品,因此必须高温杀菌。杀菌条件如表2-5-9所示。

表2-5-9　玉米笋罐头的杀菌条件

罐号	净重/g	杀菌条件	冷却方式
7116	425	15 min—17 min/121℃	反压(68 kPa)冷却至38℃
500 mL四旋瓶	500	15 min—20 min—10 min/121℃(水浴反压180 kPa)	反压(89 kPa)冷却至38℃

(二)芦笋罐头

1. 清洗

用喷淋水洗或流动水清洗。一定要清洗干净(包括鳞片包裹的泥土)。清洗时随洗随捞。

2. 刨皮、切段

鲜嫩原料不刨皮,但对于粗老的、有裂痕、虫蛀的要刨皮。可用人工和机械两种方法。由笋尖向基部方向进行,刨去粗老部分,剔除裂痕和虫蛀等。按95 mm以上长条、70~95 mm中条、70 mm以下短条分成三级切段。

3. 预煮、冷却

先将预煮水用柠檬酸调pH=5.4左右,温度90~95℃。将芦笋竖放于预煮笼中,进行分段预煮:先煮笋身2~3 min,然后再将笋尖没入水中煮1~2 min。横径大于18 mm者预煮时间长些。预煮完后立即用加压冷水喷洗至36℃以下,时间1 min。然后用流动冷水(20℃)漂洗10 min。冷透为准,时间不要过长。

4. 分级、装罐、注汁

按横径大小进行分级：特大（21～26 mm）、大（16～21 mm）、中₁（12～16 mm）、中₂（9～12 mm）、小（7～10 mm）分成五级。装罐时笋尖朝上，按长度装罐，为达到净重标准，可粗细搭配。装罐后要立即注汁。为减少汁中溶解的芦丁沉积，在盐水中加入适量白砂糖和柠檬酸。注入的汤汁保持在85℃以上。

5. 排气、密封

注汁后立即进行真空封罐（真空度0.04～0.053 MPa）。亦可热力排气（罐中心温度达到75℃）后常压封罐。

6. 杀菌、冷却

杀菌条件如表2－5－10所示。

表2－5－10　芦笋罐头的杀菌条件

罐号	净重（g）	杀菌条件	冷却方式
7116	425	15min—15min/121℃	反压（68 kPa）冷却至38℃
500 mL 四旋瓶	500	15min—20min—20min/121℃（水浴反压180 kPa）	反压（89 kPa）冷却至38℃

七、实验记录、结果计算与品评讨论

根据QB/T 4627—2014《玉米笋罐头》或GB/T 13208—2008《芦笋罐头》中质量指标进行检验并评定级别，将实验结果填入表2－5－11中。

从实验样品中抽取3罐，在36℃保温10 d，然后按GB/T 4789.26—2013检验要求对其感官检验、pH测定和镜检，均无异常可判定为商业无菌。如出现1罐异常就可认为实验失败。将实验结果填入表2－5－12中。

表2－5－11　笋罐头实验结果

实验样品数	优级品数量	一级品数量	合格品数量	成品率（%）

表2－5－12　罐头样品商业无菌初步检验结果

项目	样品号		
	1	2	3
感官检验			
pH			
镜检结果			

八、注意事项

（1）玉米笋含有较多淀粉,在漂洗时要注意用流动水漂洗干净,否则易引起汤汁混浊不清。

（2）玉米笋穗心含有较多空气,抽空时要维持一定时间,否则会引起成品色泽发暗。此外在贮藏时要避光,不然易褪色。

（3）由于芦笋生长在地下,易被土壤中耐热菌污染,故在加工前要清洗干净。对于白头芦笋,还要防止因尘土的污染而产生的斑点及锈点。

（4）为获得优质原料,芦笋采摘最好在早晚各采一次,采摘后不要碰伤笋尖,并要注意保持一定湿度。从采收到加工不要超过 8 h。

九、考核形式

考核:现场提问、分析问题、解决问题。

十、实验报告要求

（1）每人提交一份实验报告。

（2）严格按照实验步骤注意记录实验数据,分析实验结果。

（3）指出实验过程中存在的问题,并提出相应的改进方法。

十一、思考题

（1）玉米笋要保持爽脆口感,你认为可采用什么工艺加以改进?

（2）请查阅有关资料,玉米笋常见质量问题是什么? 什么原因造成?

（3）为什么芦笋罐头会出现黑斑点?

（4）为什么在预煮时笋尖和笋身要分段预煮?

实验四　盐水蘑菇罐头工艺

一、实验目的

（1）了解蔬菜罐头的一般生产工艺过程及蘑菇罐头工艺操作要点。

（2）掌握蘑菇罐头在实际生产过程中常见质量问题的解决方法。

提示:本实验可作为设计性实验组织教学。

二、主要实验器材

1. 实验仪器和设备

温度计、不锈钢水果刀、手持糖度计、弹簧托盘秤、电磁炉、夹层锅、分级机(或用游标卡尺手动分级)、纱布、真空封罐机、实验型反压高温杀菌锅、7116#等型号罐(内涂抗硫涂料)、500 mL 四旋玻璃罐。

2. 实验材料

鲜蘑菇(如白色双孢蘑菇、金针菇等均可),食盐,柠檬酸,抗坏血酸。

三、实验配方

(1)罐头:7116#铁罐固形物含量为 65% ±3.0%;玻璃罐固形物含量为 55% ±5.0%。

(2)盐水浓度:注汁盐水浓度为 2.7%、柠檬酸 0.05% ~0.08%,成品汁中盐浓度为 0.7% ~1.5%。

四、工艺流程

原料验收 → 护色 → 预煮、冷却 → 分级 → 挑选修整 → 装罐

成品 ← 包装 ← 检验 ← 杀菌、冷却 ← 密封 ← 排气 ← 注汁 ← 配汤汁

五、实验要求

(1)要求学生首先查阅清水蔬菜罐头国家标准等资料,预习蘑菇罐头生产工艺相关内容,了解常见蘑菇原料的加工特性和主要营养成分。

(2)实验前,由指导教师安排实验任务,讲解实验卫生和安全注意事项、实验原理、工艺操作要点,示范实验设备操作,并教会学生正确操作。

(3)实验时可按 6 ~8 人为一实验小组进行。各实验小组在教师指导下自行完成实验任务。指导教师对关键工序进行必要的指导,并及时纠正学生可能出现的错误操作。

(4)本实验样品执行 GB/T 14151—2006《蘑菇罐头》标准的要求。

六、操作步骤与要求

1. 原料验收

选用白色双孢蘑菇品种。用于整菇和纽扣菇罐头的蘑菇原料,要求菌盖完整良好、菇色正常、无机械伤和病虫害。菌盖直径 18 ~40 mm,菌柄切削良好不带泥根,无空心。用于片状和碎片蘑菇罐头的蘑菇原料,要求菌盖完整良好、菇色正常、无机械伤和病虫害。不带泥根,菌褶不得发黑。片状蘑菇罐头其原料菌盖直径不超过 45 mm,碎片蘑菇罐头其原料菌盖直径不超过 60 mm。

2. 护色

原料入厂前要进行护色处理。将刚采摘的蘑菇浸没于头道护色液中（含 0.3% 柠檬酸、500 ppm 抗坏血酸），护色 2 ~ 3 min,捞出沥去水分,装入塑料袋,及时运回加工。

3. 预煮、冷却

在夹层锅中倒入清水,配入 0.1% 柠檬酸、400 ppm 抗坏血酸,加热至沸。倒入蘑菇（菇液比为 2∶3）,温度控制在 95 ~ 98℃,时间 6 ~ 10 min,以蘑菇中心煮熟为度。预煮后蘑菇及时进行流动水冷却漂洗至 30℃ 以下。

4. 分级、挑选修整

用分级机筛选分级。分级机的筛孔及圆孔直径分为 18、20、22、24、27 mm 五种。蘑菇在筛或滚筒中由小到大逐级筛选可得到 18 mm 以下、18 ~ 20、20 ~ 22、22 ~ 24、24 ~ 27 及 27 mm 以上 6 个级别的蘑菇。无分级机时可用手工代替。各级蘑菇在操作台上分别挑出有斑点、泥根、畸形、薄菇等后用作加工片菇。凡开伞脱柄、脱盖、盖不完整的剔除不用。

5. 配汤汁

用纯水（游离氯、铁离子含量较多时会严重影响罐头质量）配入 2.8% 食盐、0.08% 柠檬酸。加热煮沸后用纱布过滤。

6. 装罐、注汁

按表 2 - 5 - 13 要求装罐和注汁。汤汁温度 75℃ 以上。

表 2 - 5 - 13　净重和固形物要求

罐号	净重(g)	固形物		
		含量(%)	规定重量(g)	允许公差(%)
668	184 ± 8	62	114	±11
7116	425 ± 12	54	229	±11
500 mL 玻罐	500 ± 25	54	275	±5

7. 排气、密封

立即进行真空封罐（真空度 0.033 ~ 0.04 MPa）。亦可热力排气（罐中心温度达到 75℃）后常压封罐。

8. 杀菌、冷却

杀菌条件见表 2 - 5 - 14。

表 2 - 5 - 14　蘑菇罐头的杀菌条件

罐号	净重(g)	杀菌条件	冷却方式
668	184	10 min—23 min/121℃	反压(68 kPa)冷却至 38℃
7116	425	10 min—23 min—5 min/121℃	冷却至 38℃
500 mL 四旋瓶	500	10 min—27 min—5 min/121℃（水浴反压 180 kPa）	反压(68 kPa)冷却至 38℃

七、实验记录、结果计算与品评讨论

根据 GBT 14151—2006《蘑菇罐头》中质量指标进行检验并评定级别,将实验结果填入表 2－5－15 中。

表 2－5－15　蘑菇罐头实验结果

实验样品数	优级品数量	一级品数量	合格品数量	成品率（%）

从实验样品中抽取 3 罐,在 36℃保温 10d,然后按 GB/T 4789.26—2013 检验要求对其感官检验、pH 测定和镜检,均无异常可判定为商业无菌。如出现 1 罐异常就可认为实验失败。将实验结果填入表 2－5－16 中。

表 2－5－16　罐头样品商业无菌初步检验结果

项目	样品号		
	1	2	3
感官检验			
pH			
镜检结果			

八、注意事项

（1）在蘑菇罐头的生产过程中要严格控制水质（游离氯含量要小）、原料新鲜度,缩短加工时间、减少杂质污染,不使用或少使用亚硫酸盐护色,以杜绝异味的产生。

（2）使用亚硫酸盐护色还会引起汤汁呈黄绿色、鲜味不足等问题。当 SO_2 残留量达到 50 ppm,且游离氯、铁离子含量较多时这种现象尤其明显。因此最好采用非硫护色。

九、考核形式

考核:现场提问、分析问题、解决问题。

十、实验报告要求

（1）每人提交一份实验报告。

（2）严格按照实验步骤注意记录实验数据,分析实验结果。

（3）指出实验过程中存在的问题,并提出相应的改进方法。

十一、思考题

（1）为什么加工时要剔除带泥脚菇？与成品质量有什么关系？

（2）蘑菇在入厂前护色完成后要尽快运回工厂进行加工，若时间过久易造成什么样的质量问题？

实验五　八宝粥罐头加工工艺

一、实验目的

（1）了解八宝粥罐头的一般加工工艺过程。

（2）了解八宝粥罐头的产品特点。

（3）了解八宝粥罐头的质量检验指标与要求。

提示：本实验可作为综合性实验组织教学。

二、主要实验器材

1. 实验仪器和设备

手持糖度计、托盘弹簧秤、电磁炉、夹层锅、温度计、冷热缸、排气箱、封罐机、杀菌锅、恒温干燥箱、干燥器、分析天平（感量 0.0001 g）、扁形称量皿（直径 7 cm）、组织捣碎机、海砂。

2. 实验材料

糯米、红小豆、花生、薏米、红腰豆（云豆亦称花豆）、麦片、绿豆、桂圆肉、白砂糖、红糖。

三、实验配方

原料配方（成品 1200 罐）：糯米 20 kg、红小豆 10 kg、花生 4 kg、薏米 4 kg、红腰豆 2 kg、麦片 2 kg、绿豆 10 kg、桂圆肉 5 kg、汤料 400 kg。

汤料配方：由红糖、白砂糖配制成的糖度为 13% 糖水。

四、工艺流程

原辅料的选择与处理 → 蒸煮 → 冷却 → 拌料 → 称重 → 装罐 → 加糖水 → 脱气 → 密封 → 杀菌 → 冷却 → 擦罐 → 贮藏 → 检验 → 成品

五、实验要求

（1）要求学生首先查阅八宝粥罐头的行业标准等资料，预习罐头生产工艺相关内容，了解八宝粥的产品特点。

（2）实验前,由指导教师安排实验任务,讲解实验卫生和安全注意事项、实验原理、工艺操作要点,示范实验设备操作,并教会学生正确操作。

（3）实验时可按 5 ~ 8 人为一实验小组进行。各实验小组在教师指导下自行完成实验任务。指导教师对关键工序进行必要的指导,并及时纠正学生可能出现的错误操作。

（4）本实验八宝粥罐头产品执行中华人民共和国轻工行业标准 QB/T 2221—1996《八宝粥罐头》,产品规格、配方、检验指标尽量按标准要求执行。

六、操作步骤与要求

1. 原辅料的选择与处理

（1）糯米的加工处理。称量过的优质无杂质糯米,用清水反复淘洗干净,放入浸泡容器内,加水浸泡 20 ~ 30 min,沥干水分备用。（糯米在其他原料杀菌蒸熟后,方可开始浸泡并冲洗即可）。

（2）红小豆的加工处理。挑出杂豆、坏豆、虫害豆,用水淘洗 1 ~ 2 次后放入浸泡容器内,加水浸泡 2 h,沥干水分备用。

（3）花生、薏米、花豆、绿豆的加工处理。花生、薏米、花豆、绿豆除去杂质后,分别用容器加水浸泡（基本上同一时间）。花生采用已脱皮,无红衣花生。浸泡后沥干水分备用。

（4）桂圆肉的加工处理。桂圆肉先用冷水洗,散开为止,水洗除去杂质,再用 80℃的热水浸泡 3 ~ 5 min,冷却,捞出备用。

（5）绿豆的杀菁操作。用沸水煮 5 ~ 10 min 捞出用冷水冲洗,沥干备用。

2. 蒸煮、冷却

完成上述各种原辅料加工后,进入蒸煮工序。处理后的红小豆、花生、薏米、绿豆、花豆等放入杀菌锅中,蒸熟后出锅,冲水冷却,沥干水分,即成为备用的配料。

3. 拌料、称重、装罐、加糖水

经预处理过的各种原料搅拌均匀,称重定量装入罐内,再注入糖水。

4. 脱气、密封

工业化生产的八宝粥罐头,一般采用自动真空封口机进行脱气与封盖。也可以用排气箱脱气,封盖。根据实际生产经验,密封后的罐头的真空度,一般以 59 kPa（450 mmHg）为宜。罐头封好后,要用温水洗净罐外的油污与糖浆。

5. 杀菌、冷却与擦罐

杀菌方式是在 121 ℃下,50 ~ 60 min,反压冷却至 40 ℃以下。

反压冷却时要注意锅压下降速度应低于罐温下降速度。降温、冷却段的操作程序如下:

（1）关闭进气阀及泄气栓。

（2）开启压缩空气阀,将锅压升高 20% ~ 30%。

（3）打开冷却水阀（锅身及锅顶喷管）进行反压降温、冷却。

（4）锅压降至零时，打开锅顶泄气栓，打开锅底的排水阀，加快排出热水。

（5）8~10 min 打开锅盖，继续冷却至罐头温度到 40 ℃时，取出罐头，擦罐，贴标签。

七、实验记录、结果计算与品评讨论

从所有实验样品中随机抽取 3 罐（37 ±2 ）℃保温 7 昼夜，然后按 QB/T 2221—1996《八宝粥罐头》的要求对其感官检验、理化指标检验、微生物指标检验。

1. 感官检验记录

检验方法参照 GB/T 10786—2006《罐头食品的检验方法》。检验结果填入表2–5–17。

表 2–5–17　感官检验表

项目	样品编号		
	1	2	3
色泽			
滋味、气味			
组织形态			
杂质			

2. 理化指标检验

理化指标检验方法参照 GB/T 10786—2006。

（1）净含量及固形物含量。开罐后将内容物倾倒在预先称重的 20 目圆筛上，不搅动产品，倾斜筛子，沥干 5 min 后，将圆筛和沥干物一并称重，按下列计算固形物含量：

$$X = \frac{m_2 - m_1}{m} \times 100\%$$

式中：X——固形物含量（质量百分率），%；

　　m_2——固形物加圆筛质量，g；

　　m_1——圆筛质量，g；

　　m——罐头表面净含量，g。

将得到的结果填入表 2–5–18。

表 2–5–18　净含量与固形物

样品编号	净含量（g）	固形物含量（%）
1		
2		
3		

（2）干燥物含量。

①将一定量样品倒入组织捣碎机中打成均匀浆液,贮于烧杯中备用。

②准确称取试样 10.00 g 于已知恒重（含玻璃棒和 10 g 海砂）的称量皿中,充分拌匀,放入恒温箱,在（103 ±2）℃下烘约 5 h 至恒重。

③干燥物含量 $= \dfrac{m_3 - m_2}{m_1} \times 100\%$

式中：m_1——试样的质量,g；

m_2——海砂、玻璃棒、称量皿的质量,g；

m_3——烘干后样品、海砂、玻璃棒、称量皿的质量,g。

将得到的结果填入表 2 – 5 – 19。

表 2 – 5 – 19　干燥物含量测定表

样品编号	干燥物含量（%）
1	
2	
3	

（3）产品 pH。将结果填入表 2 – 5 – 20,其值应在 5.6 ~ 6.7 范围内。

表 2 – 5 – 20　pH 测定表

样品编号	pH 值
1	
2	
3	

（4）微生物指标检验。微生物指标的检验按照 GB 4789.26—2013 进行镜检,均无异常则实验成功,若有一罐异常则实验失败。镜检结果填入表 2 – 5 – 21。

表 2 – 5 – 21　镜检结果表

样品编号	镜检结果
1	
2	
3	

如果感官要求和物理指标不符合技术要求,应记作缺陷,缺陷按表 2 – 5 – 22 分类。

表 2 – 5 – 22　样品缺陷分类标准

类别	缺陷
严重缺陷	pH 不符合规定 有明显异味或硫化铁明显污染内容物 有有害杂质,如碎玻璃、头发、昆虫、金属屑 易拉盖切线及柳钉处裂漏
一般缺陷	有微量杂质,如棉线、沙粒、果核等 净含量公差超过允许负公差 感官指标明显不符合要求 可溶性固形物,干燥物含量或固形物含量低于规定指标

根据以上各指标的符合情况填写表 2 – 5 – 23。

表 2 – 5 – 23　样品合格数与成品率

实验样品数(罐)	合格品数量(罐)	成品率(%)

八、注意事项

(1)反压冷却时要注意锅压下降速度应低于罐温下降速度。

(2)糯米在其他原料杀菌蒸熟后,方可开始浸泡。

九、考核形式

考核:现场提问、分析问题、解决问题、实验报告。

十、实验报告要求

(1)每人提交一份实验报告。

(2)严格按照实验步骤注意记录实验数据,分析实验结果。

(3)指出实验过程中存在的问题,并提出相应的改进方法。

十一、思考题

(1)为什么罐头杀菌后还要冷却?

(2)八宝粥罐头的产品特点是什么?

(3)为什么糖水配料用白砂糖和红糖而不用糖精钠?

实验六　豆豉鲮鱼罐头工艺

一、实验目的

(1)掌握调味类水产罐头的生产工艺。

(2)了解水产罐头杀菌要求并掌握其杀菌操作。

提示:本实验可作为设计性实验组织教学。

二、主要实验器材

1.实验仪器和设备

去鳞器、不锈钢刀、不锈钢锅、电炉、温度计、夹子、排气箱、封罐机、实验型高压杀菌锅、206冲底异形罐(内涂抗硫涂料)(亦可用962型圆形易拉罐代替)等。

2.实验材料

鲜活鲮鱼、食盐、植物油、豆豉、BHT、柠檬酸、香辛料、酱油、砂糖。

三、实验配方

(1)罐头:固形物含量为90%±5.0%。以鲜活鲮鱼100%计:食盐3%~5%、植物油100%、豆豉20%、香料液10%。

(2)调味液:丁香、沙姜、桂皮、八角茴香、甘草(比例为5:2:2:2:1)配制后加水20倍在文火上熬煮2 h过滤。以100 mL香料水加砂糖150 g、酱油1 kg比例调好调味液

四、工艺流程

选料 → 原料处理 → 油炸 → 装罐 → 加调味液 → 排气、密封 → 杀菌、冷却

配调味液 → 加调味液

成品入库 → 贴标 → 检验

五、实验要求

(1)要求学生首先查阅调味水产罐头国家标准等资料,预习调味水产罐头生产工艺相关内容,了解对鲮鱼原料的加工特性和主要营养成分。

(2)实验前期阶段由指导教师安排实验任务,讲解实验卫生和安全注意事项、实验原理、工艺操作要点,示范实验设备操作,并教会学生正确操作。

(3)实验时可按6~8人为一实验小组进行。各实验小组在教师指导下自行完成实验任务。指导教师对关键工序进行必要的指导,并及时纠正学生可能出现的错误操作。

（4）本实验参考 GB/T 24402—2009《豆豉鲮鱼罐头》标准的相关要求。

六、操作步骤与要求

1. 原料处理

选用 110 ~ 190 g 左右的活鲜鱼,去鳞、鳍、头,剖腹部,去内脏,并用刀在鱼体两侧肉厚处划 2 ~ 3 mm 深的线,按大中小分三级。

腌鱼:按鱼重的 3.5% ~ 4.5% 的食盐进行盐腌,鱼盐要充分拌搓均匀,装于不锈钢盆内,上面加压石块。热天腌 5 ~ 6 h,冷天腌 10 ~ 12 h,然后将鱼取出逐条洗净,刮去腹腔黑膜,沥干。

2. 配调味液

用沙姜、丁香桂皮、八角、甘草(比例为 5 : 2 : 2 : 2 : 1)加 20 倍水炖煮 2 h,过滤。以 100 mL 香料水加砂糖 150 g、酱油 1 kg 比例调好调味液,溶解待用。豆豉选去杂质后水洗一次,沥干待用。

3. 油炸

按油:鱼比(5 : 1)用植物油进行油炸。油温 170℃,炸至鱼体为浅褐色,以炸透而不过干为准,再置于 65 ~ 70℃的调味液中约浸 40 s,沥干装罐。

4. 装罐、加调味液

用净重 227 g 的椭圆形罐或复合蒸煮袋,装豆豉 40 g,后装入 135 g 炸鱼,然后浇入 55 g 植物油。同一罐内鱼体大小大致均匀,排列整齐。然后将调味液加入。

5. 排气、密封

将罐扣上罐盖,放入 95℃的排气箱中,待罐中心达到 80℃以上时,立即用封罐机封盖,若用真空封罐机密封,要求真空度达到 47 ~ 53 kPa(35 ~ 40 cmHg)。

6. 杀菌、冷却

采用以下杀菌条件进行杀菌(主要杀菌对象是肉毒杆菌 A、B 型;嗜热脂肪芽孢杆菌):10 min—60 min—15 min/115℃。杀菌完成后将罐头冷却至 40℃以下。

7. 检验

于常温暗处贮放一星期后开罐品尝,有条件的抽检微生物指标。

七、实验记录、结果计算与品评讨论

根据 GB/T 24402—2009《豆豉鲮鱼罐头》标准的质量指标进行检验并评定级别。从实验样品中抽取 3 罐,在 36℃保温 10d,然后按 GB/T 4789.26—2013 检验要求对其感官检验、pH 测定和镜检,均无异常可判定为商业无菌。如出现 1 罐异常就可认为实验失败。将实验结果填入表 2 – 5 – 24 中。

表 2 - 5 - 24　罐头样品商业无菌初步检验结果

项目	样品号		
	1	2	3
感官检验			
pH			
镜检结果			

八、注意事项

（1）为防止出现硫化物污染,应尽可能保证原料的新鲜度,最大限度地缩短工艺流程;在加工过程中严禁与铁、铜等金属离子接触,并注意控制水质。

（2）有时油浸鱼罐头经过一段时间贮藏后,罐内的油会变成红褐色。这与植物油中混有胶体物质和三甲胺,以及光热作用有关。因此要保证原料新鲜,避免光线的影响,尽可能缩短受热时间。

九、考核形式

考核:现场提问、分析问题、解决问题。

十、实验报告要求

（1）每人提交一份实验报告。

（2）严格按照实验步骤注意记录实验数据,分析实验结果。

（3）指出实验过程中存在的问题,并提出相应的改进方法。

十一、思考题

（1）为什么油浸鱼罐头会发生涂料脱落?

（2）鲮鱼罐头采用高温长时间的杀菌工艺,为什么?

实验七　午餐肉罐头工艺

一、实验目的

（1）掌握腌制类畜肉糜类罐头的生产工艺。

（2）了解午餐肉罐头杀菌要求并掌握其杀菌操作。

提示:本实验可作为设计性实验组织教学。

二、主要实验器材

1. 实验仪器和设备

不锈钢刀、剔骨刀、不锈钢盘、弹簧托盘秤、斩拌机、真空搅拌机、多孔注射腌制机、绞肉机、装罐机、真空封罐机、实验型高压杀菌锅、306 等型号脱膜涂料罐等。

2. 实验材料

鲜猪肉、淀粉、机冰、玉果粉、白胡椒、食盐,白砂糖、亚硝酸钠、抗坏血酸。

三、实验配方

以瘦肉 100% 计:肥瘦肉 100% ,冰屑 22% ,淀粉 15% ,白胡椒粉 0.3% ,玉果粉 0.1% ;肉进行腌制时,每 10 kg 肉添加:混合盐 0.225 kg(含食盐 0.22 kg、亚硝酸钠 0.5 g,白砂糖 3 g、抗坏血酸 2~4 g)。

四、工艺流程

原料验收 → 解决 → 前处理 → 腌制 → 绞碎斩拌 → 真空搅拌 →
成品 ← 包装 ← 检验 ← 杀菌、冷制 ← 密封 ← 装罐

五、实验要求

(1)要求学生首先查阅猪肉糜类罐头国家标准等资料,预习猪肉罐头生产工艺相关内容,了解对猪肉原料的加工特性和主要营养成分。

(2)实验前期阶段由指导教师安排实验任务,讲解实验卫生和安全注意事项、实验原理、工艺操作要点,示范实验设备操作,并教会学生正确操作。

(3)实验时可按 6~8 人为一实验小组进行。各实验小组在教师指导下自行完成实验任务。指导教师对关键工序进行必要的指导,并及时纠正学生可能出现的错误操作。

(4)本实验参考 GB T 13213—2006《猪肉糜类罐头》标准的相关要求。

六、操作步骤与要求

1. 原料验收

猪肉应采用健康良好,宰前宰后经兽医检查合格,经冷却排酸的 1~2 级肉或冻藏不超过 6 个月的肉。不得使用冷冻两次或冷冻贮藏不良,质量不好的肉。其他辅料也要品质优良。

2. 解冻

冻猪肉应先行解冻,解冻完毕的肉温以肋条肉不超过 7℃,腿肉不超过 4℃为宜。

3. 前处理

用干净布擦净肉表面的污物、附毛等,在分段机上将肉分成前腿、中段和后腿三部分,

再剔骨去皮,然后进行整理,除去碎骨、软骨、淋巴结、血管、筋、粗组织膜、淤血肉、黑色素肉等。再次检查表面污物、猪毛、杂质等。将前、后腿完全去净肥膘作净瘦肉,严格控制肥膘在 10% 以下。肋条部分去除奶泡肉,背部肥膘留 0.5 ~ 1 cm,多余的肥膘去除,作为肥瘦肉。肥瘦肉中肥膘不超过 60%。

4. 腌制

处理好的肉立即拌上混合盐腌制。净瘦肉和肥瘦肉分开腌制,用拌和机或人工拌匀后定量装入不锈钢桶中,在 0 ~ 4℃ 的冷库中腌制 48 ~ 72 h。腌制好的肉色泽应是鲜艳的亮红色,气味正常,肉块捏在手中有滑黏而坚实的感觉。现在已普遍采用注射腌制法,它可加速腌制时的扩散过程,缩短腌制时间。方法是将混合盐配制成 7℃ 盐水,采用多孔注射腌制机将盐水注入肉中,一般使肉增重 8% ~ 10%,可根据盐水浓度和增重量来判断加盐量。这种方法与滚揉机配合使用可缩短腌制时间 12 ~ 24 h。

5. 绞碎斩拌

腌制好的肉进行绞碎斩拌。将肥瘦肉在 7 ~ 12 mm 孔径绞板的绞肉机上绞碎得到粗绞肉,将瘦肉在斩拌机上斩成肉糜状,同时加入其他调味料。机器开动后依次放入肉、冰屑、淀粉、香辛料,斩拌时间为 3 ~ 5 min。

6. 真空搅拌

将斩拌后的肉糜倒入真空搅拌机,再配入粗绞肉在真空度为 67 ~ 80 kPa 的条件下搅拌 2 ~ 4 min。搅拌均匀后立即送装罐机。

7. 装罐

装午餐肉的空罐最好使用脱膜涂料罐。装罐时肉糜温度不超过 13℃。要注意装罐紧密,称量准确,重量符合标准。装罐称重后表面抹平,中心略凹。

8. 密封

采用真空封罐,真空度为 60 ~ 67 kPa。密封后罐头逐个检查封口质量,合格者经温水清洗后送杀菌。

9. 杀菌、冷却

不同的罐型杀菌冷却条件如表 2 – 5 – 25 所示。

表 2 – 5 – 25 午餐肉罐头的杀菌条件

罐号	净重(g)	杀菌条件	冷却方式
306	198	15 min—50 min/121℃	反压冷却至38℃
304	340	15 min—55 min/121℃	反压冷却至38℃
962	397	15 min—70 min/121℃	反压冷却至38℃
10189	1588	25 min—130 min/121℃	反压冷却至38℃

七、实验记录、结果计算与品评讨论

根据 GB/T 13213—2006《猪肉糜类罐头》中质量指标进行检验并评定级别,将实验结果填入表 2-4-26 中。

表 2-5-26　午餐肉罐头实验结果

实验样品数	优级品数量	一级品数量	合格品数量	成品率(%)

从实验样品中抽取 3 罐,在 36℃ 保温 10 d,然后按 GB/T 4789.26—2003 检验要求对其感官检验、pH 测定和镜检,均无异常可判定为商业无菌。如出现 1 罐异常就可认为实验失败。将实验结果填入表 2-5-27 中。

表 2-5-27　罐头样品商业无菌初步检验结果

项目	样品号		
	1	2	3
感官检验			
pH			
镜检结果			

八、注意事项

(1)猪肉在处理加工时不得积压。尤其是前处理时肉温不得超过 15℃,生产车间气温不超过 25℃,否则易影响成品品质。

(2)午餐肉罐头一般采用脱膜涂料罐,避免粘壁。若采用抗硫涂料罐,在空罐清洗、消毒后沥干水,然后用猪油在罐内壁涂抹,使罐内形成一层油膜,以防止粘罐现象的产生。

(3)真空封罐时一定要保证封罐室真空度,否则残留空气过多易造成开罐后表面肉色发黄、切面变色快。

九、考核形式

考核:现场提问、分析问题、解决问题。

十、实验报告要求

(1)每人提交一份实验报告。

(2)严格按照实验步骤注意记录实验数据,分析实验结果。

(3)指出实验过程中存在的问题,并提出相应的改进方法。

十一、思考题

（1）为什么午餐肉罐头会出现脂肪析出、胶冻析出且弹性不足等现象？

（2）为什么午餐肉罐头易出现物理胀罐？如何解决？

实验八 卤蛋软罐头工艺

一、实验目的

（1）了解禽蛋即食罐头食品的加工工艺。

（2）掌握卤蛋软罐头杀菌技术。

提示：本实验可作为设计性实验组织教学。

二、主要实验器材

1. 实验设备及仪器

不锈钢盘、弹簧托盘秤、电子天平、盐度计、蒸煮锅、真空包装机、实验型反压杀菌锅等。包装材料采用厚度为 90 μm 的 PET/PA/PE 复合蒸煮袋。可根据设计的配方，向所在实验室提前申请。

2. 实验材料

鲜鸡蛋、白砂糖、酱油、香辛料（八角、花椒、桂皮、小茴香、沙姜、香叶）。

（提示：各小组选择原料后，要了解每种原料的特性，以便于后面配方的设计及计算。）

三、设计指标

实验完成后的产品应达到下列要求：

（1）首先要通过检验达到商业无菌要求，开袋即食。

（2）与市场上销售的卤蛋软罐头的口感、风味、滋味相近。

四、实验要求

（1）要求学生首先查阅卤蛋罐头国家标准等资料，预习禽蛋食品生产工艺相关内容，了解鸡蛋和香辛料等原料的加工特性，熟悉卤蛋的制作工艺过程，了解其相关的机械设备。

（2）学生自己设计卤蛋软罐头的配方和生产工艺。按 2~4 人为一实验小组。各实验小组根据软罐头生产的技术原理，各自制定卤蛋软罐头的生产工艺、产品配方。各实验小组要提前一星期，把自己制定的卤蛋软罐头配方及生产工艺、所需实验仪器设备报实验室老师，由实验室老师准备、购买。

（3）实验前，由指导教师组织协调各小组实验，讲解实验卫生和安全注意事项、实验原理、工艺操作要点,示范主要实验设备操作,并教会学生正确操作。实验过程中指导教师只对关键工序进行指导,并及时纠正可能影响人身安全的错误操作。

（4）要求学生在实验过程中严格按照实验规范和卫生标准进行,加强食品质量与安全意识。

五、参考工艺流程

原料验收 → 检验 → 清洗 → 预煮 → 去皮 → 卤制 → 沥汁 → 装袋
成品 ← 包装 ← 检验 ← 杀菌、冷却 ← 真空密封

六、操作要点提示

（1）配方设计。可参考相关卤蛋工艺的研究文献。要注意卤制鸡蛋时卤汁中的盐浓度、卤汁与鸡蛋比例及卤制时间。香辛料的配比可在五香粉组分比例的基础上进行调整,做到既保持鸡蛋原有风味又有浓郁的香料风味。另外特别提醒的是,如果要加入其他食品添加剂,一定要认真核查食品添加剂使用卫生标准,注意不得超范围、超量使用。

（2）工艺参数设计。卤蛋软罐头的生产工艺可参考其他即食肉类软罐头的生产工艺,也要先进行预实验后再确定。卤蛋软罐头属于低酸性食品,其核心工艺仍然在于真空密封和杀菌冷却。要注意采用高温杀菌工艺,同时考虑到成品为软罐头,所以最好采用反压水浴高温杀菌冷却工艺。

（3）原料处理。鸡蛋原料应挑选、检查,要进行必要的清洗、预煮、去壳。香辛料要进行必要的粉碎,香料水要进行过滤。

（4）卤制处理。卤汁中含有偏高的盐分,对于熟鸡蛋来讲是一个脱水过程,应掌握好温度和时间,确保卤制后鸡蛋的咸度、香味及口感的协调。

（5）真空包装。注意卤蛋装袋后应有部分液态汁注入,以提高袋内真空度及杀菌传热效率。注意袋口要清洁,否则影响密封性。

（6）杀菌及冷却。卤蛋软罐头的杀菌温度可以在115～121℃选择,但要注意核查其主要杀菌对象,得出理论 F_0 值作为额定杀菌温度与时间的设计,并参考软罐头的水浴反压杀菌工艺安排合理的反压。

七、品评讨论与检验

根据 GB/T 23970—2009《卤蛋》、SB/T 10369—2012《真空软包装卤蛋制品》中质量指标对实验样品进行检验并评定级别,将实验结果填入表 2 - 5 - 28 中。

表 2 - 5 - 28 卤蛋软罐头实验结果

实验样品数	优级品数量	一级品数量	合格品数量	成品率(%)

从实验样品中抽取 3 罐,在 36℃ 保温 10 d,然后按 GB/T 4789.26—2013 检验要求对其感官检验、pH 测定和镜检,均无异常可判定为商业无菌。如出现 1 罐异常就可认为实验失败。将实验结果填入表 2 - 5 - 29 中。

表 2 - 5 - 29 罐头样品商业无菌初步检验结果

项目	样品号		
	1	2	3
感官检验			
pH			
镜检结果			

八、考核形式

考核:现场提问、分析问题、解决问题。

九、实验报告要求

(1)每人提交一份实验报告。

(2)严格按照实验步骤注意记录实验数据,分析实验结果。

(3)指出实验过程中存在的问题,并提出相应的改进方法。

十、思考题

(1)卤蛋软罐头的主要杀菌对象是什么?

(2)卤蛋的生产过程中要注意哪些操作卫生? 为什么?

(3)要保证卤蛋软罐头的品质需克服哪些不利因素?

第六章　发酵食品和调味品工艺实验

实验一　米酒的酿造

一、实验目的
(1)通过米酒的制作了解米酒的制作技术。
(2)通过实验了解固态发酵的一般过程。
(3)了解米根霉产糖化酶和酵母菌发酵糖化产物的原理。
提示:本实验可作为综合性实验组织教学。

二、实验原理
米酒是将糯米或大米经过蒸煮糊化,利用酒药中的根霉和米曲霉等微生物将原料中糊化后的淀粉糖化,将蛋白质水解成氨基酸,然后酒药中的酵母菌利用糖化产物繁殖,并通过酵解途径将糖转化成酒精,从而赋予甜酒酿特有的香气、风味和丰富的营养。

三、主要实验器材

1.设备器具

手持糖度计、台秤、恒温培养箱、夹层锅(或电热蒸煮锅)、浸米桶(塑料桶)、筲箕、簸箕(摊凉后加曲药)、蒸米装置(蒸汽发生灶、蒸格、纱布)、铝盘(磁盘)、不锈钢缸。

2.实验材料
酒药、糯米等。

四、工艺流程

糯米 → 淘洗 → 浸泡 → 蒸饭 → 冷却 → 落缸搭窝 → 恒温发酵 → 成品

五、实验要求
(1)要求学生首先查阅米根霉和酿酒酵母的发酵特性,复习酒精发酵的工艺知识。
(2)实验前期阶段由指导教师安排实验任务,讲解实验卫生和安全注意事项、实验原理、工艺操作要点,示范实验设备操作并教会学生正确操作。
(3)实验时可按 5~8 人为一实验小组进行。各实验小组在教师指导下自行完成实验任务。指导教师对关键工序进行必要的指导,并及时纠正学生可能出现的错误操作。

六、操作步骤与要求

1. 淘洗、浸泡

取 3 kg 糯米置于浸米桶中,用自来水将糯米淘洗干净,并浸泡 4 ~ 8 h(依气温米质而灵活掌握,浸透至内无生心),泡好后捞出沥干水分。

2. 蒸饭

取干净的纱布用水浸湿,铺在蒸锅笼屉(蒸格)上,锅内加入充足的水。等水开后,把泡好的米用手捞出来均匀松散的平铺在布上,盖上锅盖用旺火蒸 20 ~ 30 min,尝一尝糯米的口感,如果饭粒偏硬,就洒些水拌一下再蒸一会。总之,把米蒸熟蒸透就可。

3. 冷却

将蒸后的米放于瓷盘或铝盘中,用清洁冷水淋洗蒸熟的糯米饭(1 kg 米加 0.5 kg 冷水),或直接用冷水从蒸米器上部多次淋下,使其降温至 35℃ 左右,同时使饭粒松散。

4. 落缸搭窝

将酒药碾成粉末后,按 1‰,3‰,5‰ 三种酒药用量均匀拌入饭内,置于洗干净的搪瓷缸内(8 成满),中部制成凹陷型,面上再撒少许酒药粉,盖上盖子。

5. 恒温发酵

于 30℃ 进行发酵(培养箱),待发酵 2 d 后,可见窝内糟液可达饭堆 2/3 高度,再发酵 1 ~ 2 d 后取出即为成品。

6. 测定酒精度和糖度

酒精度:准确计量 50 mL 左右的发酵液,加入到酒精蒸馏装置中,同时加入 100 mL 自来水,并加入植物油 2 滴,连接冷却水装置,微火蒸馏,收集蒸馏液约 100 mL 并准确计量体积。用酒精计与温度计同时测试蒸馏液酒精度和温度,查阅酒精度与温度换算表,得到蒸馏液的酒精度。按下列公式计算发酵液的实际酒精度。

$$发酵液的实际酒精度 = (发酵液体积 / 蒸馏液体积) \times 蒸馏液的酒精度$$

糖度:取澄清发酵液 1 滴,滴入手持糖度计或数显糖度计,直接读数并记录。

七、实验记录、结果计算与品评讨论

(1)仔细观察,记录发酵情况的变化,如什么时候开始有较明显的糟液,什么时候有可闻到的酒香。气味浓度如何变化,什么时候产气泡,气泡量的变化如何等。将结果填入表 2 - 6 - 1。

表 2 - 6 - 1　发酵现象

时间	糟液量	香气	气味	气泡量
第一天				

时间	糟液量	香气	气味	气泡量
第二天				
第三天				

（2）品评：从颜色，甜味、酒味、醇和度、香气、米粒完整度等方面对产品进行评价。

（3）绘出糖度和酒度变化与时间的关系图，并对米粒完整度，气味及口感等方面的内容进行分析得出最佳的发酵工艺参数。

八、注意事项

（1）酿制糯米甜酒时糯米饭一定要煮熟煮透，不能太硬或夹生。

（2）米饭一定要凉透到35℃以下才能拌酒曲，否则会影响正常发酵。

九、考核形式

考核：现场提问、分析问题、解决问题。

十、实验报告要求

（1）每人提交一份实验报告。

（2）严格按照实验步骤注意记录实验数据，分析实验结果。

（3）指出实验过程中存在的问题，并提出相应的改进方法。

十一、思考题

（1）为什么糯米饭温度要降至35℃以下拌酒曲，发酵才能正常进行？糯米饭一开始发酵时要挖个洞，这有什么作用？

（2）米酒酿造过程中起作用的微生物是哪些？它们有何生物学特性？

实验二　果酒的酿造

一、实验目的

（1）了解果酒酿造的一般方法和步骤，熟悉果酒酿造基本原理。

（2）掌握几种常见果酒的制作工艺、发酵条件、管理方法及影响果酒质量的因素。

提示：本实验可作为综合性实验组织教学。

二、实验原理

在酵母菌的作用下,水果原料中的糖分经过发酵产生酒精、二氧化碳和其他副产物。酿酒酵母将水果中的糖分经过发酵作用产生酒精,不仅使产品具有酒精的特殊风味,而且可抑制杂菌生长,增强保藏性。最后经陈酿后熟过程形成具有特殊香味、色泽和口感的果酒。

三、主要实验器材

1. 设备器具

手持糖度计、破碎机、榨汁机、发酵桶(缸)、滤布、台秤、夹层锅(或电热蒸煮锅)等。

2. 材料

酿酒酵母,白砂糖,焦亚硫酸钠,葡萄、苹果等。

四、工艺流程

1. 红葡萄酒酿造工艺

原料选择→破碎、除梗、硫处理→成分调整→发酵→压榨过滤→包装→陈酿→红葡萄酒

2. 苹果酒酿造工艺

原料选择→破碎→榨汁→硫处理→成分调整→发酵→澄清→除渣→贮藏→陈酿→苹果酒

五、实验要求

(1)要求学生首先查阅葡萄酒等果酒国家标准资料,复习酿酒工艺相关内容,了解葡萄、苹果的加工特性和主要营养成分。

(2)实验前期阶段由指导教师安排实验任务,讲解实验卫生和安全注意事项、实验原理、工艺操作要点,示范实验设备操作并教会学生正确操作。

(3)实验时可按5~8人为一实验小组进行。各实验小组在教师指导下自行完成实验任务。指导教师对关键工序进行必要的指导,并及时纠正学生可能出现的错误操作。

六、操作步骤与要求

1. 原料选择与处理

要求含糖量高,成熟度好,无腐烂和虫害的水果。清洗干净后,立即进行破碎和榨汁。

2. 硫处理

二氧化硫用量与果汁的 pH 有关,果汁 pH 为 3.0~3.3 时,焦亚硫酸钠加入量为 5 mg/kg,pH 为 3.5~3.8 时,焦亚硫酸钠加入量为 150 mg/kg。

3. 成分调整

加糖使果汁固形物的含量 22%~24%。

4．发酵

加活性干酵母 0.3% ~0.5% 进行密闭发酵,首先将活性干酵母用 10% 蔗糖溶液活化 30 min,然后将活化后的种子液接入处理好的果汁中进行发酵,温度控制在 25 ~30℃,经 3 ~10 d发酵结束,酒精度为 12%。

5．陈酿

发酵后的酒液在低温下存放 180 ~365 d。

七、实验记录、结果计算与品评讨论

（1）发酵过程中记录（见表 2 -6 -2）

表 2 -6 -2　果酒前发酵过程中各参数

发酵时间	发酵温度	可溶性固形物含量	酒精含量	酵母菌数
第一天				
第二天				
第三天				
第四天				
第五天				
第六天				
第七天				

（2）发酵过程中酒精含量、酵母菌数、可溶性固形物含量的变化曲线。

八、注意事项

（1）发酵温度控制在 25 ~30℃范围内。

（2）控制发酵过程中杂菌的污染。

九、考核形式

考核:现场提问、分析问题、解决问题。

十、实验报告要求

（1）每人提交一份实验报告。

（2）严格按照实验步骤注意记录实验数据,分析实验结果。

（3）指出实验过程中存在的问题,并提出相应的改进方法。

十一、思考题

（1）果酒的品质与果酒的酸度之间的关系。

（2）为何要进行硫处理？

（3）发酵可溶性固形物含量变化曲线与酒精含量变化曲线之间的关系。

实验三　果醋的酿造

一、实验目的

（1）了解果醋酿造的一般方法和步骤,熟悉果醋酿造基本原理。

（2）掌握果醋的制作工艺、发酵条件、管理方法。

（3）了解影响果醋发酵的因素。

提示：本实验可作为综合性实验组织教学。

二、实验原理

利用酵母菌的酒精发酵将原料中可发酵型糖转化为酒精,酒精发酵结束后接入醋酸杆菌进行醋酸发酵。酒精发酵是厌氧发酵;醋酸发酵是好氧发酵。

三、主要实验器材

1. 实验仪器和设备

折光仪,发酵罐,台秤,温度计,酒精计,榨汁机,离心机等。

2. 实验材料

酿酒酵母,醋酸杆菌、白砂糖,苹果等。

四、工艺流程

原料选择 → 清洗、榨汁 → 粗滤 → 澄清 → 过滤 → 成分调整 → 酒精发酵 → 醋酸发酵 → 压榨过滤 →
澄清 → 成品

五、实验要求

（1）要求学生首先复习酿造工艺学相关内容,熟悉了解果醋的酿造工艺。

（2）实验前期阶段由指导教师安排实验任务,讲解实验卫生和安全注意事项、实验原理、工艺操作要点,示范实验设备操作并教会学生正确操作。

（3）实验时可按 5～8 人为一实验小组进行。各实验小组在教师指导下自行完成实验任务。指导教师对关键工序进行必要的指导,并及时纠正学生可能出现的错误操作。

六、操作步骤与要求

1. 原料选择

选择新鲜成熟苹果为原料,要求糖分含量高,香气浓,汁液丰富,无霉烂果。

2. 清洗、榨汁

将分选洗涤的苹果榨汁、过滤,使皮渣与汁液分离。

3. 粗滤

榨汁后的果汁可采用离心机分离,除去果汁中所含的浆渣等不溶性固形物。

4. 澄清

可用明胶—单宁澄清法,每千克果汁分别添加0.2 g明胶和0.1 g单宁;或用加热澄清法,将果汁加热到80~85℃,保持20~30 s,可使果汁内的蛋白质絮凝沉淀。

5. 过滤

将果汁中的沉淀物过滤除去。

6. 成分调整

澄清后的果汁根据成品所要求达到的酒精度调整糖度,可用白砂糖调整糖度,一般可调整到17%。

7. 酒精发酵

用木桶或不锈钢罐进行,装入果汁量为容器容积的2/3,将经过三级扩大培养的酵母液接种发酵(或用葡萄酒干酵母,接种量为150 mg/kg),一般发酵2~3周,使酒精浓度达到9%~10%。发酵结束后,将酒榨出,然后放置1个月左右,以促进澄清和改善质量。

8. 醋酸发酵

将苹果酒转入木桶、不锈钢桶中。装入量为2/3,按5%~10%接种量接入醋酸杆菌并混合均匀,并不断通入氧气,保持室温20℃,当酒精含量降到0.1%以下时,说明醋酸发酵结束。将菌膜下的液体放出,尽可能不使菌膜受到破坏,再将新酒放到菌膜下面,醋酸发酵可继续进行。

七、实验记录、结果计算与品评讨论

(1)发酵过程中记录:将具体信息记录到表2-6-3中。

表2-6-3　果醋发酵过程中各参数

发酵时间	酒精发酵		醋酸发酵		
	发酵温度	酒精含量	发酵温度	醋酸含量	溶解氧
第一天					
第二天					
第三天					

发酵时间	酒精发酵		醋酸发酵		
	发酵温度	酒精含量	发酵温度	醋酸含量	溶解氧
第四天					
第五天					
第六天					
第七天					

（2）发酵过程中酒精含量、醋酸含量、溶解氧的变化曲线。根据参数绘制相应曲线。

八、注意事项

（1）酒精发酵和醋酸发酵温度均控制在 25～30℃ 范围内，其中酒精发酵为厌氧发酵，醋酸发酵为好氧发酵。

（2）控制发酵过程中杂菌的污染。

九、考核形式

考核：现场提问、分析问题、解决问题。

十、实验报告要求

（1）每人提交一份实验报告。

（2）严格按照实验步骤注意记录实验数据，分析实验结果。

（3）指出实验过程中存在的问题，并提出相应的改进方法。

十一、思考题

（1）果醋中果酸的含量对果醋品质有何影响。

（2）醋酸发酵过程中溶解氧与醋酸发酵的关系。

实验四　泡菜的发酵

一、实验目的

（1）通过实验，使学生掌握泡菜制作工艺流程及其各工艺过程的操作要点。

（2）理解泡菜制作的各工艺过程对泡菜品质的影响以及泡菜制作的原理。

（3）了解产品配方中的基本原料和成品的独特风味。

提示：本实验可作为综合性实验组织教学。

二、实验原理

泡菜是将新鲜的蔬菜进行一定的预处理,用低浓度的食盐水(3%～6%),一定的香辛料和其他辅料在泡菜坛中进行泡制,经过乳酸菌发酵生成大量的乳酸,经过微弱的酒精发酵及醋酸发酵作用生成酮类、醇类等物质,最终总酸度达到1.0%左右,从而形成特定风味的发酵蔬菜制品。

三、主要实验器材

1. 设备器具

泡菜坛、天平、温度计、恒温培养箱、白瓷盘、菜刀、砧板等。

2. 材料

原料:黄瓜、苦瓜、大头菜、大蒜头、胡萝卜、萝卜、球甘蓝等。

佐料:盐、白酒、黄酒、干红椒、八角茴香、花椒、干姜、胡椒、陈皮。

四、工艺流程

原料预处理 → 配制盐水 → 入坛泡制 → 泡菜管理

五、实验要求

(1)要求学生首先复习乳酸菌相关的知识内容,熟悉了解乳酸菌发酵的工艺。

(2)实验前期阶段由指导教师安排实验任务,讲解实验卫生和安全注意事项、实验原理、工艺操作要点,示范实验设备操作并教会学生正确操作。

(3)实验时可按5～8人为一实验小组进行。各实验小组在教师指导下自行完成实验任务。指导教师对关键工序进行必要的指导,并及时纠正学生可能出现的错误操作。

六、操作步骤与要求

1. 原料的处理

新鲜原料经过充分洗涤晾干后,应进行整理,不宜食用的部分均应——剔除干净,体形过大者应进行适当切分。

2. 配制盐水

按照1:6比例配制食盐水,并将各种香料先磨成细粉后再用布包裹,放入食盐水中加热至沸,冷却备用。

3. 入坛泡制

泡菜坛子用前洗涤干净,沥干后即可将准备就绪的蔬菜原料装入坛内,装至半坛时放入香料包再装原料至距坛口8～10 cm时为止,并用竹片将原料卡压住,以免原料浮于盐水之上。随即注入所配制的盐水,至盐水能将蔬菜淹没。将坛口小碟盖上后用坛盖钵覆盖,并在水槽中加注清水,将坛置于阴凉处任其自然发酵。

4. 泡菜管理

(1)入坛泡制 1~2 d 后,由于食盐的渗透作用原料体积缩小,盐水下落,此时应再适当添加原料和盐水,保持其装满至坛口下 8 cm 为止。

(2)注意水槽:经常检查,水少时必须及时添加,保持水满状态,为安全起见,可在水槽内加盐,使水槽水含盐量达 15%~20%。

(3)泡菜的成熟期限:泡菜的成熟期随所泡蔬菜的种类及当时的气温而异,一般新配的盐水在夏天时需 5~7 d 即可成熟,冬天则需 12~16 d 才可成熟。

七、实验记录、结果计算与品评讨论

(1)发酵过程中记录见表 2-6-4。

表 2-6-4　泡菜发酵过程中各参数

发酵时间	发酵温度	总酸含量	亚硝酸盐含量
第一天			
第二天			
第三天			
第四天			
第五天			
第六天			
第七天			
第八天			
第九天			

(2)泡菜风味的评价。评价标准参见表 2-6-5,评价结果填入表 2-6-6。

表 2-6-5　泡菜品质评分标准表

项目	标准	评分
色泽	色泽正常、新鲜、有光泽,规格大小均匀、一致,无菜屑、杂质及异物,汤汁清亮,无霉花浮膜,色泽不正常、不新鲜、无光泽、发黑	10~30
香气	具有本产品固有的香气,或具有发酵型香气及辅料添加后的复合香气,无不良味及其他异香气,有不良气,味及其他异香气,香气差	10~30
质地及滋味	软硬适中,菜质脆嫩度泡菜组织过硬或过软,无脆性,口味淡薄,有过酸过咸味,有其他不良气味	10~40

表 2 - 6 - 6　泡菜风味评价

色泽	香气	质地及滋味

八、注意事项

（1）注意发酵罐的密封性。

（2）控制发酵过程中杂菌的污染。

（3）制作泡菜时,注意水分的控制。

九、考核形式

考核:现场提问、分析问题、解决问题。

十、实验报告要求

（1）每人提交一份实验报告。

（2）严格按照实验步骤注意记录实验数据,分析实验结果。

（3）指出实验过程中存在的问题,并提出相应的改进方法。

十一、思考题

（1）乳酸发酵为什么要加食盐水?

（2）乳酸发酵是哪类微生物在何种条件下利用什么物质发酵,最终形成何种产物?

实验五　复合调味料的生产工艺

一、实验目的

（1）了解深度酶解水产品制备调味料的一般生产工艺过程。

（2）熟悉调味料的调配工艺及原则。

（3）掌握深度酶解蛋白质的技术。

提示:本实验可作为综合性实验组织教学。

二、主要实验器材

1. 实验仪器和设备

弹簧托盘秤、天平、振荡水浴锅、不锈钢菜刀、组织捣碎机（或破碎机）、奶锅、电磁炉、真空抽滤机、浓缩锅(带搅拌器)、高压灭菌锅。

2. 实验材料

新鲜水产品(海产小杂鱼、小罗非鱼或小鲫鱼)、生姜、白酒、白砂糖、食盐、I + G、味精、香油、125 mL 玻璃瓶。

三、实验配方

调味料配方:酶解液 100 mL、白糖 10 g、食盐 10 g、味精 1 g(可不加)、香油 1 mL、酱油 6 mL、淀粉 8 g、黄原胶(0.15%)或海藻酸钠(0.2%)、白酒 2 mL、姜汁 4 mL、I + G 0.2 g(可不加)

四、工艺流程

1. 酶解液的生产工艺

原料预处理 → 破碎 → 匀浆 → 鱼糜液 → 蛋白酶酶解 → 灭酶 → 冷却 → 真空抽滤 → 取清液 → 酶解液

2. 复合调味料的生产工艺

酶解液 → 加热 → 调配 → 搅拌 → 加入淀粉 → 浓缩 → 灌装 → 灭菌 → 复合调味料

五、实验要求

(1)要求学生首先查阅复合调味品及鸡汁调味料、海鲜水解料等资料,复习酶法水解蛋白质的相关内容,了解水产品的加工特性和主要营养成分。

(2)实验前期阶段由指导教师安排实验任务,讲解实验卫生和安全注意事项、实验原理、工艺操作要点,示范实验设备操作并教会学生正确操作。

(3)实验时可按 5 ~ 8 人为一实验小组进行。各实验小组在教师指导下自行完成实验任务。指导教师对关键工序进行必要的指导,并及时纠正学生可能出现的错误操作。

(4)本实验分别参照行业标准 SB/T 10458—2008《鸡汁调味料》和地方标准 DB35/T 900—2009《海鲜水解调味料》、DB35/T 901—2009《海鲜水解调味料 加工技术规范》,调味料参照上述配方。

六、操作步骤与要求

1. 原料预处理

新鲜水产品清洗、处死、去鳞、去鳍、去内脏后清洗干净血污,沥干备用。

2. 破碎、匀浆

小杂鱼可直接放入组织捣碎机中进行破碎(鱼:水 = 1:2),小鲫鱼或小罗非则先切块后再进行破碎(鱼:水 = 1:2),破碎至无大块肌肉时匀浆结束,得到鱼糜液。

3.蛋白酶酶解

选择蛋白酶,按照蛋白酶最适宜条件调节鱼糜液的 pH、温度等,按 0.1% 用量加入蛋白酶,各小组可分别加入不同的蛋白酶。各种蛋白酶的最适条件可参考表 2 - 6 - 7。

表 2 - 6 - 7　各种蛋白酶的酶解参数

蛋白酶	作用类型	最适 pH	最适温度(℃)	生产厂家
Alcalase2.4	内切	6.5 ~ 8.0(7.5)	55 ~ 60(60)	诺维信(北京)
B. Neutrase	内切	5.5 ~ 7.5(6.5)	50(50)	诺维信(北京)
C. Protamex	内切	5.5 ~ 7.5(6.5)	47 ~ 50(50)	诺维信(北京)
D 胰蛋白酶	内切	7.5 ~ 8.5(7.5)	35 ~ 45(40)	诺维信(北京)
E. Flavourzyme	内切 + 外切	5.5 ~ 7.0(6.5)	35 ~ 60(50)	北京鼎国

4. 灭酶、冷却、取清液

酶解 4 h 后,将酶解液置于电磁炉上进行灭酶,酶解液加热至沸,保持 10 min;待其冷却后抽滤得清液。

5. 复合调味料的调配

按比例在酶解液中加入配料,加热,搅拌溶解后加淀粉及黄原胶等稳定剂,加热浓缩至一定稠度。

6. 灌装、灭菌

趁热将调味料灌装至已清洗后的玻璃瓶中,密封后高压灭菌。

七、实验记录、结果计算与品评讨论

1. 酶解液中氨基氮的变化

按照 GB/T 5009.39—2003《酱油卫生标准的分析方法》进行测定。将测定结果填入表2 - 6 - 8。

表 2 - 6 - 8　酶解液的氨基氮含量

项目	时间(h)			
	1	2	3	4
0.1 mol/L NaOH 消耗体积				
0.1 mol/L NaOH 消耗体积				
氨基氮含量(g/100g)				

2. 复合调味料的品质评价

对调味料进行喜好性感官评定,按照 1 - 5 进行评分,其中 1 代表很不喜欢,2 代表不喜欢,3 代表一般,4 代表喜欢,5 代表非常喜欢,同时进行理化指标分析进行评价。将实验数据及结果填入表 2 - 6 - 9 和表 2 - 6 - 10。

表 2 - 6 - 9　调味料的感官评价

样品	色泽	鱼香	稠度	鱼腥	鲜味	苦味	综合评价

表 2 - 6 - 10　调味料的理化评价

样品	pH	氨基氮含量(g/100g)	总固形物

八、注意事项

（1）pH 及温度对酶解效果影响较大,因此在酶解过程中一定要注意鱼糜液酶解条件的调节。

（2）酶解过程会有水蒸气逸出,因此最好进行密闭酶解。

九、考核形式

考核:现场提问、分析问题、解决问题。

十、实验报告要求

（1）每人提交一份实验报告。

（2）严格按照实验步骤注意记录实验数据,分析实验结果。

（3）指出实验过程中存在的问题,并提出相应的改进方法。

十一、思考题

（1）如何更好地改善复合调味料的口感?

（2）谈谈酶解蛋白质制备复合调味品的发展前景。

第七章 速冻食品加工工艺实验

实验一 速冻中式面点工艺

一、实验目的

（1）了解馒头加工技术的发展现状，熟悉馒头的工艺流程。

（2）掌握馒头发酵的原理和操作要点。

提示：本实验可作为综合性实验组织教学。

二、实验原理

速冻中式面点以馒头和包子为代表。其制作以面粉、酵母、水为原料，有时还加些盐或糖，另外包子再加不同的馅料，馅料的制作见实验二 速冻饺子工艺中的饺馅配制。馒头制作中使用的鲜酵母，通过代谢作用产生大量的气体和其他物质，使面团膨松，并赋予面团特有的色、香、味及形状；其主要原理是酵母利用单糖进行有氧呼吸生成 CO_2 和水，并放出大量的热；在缺氧或无氧的条件下，则将单糖分解成乙醇和 CO_2 放出少量的热。酵母所利用的糖有两种来源：一是淀粉在淀粉酶的作用下，分解成的麦芽糖，麦芽糖进一步分解成可利用的单糖；二是为了加速酵母的产气能力，人为地添加一些单糖，一般加入砂糖，它被分解为葡萄糖与果糖。在发酵过程中，面筋中的含硫氨基酸的—SH 基或—S—S—键受到氧化或还原使蛋白质互相结合，形成了大分子的网状结构，使面团的持气能力增强，面团迅速膨胀，达到了发酵的目的。

酵母发酵生产的馒头具有丰富的营养和特殊风味，其操作工艺有发酵时间短，操作方便简单等优点，发酵后期无需加碱，比传统的酒酿、发酵粉或老面发酵更有优势。掌握好面团的发酵技术，并且根据实际情况选择适当的酵母发酵工艺，是完全可以生产出质量好、成本低的馒头来的。

三、主要实验器材

1. 实验仪器和设备

和面机、双辊螺旋成型机、醒发箱、发酵缸、蒸笼及加热装置。

2. 实验材料

面粉、干酵母、糖、泡打粉、面种。

四、实验配方

配方一(工厂化生产配方):小麦粉 1 kg、白砂糖 2～10 g、食盐 1～8 g、泡打粉 1～5 g、水 250～400 mL、酵母 5 g。

配方二(传统配方):面粉 1 kg、面种 100 g、碱 5～8 g、水 450～500 g。

五、工艺流程

1. 配方一工艺流程

和面 → 静置 → 成型 → 醒发 → 蒸制 → 整形 → 速冻 → 袋封 → 冷藏 → 解冻 → 蒸制 → 冷却 → 包装 → 速冻

2. 配方二工艺流程

原料 → 和面 → 发酵 → 中和 → 成型 → 醒发 → 蒸制 → 冷却 → 包装 → 速冻

六、实验要求

(1)要求学生首先查阅与馒头相关的国家标准等资料,预习馒头生产工艺相关内容,了解馒头的加工特性和主要营养成分。

(2)实验前,由指导教师安排实验任务,讲解实验卫生和安全注意事项、实验原理、工艺操作要点,示范实验设备操作,并教会学生正确操作。

(3)实验时可按 5～8 人为一实验小组进行。各实验小组在教师指导下自行完成实验任务。指导教师对关键工序进行必要的指导,并及时纠正学生可能出现的错误操作。

七、操作步骤与要求

1. 馒头工厂化生产工艺操作

(1)和面:先加入面粉和泡打粉,充分搅拌均匀后再加入其他辅料,混匀后加温水和面,边加水边搅拌,和面工艺中要严格控制水的加入量,过多过少均不利。水的加入量与面粉吸水率即面粉种类有很大关系,一般以 30% 加水量为宜。在单轴 S 型或曲拐式和面机中搅拌 20 min,至面团不黏手、有弹性为止。

(2)静置:和好的面团盖一层湿布,常温下放置 10 min 左右,主要是利于面团面筋充分形成,并使膨松剂产生的气体充于其间。

(3)成型:多采用双辊螺旋成型机完成面团的定量分割和搓圆,然后装入醒发箱内醒发。

(4)醒发:立即放入 35℃,80% 相对湿度的醒发箱中醒发相应的时间(需进行相应的优化)。

(5)蒸制:用 50# 蒸车蒸制 20 min 即可。

2. 传统馒头加工面团的制作

（1）和面：取 70% 左右的面粉、大部分水和预先用少量温水调成糊状的面种，在单轴 S 型或曲拐式和面机中搅拌 5 ~ 10 min，至面团不黏手、有弹性、表面光滑时投入发酵缸，面团温度要求 30℃。

（2）发酵：发酵缸上盖上湿布，在室温 26 ~ 28℃，相对湿度 75% 左右的发酵室内发酵约 3 h，至面团体积增长 1 倍、内部蜂窝组织均匀、有明显酸味时完毕。

（3）中和：即第二次和面。将已发酵的面团投入和面机，逐渐加入溶解的碱水，以中和发酵后产生的酸度。然后加入剩余的干面粉和水，搅拌 10 ~ 15 min 至面团成熟。加碱量凭经验掌握，加碱合适，面团有碱香、口感好。加碱不足，产品有酸味。加碱过量，产品发黄、表面开裂、碱味重。

酒酿或纯酵母发酵法的和面与发酵，可采用与面包生产相同的直接法或中和法，由于面团产酸少，不需加碱中和。

（4）成型：将面团定量分割和搓圆，然后装入蒸笼（屉）内醒发。

（5）醒发：温度 40℃，相对湿度 80% 左右，醒发一定的时间（需进行相关优化）。

3. 馒头的速冻

（1）速冻：−31℃下在 20 ~ 30 min 内将面团急冻，使面团中心温度达到 −18℃以下。

（2）冻藏：温度 −20℃，时间 4 ~ 7 d。冷藏期间要尽量避免频繁开启冰箱速冻区门，以免引起温度波动，否则会造成面团品质人为因素的变化。

八、实验记录与品评讨论

（1）根据相关国家标准，制定速冻馒头的感官评价标准评分标准（见 GB/T 17320—2013），对产品进行感官评价。

（2）馒头品质测定方法。馒头质量与体积测定：将冷却至室温的馒头称重，并用塑料薄膜包严，测量体积，同一样品测定两次，相差值小于或等于 15 mL 时取平均值，大于15 mL 时重新测定。

馒头高度的测定：馒头去掉薄膜，用卡尺取馒头底部与顶点高度，同一样品从不同侧面测量两次，相差值小于或等于 0.2 cm 时取平均值，大于 0.2 cm 时重新测定。

外观评价：馒头用面包刀切开，观察馒头表面色泽、表面结构、内部气孔结构细密均匀程度、底部是否有死烫斑，并逐项打分。

品尝评价：取半个馒头置沸水锅中蒸 6 ~ 8 min，取出稍凉，用食指按压，评价弹柔性，掰一小块，观察是否易掉渣，放入口中，细嚼 5 ~ 7 s，感觉是否有嚼劲，是否黏牙、干硬，咀嚼一会儿能否完全化开以及气味如何，并逐项打分。必须趁热进行馒头品尝评分，馒头冷凉后硬度增大，试样间弹柔性差异明显变小，不易评分。

（3）根据速冻馒头的相关标准，自行设计产品出厂检验表，并对产品进行检验。

九、注意事项

（1）发酵、速冻及解冻过程对馒头品质影响较大，在实验中可作为重点因素进行研究并优化。

（2）加水量对速冻面团品质的影响较大。一方面，要使面粉充分吸水形成面筋；另一方面又要限制用水量，避免面团中过多的自由水在速冻中对面团结构造成破坏，只有将这二者协调好，才能保证制成的速冻面团品质较好。此外，还要考虑酵母在发酵及解冻过程中产生的水分。

（3）水在结成冰后，体积要膨胀9%左右，在速冻时，尽管大部分冰晶细小而均匀，但仍然有部分较大冰晶形成，对面团结构造成破坏，解冻时，过多的水分又易被微生物所利用，引起腐败变质，并且解冻后面团易塌陷、变黏，影响操作。研究发现，加入比正常面团减少2%～4%的水分，有利于速冻面团解冻后的操作。

（4）发酵时间和温度很大程度上影响着酵母的存活率和产气能力，进而影响面团的品质。为了使产品具有一定的风味，良好的内部结构，需将面团经适当发酵后速冻，但如果温度过高，将大大激活酵母，引起酵母过早产气，不易整形，保鲜期也缩短。同时时间也不宜过长，显微镜及流变学研究发现，发酵时间短的面团中有更多的小气泡和较厚的面筋网络，较厚的面筋结构对冷冻压力有较强的抗性。

（5）解冻或部分解冻后的面团再进行速冻对面团品质影响较大，制得产品质量较差。其原因是解冻或部分解冻后，冰晶态的水融化，面团各组分结合水的能力发生了变化，引起水的重新分布，再次速冻时的重结晶导致面团变质，并因此而改变面筋网络的流体性能和持气性，冰晶本身可能削弱面筋网络的三维结构，并损伤淀粉颗粒。

十、考核形式

考核：现场提问、分析问题、解决问题。

十一、实验报告要求

（1）每人提交一份实验报告。

（2）严格按照实验步骤注意记录实验数据，分析实验结果。

（3）指出实验过程中存在的问题，并提出相应的改进方法。

十二、思考题

（1）影响速冻馒头质量的因素有哪些？

（2）中国馒头的种类有哪些，各有何特点？

（3）谈谈馒头工业化生产的优缺点。

实验二　速冻饺子工艺

一、实验目的

（1）了解速冻面食对面粉特性的要求。

（2）熟悉速冻面食的工艺流程。

（3）掌握速冻面食加工的原理和操作要点。

提示：本实验可作为设计性实验组织教学。

二、主要实验器材

1. 实验设备及仪器

超低温冰箱、和面机、冷藏柜等。包装材料采用厚度为 90 μm 的 PET/PA/PE 复合蒸煮袋。可根据设计的配方，向所在实验室提前申请。

2. 实验原料

（1）面粉：面粉必须选用优质、洁白、面筋度较高的特制精白粉，有条件的可用特制水饺专用粉。对于潮解、结块、霉烂、变质、包装破损的面粉不能使用。新面粉，可在其中加一些陈面粉或将新面粉放置一段时间。

（2）原料肉：必须选用经兽医卫生检验合格的新鲜肉或冷冻肉。

（3）蔬菜：要鲜嫩，除尽枯叶，腐烂部分及根部，用流动水洗净后在沸水中浸烫。

（4）辅料：糖、盐、味精等辅料应使用高质量的产品，对葱、蒜、生姜等辅料应除尽不可食部分，用流水洗净，斩碎备用。

提示：各小组选择原料后，要了解每种原料的特性，以便于后面配方的设计及计算。

三、设计指标

实验完成后的产品应达到下列要求：

（1）首先要通过检验达到国标要求，产品冷冻一定时间后不开裂，解冻后状态良好。

（2）与市场上销售的速冻水饺的口感、风味、滋味相近。

四、实验要求

（1）要求学生首先查阅速冻水饺国家标准等资料，预习速冻水饺生产工艺相关内容，了解面粉、肉、蔬菜、调味料等原料的加工特性，熟悉速冻水饺的制作工艺过程，了解其相关的机械设备。

（2）学生自己设计速冻水饺的配方和生产工艺，鼓励学生对馅料和面皮进行创新，开发出新口味的速冻水饺。按 2～4 人为一实验小组。各实验小组根据速冻面食生产的技术原理,各自制定速冻饺子生产工艺、产品配方。各实验小组要提前一星期,把自己制定的速冻饺子配方及生产工艺、所需实验仪器设备报实验室老师,由实验室老师准备、购买。

(3)实验前,由指导教师组织协调各小组实验,讲解实验卫生和安全注意事项、实验原理、工艺操作要点,示范主要实验设备操作,并教会学生正确操作。实验过程中指导教师只对关键工序进行指导,并及时纠正可能影响人身安全的错误操作。

(4)要求学生在实验过程中严格按照实验规范和卫生标准进行,加强食品质量与安全意识。

五、参考工艺流程

原料、辅料、水的准备 → 面团、饺馅配制 → 包制 → 整型 → 速冻 → 包装 → 低温冻藏

六、操作要点提示

(1)配方设计。可参考相关速冻饺子工艺的研究文献。速冻饺子饺馅、香辛料的配比可参考传统饺子配方的比例进行调整。提倡对饺馅和饺皮的制作进行创新,开发全新的水饺产品,比如将饺皮做成蔬菜汁饺皮,以增加产品的感官特性。如果要加入其他食品添加剂,一定要认真核查食品添加剂使用卫生标准,注意不得超范围、超量使用。速冻食品要求其从原料到产品,要保持食品鲜度,因此在水饺生产加工过程中要保持工作环境温度的稳定,通常在10℃左右较为适宜。

(2)面团调制。面粉在拌和时一定要做到计量准确,加水定量,适度拌和。要根据季节和面粉质量控制加水量和拌和时间,气温低时可多加一些水,将面团调制得稍软一些;气温高时可少加一些水,甚至加一些4℃左右的冷水,将面团调制得稍硬一些,这样有利于水饺成型。如果面团调制"劲"过大了可多加一些水将面和软一点,或掺些淀粉,或掺些热水,以改善这种状况。调制好的面团可用洁净湿布盖好防止面团表面风干结皮,静置5 min左右,使面团中未吸足水分的粉粒充分吸水,更好地生成面盘网络,提高面团的弹性和滋润性,使制成品更爽口。面团的调制技术是成品质量优劣和生产操作能否胜利进行的关键。

(3)饺馅配制。饺馅配料要考究,计量要准确,搅拌要均匀。要根据原料的质量、肥瘦比、环境温度控制好饺馅的加水量。通常肉的肥瘦比控制在2∶8或3∶7较为适宜。加水量:新鲜肉 > 冷冻肉 > 反复冻融的肉;四号肉 > 二号肉 > 五花肉 > 肥膘;温度高时加水量小于温度低时。在高温夏季还必须加入一些2℃左右的冷水拌馅,以降低饺馅温度,防止其腐败变质和提高其持水性。向饺馅中加水必须在加入调味品之后(即先加盐、味精、生姜等,后加水),否则,调料不易渗透入味,而且在搅拌时搅不匀,水分吸收不进去,制成的饺馅不鲜嫩也不入味。加水后搅拌时间必须充分才能使饺馅均匀、黏稠,制成的水饺制品才饱满充实。如果搅拌不充分,馅汁易分离,水饺成型时易出现包合不严、烂角、裂口、汁液流出现象,使水饺煮熟后出现走油、漏馅、穿底等不良现象。如果是菜肉馅水饺,在肉馅基础上

再加入经开水烫过、经绞碎挤干水分的蔬菜一起拌和均匀即可。

（4）水饺包制。目前,工厂化大生产多采用水饺成型机包制水饺。水饺包制是水饺生产中极其重要的一道技术环节,它直接关系到水饺形状、大小、重量、皮的厚薄、皮馅的比例等质量问题。包制后的饺子整形后及时送速冻间进行冻结。

（5）速冻。食品速冻就是食品在短时间（通常为 30 min 内）迅速通过最大冰晶体生成带（-4~0℃）。经速冻的食品中所形成的冰晶体较小而且几乎全部散布在细胞内,细胞破裂率低,从而才能获得高品质的速冻食品。同样水饺制品只有经过速冻而不是缓冻才能获得高质量速冻水饺制品。当水饺在速冻间中心温度达 -18℃ 即速冻好。目前我国速冻产品多采用鼓风冻结、接触式冻结、液氮喷淋式冻结等。

（6）低温冷藏。速冻好的成品水饺必须在 -18℃ 的低温库中冷藏,库房温度必须稳定,波动不超过 ±1℃。

七、品评讨论与检验

（1）外观:符合饺子应有的外观,形状均匀一致,不漏馅。

（2）色泽:具有该产品应有的色泽。

（3）滋味、气味:具有该品种应有的滋味、气味,无异味。

（4）异物:外表及内部均无肉眼可见异物。

根据速冻水饺的相关标准,设计相应的产品出厂检验单,并对产品进行检验记录。

八、考核形式

考核:现场提问、分析问题、解决问题。

九、实验报告要求

（1）每人提交一份实验报告。

（2）严格按照实验步骤注意记录实验数据,分析实验结果。

（3）指出实验过程中存在的问题,并提出相应的改进方法。

十、思考题

（1）影响水饺成型的因素有哪些?

（2）水饺速冻过程中要注意哪些事项?

实验三　速冻鱼糜制品工艺

一、实验目的

（1）了解鱼糜及其冷冻制品的一般生产工艺过程。

（2）熟悉鱼糜制作及凝胶形成的过程，并掌握其原理。

（3）掌握速冻鱼糜制品的卫生控制过程及手段。

提示：本实验可作为综合性实验组织教学。

二、实验原理

鱼糜是鲜鱼肉经采肉、漂洗、精滤、脱水，并加入一定量的糖类等后低温冷藏的鱼肉产品。用于生产鱼糜的原料来源十分广泛，鱼糜的生产受鱼的种类和大小的限制较小。

鱼糜制品是以鱼糜为主要成分，添加一定辅料，经过擂溃、成型、凝胶化等一系列加工制成的有凝胶特性的产品。市场上常见的鱼糜制品有：模拟蟹制品、鱼丸、鱼糕、鱼面、鱼排、鱼肉香肠、虾丸、鱼卷等。

三、主要实验器材

1. 实验仪器和设备

电子秤、采肉机、水洗机、离心机或压榨机、精滤机、擂溃机、成型机（鱼丸成型机、鱼糕成型机、模拟蟹棒成型机等）、恒温加热设备、冷却装置、速冻装置、包装机（封口机、真空包装机等）、制冰机、金属容器、刀具等。

2. 实验材料

新鲜鱼、马铃薯淀粉、食盐、白砂糖、味精、聚乙烯包装袋。

四、实验配方

（1）鱼糜制品基本配方：含水量80%的鱼糜100 g，马铃薯淀粉20 g，水20 g，盐2.5 g。

（2）鱼糜制品参考配方：鱼糜100 g，马铃薯淀粉10~25 g，水20~30 g，大豆蛋白粉1.5 g，盐2~3 g，砂糖0~1 g，味精0.5 g，其他调料适量，防腐剂适量。

五、工艺流程

（1）速冻鱼糜一般加工工艺流程：

原料验收 → 原料处理 → 清洗 → 采肉 → 漂洗 → 脱水 → 精滤 → 配料 → 成型 → 称量、包装 → 速冻 → 入库冻藏

（2）鱼糜制品一般的加工工艺流程：

$$原料验收 \rightarrow 原料处理 \rightarrow 清洗 \rightarrow 采肉 \rightarrow 漂洗 \rightarrow 脱水 \rightarrow 精滤 \Big\}$$
$$冷冻鱼糜 \rightarrow 解冻 \Big\}$$
$$\rightarrow 擂溃（斩拌）\rightarrow 成型 \rightarrow 凝胶化 \rightarrow 冷却 \rightarrow 速冻 \rightarrow 称量包装 \rightarrow 入库冻藏$$

六、实验要求

（1）要求学生首先查阅冷冻鱼糜及鱼糜制品国家标准等资料，预习水产品生产工艺相关内容，查阅鱼糜制品的加工现状、生产工艺、加工特性等资料。

（2）实验前由指导教师安排实验任务，讲解实验卫生和安全注意事项、实验原理、工艺操作要点，示范实验设备操作，并教会学生正确操作。

（3）实验时可按 8 ~ 10 人的实验小组进行。各实验小组在教师指导下自行完成实验任务。指导教师对关键工序进行必要的指导，并及时纠正学生可能出现的错误操作。

（4）本实验鱼糜制品执行国家标准 GB 10132—2005《鱼糜制品卫生标准》，产品质量卫生尽量按标准要求执行。

七、操作步骤与要求

1. 原料验收

鱼类鲜度是影响鱼糜品质及凝胶形成的重要因素之一，原料应是冷鲜（0℃）原料，体表完整有光泽、眼球饱满、角膜清晰、肌肉坚实、富有弹性、鳃丝鲜红或紫红色，无异味。

2. 原料处理

先将原料鱼洗涤，除去表面附着的黏液和细菌。然后去头、去腹肉、去内脏。去内脏时必须清除腹腔内的残余内脏、血污和黑膜。处理后的鱼要及时覆盖冰，保持低温。

3. 清洗

清洗一般要重复 2 ~ 3 次。需将原料鱼清残存的内脏或血迹清洗干净，水温控制在10℃以下，以防止蛋白质变性，清洗水要保持一定清洁度，并及时更换。

4. 采肉

采肉是用机械方法将鱼体皮骨除掉而把鱼肉分离出来。采肉时，鱼肉穿过采肉机滚筒的网孔眼（孔径约 4 mm）进入滚筒内部，骨刺和鱼皮在滚筒表面，从而使鱼肉与骨刺和鱼皮分离，分离出的鱼皮基本完整。

采出的肉颜色呈淡红色，含有鱼肉、血液、脂肪、少量鱼皮骨刺等杂质。

5. 漂洗

漂洗是为了除去鱼肉中的水溶性蛋白质、脂肪、血污及比重小于水的其他杂质。

漂洗时肉与水的配比在 1∶5 到 1∶8 之间；漂洗过程中慢速搅拌 2 ~ 5 min，使水溶性蛋白质、脂肪、血液等充分溶出后静置，当肉与水明显分离后除去上部的漂洗液；再按上述比例加水漂洗,重复几次。对鱼糜白度要求较高的产品可多漂洗几次。漂洗水温控制在8℃以下,整个漂洗过程控制在25 min以内。

一般白色肉类直接用清水漂洗;多脂红色肉鱼类如鲐鱼、远东拟沙丁鱼等用稀盐碱水漂洗(0.1%~0.15%食盐水溶液和0.2%~0.5%碳酸氢钠溶液混合而成)。

6.脱水

鱼肉经漂洗后含水量较多,脱水是为除去残留血水、控制鱼糜中的水分含量。压榨后鱼糜水分控制在80%左右(按产品种类控制)。

大量鱼肉可用螺旋压榨机或离心机除去水分;少量鱼肉可放在布袋里绞干脱水。

7.精滤

精滤是为了除去混杂在鱼肉中的腹膜、碎皮、筋、细骨刺等杂质。

精滤通过精滤机进行,多脂的红色肉鱼类精滤机的网孔直径为1.5 mm,白色肉鱼类网孔直径为0.5~0.8 mm。在精滤分级过程中要保持鱼肉温度在10℃以下,应该在鱼肉水品含量稍高,质地柔软的状态下进行。

精滤后测量鱼糜的白度和水分含量。

如生产冷冻鱼糜,精滤后应添加防冻变性剂后成型、称量、包装、冻结和冷藏。冻结时应添加抗变性剂,可添加白砂糖3%~4%,山梨醇3%~4%,多聚磷酸盐0.2%~0.5%。冻结应采用速冻装置,冻结速率越高,蛋白质变性越小,解冻后鱼糜制品的品质越好;可采用平板式冻结机速冻至鱼糜中心温度-20℃。

8.擂溃或斩拌

擂溃或斩拌的目的是将鱼肉进一步破碎,使蛋白纤维结构破坏,通过添加盐溶出盐溶蛋白而增加制品品质,通过添加辅料和配料调整配方。擂溃可使用专用设备擂溃机。目前多用斩拌机代替擂溃机生产鱼糜制品。斩拌机加料取料方便,效果与使用擂溃机相似。以下操作以斩拌机为例。

将精滤后的鱼糜或解冻后的冷冻鱼糜称重后放入斩拌机内斩拌。先空斩使鱼糜均匀分散;然后加入盐(1%~3%)进行盐溶斩拌,需斩拌5~10 min至温度约3℃,且鱼糜呈光亮柔滑的均匀状态。最后加入0℃的水、淀粉、白砂糖、调味料、添加剂等,继续斩拌5~15 min至均匀。整个斩拌过程在20~30 min,温度控制在12℃以内,斩拌中可以将冰水分次加入,应该将可溶于水的添加物溶于水加入。

9.成型

可将斩拌后的鱼糜加工成固定形状的制品。可用手工成型,也可用鱼丸成型机、鱼卷成型机及各种模拟制品成型机等机械成型。成型操作应与斩拌操作连续进行,如间隔时间太长,需将鱼糜放入0~4℃保鲜库中暂放,否则斩拌后的鱼糜会失去黏性和塑性不能成型。

10.凝胶化

成型后的鱼糜应该形成稳定的具有一定弹性和硬度的产品,这需要在加热条件下使其蛋白质形成网状凝胶体。以鱼丸(圆)为例。

凝胶化前应先准备 40～45℃的保温水。将成型的鱼丸直接送入温水中,并防止过多的鱼丸堆积在一起造成挤压变形。保温 20～25 min,观察鱼肉的凝结情况,当中心部位全部成凝胶状时,保温即结束(成型中心温度40℃)。

保温水应注意经常调换,防止水质变浊发酸。生产中一般 2～3 h 调换一次。

11. 蒸煮杀菌

将凝胶化结束后的鱼丸放入蒸煮锅内,90～95℃蒸煮 2 min 左右,使鱼丸的中心温度达75℃ 1 min 以上,即完成杀菌。

12. 冷却

将煮好的鱼丸在流动水槽中冷却,稍降温后再放入盛有冰水的容器内降温。冷却至鱼丸中心温度达25℃以下结束。从蒸煮结束至进入单体速冻机的过程总时间应在 30 min 以内。

13. 速冻

单体速冻机应预先降温至 -35℃以下。将鱼丸均匀地摊在单体速冻机上,随履带通过速冻机。速冻结束的鱼丸中温度应在 -18℃以下。

14. 称量包装

将速冻结束的鱼丸称量装入小包装袋,再整体装箱,计数后尽快送入冷藏库。

15. 冷冻贮存

贮藏冷库库温保持在 -18℃以下。整齐码放,与墙保持 30 cm 的距离。

16. 样品检验

按照该 GB　10132—2005《鱼糜制品卫生标准》对试验样品进行菌落总数检验、理化指标检验和感官检验,填写检验报告。

八、实验记录、结果计算与品评讨论

从所有实验样品中随机抽取 6 袋样品30℃保温 10 d,然后按 GB10132—2005《鱼糜制品卫生标准》检验要求对实验样品进行菌落总数检验、理化指标检验和感官检验,将检验结果填入表 2－7－1。

表 2 －7 －1　鱼糜和鱼糜制品检验结果

项目	样品号		
	1	2	3
鱼糜感官检验			
鱼糜白度			
鱼糜水分			
鱼糜制品菌落总数			
鱼糜制品的弹性			
鱼糜制品感官评价			

结果分析讨论：_____。

九、注意事项

（1）鱼类极易腐败变质，其卫生情况直接决定产品品质，在整个加工过程中应注意低温操作。

（2）原料鱼处理后必须将原料鱼内残存的内脏或血迹清洗干净，否则内脏或血液中存在的蛋白分解酶会对鱼肉蛋白质进行部分分解，影响鱼糜制品的弹性和质量。

（3）采肉时将原料均匀投入采肉机中，投料速度要均匀，使鱼体肌肉更好地接触滚网，以提高采肉得率。品质较高的鱼糜（如冷冻鱼糜）只用第一次采肉的鱼糜，普通鱼糜可用二次采肉的鱼糜。

（4）鱼糜的漂洗是较独特的加工工艺，漂洗可提高冷冻鱼糜的质量及性能，明显提高鱼糜的白度值。此外，对于新鲜度较差或冷冻后的原料鱼，经过漂洗后的鱼糜质量明显提高。鱼的种类和新鲜度不同，漂洗的方法应有所不同。

（5）鱼糜制品的斩拌时间应适当，不宜过短也不宜过长；斩拌过程中应人工用刮铲辅助斩拌机拌匀粘在转盘底层的鱼糜。

（6）鱼糜制品的凝胶化是关键步骤，凝胶化的时间和温度控制应相对准确，分批计时，过程监控。如果不能凝胶化，应及时回溯上游工艺环节，排查原因。

（7）鱼糜制品速冻后温度较低，不能直接用手接触；包装后应及时进入冷库冻藏。

十、考核形式

考核：预习报告、现场提问、操作考核、结果评价。

十一、实验报告要求

（1）每人提交一份实验报告。

（2）严格按照实验步骤注意记录实验数据，分析实验结果。

（3）指出实验中存在的问题，并提出相应的改进方法。

十二、思考题

（1）鱼糜制品的凝胶特性形成的原理是什么？在加工过程中哪些因素会影响其凝胶特性？如何提高鱼糜制品的弹性？

（2）鱼糜及其制品生产中哪些工序比较容易感染微生物？为什么？如何控制？

（3）速冻鱼丸的品质经常会因为储运环境的变化而组织变得不再细腻，是什么原因造成的？机理是什么？如何控制？

实验四　速冻肉丸工艺

一、实验目的

（1）了解速冻肉丸的一般生产工艺过程。

（2）熟悉控制冷冻肉丸品质和卫生的工艺要点，并掌握肉丸质构形成原理。

（3）学会肉丸的生产配方设计。

提示：本实验可作为综合性实验组织教学。

二、主要实验器材

1. 实验仪器和设备

电磁炉、绞肉机、斩拌机、质构仪、恒温加热设备、冷却装置、速冻装置、包装机（封口机、真空包装机等）、制冰机、电子秤、温度计、金属容器、刀具、砧板等。

2. 实验材料

新鲜的猪瘦肉、牛肉、肥肉等、马铃薯淀粉、大豆蛋白粉、食盐、白砂糖、味精、磷酸盐、卡拉胶、各种蔬菜、聚乙烯包装袋。

可根据设计的配方，向所在实验室提前申请。

三、设计指标

制作出的速冻鱼丸产品应达到下列要求。

感官指标：产品质构细嫩，切面质地均匀，气孔较少，3 mm 切片对折不易断裂、富有弹性，口感松软，鲜嫩而不腻。

理化指标：蛋白质含量≥12%；脂肪含量≤18%；水分含量≤70%。

微生物指标：细菌总数 < 50000 cfu/g，大肠菌群 < 30 MPN/100 g，致病菌不得检出。

四、实验要求

（1）要求学生首先查阅资料，熟悉肉类加工特性，了解速冻肉丸的生产消费现状，熟悉速冻肉丸的制作工艺过程和配方，了解其相关的机械设备的功能及操作要点。

（2）学生自主结合 5~8 人为一实验小组，自主设计肉丸的配方和生产工艺，完成配方论证和工艺论证。各实验小组要提前一星期，把自己制定的肉丸生产工艺、产品配方、方案论证材料、所需工具等报实验室老师，由实验室老师准备、购买。

（3）实验前，由指导教师安排实验任务，讲解实验卫生和安全注意事项、实验基本原理、示范实验设备操作，并教会学生正确操作。实验过程中指导教师只对关键工序进行指导，协助学生解决问题，并及时纠正学生的不规范操作。

（4）要求学生在实验过程中严格按照实验规范和卫生标准进行,加强食品质量与安全意识。

五、工艺流程

配方设计与论证 → 原料选择处理 → 清洗、切块 → 绞肉或滚揉腌制 → 斩拌、配料 → 成型 →

蒸煮杀菌(凝胶化) → 冷却 → 速冻 → 称量包装 → 冷冻贮存 → 样品检验

六、操作步骤与要求

1. 配方设计与论证

根据各种原材料的成分按实验目标计算各原料的含量,即设计配方。

选择原料确定配方时要了解原料中水分、脂肪等组成,以便于后面配方的设计计算及论证。要求配方论证有相关参考文献2篇以上。

猪肉丸基本参考配方:肉100 g(瘦肉70 g,肥肉30 g),淀粉10～20 g(占总量的10%～15%),水30～40 g(占总量的30%～40%),盐1.5～2.5g(约占总量的1.5%),白砂糖1 g,味精0.5 g。

牛肉丸基本参考配方:肉100 g(瘦肉85 g,肥肉15 g),淀粉20 g(约占总量的15%),水40 g(约占总量的30%),盐1.5～2.5 g(约占总量的1.5%),白砂糖1g,味精0.5 g。

此外还可加入:各种香辛料、各种蔬菜、大豆蛋白粉、添加剂(多聚磷酸盐、卡拉胶、防腐剂等)

确定配方后按以下基本操作进行。

2. 原料选择与处理、清洗、切块

选取新鲜检疫合格的猪肉或冻藏不超过6个月的肉,冷冻多次的肉不用。

清洗,剔骨,去皮,除血管、筋腱、结膜等,肥瘦分开分别使用,瘦肉尽量除净肥膘,控制肥膘比例在10%以下。然后将处理好的瘦肉和肥肉分别切成2～5 cm的长条(形状适合绞肉机绞制),以便绞碎或腌制。整个处理过程肉的温度不超过15℃。

3. 绞肉

将瘦肉和肥肉分别用绞肉机绞碎。瘦肉块可通过孔径为3～10 mm的绞肉机,肥肉可通过孔径为10～25 mm的绞肉机,或切成0.5～1.5 cm立方的小块。

4. 滚揉腌制

可根据需要进行湿法腌制,也可不腌制而在斩拌过程中直接加入腌制剂。

腌制时瘦肉和肥肉分别腌制,肥肉只用盐和糖腌制。

5. 斩拌、配料

将绞碎的肉或滚揉腌制过的肉均匀倒入斩拌机圆盘内,开动斩拌机,在斩拌的同时均匀加入精盐,低速斩拌几圈后,加入1/3冰水(冰水总量为总水量一部分)高速斩拌至肉具

有黏性时,依次加入肥肉、磷酸盐、其余调味配料、淀粉等,再加入 1/3 冰水,继续高速斩拌至肉的温度为 5～7℃时加入剩余冰水,继续斩拌至结束,结束前慢速斩拌几圈,以排除肉糜内的空气。总的斩拌时间一般在 20 min 左右。在整个斩拌过程中肉的温度应保持在 8～10℃以内,最高不超过 15℃。斩拌开始前应提前准备冰屑或冰水混合物。

6. 成型

斩拌结束后立刻用手工或机械成型,手工成型的肉丸应大小一致,直径约 25 mm,将成型后的肉丸直接送入准备好的热水中蒸煮杀菌。

7. 蒸煮杀菌(凝胶化)

将成型后的肉丸在恒温蒸煮锅内 90～95℃蒸煮 5 min 左右,使肉丸的中心温度达 75℃达 1 min 以上,即完成杀菌。同时该过程完成了肉丸组织的凝胶化,使肉丸富有弹性。

8. 冷却

将煮好的肉丸在流动水槽中冷却,稍降温后再放入盛有冰水的容器内降温。冷却至肉丸中心温度达 25℃以下结束。从蒸煮结束至进入单体速冻机的过程总时间应在 30 min 以内。

9. 速冻

单体速冻机应预先降温至 -35℃以下。将肉丸均匀地摊在单体速冻机上,随履带通过速冻机。速冻结束的肉丸温度应在 -18℃以下。

10. 称量包装

将速冻结束的肉丸称量装入小包装袋,再整体装箱,计数后尽快送入冷库。

11. 冷冻贮存

贮藏冷库库温保持在 -18℃以下。整齐码放,与墙保持 30 cm 的距离。

12. 样品检验

按照该 GB 2726—2005《熟肉制品卫生标准》参考香肠或灌肠产品特点对实验样品进行菌落总数检验、理化指标检验和感官检验,填写检验报告。

七、实验记录、结果计算与品评讨论

从所有实验样品中随机抽取 3 袋样品 30℃保温 10 d,然后按 GB 2726—2005《熟肉制品卫生标准》,参考其中香肠或灌肠产品特点,对实验样品进行菌落总数检验、理化指标检验和感官检验,将检验结果填入表 2-7-2,并进行结果分析讨论。

表 2-7-2　速冻肉丸检验结果

项目	样品号		
	1	2	3
肉丸菌落总数			
肉丸的弹性测定			

项目		样品号		
		1	2	3
肉丸感官评价	外观形状			
	气味			
	切面状态			
	滋味			
	咀嚼性			
	弹性硬度			

八、注意事项

（1）原料处理前应该经过预冷，降温至3℃以下。在整个处理过程中应保持环境洁净，操作迅速，尽量缩短处理时间。

（2）如有滚揉机，切块后的瘦肉可选择滚揉，滚揉时加入一定量的盐和水，以提高出品率。

（3）绞碎的肉经过腌制后其风味更好，可以选择湿法腌制。

（4）在斩拌过程中，可溶于水的配料应溶于水后再加入肉料中，总水量保持不变。

（5）肉丸速冻后温度较低，不能裸手接触；包装称量环境保持低温，包装后应及时进入冷库冻藏。

九、考核形式

考核：预习报告、现场提问、操作考核、结果评价。

十、实验报告要求

（1）每人提交一份实验报告。

（2）严格按照实验步骤注意记录实验数据，分析实验结果。

（3）指出实验中存在的问题，并提出相应的改进方法。

十一、思考题

（1）影响肉丸弹性的加工因素有哪些？是如何影响的？

（2）影响肉丸速冻品质的因素有哪些？是如何影响的？

（3）保证肉丸卫生品质的注意事项有哪些？

第八章　其他食品工艺实验

实验一　巧克力及巧克力制品生产工艺

一、实验目的

（1）了解掌握巧克力及巧克力制品生产的基本原理。

（2）掌握巧克力及巧克力制品生产工艺的全过程。

（3）学会并掌握巧克力及巧克力制品产品配方的计算方法。

提示：本实验可作为设计性实验组织教学。

二、主要实验器材

1. 实验设备及仪器

电子天平、低温冰柜、精密温度计、混合机、精磨机、精炼机、巧克力调温缸或调温机、巧克力模盘、巧克力成型机、包装机、刮板细度计或微米千分尺、真空烘箱、电炉、石棉网、磁力搅拌器、80目和100目不锈钢筛、热水器、不锈钢桶、吸耳球、烧杯、量筒、玻璃棒等玻璃仪器

2. 实验原料

白砂糖和（或）甜味料、可可脂（代可可脂）、可可液块或可可粉、乳制品、果仁、磷脂、蔗糖酯等食品添加剂、食品营养强化剂、铝箔或复合膜等包装材料等。可根据设计的配方，向所在实验室提前申请。

提示：学生小组选择原料后，要了解各原料中非脂可可固形物、总可可固形物及总乳固体组成，以便于后面配方的设计及计算。

三、设计指标及要求

制作出的巧克力及巧克力制品产品应达到表2-8-1的要求，其中可可脂等的各基本成分按原始配料计算，卫生要求应符合 GB 17403—1998《巧克力厂卫生规范》的规定。

四、实验要求

（1）要求学生首先查阅资料，搞清楚巧克力及巧克力制品生产的不同原料，巧克力及巧克力制品组织结构有何特点，在加工中如何形成，熟悉巧克力及巧克力制品的制作工艺过程，了解其相关的机械设备。

（2）学生自己设计巧克力及巧克力制品的配方和生产工艺（设计指标和要求见表

2-8-1和表2-8-2)。按5~8人为一实验小组,学生自己在老师的指导下拆装、调试生产设备。各实验小组根据巧克力及巧克力制品生产的技术原理、指标要求及影响因素,自己设计巧克力及巧克力制品生产工艺、产品配方,自己制作巧克力及巧克力制品。各实验小组要提前一星期,把自己制定巧克力及巧克力制品生产工艺,所需工具,产品配方等报实验室老师,由实验室老师统一准备或购买。

表2-8-1 巧克力及巧克力制品产品设计指标及要求

项目	巧克力			巧克力制品
	黑巧克力	白巧克力	牛奶巧克力	
可可脂(以干物质计)(%)≥	18	20	—	18(黑巧克力部分),20(白巧克力部分)
非脂可可固形物(以干物质计)(%)≥	12	—	2.5	12(白巧克力部分),2.5(牛奶巧克力部分)
总可可固形物(以干物质计)(%)≥	30	—	25	30(黑巧克力部分),25(牛奶巧克力部分)
乳脂肪(以干物质计)(%)≥	—	2.5	2.5	2.5(白巧克力和牛奶巧克力部分)
总乳固体(以干物质计)(%)≥	—	14	12	14(白巧克力部分),12(牛奶巧克力部分)
细度(μm)≤	35			巧克力制品的巧克力部分不要求细度
食品添加剂	添加量应符合 GB 2760—2011 的规定			
食品营养强化剂	添加量应符合 GB 14880—2012 的规定			
巧克力制品中巧克力的比重(%)≥	—			25

表2-8-2 代可可脂巧克力及代可可脂巧克力制品产品设计指标及要求

项目	代可可脂巧克力			代可可脂巧克力制品
	代可可脂黑巧克力	代可可脂白巧克力	代可可脂牛奶巧克力	
非脂可可固形物(以干物质计)(%)≥	12	—	4.5	12(代可可脂白巧克力部分),4.5(代可可脂牛奶巧克力部分)
总乳固体(以干物质计)(%)≥	—	14	12	14(代可可脂白巧克力部分),12(代可可脂牛奶巧克力部分)
干燥失重(%)≤	1.5(无糖代可可脂巧克力3.0)			—
细度(μm)≤	35			—
食品添加剂	添加量应符合 GB 2760 的规定			
食品营养强化剂	添加量应符合 GB 14880 的规定			
代可可脂巧克力制品中代可可脂巧克力的质量分数(%)≥	—			25

（3）实验,由指导教师安排实验任务,讲解实验卫生和安全注意事项、实验原理,示范实验设备操作并教会学生正确操作。实验过程中指导教师只对关键工序进行指导,并及时纠正学生可能影响人身安全的错误操作。

（4）要求学生在实验过程中严格按照实验规范和卫生标准进行,加强食品质量与安全意识。

五、参考工艺流程

设计配方 → 原料称量 → 混合 → 预精磨 → 精磨 → 精炼（可可脂巧克力） → 保温贮存 → 调温（可可脂巧克力） → 成型 → 包装 → 成品

六、操作要点

（1）根据各种原材料的成分按实验目标计算各原料的含量,即设计配方,程序一般为先后确定非脂固形物的量、巧克力总脂肪的量、可可脂的量、乳固体的量、糖粉的量、食品添加剂的量,同时在物料配合中还需考虑香味不同的可可豆配合,以获得较为理想的香味特征。

（2）复核过的各种原材料,在配制混合原料前必须经过处理,再用混合机进行混合,现将各种原料的处理方法介绍如下:

可可豆需经清理、发酵、干燥、焙炒、颠筛、研磨等工序加工成可可液块、可可脂、可可粉。

砂糖采用粉碎机粉碎成糖粉,一般要求细度在 $40 \sim 80 ~\mu m$。为获得与蔗糖相当的甜度,可使用强力甜味剂来加强异麦芽糖醇的甜度。而低甜度巧克力使用结晶麦芽糖,无糖型可采用甘露糖醇、山梨糖醇和木糖醇。

奶粉的水分含量应小于 2%,有时甚至可以是 0.6% 左右。奶粉水分含量的降低可减小再聚集的危险,并使异麦芽糖醇的结晶表面不易溶解。

可可液块、可可脂精磨之前先溶化。

（3）预精磨。预精磨是利用机器强大的剪切能力,释放出大量的隐性脂肪,同时使结晶糖标准化,最终获得性质均匀、细度小于 $80 ~\mu m$ 的产品,实现高效加工。预精磨技术要求:物料水分:0.8% ~ 1.0%,温度 $40 \sim 50℃$。

（4）精磨。可以使物料达到一定的细度,平均细度不超过 $25 ~\mu m$,且大部分物料细度可在 $15 \sim 20 ~\mu m$,这样使产品口感细腻润滑;可使各种原料充分混合,构成高度均一的分散体系,同时香料均匀分布,使巧克力在香味上具有均匀舒服的特点。

精磨巧克力物料时由于摩擦作用会升高温度,过高的温度会影响巧克力香味,故精磨温度控制在 $40 \sim 42℃$,不超过 $50℃$;精磨过程中一般只添加总脂量 $1/3 \sim 1/2$ 的可可脂,有利于减少精磨时间,精磨时间一般为 $15 \sim 24~h$。

（5）精炼。精炼去除物料中残留水分以及残留的不需要的挥发性醚类异味物质,促进巧克力物料中呈味物质化学变化,并除去可可酱料使巧克力味美醇厚,异味消失;粒度进一步变小,使巧克力质构及口感更加润滑细腻(60%的质粒大小≤15 μm)。促进巧克力物料的色泽变化,使巧克力外观色泽光亮柔和;降低巧克力黏度,提高物料流动性(因为精炼中要加入配方中剩下的1/2~2/3可可脂以及乳化剂)。

精炼的工艺条件:因精炼方式、产品品种、精炼设备不同而有所区别。冷精炼法温度为45~55℃;热精炼法温度为70~80℃,热精炼法有利于水分、不良异味的脱除,并有利于糖与蛋白质缩合反应,增加产品香味。

巧克力精炼设备类型较多,操作程序、工艺条件也不同。如最早的往复式精炼机小单缸容量只有40 kg,精炼时间很长,牛奶巧克力需精炼10~24 h,温度为46~52℃;深色巧克力24~96 h,温度67~70℃。在精炼快要结束前分别加入香料和表面活性剂,然后进入保温、调温工序。

(6)调温。巧克力的调温过程通过调节物料的温度变化,使物料产生稳定的晶型,包括可可脂晶核的形成和晶体成长全过程,并使稳定的结晶在整个过程中达到一定的比例,从而使巧克力产生一种稳定的均质状态。这是因为随着温度下降,会先出现的是 γ 晶型,然后转变为 α 晶型,一种针状发亮的结晶。在较低温度时 α 晶型又转变为棱形的较暗的结晶,这种晶型的周期较长,熔点也较高,这就是 β' 晶型。但是 β' 晶型不稳定,继续保持较低温度,β' 晶型就会转变为 β 晶型。这是一类稳定的晶型,熔点较高。巧克力内 β 晶型比例越高,品质也越稳定。

调温可提高巧克力的光泽;有利于产品的成型与脱模,经过调温过程的巧克力料在冷却时收缩性好;可使巧克力组织坚脆和细腻润滑。巧克力酱料调温方式一般有手工调温、间歇调温缸调温和自动连续调温机调温等各种方式。

调温工艺:

第一阶段:使巧克力酱料从40℃左右冷却至29℃,此阶段可可脂晶型虽已开始形成,但当温度稍有变动时各种不同的可可脂晶型便会立即改变。

第二阶段:巧克力酱料的温度从29℃冷却至27℃,在此阶段中,巧克力酱料中的可可脂结晶(核)便以细小而均匀的状态迅速大量形成,使稳定晶型的晶核逐渐形成结晶(核)。此外,酱料还会出现程度不同的黏度增稠和流动性降低的现象。

第三阶段:巧克力酱料的温度从27℃回升到29~30℃,这时酱料内出现多晶型状态,提高温度的作用是使熔点低于29℃的不稳定晶型重新熔化,把稳定的晶型保留下来。

(7)成型。巧克力品种繁多,成型方式则根据产品各自特点而定。成型方式有浇模成型、涂衣成型等。

浇模成型是把液态的巧克力物料浇注入定量的模盘内,移去一定的热量,使物料温度下降至可可脂的熔点以下,使油脂已经形成的晶型按严格的结晶规律排列,形成致密的质构状态,产生明显的体积收缩,变成固态的巧克力,最后从模型内顺利地脱落出来。其工艺过程一般为:

$$\boxed{液态巧克力酱料}\rightarrow\boxed{巧克力模盘}\rightarrow\boxed{冷却固化}\rightarrow\boxed{脱模}\rightarrow\boxed{成品巧克力}$$

浇模成型时的物料温度是成型的重要条件。料温是调温后物料的最终温度也是浇模的起始温度,料温的提高会破坏已形成稳定晶型的油脂结晶,料温下降则物料变稠厚,浇模时分配困难,物料内气泡难排除。因此,成型中物料应始终保持正确的温度以及较小温度变化。

物料黏度是成型过程另一重要因素,物料黏度的高低直接影响其流散性和分散性,必须经常测试并加以调节,以利于生产的正常进行。

巧克力物料浇注入模后,放置于 8~10℃的冷却室内,巧克力从开始温度降至 21℃,约需 5 min。然后再降至 12℃,又约需 21 min。总的时间需 25~30 min。冷却速度主要取决于三个基本因素:冷却温度、冷却方式和模块的形状。

涂衣成型,就是在一种可食的心子外面涂布一层均匀的外衣,变成一种具有双重性质的食品。由于涂衣是巧克力,所以,这样的制品即称为夹心巧克力。用这种生产方式几乎适用于所有可定型芯体的制品。因此,其花色品种更为繁多。涂衣成型的生产过程一般包括以下四个工序:

①巧克力酱料的熔融和调温,可供涂衣成型,要求有较好的流散性及适宜的黏度;

②糖果和甜食芯体的制备,温度低于巧克力酱料 5℃为宜;

③在芯体表面涂布或吊排巧克力酱料;

④冷却凝固成型。冷却温度 7~12℃,风速≤7 m/s,时间 15~20 mim。

(8)包装。包装要求严格,要能起到防热、防水汽、防香味逸出、防油析出、防虫蛀及霉变、防污染,包材一般选用无毒、结实、具有抗拉强度,对光、热及湿度有一定的阻挡能力、隔热及防水的铝箔、塑料复合膜等材料。

(9)成品巧克力的贮藏条件:温度 10℃左右,RH≤50%。

七、感官评定

色、香、味、形是食品的质量指标之一,这些指标即是食品的感官指标。同学们可以根据巧克力及巧克力制品感官评定表(见附表)对实验产品进行感官评定,并记录在表 2-8-3 中。

提示:由于各组实验设计的配方有所差异,可以把其他实验组的巧克力及巧克力制品一起进行感官评定,评价效果会更好。

表 2-8-3　实验巧克力及巧克力制品评分表

评价小组	评价项目					综合评分
	色泽	香气	滋味	形体	质构	
A						
B						
C						
D						

八、考核形式

考核:现场提问、分析问题、解决问题。

九、实验报告要求

(1)每人提交一份实验报告。

(2)严格按照实验步骤注意记录实验数据,分析实验结果。

(3)指出实验过程中存在的问题,并提出相应的改进方法。

十、思考题

(1)生产巧克力及巧克力制品关键控制环节有哪些,为什么,应该如何控制?

(2)通过本次实验,你对自己生产出的巧克力或巧克力制品如何评价? 自己的配方及工艺技术有哪些创新或不足,应该如何改进?

(3)通过本次实验,请思考家庭制作和企业生产巧克力及巧克力制品的有哪些区别?

(4)通过本次实验,对巧克力及巧克力制品生产工艺设计性实验的开展,有哪些建议或意见?

附表　巧克力及巧克力制品感官评定表[①]

总分	扣分	得分
色泽(10 分)		
色泽符合品种的要求并均匀一致	0	10
巧克力制品中外衣中某一色泽太浅或太深	1	9
巧克力及巧克力制品切开后层次不明	2	8
色泽不一致(指在一块巧克力及巧克力制品中)	2	8
巧克力及巧克力制品色泽不符合要求	4	6
色泽太浅或太深	6	4
香气(20 分)		
香气宜人,浓淡适宜,与品种要求符合	0	20
香气较淡	2	18
香气较浓	2	18
香气太浓,浓得触鼻刺眼	5	15
香气太淡,淡得缺乏香气	5	15
香气不纯净	6	14
香气不纯有异味	10	10
滋味(40 分)		

续表

总分	扣分	得分
滋味甜度适中,并完全符合该品种的质量要求	0	40
甜味太低,吃在嘴里缺乏甜	10	30
甜味太高,甜的腻味	10	30
代可可脂有点皂化味	20	20
有不属于巧克力或巧克力制品的外来怪味	30	10
形体(15分)		
体积与容积完全符合该品种的质量要求	0	15
有软塌现象	3	12
有收缩现象	4	11
涂层有破损现象	4	11
有变形现象	5	10
呈软塌或收缩或变形状态	8	7
质构(15分)		
组织细腻、体态滑润,无颗粒及明显的冰结晶	0	15
表面有油脂析出	8	7
组织状态过于坚实、口感粗糙	10	5
有肉眼可见的杂质、砂粒感强	12	3
质地过黏,质点过小或小粒的比例过多,口感黏稠糊口	12	3

① 感官评分90分以上为特级品,80~90分为一级品,70分以下为不合格产品。

实验二　软糖制作工艺

一、实验目的

(1)了解掌握软糖生产的基本原理。

(2)掌握软糖生产工艺的全过程。

(3)学会并掌握软糖产品配方的计算方法。

提示:本实验可作为设计性实验组织教学。

二、主要实验器材

1. 实验设备及仪器

化糖设备、熬煮设备、冷却设备、成型包装设备;电子天平、胶体磨、低温冰柜、温度计、糖度计、热水器、不锈钢桶、不锈钢筛、吸耳球、烧杯、量筒、玻璃棒等玻璃仪器。

2. 实验原料

糖类(砂糖、淀粉糖浆、转化糖浆等),凝胶剂(淀粉或变性淀粉、琼脂、果胶、明胶等)、食用淀粉,柠檬酸,柠檬酸钠,植物油,香精色素,内包装外包装材料、果汁果酱等其他配料。可根据设计的配方,向所在实验室提前申请。

提示:学生小组选择原料后,要了解各原料中糖及固形物组成,以便于后面配方的设计及计算。

三、设计指标

制作出的软糖产品应达到表2-8-4要求:

表2-8-4 软糖产品设计指标及要求

项目	指标						
	植物胶型	动物胶型	淀粉型	混合胶型	夹心型	其他胶型	包衣、包衣抛光型
干燥失重(g/100g)≤	18.0	20.0	18.0	20.0	18.0	20.0	合主体糖果的要求
还原糖(以葡萄糖计)(g/100g)≥			10.0				

注 夹心型凝胶糖果的还原糖以外皮计。

四、实验要求

(1)要求学生首先查阅资料,搞清楚软糖生产的不同原料,软糖组织结构有何特点,在加工中如何形成,熟悉软糖的制作工艺过程,了解其相关的机械设备。

(2)学生自己设计软糖的配方和生产工艺。按5~8人为一实验小组,学生自己在老师的指导下拆装、调试生产设备。各实验小组根据软糖生产的技术原理、指标要求及影响因素,自己制定软糖生产工艺,产品配方,自己制作软糖。各实验小组要提前一星期,把自己制定软糖的生产工艺,所需工具,产品配方报实验室老师,由实验室老师准备、购买。

(3)实验前,由指导教师安排实验任务,讲解实验卫生和安全注意事项、实验原理,示范实验设备操作并教会学生正确操作。实验过程中指导教师只对关键工序进行指导,并及时纠正学生可能影响人身安全的错误操作。

(4)要求学生在实验过程中严格按照实验规范和卫生标准进行,加强食品质量与安全意识。

五、参考工艺流程

配方设计 → 原料称量 → 物料的预处理 → 溶化 → 熬煮 → 调和 → 浇模成型 → 干燥 → 拌砂 → 再干燥 → 包装 → 成品

六、操作要点

（1）根据各种原材料的成分按实验目标计算各原料的含量，即设计配方。

（2）淀粉软糖操作要点：

①熬糖。一般要求砂糖与淀粉糖浆及变性淀粉的比例为45∶45∶10，熬糖要注意加水量，水不仅要使淀粉变成糊，还要使淀粉变成网状结构的凝胶体，使糖和水充分吸附在网隙间，所以需要充分的水，如水量过少，制品坚硬；如加水过多，熬糖费时较长，也浪费燃料，且使制品色深，因配方中使用淀粉糖浆，需把淀粉糖浆中的水分计算在内，一般常压熬煮糖的加水量为干变性淀粉的 8 ~ 10 倍，高压蒸汽熬煮糖的加水量为淀粉的 1.1 ~ 1.8 倍。

按配方规定将砂糖和淀粉糖浆过80目不锈钢筛后，置于带有搅拌器的熬糖锅内，加入 2/3 的水量；用剩余水量把干变性淀粉调成淀粉浆，慢慢将淀粉浆过筛加入熬煮锅中，添加的速度不要引起熬煮物沸腾中断，边熬煮边搅拌，搅拌速度为 26 r/min；当熬至糖浆最终总固形物 70% 左右时，加入色素、香精、酸或调味料的溶液，即到达终点。此外，也可在热蒸汽管道内在加压的条件下熬糖，可以缩短熬糖周期。

②浇模成型。先用淀粉制成模型（即粉模），制模型用的淀粉的含水量为 5% ~ 8%，粉模温度最好保持 37 ~ 49℃；再待熬煮物料温度降为 90 ~ 93℃ 之后，浇注入粉模中成型，浇注温度为 82 ~ 93℃。

③干燥、拌砂、再干燥。浇模成型的淀粉软糖，含水量一般在 25% 左右，需要经干燥过程以除去其部分水分。烘房的干燥温度与通风条件是影响干燥速度和软糖品质的重要因素。在烘房中干燥分为两个阶段进行：第一阶段干燥温度为 60 ~ 65℃，相对湿度70% 以下，在通风良好情况下经过 46 ~ 50 h 即可脱去大部分水分。

前期干燥脱除的主要是游离水，水分的转移情况如下：模粉内的水分不断蒸发和扩散；软糖表面的水转移到模粉内；软糖内部的水分不断向表面转移。在干燥过程中，软糖内会产生大量的转化糖。

将干燥到一定程度的软糖，取出后消除表面的余粉，拌上细砂糖，再进行第二阶段干燥，温度为 50℃ 左右（降温干燥是为了防止结皮），以进一步脱水，拌砂后的干燥是脱去多余的水分和拌砂过程中带来的水汽，以防止糖粒的黏连。当干燥至软糖水分不超过 8%，还原糖为 30% ~ 40% 时，此时糖粒表面不互相黏连，即可结束干燥过程，通常时间需要24 ~ 72 h。

④包装。干燥到适度的淀粉软糖须立即包装，以防污染或受潮发霉，包装一般内衬用糯米纸，外面用透明玻璃纸包装。

（3）果胶软糖操作要点：

①原料要求：果胶软糖的基本原料与其他软糖相似，采用砂糖、葡萄糖浆、水果香精、色素和酸性添加物，不同的是采用果胶作为凝固剂。果胶是一种多糖物质，平均分子量在 50000 ~ 150000 之间，果胶一般从柑橘类果皮和苹果酱内提取，它在植物内起强劲的细胞间

凝结作用,果胶种类繁多,一般用于果胶软糖的是高甲氧基慢凝性果胶。这类果胶有一大特点,它允许有相当长的浇模时间,而在可溶性固形物高的情况下不会发生早发凝固,一般用量为 1% ~ 2% ;

②制作方法和注意事项:加工果胶软糖的先决条件是果胶在加入之前必须充分溶解形成果胶溶液。溶解果胶的最简单方法是采用高速混合机。经混合机的剪切效应,果胶成为 4% ~ 8% 的溶液。另一种溶解方法是先把果胶砂糖混合体与水混合分散。为确保充分溶解,混合物可煮沸 1 min,得到 4% 的果胶溶液。溶解的果胶可以在加工过程中任何阶段加入。

选择好正确的配方之后,掌握加工过程可以从下述工艺要求考虑:时间、pH 值、可溶性固形物。这三者是互为连贯,加工时必须加以有效的平衡和控制。

时间包括两个方面:糖熬煮时间和浇模时间。由于果胶已形成完全溶液,如果熬煮以最短时间进行的话,那么糖的效果为最佳,同时对转化糖的控制也有利,浇模时间也要掌握得好,这是因为酸已经加入,时间过长,再加上温度高,易引起糖的转化。一般浇模应在酸加入后 20 ~ 30 min 内完成。浇模温度不低于 85℃,温度太低易发生早期凝固。

pH 值是个相当重要的因素。熬煮时,pH 值一定要低于 5.0,防止糖焦化和果胶降解,但又必须高于 3.6,防止砂糖的过度转化。要达到这一目的,最安全的办法就是采用缓冲剂,即在 100 kg 成品量内加入 0.4 kg 柠檬酸钠和 0.37 kg 的柠檬酸。加入酸后 pH 值跌至 3.2 ~ 3.6,浇模成型时,正好是糖凝固范围。但须注意,酸类物质必须以溶液状加入。

可溶性固形物与 pH 值关系密切,这两者是糖体凝结好坏的决定性因素。一般来说,浇模时固形物在 78% 左右,pH 3.2 ~ 3.6,为最理想的浇模条件。

总之,糖的凝固取决于糖介质中固形物和 pH 的恰当平衡。在一定的范围内固形物的减少有可能通过 pH 值的降低而得到补偿。反过来亦是这样。而时间又与凝固发生的温度有关。一般来说,浇模温度较高,那么在特定的 pH、可溶性固形物条件下,允许用较长的时间浇模,或者允许以同样的时间,在更低的 pH 或更高的固形物条件下浇模。较低温度下浇模时,为了避免早期凝固,一般需要减少可溶性固形物,或在产品内产生较高的 pH。这些变化导致浇模之后凝固时间延长。目前生产果胶软糖均采用间歇法生产。因为间歇生产便于控制上述诸因素之间的关系。

③从加工角度来看,果胶软糖比淀粉软糖容易加工,生产周期也短。果胶软糖与淀粉软糖加工的不同在于果胶软糖在注模成型中不需干燥而直接拌砂。

(4)琼脂软糖操作要点:

①浸泡琼脂:将选好的琼脂浸泡于冷水中,用水量约 20 倍,视琼脂质量而不同。为了加快溶化,可加热至 85 ~ 95℃,溶化后过滤。

②熬糖:砂糖与淀粉糖浆的比例,依切块成型或浇模成型而不同。切块成型的淀粉糖浆的用量高,浇模成型的砂糖用量多。也可用饴糖取代淀粉糖浆。

先将砂糖加水溶化,加入已溶化的琼脂,加热熬至 105 ~ 106℃,加入淀粉糖浆,再熬至所需要的浓度为止,浇模成型的软糖出锅浓度应在78%～79%;切块成型的出锅浓度可略低些。

③调色、调香、调酸:待糖液撤离火源后,加入色素和香料。当糖液温度降至76℃以下时投入柠檬酸。为了保护琼脂不受酸的分解,可在投酸前加入相当于加酸量五分之一的柠檬酸钠作为缓冲剂。琼脂软糖的酸度以控制在pH 4.5～5.0为宜。

④成型:包括切块成型或浇模成型。在切块成型之前,需将糖液在冷却台上凝结,凝结时间为0.5～1 h。而后切块成型。

对于浇模成型的,粉模温度应保持32～35℃,糖浆温度不低于65℃。浇注后需经3 h以上的凝结时间。凝结温度在38℃左右。

⑤干燥和包装:成型后的琼脂软糖,还需进入烘房干燥以脱除部分水分。烘房温度以26～43℃为宜。温度过高、干燥速度过快会使软糖外层成硬壳,表面皱缩。当干燥至不黏手,含水量不超过20%为适宜。为了防霉,对琼脂软糖必须严密包装。

七、感官评定

色、香、味、形是食品的质量指标之一,这些指标即是食品的感官指标。同学们可以根据软糖感官评定表(见附表)对实验产品进行感官评定,并记录在表2－8－5中。

提示:由于各组实验设计的配方有所差异,可以把其他实验组的软糖一起进行感官评定,评价效果会更好。

表2－8－5　实验软糖评分表

评价小组	评价项目					综合评分
	色泽	香气	滋味	形态	组织	
A						
B						
C						
D						

八、考核形式

考核:现场提问、分析问题、解决问题。

九、实验报告要求

(1)每人提交一份实验报告。

(2)严格按照实验步骤注意记录实验数据,分析实验结果。

(3)指出实验过程中存在的问题,并提出相应的改进方法。

十、思考题

（1）生产软糖关键控制环节有哪些，为什么，应该如何控制？

（2）通过本次实验，你对自己生产出的软糖如何评价？自己的配方及工艺技术有哪些创新或不足，应该如何改进？

（3）通过本次实验，请思考家庭制作和企业生产软糖有哪些区别？

（4）通过本次实验，对软糖生产工艺设计性实验的开展，有哪些建议或意见？

附表　软糖感官评定表[①]

总分	扣分	得分
色泽（10 分）		
色泽符合品种的要求并均匀一致	0	10
外衣中某一色泽太浅或太深	1	9
切开后层次不明	2	8
色泽不一致（指在一块糖果中）	2	8
色泽不符合要求	4	6
色泽太浅或太深	6	4
香气（20 分）		
香气宜人，浓淡适宜，与品种要求符合	0	20
香气较淡	2	18
香气较浓	2	18
香气太浓，浓得触鼻刺眼	5	15
香气太淡，淡得缺乏香气	5	15
香气不纯净	6	14
香气不纯，有异味	10	10
滋味（40 分）		
滋味甜度适中，并完全符合该品种的质量要求	0	40
甜味太低，吃在嘴里缺乏甜	10	30
甜味太高，甜的腻味	20	20
有不属于软糖的滋味及怪味	30	10
形态（15 分）		
形态完全符合该品种的质量要求	0	15
稍微有变形现象	3	12
表面不光滑、边缘不整齐	4	11
块形不完整、有破损、裂缝或缺角现象	5	10
有明显变形现象	5	10

总分	扣分	得分
有明显变形、黏连现象	10	5
组织(15分)		
组织完全符合该品种的质量要求	0	15
植物胶型软糖糖体略暗,或表面略有大小不均匀的砂粒	5	10
植物胶型软糖糖体粘牙、无弹性、有硬皮	10	5
淀粉型软糖表面略有大小不均匀的砂粒或熟淀粉	5	10
淀粉型软糖口感不韧软,粘牙	10	5
夹心型及包衣型软糖表面光亮不足	5	10
夹心型、混合型及其他型软糖没有弹性及咀嚼性	10	5
有肉眼可见的杂质	12	3

① 感官评分90分以上为特级品,80~90分为一级品,70分以下为不合格产品。

实验三　果脯加工

一、实验目的

(1) 掌握果脯加工的基本过程。

(2) 掌握苹果果脯,柿脯和山楂蜜饯的生产技术。

(3) 熟悉糖渍的方法以及糖渍设备的使用方法。

提示:本实验可作为综合性实验组织教学。

二、主要实验器材

1. 设备器具

不锈钢锅、真空渗渍罐、鼓风干燥箱、真空包装机、电子秤、电炉或加热设备、手持折光计等。

2. 材料

苹果(或柿、或山楂)、白砂糖、柠檬酸、$CaCl_2$、$NaHSO_3$等。

三、实验要求

(1)要求学生首先查阅果脯国家标准等资料,复习不同原料果脯生产工艺相关内容,了解果脯原料的加工特性和主要营养成分。

(2)实验前期阶段由指导教师安排实验任务,讲解实验卫生和安全注意事项、实验原理、工艺操作要点,示范实验设备操作并教会学生正确操作。

（3）实验时可按 5～8 人为一实验小组进行。各实验小组在教师指导下自行完成实验任务。指导教师对关键工序进行必要的指导，并及时纠正学生可能出现的错误操作。

（4）本实验执行 SB/T 10085—1992《苹果脯》标准，其他果脯可参照执行。

四、实验项目

1. 苹果脯

原料预处理 → 去皮、切分、去籽巢 → 硫处理和硬化 → 糖煮 → 糖渍 → 烘干 → 整理包装 → 成品

2. 柿脯

原料预处理 → 脱涩 → 去皮、切分、去蒂 → 漂洗 → 真空渗糖 → 烘烤与涂膜 → 整理包装 → 成品

3. 山楂蜜饯

原料处理 → 洗涤、去核 → 糖煮 → 糖渍 → 浓缩 → 装罐 → 杀菌冷却 → 成品

五、操作步骤与要求

1. 苹果脯

（1）原料选择：选用果形圆整、果心小、肉质疏松和成熟度适宜的原料，如红玉、国光、富士等。

（2）去皮、切分、去籽巢：用手工或机械去皮后，挖去损伤部分，将苹果对半纵切，再用挖核器挖掉籽巢。

（3）硫化与硬化：将果块放入 0.1% 的氯化钙和 0.2%～0.3% 的亚硫酸氢钠混合液中浸泡 4～8 h，固液比为（1.2～1.3）:1，进行硬化和硫处理。肉质较硬的品种只需硫处理。浸泡后捞出，用清水漂洗 2～3 次备用。

（4）糖煮：40% 的糖液 25 kg，加热煮沸，倒入果块 30 kg，旺火煮沸后添加上次浸渍后剩余糖液 5 kg，煮沸。如此重复三次，需 30～40 min，以后每隔 5 min 加糖一次。前两次分别加砂糖 5 kg，第三、第四次加入 5.5 kg，第五次 6 kg，第六次 7 kg，各煮 20 min。果块透明即可出锅。

（5）糖渍：趁热起锅，将果块连同糖液倒入缸中浸渍 24～28 h。

（6）烘干：于 60～66℃下烘烤 24 h。

（7）整理包装：烘干后用手捏成扁圆形，剔除黑点、斑疤等再用真空包装机包装。

（8）质量要求：浅黄色至金黄色，具有透明感；呈碗形或块状，有弹性，不返砂，不流糖；甜酸适度，具有原果风味。含水量 18%～20%，总糖含量 65%～70%。

2. 柿脯

（1）原料选择：选用七八成熟，果皮呈橘黄或橙黄色，果肉较硬的鲜柿为原料。

（2）脱涩：目前多采用 CO_2 脱涩或温水脱涩两种方法。也可以采用冷冻、解冻交替进行的方法脱涩，这种方法制品不易复涩，而且更易渗糖。

（3）漂洗：切分后的柿片应立即投入0.2%的柠檬酸水溶液中漂洗。

（4）真空渗糖：分三次抽空处理，糖液浓度分别为20%、49%、60%，抽空5 min，真空度93.3 kPa，而后破除真空度，浸渍12 h。为防止制品返砂，所用砂糖最好预先经过转化糖液等量混合所得。涂膜后再烘烤4~5 h，至不粘手为止。

（5）烘烤与涂膜：于55~60℃下烘烤24 h，然后涂膜，涂膜液为2%的果胶与60%的转化糖液等量混合所得。涂膜后再烘烤4~5 h，至不粘手为止。

（6）包装：柿脯包装采用真空或充氮包装更佳。

（7）成品规格：含水量20%~22%，含糖量60%~65%。

3. 山楂蜜饯

（1）糖煮：成熟度低，组织致密的山楂，用30%的糖液在90~100℃温度下煮2~5 min；成熟度高，组织较疏松的山楂，用40%的糖液在80~90℃下煮1~3 min。煮至果皮出现裂纹、果肉不开裂为度。固液比为1.0:1.5。

（2）糖渍：将糖煮后的山楂捞出，在50%的糖液中浸渍18~24 h。

（3）浓缩：将果实连同浸渍液一起煮沸15 min，按100 kg果加15 kg糖，浓缩至沸点温度104~105℃（含糖达60%以上）时即可出锅装罐。

（4）装罐、杀菌冷却：沸水杀菌15 min，冷却至40℃即可。

六、结果与分析

（1）工艺参数与工艺条件记录。结果填入表2-8-6~表2-8-8。

表2-8-6　苹果脯工艺参数记录

糖煮次数	加糖量（kg）	糖液浓度（%）
开始糖液		
第一次加糖		
第二次加糖		
第三次加糖		
第四次加糖		
第五次加糖		
第六次加糖		

注　糖液浓度可用手持糖度计进行测量，也可用其他方法测量。

表2-8-7　柿脯工艺参数记录

真空渗糖次数	糖液浓度（%）	真空度	抽空时间
1			
2			
3			

表 2 - 8 - 8   山楂蜜饯工艺参数记录

工艺条件	糖液浓度(%)
糖煮	
糖渍	
浓缩结束后	

(2)对产品进行感官评定。

(3)对相关问题进行分析讨论。

七、思考题

(1)生产果脯时,有哪些糖渍的方法? 比较它们的优缺点?

(2)果脯成品色泽偏深的原因是什么? 怎样防止?

实验四   海产品的干制加工工艺

实验(一)   鱼干片的加工

一、实验目的

(1) 了解干制海产品的一般生产工艺过程。

(2)熟悉鱼干片加工的材料前处理和烘烤设备的操作原理。

(3)掌握干制海产品的真空包装技术。

提示:本实验可作为综合性实验组织教学。

二、主要实验器材

1. 实验仪器和设备

电热恒温鼓风干燥箱,真空包装分口机,电热恒温水浴锅。

2. 实验材料

鲨鱼;香料:茴香,甘草,花椒,桂皮,红辣椒粉,丁香;调味:味精,盐。

三、实验配方

调味液配方:取茴香、甘草、花椒、桂皮各 20 g,红辣椒粉 150 g,丁香 50 g,洗净加水 9 L 煮剩 3.3 L 左右,用纱布过滤,去渣制成香料水。然后将香料水放在锅内,加入适量白糖,加味精调味,搅匀放冷后加入黄酒备用。

四、工艺流程

原料预处理 → 脱色 → 浸酸 → 漂洗 → 腌制调味 → 烘烤 → 真空包装 → 成品

五、实验要求

（1）要求学生首先复习食品工艺学的干制原理及其影响因素的重要内容，了解干制海鱼片的加工特性和主要营养成分。

（2）实验前，由指导教师安排实验任务，讲解实验卫生和安全注意事项、实验原理、工艺操作要点，示范实验设备操作并教会学生正确操作。

（3）实验时可按 5~8 人为一实验小组进行。各实验小组在教师指导下自行完成实验任务。指导教师对关键工序进行必要的指导，并及时纠正学生可能出现的错误操作。

（4）本实验鱼干片采用真空包装，产品规格、配方尽量按标准要求执行。

六、操作步骤与要求

1. 原料鱼的选择及处理

本实验选取新鲜鲨鱼剖腹去内脏，洗净腹腔后去皮，分割切成块状净鱼肉，取大块鱼肉（3 kg）切成 3 cm×3 cm×0.3 cm（长×宽×厚）的薄片，再将鱼片置于清水中浸泡 10 min，重复几次直至血水充分渗出，若鱼肉颜色较深，可用 5% 浓度的盐水漂洗 5~10 min。

2. 酸浸

酸浸的目的是去除鲨鱼肉的脲臭。将鱼片放在耐酸容器内，加入其重量的 1.5%~2% 的食用醋或者冰醋酸 0.5%~0.7%（用一倍量清水稀释），边加边搅拌，至鱼肉均匀受酸后浸渍 30 min 左右即脱去氨味，使 pH=5~6 为止。

3. 漂洗

浸酸后的鱼肉，用大量清水漂洗脱酸，直至接近中性为止，离心或用重力压榨法脱水，使鱼肉内容易吸收调味液。

4. 腌制调味

取适量按调味液配方制作好的调味液，将脱水后的鱼肉片浸渍其中 2 h 左右，捞起沥干。

5. 烘烤

将沥去调味液的鱼肉片平整地放在模板上，片与片之间不要相连，然后送入鼓风干燥箱中，控制一定的温度（50 ℃，60 ℃，70 ℃，80 ℃）和烘烤时间（1 h，2 h，3 h，4 h），并在烘烤期间翻动鱼片 2~3 次。

6. 鱼干片冷却后装入包装袋，真空包装即为成品。

七、实验记录、结果计算与品评讨论

观察不同烘烤时间和烘烤温度下的鱼干片,选择相应的干燥效果填入表2-8-9(干燥效果:湿,较湿,稍干,干,干硬,外焦内湿,焦硬)。

表2-8-9 鱼片干在不同干燥条件下的干燥效果

干燥时间(h)	1	2	3	4
50℃				
60℃				
70℃				
80℃				

最佳干燥效果是:温度_____,时间_____。

八、注意事项

(1)鱼干片大多是选用大型的低值鱼或其他鱼肉为原料,选取适当的鱼类有利于提高成品品质。

(2)需要明确各种海鱼的生活环境或者生物结构的不同,选择正确的漂洗去杂味的方法。

(3)由于大多数的干制海产品都容易吸潮,所以干制成品采用真空包装后应经过严格检查,以确保干制海产品保存良好。

九、考核形式

考核:现场提问、分析问题、解决问题、实验报告。

十、实验报告要求

(1)每人提交一份实验报告。

(2)严格按照实验步骤注意记录实验数据,分析实验结果。

(3)指出实验过程中存在的问题,并提出相应的改进方法。

十一、思考题

(1)以鱼干片的加工工艺为例,说说干制工艺的主要问题有哪些,其核心问题是什么?

(2)一些风味鱼干片久置会有哈喇味或者变软,造成这些品质变化的原因有哪些? 如何防止?

实验(二)　鱿鱼干的加工

一、实验目的

(1)了解干制海产品的一般生产工艺过程。

(2)熟悉鱿鱼干加工的材料前处理和干燥设备的操作原理。

(3)掌握干制海产品的真空包装技术。

提示:本实验可作为综合性实验组织教学。

二、主要实验器材

1.实验设备

热风干燥机,干制海产品水分分析仪,竹签,小刀,自动密封包装仪。

2.实验材料

新鲜鱿鱼,盐。

三、实验配方

盐渍选用盐水:2% ~3%

四、工艺流程

原材料的选择 → 剖割 → 去内脏 → 洗涤 → 干燥 → 包装

五、实验要求

(1)要求学生首先复习食品工艺学的干制原理及其影响因素的重要内容,了解鱿鱼干的加工特性和主要营养成分。

(2)实验前,由指导教师安排实验任务,讲解实验卫生和安全注意事项、实验原理、工艺操作要点,示范实验设备操作,并教会学生正确操作。

(3)实验时可按5 ~8人为一实验小组进行。各实验小组在教师指导下自行完成实验任务。指导教师对关键工序进行必要的指导,并及时纠正学生可能出现的错误操作。

(4)本实验鱿鱼干采用真空包装,产品规格、配方尽量按标准要求执行。

六、操作步骤与要求

1.原料的选择与处理

选择新鲜的鱿鱼按照大小分类,用盐水洗净体表污垢。

2.剖割

将鱿鱼置于处理台上,鱼头向外,腹朝上,将腹腔中心肉面剖开,并随手摘除墨囊,并将头部剖割开。剖割时刀口对准劲端,从水管中心向头和肉腕中央剖切,向左右眼边分别各斜切一刀,割破眼球,排除眼液,有利于干燥。

3. 去内脏

将鱿鱼剖割好,放在木板上摊开腹腔两边肉片,沿腹尾末端向头部方向抓掉全部内脏,但要防止抓掉鳔鞘和嘴。

4. 洗涤

将鱼体放在盐水中盐渍,除去肉面上污物和黏液,再用淡水冲洗去盐。将两片肉面摊开对合叠起,置于洁净容器中沥水待晒。

5. 干燥

将洗净的鱿鱼平整放在铁网上,用竹签固定肉片及头部,放入干燥机中,烘干至四五成干时整形,牵拉肉面及肉腕,使之平展对称呈三角形。边烘干边整形,以保证成品的外观。

6. 包装

成品干透后,按照长度大小进行分级,并及时包装,以免吸潮变质。

七、实验记录、结果计算与品评讨论

抽取足量(20个)的成品进行品评,查阅大量资料,制定品评标准如表 2 - 8 - 10 所示。

表 2 - 8 - 10　鱿鱼干质量评定标准

级别	品质	物理感官	水分	数量
A	优	肉质粉红,明亮平滑,平整对称鲜鱿鱼味,重量>50g	18%～22%	
B	合格	肉质粉红,明亮平滑,一般平整,一般的鱿鱼味,质量:30～50g	17%～23%	
C	不合格	肉质粉红,略亮平滑,外形恶劣,不平整,味劣,质量<30g	<17%或>23%	

仔细观察样品的外观,色泽,风味,并测量水分含量,将数据填入上表。

八、注意事项

(1)鱿鱼干原材料的选择:鱿鱼的新鲜度直接影响到成品的色泽,外观,得率。

(2)鱿鱼干本身营养丰富,但杂质会加快成品变质发霉,所以应充分洗涤处理和控制好水分含量。

九、考核形式

考核:现场提问、分析问题、解决问题、实验报告。

十、实验报告要求

(1)每人提交一份实验报告。

(2)严格按照实验步骤注意记录实验数据,分析实验结果。

（3）指出实验过程中存在的问题，并提出相应的改进方法。

十一、思考题

（1）鱿鱼经过干制加工后，其肉质口感、色泽、耐储性发生怎样的改变？

（2）根据干制加工工艺的特点，分析鱿鱼干易吸潮变质的本质原因。

（3）细说在鱿鱼干加工过程中，其烘干成型过程应注意哪些要点？

实验（三）　紫菜干的加工

一、实验目的

（1）了解紫菜干的一般生产工艺过程。

（2）熟悉紫菜干加工的材料前处理和干燥设备的操作原理。

提示：本实验可作为综合性实验组织教学。

二、主要实验器材

1. 实验仪器和设备

热风干燥机，干制海产品水分分析仪，自动密封包装仪。

2. 实验材料

新鲜紫菜。

三、工艺流程

原料 → 初洗（清洗）→ 切碎、洗净 → 调和 → 制饼 → 脱水 → 烘干 → 剥离 → 挑选分级 → 二次烘干 → 挑选分级 → 包装

四、实验要求

（1）要求学生首先复习食品工艺学的干制原理及其影响因素的重要内容，了解紫菜干的加工特性和主要营养成分。

（2）实验前，由指导教师安排实验任务，讲解实验卫生和安全注意事项、实验原理、工艺操作要点，示范实验设备操作并教会学生正确操作。

（3）实验时可按5～8人为一实验小组进行。各实验小组在教师指导下自行完成实验任务。指导教师对关键工序进行必要的指导，并及时纠正学生可能出现的错误操作。

（4）本实验紫菜干采用真空包装，产品规格、配方尽量按标准要求执行。

五、操作步骤与要求

（1）初洗：将从海区采收回的紫菜放入洗菜机里，用天然海水清洗，除去紫菜上所附着

的泥沙,洗涤时间一般依紫菜的老嫩而定。幼嫩的早期紫菜一般不必洗很长时间,只要十几分钟即可;中、后期收割的紫菜较老,并附有很多硅藻,初洗的时间可延长些,这样还有利于藻体的软化,所以需清洗30 min左右。另需引起注意的是,用自来水清洗会导致紫菜中氨基酸、糖等营养成分的损失,并影响紫菜叶状体的光泽和易溶度。

(2)切碎和洗净:将初洗后的紫菜输送入紫菜切碎机切碎,一般幼嫩的紫菜应使用孔径大、刀刃少的刀具,并切得粗一些,叶质硬的老紫菜则相反。切菜时,刀刃应锋利,否则会造成紫菜拧挤,原生质流失而导致紫菜光泽的下降和营养成分的流失。切碎的紫菜直接送入洗净机,用8~10℃的淡水洗,洗净附着的盐分和泥沙杂质。在新的紫菜加工设备中,切碎机和洗净机组合成一台整机,称为混成机。

(3)调和:紫菜的调和由调和机和搅拌水槽共同完成,首先由调和机调节菜水混合液的菜水配比,为满足加工工艺对制品厚薄的要求,水的用量为1张紫菜饼需1L水,经调和机调和后送入搅拌水槽进行充分搅拌,使紫菜在混合液中分布均匀,以保证制饼质量。在这一工序中水温一般控制在8~10℃,水质采用软水为宜。

(4)制饼:由制饼机完成,先在塑料成形框中自动置入菜帘,进入成形位置时,框即闭合,并夹紧放在底架上的菜帘,由料斗向框内注入原料混合液,使之在菜帘上均匀分布,每个塑料框就是一张紫菜,一般来说,制饼机的生产能力为2800~3200张/h。

(5)脱水:将装有菜饼的菜帘一层一层叠起,放入离心机中离心脱去水分。

(6)烘干:采用热风干燥方式,将脱水后的菜饼和菜帘一起放入烘干机内烘干,温度控制在40~50℃,从原料入口到成品出口运行的时间为2.5 h左右,一般幼嫩的紫菜干燥温度可低一些,时间可长一些,而老的紫菜则相反。

(7)剥菜:将烘干后的干紫菜饼从菜帘上剥离下来,由于烘干后紫菜饼与菜帘附着得较紧密,所以剥离工作需小心谨慎,不要撕破或损坏其形状,以免影响成品的质量。

(8)挑选分级:干紫菜的商业价值有四项指标:颜色、光泽、香味和易溶度,必要时还要进行烤烧来判断其质量的优劣,而企业一般都是根据干紫菜的颜色、光泽、形状来进行分级的,对于混有硅藻和绿藻等杂质的紫菜要另行确定等级,剔除混有沙土、贝壳、小虾和其他碎屑的紫菜,挑出有孔洞、破损、撕裂和皱缩的干紫菜。由于紫菜质量优劣之间价格相差多达几倍以至数十倍以上,所以必须十分注意加工质量。目前已有机器可自动挑出有孔洞、破损和皱缩的干紫菜。

(9)二次烘干:为了延长干紫菜的保藏期,可用热风干燥机进行二次干燥。干燥机的温度一般设定为四个阶段,每一阶段有若干级,逐级升温。实际生产时,四个阶段的温度控制在40~80℃,烘干时间为3~4 h,经二次烘干后,干紫菜水分含量可由一次烘干时的10%下降至3%~5%。

(10)挑选分级:要求与一次加工(烘干)后的挑选分级基本相同。

(11)包装:由于二次烘干后干紫菜的水分含量很低,其A_w大大低于空气相对湿度,因而极易从空气中吸收水分,所以二次烘干后应立即用塑料袋包装、加入干燥剂后封口,再将小包装干紫菜放入铝膜牛皮纸袋,封口。为了减少氧化作用,可在袋内充氮气或二氧化碳,然后装入瓦楞纸箱密封。

六、实验记录

仔细观察样品的外观,色泽,风味,并测量紫菜的水分含量。

七、考核形式

考核:现场提问、分析问题、解决问题、实验报告。

八、实验报告要求

(1)每人提交一份实验报告。

(2)严格按照实验步骤注意记录实验数据,分析实验结果。

(3)指出实验过程中存在的问题,并提出相应的改进方法。

九、思考题

(1)紫菜经过干制加工后,其肉质口感,色泽,耐储性发生怎样的改变?

(2)根据干制加工工艺的特点,分析紫菜干易吸潮变质的本质原因。

实验五　　果冻

一、实验目的

(1)掌握果冻制作的基本原理。

(2)掌握果冻加工的基本工艺流程及操作要点。

提示:本实验可作为综合性实验组织教学。

二、实验原理

果冻是采用一种或几种果汁,加入砂糖、有机酸、果胶或食用胶等配料,加热浓缩而成。

本实验是利用山楂中的高甲氧基果胶。分散高度水合的果胶束因脱水及电性中和而形成胶凝体,果胶胶束在一般溶液中带负电荷,当溶液 pH 值低于 3.5,脱水剂含量达 50%以上时,果胶即脱水并因电性中和而胶凝。在胶凝过程中酸起到消除果胶分子中负电荷的作用,使果胶分子因氢键吸附而相连成网状结构,构成凝胶体的骨架。糖除了起脱水作用外,还作为填充物使凝胶体达到一定强度。

三、主要实验器材

1. 设备器具

不锈钢锅、不锈钢盆、细布袋、电子秤、电炉或加热设备、手持折光仪、温度计、榨汁机、果冻自动充填封口机、塑料杯(16~50 mL)等。

2. 材料

草莓或者苹果、白砂糖、柠檬酸、卡拉胶、琼脂、胭脂红、日落黄、柠檬黄、草莓香精、苹果香精、山梨酸钾等。

四、产品配方

草莓果冻:草莓汁20%,白砂糖5%,柠檬酸0.18%~0.2%,果冻粉6%(卡拉胶与琼脂1:1),1%胭脂红溶液0.25%~0.3%,草莓香精0.01%。

苹果果冻:苹果汁20%,白砂糖5%,柠檬酸0.18%~0.2%,果冻粉6%(卡拉胶与琼脂1:1),日落黄溶液0.1%~0.2%和的柠檬黄溶液0.1%,苹果香精0.01%。

五、工艺流程

草莓(苹果) → 清洗、切分、热烫 → 榨汁 → 过滤 → 果汁 → 配料 → 混合 → 浓缩 → 充填 → 封口 → 杀菌 → 检验 → 成品

六、实验要求

(1)要求学生首先查阅果冻国家标准等资料,预习果冻生产工艺相关内容,了解卡拉胶、黄原胶等胶体原料的加工特性。

(2)实验前期阶段由指导教师安排实验任务,讲解实验卫生和安全注意事项、实验原理、工艺操作要点,示范实验设备操作并教会学生正确操作。

(3)实验时可按5~8人为一实验小组进行。各实验小组在教师指导下自行完成实验任务。指导教师对关键工序进行必要的指导,并及时纠正学生可能出现的错误操作。

(4)本实验执行 GB 19883—2005《果冻》标准。

七、操作步骤与要求

(1)草莓(苹果)清洗、切分、热烫、榨汁。

(2)过滤:分别以50目、200目绢布过滤。

(3)配料。

卡拉胶液的制备:先将卡拉胶与等量的白砂糖混合,然后用50~100倍的热水进行溶解,同时加以搅拌,直至得到透明的黏胶液。

　　琼脂液的制备:先用50℃温水浸泡软化,洗净杂质,然后加水(水:琼脂为80:1),再加热溶解。

　　(4)混合:按产品配方,将果汁、白砂糖、柠檬酸、色素、水进行混合,同时调整 pH 为3.0~3.5。

　　(5)浓缩:将混合料加入不锈钢锅内,加热浓缩 15~20 min,当可溶性固形物浓度达68%以上时,按配方迅速加入卡拉胶液和琼脂液,待温度升至 105℃左右出锅。出锅后迅速加入香精,并搅拌均匀。

　　(6)充填、封口:采用果冻自动充填封口机进行,塑料杯的规格为 16~50 mL。

　　(7)杀菌:采用巴氏灭菌,温度80~85℃,时间 10~15 min。灭菌后用冷水喷淋,使果冻表面迅速冷却至 35℃左右(凝胶温度),最后用50℃左右的热风吹干。

　　(8)检验:按产品技术要求进行检验,合格者即为成品。

八、浓缩终点判断

　　(1)折光仪测定法:当可溶性固形物达66%~69%时即达到浓缩终点。

　　(2)温度计测定法:当溶液沸点达 103~105℃时,达到浓缩终点。

　　(3)挂片法(经验法):用搅拌的器具从锅中挑起浆液少许,横置,若浆液呈现片状落下,即为浓缩终点。

九、结果与讨论

　　(1)工艺条件记录:将各工艺条件记入表 2-8-11 中。

表 2-8-11　实验记录

项目		工艺条件
凝胶	采用的凝胶物质	
	添加量	
加糖量		
酸	pH 值	
	加酸量	
浓缩	浓缩温度	
	浓缩时间	
	浓缩终点浓度	

　　(2)按 GB 19883—2005《果冻》的要求对果冻进行感官检验,以及可溶性固形物的检验。

十、思考题

　　(1)果冻胶凝作用受什么因素影响?并作简要分析。

　　(2)通过实验分析,在果冻生产中怎样保证产品的卫生指标?

第三篇　食品工艺生产实训

目前我国食品工业已进入转型升级阶段，食品专业人才的培养质量已不能适应产业发展的需要，人才结构性矛盾突出。教育部明确提出，我国普通本科尤其是新办本科将逐步向本科层次的高等职业教育发展，应用技术型人才的培养将普遍采用校企协同育人模式，工科在校学生要走进生产车间锻炼学习，尽早将技能素质与企业岗位对接。

因此，本篇将易实现、具有一定典型性的真空包装、高压均质、高温瞬时灭菌、喷雾干燥、微波干燥和杀菌等食品共性单元设备操作，以及罐头、饮料、果蔬制品、糖果、水产制品、生鲜食品和粮食制品等常见食品工艺内容编撰成生产实训项目。实训的组织和实施嵌入实际生产过程中的单元操作、工艺组织、品质控制乃至生产全过程，可以加强食品专业化应用技术型人才适应产品开发、生产组织管理和品质控制等方面的核心实践技能的培养。各校可根据各自的专业培养目标，有针对性地选择其中一些实训项目，将其纳入校内开发中心、中试中心以及校外企业实践基地的产品中试和实际生产过程中。

第一章　食品生产中常见共性单元设备操作实训

实训一　软罐头真空包装操作

一、基本原理

真空包装也叫"减压包装"。真空包装对于食品加工的意义在于:迅速降低包装内氧的浓度,防止食品氧化,以降低食品变质的速度,同时抑制好氧性有害生物的生长繁殖,延长食品保质期;真空包装的产品如果再加热杀菌,还有利于热量的传导,避免气体膨胀使包装袋破裂或发生胀罐。值得提醒的是,真空包装不能抑制厌氧菌的繁殖和酶反应引起的食品变质和变色,因此还需与其他加工方法结合,如冷藏、速冻、脱水、高温杀菌、辐照灭菌、微波杀菌、盐腌制等。目前,真空包装主要用于肉类、谷类加工食品以及易氧化变质食品的包装。由于果品属鲜活食品,尚在进行呼吸作用,高度缺氧会造成生理病害,因此,果品类使用真空包装的较少。

真空(或低压)的形成有两种方式:一是靠热灌装或加热排气后密封;二是采用抽气密封,即真空状态下封口。抽真空封口机有多种型号,有手压式的,有立式的,有单室的,有双室的。系列产品有家用真空封口机、外抽式真空封口机等。软罐头真空包装目前应用的包装材质主要是塑料和铝箔,为满足不同的食品和加工工艺的需要,真空包装材料常用双层复合薄膜或三层铝薄复合薄膜制成的三道封口包装袋。封口采用热熔密封,即电加热和加

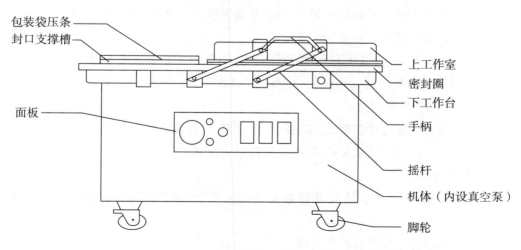

图 3 - 1 - 1　双室真空包装机结构示意图

压冷却时包装袋内层薄膜熔融而密封,关键是合适的封口温度、压力和热封时间。封口的温度、压力和时间视包装袋的构成材料、薄膜的熔融温度、封边的厚度等条件而定。

二、实训目的

(1)了解软罐头真空包装的基本原理及常用真空包装袋的性能。

(2)了解真空包装机的基本构造和维护保养方法。

(3)掌握真空包装机的操作方法。

(4)熟悉真空包装效果的影响因素。

(5)熟悉真空包装质量的检测方法。

三、材料与设备

1. 设备及包装材料

真空包装机,一般复合薄膜袋(例如 PE/PA、PE/PET 袋),复合薄膜蒸煮袋(例如 PA/RCPP、PET/PE、PET/RCPP 袋),复合铝箔袋(例如 PET/AL/RCPP、PA/AL/RCPP、NY/AL/RCPP 袋)。

电子天平、智能电子拉力实验机、砝码。

2. 食品原料

新鲜玉米棒,豆干,卤肉。

四、操作训练

(一)真空封口机的操作方法

1. 真空封口机预热

(1)将真空抽气时间调至 30 ~ 40 s 之间,加热时间 2 s,温度调至 190 ~ 210℃(普通袋)或 220 ~ 250℃(蒸煮袋)。

(2)将机盖压下,真空机开始运转后观察真空表显示 − 0.01 MPa 以下后维持 10 s;若达不到则需将真空抽气时间适当延长;在真空工作的同时,热封变压器工作,开始封口,时间继电器工作,数秒后热封结束。

(3)回气使大气进入真空室,真空表指针回到零,打开真空室盖。

(4)用手摸两边硅胶压条都有热感,并重复空机预热 3 ~ 4 次。

2. 正常工作

(1)将包装袋口整齐摆放在硅胶条上,并用压条钢丝压住袋口(小袋需提升真空室底板)。

(2)按预热操作步骤进行真空封口。

（二）真空封口质量的检验方法

1. 外观检验

包装袋的热封口应平整,不应有皱折及灼化现象。对于良好的封口来说,必须完全熔合,即在袋的内层形成一种完全的黏合,无剥离。封口处不应有油脂、汁液等内容物的污染,用手将内容物挤向封边,不应出现开裂及渗漏现象。

2. 热封口强度实验

在连续封口的包装袋中任取 25 袋,沿包装袋封口的左、右部位各取一条试样,共 50 条试样进行实验。每条试样宽 15mm,与封口长度垂直方向上长 50 mm,180°平展后长度为 100 mm,将封口位于中间的试样两端分别放置在实验机的夹具中。夹具间距离为 50 mm,实验速度为 300 mm/min ±20 mm/min,读取试样断裂时的最大载荷。以所有试样载荷中的最低三个值的平均值作为封口强度值。

一般复合袋的热封口所能承受的拉力不得小于 30 N,蒸煮袋的热封口所能承受的拉力不得小于 45 N。

3. 静压和跌落实验

（1）静压实验:在连续封口的包装袋中任取 25 袋,将实验袋放于两块加压板中,底板上放有试纸。加压板的表面积至少应为实验袋平放投影面积的两倍,其表面应光滑、平整。用砝码逐渐加载到表 3 - 1 - 1 中规定的载荷,保持 1 min,检查包装袋,不应有泄漏现象。

（2）跌落实验:在连续封口的包装袋中任取 25 袋,将实验袋的热合封口朝下,方向与冲击台面垂直,从表 3 - 1 - 1 规定的跌落高度跌落,检查包装袋热合封口,封口应完好无损。

表 3 - 1 - 1　检验真空封口质量的静压和跌落试验条件

包装袋总质量（g）	试验项目	
	静压载荷（kg）	跌落高度（mm）
≤100	20	1200
100 ~ 500	40	1000
500 ~ 2000	60	600
>2000	80	500

（三）食品软罐头真空包装

1. 真空封口操作参数的确定

采用不同的封口温度和热封时间,分别对一般复合薄膜袋、复合薄膜蒸煮袋、复合铝箔袋对空袋进行封口,根据（二）中 1 和 2 的方法对真空封口质量进行检验;以及在相应的封口温度和热封时间下,以水为内容物进行封口,根据（二）中 3 的方法对真空封口质量进行检验。根据上述实验结果,分析讨论对于不同的包装材料适宜的真空封口操作参数。

2. 实际样品包装

分别将新鲜玉米棒、豆干、卤肉装入一般复合薄膜袋、复合薄膜蒸煮袋、复合铝箔袋中,采用适宜的封口温度和热封时间进行真空封口,根据(二)中的方法对封口质量进行检验。

五、思考题

(1)真空封口机操作过程有什么注意事项?

(2)为获得良好的封合质量,在选择真空封口的操作参数时应从哪些方面考虑?

(3)如何对真空封口质量进行检验?

实训二 流态食品的高压均质操作

一、基本原理

均质有粉碎和混合双重功能,其主要目的是使两种不互溶的物料进行密切混合,将一种液滴或固体颗粒粉碎成为极细微粒或小液滴分散在另一种液体中,使混合液成为稳定的悬浮液。当颗粒直径小于液体介质的分子直径时,微粒与分子间将产生分子耦合力,使分离很难发生。均质机广泛用于乳品、果汁、豆浆等的均质处理,能够提高食品的细腻度,改善此类食品的感官品质,防止液状食品的分层。均质有单级均质和双级均质两种方式。通常,单级均质用于低脂产品和高黏度产品的生产;而双级均质用于高脂、高干物质产品和低黏度产品的生产。

高压均质机的主要构件包括:高压柱塞泵、均质阀、冷却水系统、高压压力表和过滤器件等。物料在高压下进入可以调节间隙的阀件时,获得极高的流速,从而在均质阀里形成一个巨大的压力下跌,在空穴效应、湍流和剪切的多种作用下把原先比较粗糙的乳浊液或悬浮液加工成细微分散、均匀、稳定的液—液乳化物或液—固分散物。

非均相流态食品的分散相物质在连续相中的悬浮稳定性,与分散相的粒度大小及其分

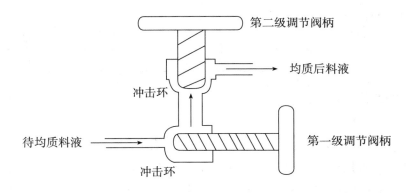

图 3-1-2 双级均质阀工作示意图

布均匀性密切相关,粒度越小,分布越均匀,其稳定性越大。均质效果与均质温度、均质压力和均质次数有关。对于不同的物料,由于其脂肪、蛋白质等组分含量的不同,以及食品体系中其他配料的影响,应采用不同的均质工艺参数。

二、实训目的

（1）了解流态食品高压均质的基本原理。

（2）了解高压均质机的基本构造和常见故障及原因。

（3）掌握高压均质机的操作方法。

（4）熟悉均质效果的影响因素。

（5）掌握均质效果的检测方法。

三、材料与设备

1. 仪器与设备

高压均质机、自分式砂轮磨、胶体磨、生物显微镜、离心机、电子天平。

2. 食品原料

大豆。

四、操作训练

（一）高压均质机的操作方法

1. 实验前

将蒸馏水倒入漏斗中,打开开关,观察出口是否有水流出,若无水流出或很少,通常的原因是有"气泡",可采用以下方法解决,首先,挤压漏斗导管,同时上提漏斗,观察是否有气泡涌出,若故障依旧,需使用特殊工具拔出进料阀。

2. 调节压力

首先,调节二级均质阀,顺时针缓慢转动,当压力表显示 4～15 MPa 时,停止转动,压力值稳定后,调节一级均质阀,顺时针缓慢转动,当压力表显示所需压力时,停止转动。

3. 添加样品

所需压力调节稳定后,等漏斗中的水流至底部时,加入样品,要注意保持漏斗始终有样品（禁止出现空转现象）,同时,在出口接均质后的样品。

4. 实验结束后

首先调节一级均质阀,逆时针缓慢转动,压力显示为二级均质阀压力时,继续逆时针转动半圈即可停止,然后调节二级均质阀,逆时针缓慢转动,调节至"0"。（注:高压均质机的工作压力较高时,直接加压至工作压力或将工作压力直接卸荷至0,必然对设备,特别是均质阀处产生大的压力冲击,将会严重损失设备,并降低设备使用寿命,甚至损坏设备。）

（二）均质效果的检测

1. 感官质量——显微镜法

取少量均质前和均质后的豆奶置于载玻片上,另取盖玻片压在载玻片上以形成乳薄膜,在生物显微镜下观察。

2. 稳定性——离心法

各取 10 g 均质前和均质后的物料于离心管中,4000 r/min 离心 20 min,弃去上部溶液,称量底部沉淀的质量,计算离心沉淀率。

$$离心沉淀率 = 沉淀物质量/样品质量 \times 100\%$$

（三）食品高压均质试验

大豆经烘烤脱皮后,按大豆:水为 1:3 的比例在 0.5% 碳酸氢钠水溶液中浸泡 6 h,然后除去浸泡液并用清水冲洗干净,加入 7 倍的水于自分式砂轮磨中进行磨浆,再用胶体磨进行精磨,得到待均质物料。将待均质物料加热至 40~70℃,均质压力 20~80 MPa 对物料进行均质 1~2 次,检测均质前后的感官质量和物料稳定性。

五、思考题

（1）使用高压均质机有哪些注意事项?

（2）影响均质效果的因素有哪些?

（3）如何评价物料的均质效果?

附录　高压均质机常见故障原因分析

（1）流量不足。原因分析:进料过滤网阻塞;阀有泄漏或密封圈损坏;料液汽化;进料液面过低。

（2）曲轴主轴承温度过高。原因分析:曲轴主轴承装配不良;轴承内进入杂物;轴承间隙太大或进入杂物;均质压力太高。

（3）压力表表针摆动过大。原因分析:泵的阀门泄漏;阀门密封圈损坏;压力表的螺钉阀失调。

（4）柱塞泄漏严重。原因分析:密封圈损坏;装配不良;柱塞磨损。

（5）均质压力过低或无压力。原因分析:泵内有空气;均质阀面泄漏;阀门泄漏;双级均质阀调整不当或弹簧损坏;压力表不准或损坏。

（6）传动箱内有敲击声。原因分析:连杆螺母松动;连杆大头或小头间隙过大;其他运动件连接松动。

实训三　UHT 灭菌操作

一、实训目的

（1）掌握 UHT 设备杀菌原理。

（2）掌握 UHT 设备操作流程。

二、实训原理

蛋白质热变性遵循一级化学反应动力学,即蛋白质热变性速率与温度呈正比。微生物细胞的受热死亡主要与酶失活(蛋白质变性)有关。所以,微生物细胞死亡也遵循一级化学反应动力学,即微生物细胞死亡速率与温度呈正比。其公式如下:

$$t = F \times 10^{\frac{121.1 - T}{Z}} \qquad (3 - 1 - 1)$$

$$F = D \times (1gn - 1gn_0) \qquad (3 - 1 - 2)$$

式中:t——温度为 T 时的热力致死时间;

$\quad\quad F$——121℃下热力致死时间;

$\quad\quad D$——通常为 121℃杀死 90% 微生物所需要的时间,对于特定的对象菌来说通常为常数;

$\quad\quad Z$——全部杀死相同数目某微生物的时间缩短到原来的 1/10 时,需将温度提高的度数值,对于特定的对象菌通常为常数,大多数情况取 $Z = 10$;

$\quad\quad n$——原始对象菌数量,如果样品相同,通常为常数;

$\quad\quad n_0$——食品残存对象菌概率,通过为 10^{-6} 和 10^{-9}。

从热力学致死公式(3 - 1 - 2)不难发现,如果样品相同且食品残存对象菌数量相同的话,因此 F 可以认为为常数(假设杀菌温度恒定)。因此,从公式(3 - 1 - 1)可知,当提高杀菌温度 T 时间,热力致死时间 t 就可以大大的缩短,这也就是 UHT 杀菌的原理。

三、实训材料及设备

1. 实验仪器及设备

UHT 杀菌设备、无菌取样器、微生物培养箱、生物显微镜、托盘天平、分析天平、超净工作台、不锈钢电热鼓风干燥箱、灭菌锅。

2. 实验材料

鲜榨果汁。

四、UHT 设备操作方法

图 3 - 1 - 3 为 UHT 操作示意图(其中阀 6 为流量调节阀,始终处于开启状态)。开启

原料三通阀1(进入至杀菌釜),开启三通阀5(回流方向),原料进入 UHT 设备后,物料在 UHT 设备内运行,当原料槽2中出现物料后,即可以关闭原料三通阀1的原料进口,而使原料槽2中的物料又重新进入杀菌釜循环,维持循环状态,再开动蒸汽阀4(一定要先循环,在开通蒸汽,避免产生"气蚀"现象)。待蒸汽温度达到预定要求后,重启原料三通阀1(进入至杀菌釜),开启三通阀5(至杀菌后成品方向),那么杀菌后的原料与新鲜的原料进行热交换(如图热交换Ⅱ),此时新鲜原料温度升高,而杀菌后的原料降温。降温后的原料再次与自来水发生热交换(如图热交换Ⅰ),从而使得温度再次降低(如果有特殊需要,可以将自来水换成其他的冷却介质,此过程目的是使得原料温度避开30~40℃),从而完成杀菌过程。操作时,特别注意观察蒸汽的压强和温度,避免过高和过低。

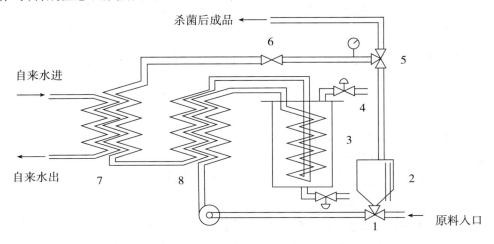

1、5 – 三通阀门;2 – 原料槽;3 – 杀菌釜;4 – 蒸汽入口;6 – 调节阀;7、8 热交换器

图 3 – 1 – 3　UHT 操作示意图

五、实训步骤

待 UHT 设备运行正常后,果汁经过杀菌进入到成品罐。控制阀 5 的大小和调节蒸汽入口阀的大小,即通过控制杀菌釜的压力和温度大小来进行实验。实验步骤如下。

(1)通过调节蒸汽阀的大小,将杀菌釜的温度控制在 85℃,再运行 5 min,然后用无菌取样器取样,取样 3 次;

(2)通过调节蒸汽阀的大小,将杀菌釜的温度控制在 100℃,再运行 5 min,然后用无菌取样器取样,取样 3 次;

(3)步骤同(1)、(2),只是将杀菌釜的温度控制在 121℃。

六、实验记录、结果计算

将实验结果记入表 3 – 1 – 2 中,并计算。

表 3 - 1 - 2   不同杀菌温度指标检测结果

操作方法 指标检测	菌落总数				感官评价	
	1	2	3	平均值	色泽	口感
新鲜果汁						
85℃杀菌						
100℃杀菌						
121℃杀菌						

七、注意事项

（1）初次杀菌后的产品不能直接进入产品槽中,必须回流至原料槽,以确保杀菌效果。

（2）先使物料循环,再开通蒸汽,避免发生"气蚀"现象。

（3）原料必须经过适当的过滤才能进入 UHT 杀菌设备,杀菌后 UHT 设备需经过 CIP 清洗。

八、思考题

（1）对鲜榨果汁进行杀菌,其对象菌一般是什么？评价的依据是什么？

（2）UHT 杀菌相对于低温长时间杀菌有何优势？为什么？

实训四　食品的喷雾干燥操作

一、基本原理

喷雾干燥是采用雾化器将料液分散为雾滴,并用热空气干燥雾滴而完成脱水干燥过程。用于喷雾干燥的料液可以是溶液、乳浊液或悬浮液,也可以是熔融液或膏糊液。干燥产品可根据生产要求制成粉状、颗粒状、空心球或团粒状。

喷雾干燥方法是粉体食品生产最重要的方法。喷雾干燥过程主要包括:料液雾化为雾滴;雾滴与空气接触(混合和流动);雾滴干燥(水分蒸发);干燥产品与空气分离。常用的雾化器有三种:气流式喷雾、压力喷雾和离心喷雾。气流式喷雾动力消耗较大,较少用于大规模生产。在食品干燥中主要采用压力喷雾和离心喷雾方式。喷雾干燥过程物料以雾滴形式完成干燥,雾滴具有极大的表面积,有利于传热传质过程,水分在瞬间除去。雾滴的大小与浆料湿含量、黏度、流量、喷嘴技术参数等因素有关。在干燥室内,雾滴与空气的接触方式有并流、对流和混流三种。当物料的种类和浆液的湿含量已经确定时,通过调节进风量和喷嘴的进风压力或离心雾化器的转速以及浆液的进料速度就能得到理想的喷雾干燥效果。喷雾干燥要求有较高分离效率的气—固混合物分离设备,以免产品损失和污染大气。空气与干燥产品分离方法主要有三种形式:旋风分离器和湿式洗涤塔,可将物料量损失控制在 25 mg/m³ 以下;袋滤器,可将较细的粉料回收,漏入大气中的粉尘极少,一般小于 10 mg/m³;静片除尘器适用于通过气体量大,要求压力降低的场合,其分离率也较高。

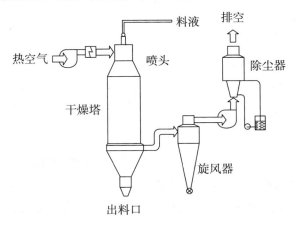

图 3 – 1 – 4　喷雾干燥示意图

二、实训目的

(1)了解喷雾干燥的基本原理。

(2)了解喷雾干燥机的基本构造以及常见问题及原因。

(3)掌握喷雾干燥机的操作方法。

(4)熟悉喷雾干燥效果的影响因素。

(5)掌握喷雾干燥效果的检测方法。

三、材料与设备

1. 设备与仪器

喷雾干燥机、真空旋转蒸发仪、色差计、恒温磁力搅拌器、电子天平、扫描电镜。

2. 食品原料

大豆。

四、操作训练

(一)喷雾干燥机的操作

(1)开机前的准备工作:彻底清除干燥室内及其他系统残留的粉尘,对储料缸、高压泵及其输送管路进行彻底的清洗杀菌,装配好雾化器,搞好设备及环境卫生。

(2)开机。

①将干燥室所有门洞全部关闭,启动进、排风机待运转进入正常,打开进、排风挡板,调

节进、排风量,使干燥室负压维持在98~196 Pa 的负压,开动输粉器、旋风分离器的转动密封阀,自动送粉及冷却器等各部件。

②供汽加热:缓慢地开启蒸汽阀门向加热器供汽,待冷凝水排净后,关闭旁通以使蒸汽通过冷凝汽阀门排出冷凝水,使蒸汽压稳定在要求的数值上。热空气进入干燥室及其系统后,需在95℃的条件下保持10 min,进行灭菌及预热。

③供料喷雾。

(a)压力喷雾:启动高压泵送料至喷嘴,按顺序开阀门,开始喷雾,观察有雾化状态不良的情况时,立即进行调整。

(b)离心喷雾:开动送料泵,先送水至离心转盘进行喷雾,调整泵的流量,待进排风温度达到要求时,正式送浓缩浆料,浆料的泵入量需比水试时稍加大些,观察有雾化状态不良的情况时,立即进行调整。

(3)运行中的操作:最佳工艺条件确定后,操作中必须严格执行,并且保持稳定,才能获得稳定的优质产品。

①运行过程中必须保持进、排风稳定,浆料浓度与温度稳定,雾化状态稳定。一般是采取保持排风温度稳定,对其他因素进行调节的操作,来控制产品质量。

②严格执行卫生制度,避免细菌和外来杂质的污染,以保持成品的卫生指标。

③防止出现断乳或突然的故障,如断水、电、汽或其他故障,避免造成产品质量问题或机器损坏现象。

(4)停机。

需按顺序停机:停高压泵或输料泵→关闭主蒸汽阀门,开旁通阀门排除余汽→拆卸喷枪或离心转盘→停进、排风机→开振荡器敲落干燥室壁上的豆粉使之连续送出→打开干燥室门,人工扫粉或机械扫粉→停机。

(二)喷雾干燥产品质量的检测

1. 感观质量

(1)用感官评价方法对产品的组织状态、色泽、气味进行质量评价。

(2)用色差计测定产品的颜色特性。

(3)用扫描电镜或高放大倍数的显微镜观察喷雾干燥产品粒子的形状和表面形态。

2. 理化特性的检测

(1)水分含量:直接干燥法测定 GB 5009.3—2010《食品安全国家标准·食品中水分的测定》。

(2)堆积密度:将豆粉从漏斗中散落到10 mL 的量筒中,测定10 mL 豆粉的质量,计算其堆积密度。

(3)分散性:在250 mL 烧杯中加入100 mL 去离子水,在恒温磁力搅拌器上搅拌,保持水温25℃,记录从搅拌开始到豆粉完全分散所需的时间。

（三）喷雾干燥法制备豆粉

按照实训项目"实训二　流态食品的高压均质操作"的工艺制备豆乳浆料,用真空旋转蒸发仪浓缩至浆料浓度为8%～20%,调节进风温度140～220℃,热风流量20～40 m³/h,进料量10～20 mL/min,通过视镜观察喷雾情况,及时调整喷雾压力或离心喷雾盘转速在适宜的范围,进行喷雾干燥操作。并对不同干燥工艺条件下制备的产品的感官质量和理化特性进行检测。

五、思考题

（1）使用喷雾干燥机有哪些注意事项?

（2）影响喷雾干燥效果的因素有哪些?

（3）如何评价喷雾干燥产品的质量?

附录　喷雾干燥操作中常见问题及原因

一、压力喷雾

（1）干燥室前壁有严重的黏粉现象。常见原因:进风口处气流调节不合适,或调节装置位置有变化,产生涡流造成;喷枪与前壁距离太近。

（2）干燥室壁上有不均匀的潮粉黏附。常见原因:喷雾角度小,雾滴粗大,雾化不良造成;喷嘴孔径不圆或有缺口,导致乳沟槽表面不光滑,使雾膜厚薄不匀,雾矩偏斜或乳液拉丝,雾化不良造成。

（3）粉体产品水分含量过高。常见原因:浓乳浆料浓度低,高压泵压力低,雾滴粒度大,干燥不充分;进风温度低;排风受阻或相对温度高;空气加热器泄漏,使进风湿度高,蒸发能力下降。

（4）蒸发量降低。常见原因:通过喷雾干燥系统中的空气流速低;进风温度过低;由于设备泄漏,使引进的热风流失和冷空气吸入。

（5）粉体产品中出现焦粉颗粒。常见原因:热风分布器导板的角度不对,涡流使粉体局部受热过度产生焦粉;喷嘴孔径堵塞,使进料量减少,雾膜变薄,进风温度升高;进风温度过高或进料量过低。

二、离心喷雾

（1）干燥室顶部积粉,热风分布器导板的角度不对。

（2）干燥室上部壁上出现潮粉。常见原因:离心盘转速太慢,产生的雾滴粒度过大;浓乳浆料粒度过大或不均匀。

（3）干燥室周围壁上出现潮粉。常见原因:进料过多,过快,蒸发不充分;干燥室预热温度和时间不充分。

（4）干燥室壁上有不均匀的潮粉黏附。常见原因：热风分布不均匀；喷雾器料液分配环的孔洞部分堵塞，致使喷雾不均匀。

（5）粉体产品水分含量过高。常见原因：雾化程度不够充分；进风温度低；排风中相对湿度过高。

（6）雾化器转速降低，而电流增高。常见原因：进料速率过高，导致传动电机超负荷；雾化器和传动电机的机械故障。

（7）雾化器速度不稳，发出波动声响，传动电机的机械故障。

（8）蒸发量降低。常见原因：通过喷雾干燥系统中的空气流速低；进风温度过低；由于设备泄漏引起的热风流失和冷空气吸入。

实训五　微波干燥和杀菌单元操作

一、实验目的

（1）掌握微波设备杀菌原理。

（2）掌握微波设备操作流程。

二、实验原理

1. 微波加热干燥原理

微波是频率在 300 MHz ~ 300 KMHz 的电磁波。被加热介质物料中的水分子是极性分子。它在快速变化的高频电磁场作用下，其极性取向将随着外电场的变化而变化，造成分子的运动和相互摩擦效应。此时微波场的场能转化为介质的热能，使物料温度升高，产生热化和膨化等一系列物化过程而达到微波加热干燥的目的。

2. 微波杀菌机理

微波杀菌是利用电磁场的热效应和生物效应共同作用的结果。微波对细菌的热效应是使蛋白质变性，使细菌失去营养、繁殖和生产的条件而死亡。微波对细菌的生物效应是微波电场改变细胞膜断面的电位分布、影响细胞膜周围电子和离子浓度，从而改变细胞膜的通透性能，细菌因此营养不良，不能正常新陈代谢，细菌结构功能紊乱，生长发育受到抑制而死亡。此外，决定细菌正常生长和稳定遗传繁殖的是核酸（RNA）和脱氧核糖核酸（DNA），是由若干氢键紧密连接而成的卷曲形大分子，足够强的微波可以导致氢键松弛、断裂和重组，从而诱发遗传基因突变，或染色体畸变，甚至断裂。

三、实验材料及设备

1. 实验仪器及设备

带式微波干燥机、不锈钢电热鼓风干燥箱、分析天平。

2. 实验材料

湿度为 30% ~60% 的粉末状或块状物料。

四、带式微波干燥设备操作方法

(一) 准备工作

(1) 检查设备是否完好接地,覆板及机箱是否关好。

(2) 准备好物料或假负载。

(3) 合上总电源空气开关,复位所有开关(急停开关)。

(二) 控制

1. 开机

(1) 打开电源开关,电源指示灯亮,炉门指示灯亮。

(2) 开风机(变压器及磁控管冷却),指示灯亮。

(3) 开传输系统,将传输带调到所需线速度。

(4) 开始加料,把物料均匀摆放在传送带上,送入微波加热箱内。

(5) 打开抽湿系统,将箱内蒸发出来的水分排出。

(6) 开微波,指示灯亮,阳极电流指示(0.25 ~0.3A/每管),微波 1 ~微波 n 为功率调节,可根据各种需要选择功率,开始正常工作。

2. 关机

(1) 关微波。

(2) 待物料出完后关传输系统,关抽湿系统。

(3) 10 ~15 min 后关风机。

(4) 关总电源。

(三) 注意事项

(1) 设备工作时不能空载。

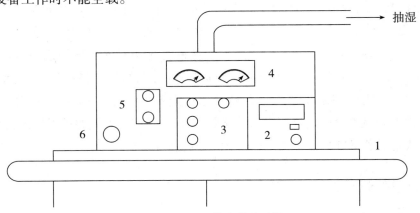

图 3 - 1 - 5 带式微波干燥

1—原料放置片 2—转速调节器 3—微波控制开关 4—电流表 5—抽湿排气开关 6—急停开关

（2）设备运行中不能打开箱门。

（3）金属物不能进入箱内。

五、实验步骤

控制好微波的大小后（即电流大小恒定），通过调节转速来评价微波的干燥性能。

（1）将物料均匀摊开放在传送带上，并控制转送带的转速在 400（r/min），开启微波（微波大小恒定），循环 2 次后，立即将干燥后的物品放入相对湿度 75%，温度 25℃的环境中，待物料冷却至 30℃后，测量其水分大小。

（2）分别将转速调节至 1000（r/min）和 1600（r/min），然后开启微波，步骤如方法（1）。

六、实验记录、结果计算

将实验数据记入表 3－1－3，并计算。

表 3－1－3　　不同转速指标检测结果

操作方法 指标检测	水分含量（%）			
	1	2	3	平均值
转速（r/min）				
400				
1000				
1600				

七、思考题

（1）目前工业中普遍使用的微波频率是多少？与家庭微波使用的频率相比较有何优劣势？

（2）目前工业当中较多采用复合干燥的方式来进行干燥，即鼓风干燥—微波干燥；太阳能干燥—微波干燥，尝试利用已学的食品工程原理知识解释为什么采用这种复合干燥方式？

第二章　食品生产专项实训

实训一　八宝粥罐头生产实训

一、产品行业及生产工艺背景

八宝粥,又名腊八粥,源于腊八节,是我国民间采用多种食材熬制的一种杂粮粥,已有数千年历史。八宝粥的配料丰富,传统配方一般包括大麦米、白云豆、赤豆、绿豆、花生、稻米,也可配之以枣、杏仁、核桃、栗子、莲子、百合、桂圆肉、葡萄干等,具有一定的健脾养胃的作用,广受民众喜爱。

八宝粥罐头是20世纪80年代开发的即食型粥类食品,目前行业年产量已超过100万吨,拥有较大市场。八宝粥罐头生产工艺在我国食品工业装备水平发展过程中经历了生料熬煮到生料装罐、静止式到回转式杀菌的数次技术变革。八宝粥罐头的生产工艺关键技术在于以下几方面:

(1)由于配料多而且各自的物性不同,在规模生产中既要尽量做到保持米、豆等物料外形完整,又要达到绵软口感,因此必须熟悉各物料的加工特性并制订合理的分步前处理工艺;

(2)为了提高生产效率,八宝粥一般采用生料装罐密封后熟化与杀菌同步完成工艺,但因配料淀粉质多,在杀菌过程中内容物黏度逐渐升高,传热方式会由对流型向传导型转变,需采用回转式高温杀菌技术;

(3)八宝粥罐头属于低酸性食品,必须达到商业无菌的卫生质量要求。

二、实训目的

(1)了解谷豆类罐头行业状况与生产工艺水平。

(2)熟悉八宝粥罐头生产与卫生管理规程。

(3)掌握八宝粥罐头生产工艺与质量控制关键技术。

(4)掌握膏体装填机、封罐机和回转式杀菌锅的运行原理与操作规程。

三、产品方案

1. 产品型式

净重360 g易开金属圆罐包装。

2. 生产实训规模

安排 1 班/日,班产量可根据实训生产设备条件自主安排 1 到多批次,每批次罐数可根据生产设备实际生产能力或根据 GB/4789.26—2013《食品安全国家标准 食品微生物学检验 商业无菌检验》最小抽样批次罐数 6000 罐确定。

3. 原辅材料

(1)八宝粥原料及一般配方。八宝粥原料要求及一般配方见表 3-2-1 所示。

表 3-2-1 八宝粥原料要求及一般配方

序号	原料名称	等级要求	原料质量标准	参考用量(%)
1	糯米	优质	参考 GB 1354—2009《大米》	3.5
2	黑米	一等	NY/T 832—2004《黑米》	1
3	大米	一等	GB 1354—2009《大米》	1
4	红小豆	一等	NY/T 599—2002《红小豆》	0.5
5	绿豆	一等	GB/T 10462—2008《绿豆》	0.5
6	莲子	一等	NY/T 1504—2007《莲子》	1
7	红枣	一级	GB/T 26150—2010《免洗红枣》	1
8	薏仁米	优质	—	1
9	花生仁	一级	NY/T 1893—2010《加工用花生等级规格》	1
10	银耳	一级以上	NY/T 834—2004《银耳》	0.5
11	桂圆肉	优质	—	0.5
12	白砂糖	优级	GB 317—2006《白砂糖》	8
13	水	生活饮用水	GB 5749—2006《生活饮用水卫生标准》	80.5

(2)包装容器。马口铁三片易开圆罐,罐型规格 209/211/209 * 413,净重 360 g。

(3)其他辅助材料。外包装纸箱、封箱胶带等。

四、实训条件要求

1. 车间场所条件

实训车间的场所条件应满足《罐头食品生产许可证审查细则》和 GB/T 27303—2008《食品安全管理体系·罐头食品生产企业要求》的基本要求。

2. 主要生产设备

实训车间应具备最基本条件:原料处理设备;配料及调味设备;装罐设施及密封设备;杀菌设备;冷却设施或场所。

以班产量 30000 罐生产能力为例,主要生产设备清单如表 3-2-2 所示。

表 3 - 2 - 2　八宝粥罐头主要生产设备清单

序号	设备名称	规格型号	单位	数量	备注
1	分选机	5 t/h	台	1	
2	射流清洗机	500 L	台	1	
3	卫生泵	5 - 15 t/h	台	3	
4	浸泡槽（桶）	100 L	台	4	
5	蒸煮锅	1 t/h	台	2	
6	混料槽	500 L	台	1	
7	热水罐（冷热缸）	1000 L	台	1	聚氨酯、封闭、搅拌
8	石英砂过滤罐	Φ800	台	1	玻璃钢、含石英砂
9	活性炭罐	Φ800	台	1	玻璃钢、含活性炭
10	储水罐	10 t	台	1	单层、封闭式、玻璃液位计
11	立式化糖锅	300 L	台	1	搅拌、夹层
12	高速拌料桶	300 L	台	1	
13	糖浆罐	1000 L	台	2	聚氨酯、封闭、搅拌
14	糖浆过滤器	Φ300	台	1	
15	糖浆泵	5 t/h	台	1	
16	颗粒灌装机	5000 罐/h	套	2	
17	自动注汁机	5000 罐/h	套	1	
18	蒸汽喷射封罐机	5000 罐/h	套	1	
19	皮带输送机	5000 × 500	条	1	
20	半自动或全自动回转式杀菌锅	Φ1300（4.6 m^3）	台	1	锅体碳钢、外包不锈钢
21	蒸汽锅炉	2 t/h	套	1	
22	喷码机		台	1	
23	自动捆箱机		台	1	
24	空气压缩机	2.0 m^3/min	台	1	
25	无线 F_0 记录仪		套	1	

3. 产品质量控制仪器

八宝粥罐头产品生产过程控制及出厂检验仪器如表 3 - 2 - 3 所示。

表3－2－3　八宝粥罐头产品出厂检验主要必备仪器清单

序号	名称	数量	主要规格
1	托盘天平	1台	最大称量1 kg,感量5 mg
2	精密天平	1台	最大称量200 g,感量0.1 mg
3	圆筛	1套	20～200目
4	不锈钢电热鼓风干燥箱	1台	温度:10～300℃
5	手持糖度计(折光仪)	1台	测量范围:0～32,精度:0.1
6	二重卷边投影检测仪	1台	测量精度:0.001 mm
7	恒温恒湿培养箱	1台	温度:10～60℃
8	恒温水浴锅	1台	温差0.5℃
9	酸度计	1台	测量范围:0～14
10	生物显微镜	1台	放大倍数30－1500倍
11	电冰箱	1台	温度:－10～－30℃
12	超净工作台	1台	双人
13	不锈钢医用杀菌锅	1台	125℃

五、工艺流程

八宝粥罐头生产工艺流程如图3－2－1所示。

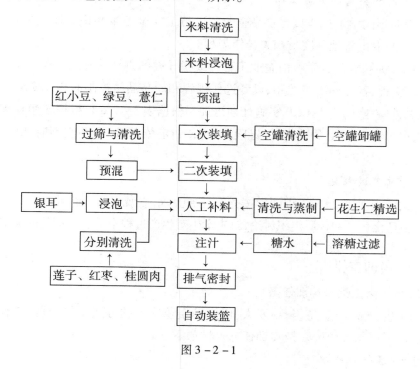

图3－2－1

图 3 - 2 - 1　八宝粥罐头生产工艺流程图

六、生产实训前的准备

1. 实训前的相关培训准备工作

（1）组织参训同学事先要接受食品企业新进员工安全卫生知识和职业道德培训，熟悉个人卫生及车间卫生管理制度与相关操作规程。

（2）组织参训同学认真学习由企业工程师或指导教师讲授的实训企业关于八宝粥的生产组织、工艺流程、各工序工艺控制、设备操作规程和产品品质控制的相关要求。

（3）接受八宝粥生产 HACCP 实施计划培训。根据表 3 - 2 - 4，组织学生理解并掌握八宝粥实际生产过程中 CCP 的确定、关键限值（CL）制定依据，以及在实训时如何监控、如何纠偏、如何记录与如何验证。

2. 实训前生产过程见习

建议在生产实训前，组织参训同学按分组任务要求，参观由实训企业生产工人完成的至少一批次的生产全程。回校后组织讨论，解决学生对生产过程中的仍不清楚的关键难题。

七、生产实训安排

（一）工序与岗位配套实训任务

将参训学生分成 4 组，每组 6~8 人，以协助企业工人的方式工作，具体工作由企业生产班长指定。工序与岗位配套及实训任务安排如下：

1. 工序一：原料预处理

实施：第 1、第 3 小组。

任务:负责对生产实训批次的所有原料进行领料、称重、过筛、拣选、清洗、浸泡、部分原料的蒸制以及糖水的准备。

(1)领料。按批次领料单从原料库领取各种生产原料时要求同时检查各种原料出库合格单(原料入厂及贮存过程中 CCP1、CCP2 由企业化验员提前完成),重点检查米、豆类原料的黄曲霉毒素与 BHC 和 DDT 的残留检测值是否符合 HACCP 计划单中的限值要求,当出现不符合要求的原料时要及时报告生产班长。

(2)过筛、拣选。按实训企业原料预处理工艺操作单的要求分别对除白砂糖以外的所有原料进行过筛或拣选,剔除霉变等原料及可能存在的砂石、玻璃、泥土、金属、皮壳等异物。

(3)清洗、浸泡和部分原料的蒸制。按实训企业原料预处理工艺操作单的要求对除白砂糖以外的所有原料分别进行清洗、浸泡或蒸制。浸泡完成后重点对容器底部的各种原料进行检查,剔除可能存在的砂石、玻璃、金属等异物。原料处理工艺如表 3 - 2 - 4 所示。

表 3 - 2 - 4　八宝粥原料的参考预处理工艺参数

原料名称	清洗工艺	浸泡工艺	蒸煮工艺
糯米	用洗米机清洗 1 min	—	
黑米	用洗米机清洗 1 min	浸泡 30 min 后过滤	
大米	用洗米机清洗 1 min	—	
红小豆	用洗米机清洗 6 min		
绿豆	用洗米机清洗 3 min		
薏米	用洗米机清洗 1 min	浸泡 30 min 后过滤	蒸制 15 min 后加冷水激冷分散
花生仁	用洗米机清洗 0.5 min	80℃热水浸泡 1 h 后过滤	蒸制 40 min 后加冷水激冷分散
莲子	用洗米机清洗 0.5 min	—	
红枣	用洗米机清洗 0.5 min	—	
银耳	用洗米机清洗 0.5 min	浸泡 30 min 后切成要求尺寸	
桂圆肉	只需拣选		

(4)糖水准备。按实训企业原料预处理工艺操作单的要求将白砂糖用热水溶解,糖水浓度为10%,过滤后输送到糖水缓冲罐。

2.工序二:原料装填

实施:第2、第4小组。

任务:与第1、第3小组同步完成包装材料的领料、空罐清洗,并负责对预处理后的原料进行预混、机器自动装填、人工补料和糖水注汁。

对应生产过程CCP3:抽检注汁前装填的固形物净重是否符合(54±2)g 范围内要求。及时对其进行纠偏和记录。

(1)空罐的清洗。用空罐自动喷射清洗机清洗,水温82℃,清洗后的水不得循环使用。

(2)糯米、黑米和大米预混。将预处理后的糯米、黑米和大米按3.5∶1∶1质量比例用混料桶均匀混合,然后装填到一级装填机料斗中,调整每罐计量下料量为20 g。一级装填机操作执行实训企业相应的操作规程。出现异常情况及时采取紧急停车措施,故障排除后继续运行。

（3）红小豆、绿豆、薏米预混。将预处理后的红小豆、绿豆和薏米按 1 : 1 : 2 质量比例用混料桶均匀混合，然后装填到二级装填机料斗中，调整每罐计量下料量为 12 g。二级装填机操作执行实训企业相应的操作规程。出现异常情况及时采取紧急停车措施，故障排除后继续运行。

（4）莲子、红枣、桂圆肉、花生仁和银耳的人工装料。预处理后的莲子、红枣、桂圆肉、花生仁和银耳每罐加料量分别为 3 g、3 g、1～1.5 g、3 g 和 2～2.5 g。人工加料岗位及操作要求执行岗位班长的安排。

（5）对固形物净重抽样检验。随机抽取 5 罐进行固形物装填量公差检测，如出现偏离及时报告班长，并做好记录。找出原因后重新调整装填操作。

（6）注汁：将预处理好的糖水输送至自动注汁机，调整每罐计量为 290 g。自动注汁机操作执行实训企业相应的操作规程。出现异常情况及时采取紧急停车措施，故障排除后继续运行。

3. 工序三：罐头的密封

实施：第 1、第 3 小组。

任务：第 1 小组继续完成工序一的操作，而第 3 小组完成原料清洗任务后，马上转入工序三，完成封口机的检查、试运行及注汁后罐头的二重卷边密封。第 1 小组同学完成工序一的所有操作后也转入工序三。

对应生产过程 CCP4：抽检密封后采用二重卷边光电检测仪对实罐二重卷边质量进行抽样检验，及时对其进行纠偏和记录。

（1）试封罐。采用蒸汽喷射封罐机进行密封，操作执行实训企业蒸汽喷射封罐机操作规程，提前进行试封罐至少 10 个（装自来水即可），并对其进行二重卷边质量检验，达到封罐质量要求后才能正式封罐。

（2）密封前输送带理罐。对注汁后的未密封罐头按企业操作规程进行导引并顺利输送至蒸汽喷射封罐机，同时检验顶隙是否符合要求。

（3）二重卷边密封。定岗观察蒸汽喷射封罐机封罐是否顺利进行，每 15 min 对密封后罐头抽样 3 个目测封罐质量，出现异常情况及时采取紧急停车措施，故障排除后继续运行。封罐期间按企业封罐操作规程每隔 1 h 随机抽样 5 个送往检验室进行二重卷边封罐质量检测，如出现叠接率、紧密度和接缝盖钩完整率都低于 50% 的情况，要及时报告、纠偏，并做好记录。

4. 工序四：罐头杀菌与冷却

实施：第 2、第 4 小组。

任务：第 2 小组继续完成工序二的操作，而第 4 小组完成原料预混任务后，马上转入工序四，负责对密封后罐头进行装篮、杀菌与冷却、卸篮、外观检验、装箱与入库。第 2 小组同学完成工序二的所有操作后也转入工序四。

对应生产过程 CCP5：根据杀菌温度—时间曲线计算 F_0 值、检验冷却水余氯。及时对其进行纠编和记录。

表 3－2－5 八宝粥罐头 HACCP 计划表

关键控制点（CCP）	显著危害是什么	对每种预防措施的关键限值（CL）	监控 什么	监控 怎样	监控 频度	监控 谁	纠偏行动	验证	记录
CCP1 原料验收 花生、糯米、大米	黄曲霉素与 BHC 和 DDT 残留	黄曲霉素限量值为：花生≤20 μg/kg；糯米≤10 μg/kg；大米≤5 μg/kg。BHC≤0.3 mg/kg；DDT≤0.2 mg/kg	供应商批产品检测报告或送外检测	每批原料进厂需提供黄曲霉素和BHC、DDT的检测报告或送外进行检测	每批	品检员	出现超出限量值，则退货	供应商的评估记录；进料记录及外部检验单位检验报告；产品检验报告	每批原料进厂检验记录；黄曲霉素及BHC/DDT检测报告
CCP2 原料贮存	发霉	仓库温度≤31℃；湿度≤75%；原料存放≤1个月	温度、湿度、存放时间	每天监测温、湿度情况；进出料管制记录	每天两次	仓管员	采取降温、抽湿措施；评价原料	温湿度计校准；超期原料抽样检测黄曲霉素	温湿度记录；进出料管制记录
CCP3 计量装罐	固形物装量超过预定最大装罐量，影响杀菌的热传导	八宝粥实际装罐量（44±2）g；最大装罐量≤46 g	装罐量；克数	用电子天平称取装罐量	每15 min抽查一次，每个装罐机头都抽查到	车间工艺员	隔离15 min前的产品，重新装秤，分析原因处理	每天复查记录；品检员每天抽查	装罐量抽查记录
CCP4 封口	密封不良造成罐体进罐导致微生物的二次污染	封口的卷边三率控制≥50%	卷边质量	封口卷边质量检测	每15 min目测1次；每1 h检测1次	封口工品检员	停机调整直到合格为止；隔离1 h产品重新评价	罐头产品的商业无菌化验报告	封口卷边质量抽查记录
CCP5 杀菌	杀菌的安全性不良及回收冷却水余氯会导致微生物的污染	杀菌条件:15'－20'－30'/127＋1℃。冷却水余氯控制≥0.5 PPM	杀菌温度、时间及冷却水余氯含量	温度一时间曲线或F_0直接计算；余氯检测	每锅	杀菌工品检员	隔离、待商微生物化验合格后做处置或降级处置或废弃	罐头产品的商业无菌化验报告；杀菌复查；仪表年检	杀菌自动记录，手工检测记录；余氯检测记录

（1）装篮。将密封后的罐头按企业操作规程要求填装杀菌篮。如采用自动装篮机则在班长指导下操作自动装篮机,罐头从缓冲平台到装蓝全部自动完成。

（2）高压杀菌。高压杀菌锅属于压力容器,必须由持有压力容器操作上岗证的工人完成,学生实训时可在岗位工人的指导下做一些辅助性工作。目前企业生产八宝粥罐头一般采用半自动回转式杀菌锅或全自动回转式杀菌锅。

当回转式杀菌锅旋转速度为 2r/min 时,360 g 八宝粥罐头杀菌条件为:（15 min—20 min—30 min)/(127 + 1)℃。或执行实训企业的杀菌条件。密切观测从排气升温、恒温、降温到冷却各阶段温度、锅内压力的变化,并从 $T-t$ 记录仪中导出 Excel 数据表。如出现杀菌温度、压力的异常变化情况要及时报告纠编并做好记录。如回转式杀菌锅自带 F_0 计算功能,可根据每批次杀菌后的 F_0 值判断杀菌强度是否达到要求,否则要及时纠编并做好记录。可通过商业无菌微生物检验结果进行验证。

（3）卸篮。将杀菌冷却后的罐头按企业操作规程要求卸出杀菌篮。如采用自动卸篮机则在班长指导下操作自动卸篮机,罐头从缓冲平台到输送线全部自动完成。

（4）冷却水余氯含量检测。对每锅/批次杀菌完成后的冷却水进行余氯含量检测,将数据填入表 3 - 2 - 6。

表 3 - 2 - 6　杀菌锅冷却水余氯检验数据表

杀菌锅批次	冷却水余氯检测值（ppm）	冷却水余氯含量最低值（ppm）
1		0.5
2		0.5
3		0.5
4		0.5

如出现冷却水余氯含量低于 0.5 ppm 的冷却批次要及时报告,并做好记录。可通过商业无菌微生物检验结果进行验证。

（二）核心环节的操作训练

1. 二重卷边封口质量检测训练

封罐期间每隔 1 h 随机抽样 5 个进行二重卷边检测,先观测卷封外观是否正常,解构后用罐体二重卷边检测仪分别测定其叠接率、紧密度及接缝盖钩完整率是否大于 50%。如出现三率低于 50% 的情况,要对纠偏前的实罐进行隔离,并从中重新抽样 5 罐,做好标记并执行后面的正常杀菌,最后通过商业无菌微生物检验结果进行验证。

2. 回转式杀菌锅杀菌强度 F_0 值计算训练

根据杀菌温度—时间记录仪记录的 $T-t$ 曲线导出 excel 数据表,以 $\Delta t = 1$ min 为时间间隔,将达到 100℃ 及以上的温度及对应的时间填入表 3 - 2 - 7,以肉毒梭状芽孢杆菌芽孢为对象菌,根据国际食品法典委员会（CAC)Z 取 10℃,$D_{121.1} = 0.21$ min,减菌指数 n 取 12,最低 $F_0 = 12D_{121.1} = 2.52$ min。但考虑到八宝粥罐头原料复杂,可能污染嗜热脂肪芽孢杆菌、嗜热解糖梭状芽孢杆菌等($D_{121.1} = 3.0 \sim 5.0$),生产实践中 F_0 值放大至 5.5 min。如果生产的八宝粥是用于销往热带地区,则 F_0 值放大至 12 ~ 15 min。

采用逼近法($F_0 = \sum_{1 \to n} F_i = \Delta t_i \sum_{1 \to n} 10^{(T_i - 121.1/Z)}$)计算累积杀菌强度 F_0 值是否达到 5.5 min 或 12 ~ 15 min。

表 3 - 2 - 7　F_0 值手工计算表

序号	$\Delta t_i (\min)$	罐内冷点温度 $T(℃)$	F_i 计算值	$\sum_{1 \to n} F_i$
0	t	100		
1	$t + 1$			
2	$t + 2$			
3	$t + 3$			
…	…			
n	$t + n$			

如出现 F_0 值低于 5.5 min 或 12 ~ 15 min 的杀菌批次要及时报告隔离,并做好记录。可通过商业无菌微生物检验结果进行验证。

如果杀菌锅已安装 F_0 值计算软件,一般设定 2 ~ 3 s 记录一次罐头内冷点温度,每批次杀菌结束后,自动计算出 $\sum_{1 \to n} F_i$,只需根据 $\sum_{1 \to n} F_i$ 是否 $\geq F_0$ 就可判断是否达到理论商业杀菌要求。

(三)产品感官品评及商业无菌检验训练

1. 产品感官品评训练

产品感官品评根据 QB/T 2221—1996《八宝粥罐头》感官要求进行。各小组将评价结果填入表 3 - 2 - 8。

表 3 - 2 - 8　实训八宝粥产品评价表

评价小组	评价项目					综合评分
	色泽	滋味	香味	组织形态	杂质	
1						
2						
3						
4						

2. 八宝粥罐头商业无菌出厂检验

实施:4 个小组合并,将样品带回学校独立完成或协助工厂检验员在企业完成。

任务:负责对生产期间可能存在的二重卷边三率不符合要求但同样执行了正常杀菌的罐头样本、杀菌冷却水余氯含量可能不符合要求的批次罐头抽样样本、生产工艺完全正常且库存 7 d 后的罐头抽样样本各 5 个进行商业无菌检验。根据检验结果，分别对 CCP4、CCP5 进行验证。训练操作按照 GB 4789.26—2013 低酸性食品的检验要求进行。将检验结果填入表 3 - 2 - 9。

表 3 - 2 - 9　实训八宝粥样本商业无菌检验结果

项目		样品号				
		1	2	3	4	5
密封三率 <50% 样本	外观					
	pH					
	镜检结果					
	细菌总数（cfu/mL）					
密封三率 ≥50% 样本	外观					
	pH					
	镜检结果					
	细菌总数（cfu/mL）					
冷却水余氯 < 0.5 PPM 样本	外观					
	pH					
	镜检结果					
	细菌总数（cfu/mL）					
冷却水余氯 ≥ 0.5 PPM 样本	外观					
	pH					
	镜检结果					
	细菌总数（cfu/mL）					
库存样本	外观					
	pH					
	镜检结果					
	细菌总数（cfu/mL）					

八、实训讨论与项目总结

（一）实训讨论

完成上述实训任务后，召集 4 个小组一起就实训心得、存在的问题、今后实训完善建议等方面进行总结讨论。

（二）实训项目总结报告要求

每小组根据各自任务情况、产品检验结果，集体完成并提交一份生产实训总结报告。

九、思考题

（1）根据 QB/T 2221—1996《八宝粥罐头》标准，净重 360 g 的八宝粥罐头固形含量为 50～55 g，为什么在装填物料时实际加入的物料量要低于 50 g？

（2）目测二重卷边密封后罐体外观质量主要观测什么缺陷？

（3）二重卷边质量考察的三率中叠接率是最关键因素，一般要求≥50%，生产实践表明，叠接率比较理想的比例是多少？

（4）低酸性罐头食品杀菌强度 F_0 值在生产实践中对执行商业无菌要求有什么重要作用？

（5）根据生产实训的切身感受，你认为八宝粥罐头的 HACCP 计划还可以如何完善？依据是什么？

实训二　清水竹笋软罐头生产实训

一、产品行业及生产工艺背景

竹笋是我国的主要林产食品，可食用的有 200 多个品种，但主要有毛竹笋、麻竹笋、早竹笋、绿竹笋等 30 个品种。竹笋在我国已有数千年食用历史，具有高纤低脂、营养丰富的特点，是深受人们喜爱的天然健康食品。目前我国年产鲜竹笋约 300 万吨，居世界首位。采摘后的竹笋易进一步纤维化，不能长时间保存，另外笋壳比例大，运输成本也高，因此，适合在产地加工贮藏。竹笋的主要加工品种有清水竹笋、盐渍笋、发酵笋、调味即食笋和笋干等，其中清水竹笋罐头是我国的主要出口林产食品，年出口量已超过 16 万吨。

清水竹笋罐头是我国蔬菜类罐头的传统产品，工艺技术比较成熟，尤其是马口铁罐装竹笋生产历史已超过 30 年以上。随着装备技术的进步，方便百姓家庭食用的蒸煮袋包装的清水竹笋软罐头逐渐成为国内市场销售的主要笋罐头品种。清水竹笋软罐头的生产工艺关键技术包括：

（1）竹笋易酶促褐变，预煮要彻底；另外笋组织中含有丰富的游离酪氨酸和胱氨酸，易形成汤汁白色沉淀，影响产品外观，要处理好漂洗和竹笋风味损失问题；

（2）清水竹笋软罐头采用蒸煮袋包装，在高温杀菌冷却过程中要施加反压，另外要注意大块笋在杀菌过程中传热困难问题；

（3）清水竹笋属于低酸性食品，必须达到商业无菌的卫生质量要求。

二、实训目的

（1）了解笋罐头行业状况与生产工艺水平；

（2）熟悉清水竹笋罐头生产与卫生管理规程；

（3）掌握清水竹笋软罐头生产工艺与质量控制关键技术；

（4）掌握反压杀菌与冷却工序的操作规程。

三、产品方案

1. 产品形式

净重 800 g 蒸煮袋包装。

2. 生产实训规模

安排 1 班/日,班产量可根据实训生产设备条件自主安排 1 到多批次,每批次袋数可根据生产设备实际生产能力或根据 GB 4789.26—2013 最小抽样批次袋数 6000 罐确定。

3. 原辅材料

（1）清水竹笋软罐头原料及一般配方。清水竹笋罐头原料要求及一般配方如表 3 – 2 – 10 所示。

表 3 – 2 – 10　清水竹笋软罐头原料要求及一般配方

序号	原料名称	等级要求	原料质量标准	参考用量（%）
1	毛竹笋	S、M、L、LI4 个等级	参考 QB/T3621—1999《清水竹笋罐头》	85
2	水	纯净水	—	13
3	食用盐	食用	GB 5461—2000《食用盐》	0.8 ~ 1.5
4	柠檬酸	食品添加剂	GB/T 8269—2006《柠檬酸》	0.08

（2）包装容器。PA/PET/SiO$_2$/PE（厚度 90μm）,蒸煮袋规格 18 cm × 40 cm,净重 800 g。

（3）其他辅助材料。外包装纸箱、封箱胶带等。

四、实训条件要求

1. 车间场所条件

实训车间的场所条件应满足《罐头食品生产许可证审查细则》和 GB/T 27303—2008《食品安全管理体系·罐头食品生产企业要求》的基本要求。

2. 主要生产设备

实训车间应具备最基本条件:原料处理设备;水处理及配料设备;装袋设施及密封设备;反压杀菌设备;冷却设施或场所。

以班产量 12000 袋生产能力为例,主要生产设备清单如表 3 – 2 – 11 所示。

表 3 - 2 - 11　清水竹笋软罐头主要生产设备清单

序号	设备名称	规格型号	单位	数量	备注
1	竹笋分级机	5 t/h	台	1	
2	竹笋去皮机	5 t/h	台	1	
3	斗式连续预煮机	5 t/h	台	2	
4	冷却漂洗机	5 t/h	台	2	
5	竹笋剥皮机	5 t/h	台	1	
6	连续漂洗槽	10 t	台	2	
7	真空脱气罐	1000 L	台	2	
8	热水罐(冷热缸)	1000 L	台	1	聚氨酯、封闭、搅拌
9	石英砂过滤罐	Φ800	台	1	玻璃钢、含石英砂
10	活性炭罐	Φ800	台	1	玻璃钢、含活性炭
11	储水罐	10 t	台	1	单层、封闭式、玻璃液位计
12	立式化糖锅	300 L	台	1	搅拌、夹层
13	不锈钢操作台	—	台	6	
14	真空包装机	双室	台	4	
15	金属探测器	—	台	1	
16	双层高压水浴高压杀菌锅	LG - 1000	台	1	
17	蒸汽锅炉	4 t/h	套	1	
18	自动捆箱机		台	1	
19	空气压缩机	2.0 m³/min	台	1	
20	无线(温度/压力)验证系统	MPRF 无线温度/压力记录器	套	1	
21	手工装袋称量工具		批	1	

3. 产品质量控制仪器

清水竹笋软罐头产品生产过程控制及出厂检验仪器如表 3 - 2 - 12 所示。

表 3 - 2 - 12　清水竹笋软罐头产品出厂检验主要必备仪器清单

序号	名称	数量	主要规格
1	托盘天平	1 台	最大称量 1 kg,感量 5 mg
2	精密天平	1 台	最大称量 200 g,感量 0.1 mg
3	圆筛	1 套	20 ~ 200 目
4	不锈钢电热鼓风干燥箱	1 台	温度:10 ~ 300℃
5	软罐头包装密封性能检测仪	1 台	测量范围: - 90 ~ 0 kPa
6	恒温恒湿培养箱	1 台	温度:10 ~ 60℃

序号	名称	数量	主要规格
7	恒温水浴锅	1台	温差0.5℃
8	酸度计	1台	测量范围:0~14
9	生物显微镜	1台	放大倍数30~1500倍
10	电冰箱	1台	温度:-10~-30℃
11	超净工作台	1台	双人
12	不锈钢医用杀菌锅	1台	125℃

五、工艺流程

清水竹笋软罐头生产工艺流程如图3-2-2所示。

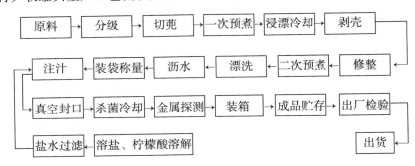

图3-2-2　竹笋软罐头生产工艺流程图

六、生产实训前的准备

1.实训前的相关培训准备工作

(1)组织参训同学接受食品企业新进员工安全卫生知识和职业道德培训,熟悉个人卫生及车间卫生管理制度与相关操作规程。

(2)组织参训同学认真学习由企业工程师或指导教师讲授的实训企业关于清水竹笋软罐头的生产组织、工艺流程、各工序工艺控制、设备操作规程和产品品质控制的相关要求。

(3)接受清水竹笋软罐头生产HACCP实施计划培训。根据表3-2-13,组织学生理解并掌握清水竹笋软罐头实际生产过程中CCP的确定、关键限值(CL)制定依据,以及在实训时如何监控、如何纠偏、如何记录与如何验证。

2.实训前生产过程见习

建议在生产实训前,组织参训同学按分组任务要求,参观由实训企业生产工人完成的至少一批次的生产全程。回校后组织讨论,解决学生对生产过程中的仍不清楚的关键难题。

表 3－2－13　清水竹笋罐头 HACCP 计划表

关键控制点 (CCP)	显著危害是什么	对每种预防措施的关键限值(CL)	监控				纠偏行动	验证	记录
			什么	怎样	频度	谁			
CCP1 原料验收	农药残留超过国家标准	乙酰甲胺磷限量值≤0.15 mg/kg	供应商批产品检报告或送外检检测	每批原料进厂需提供乙酰甲胺磷检测报告或送外部进行检测	每批	品检员	出现超出限量值,则退货	供应商的评估记录、进料检验;记录及外单位检验报告;产品检验报告	每批原料进厂检验记录,乙酰甲胺磷检测报告
CCP2 预煮与漂洗	笋块出现红心或笋块外出现白色结晶	预煮温度≥100℃,总预煮时间≥100 min;漂洗水温≤15℃,漂洗时间≥16 h	预煮温度和时间;漂洗水温和时间	每批监测预煮温度和时间,漂洗水温和时间	每批	品控员	采取严格工艺执行措施;必要时采取返工处理	温度计校准;现场抽查检测	预煮和漂洗温度、时间记录
CCP3 真空封口	封口强度	袋内残留空气≤2 mL;封口剥离强度≥2.3 kgf/cm²	真空包装机;软罐头封口结构	专用仪器检测残留气体;解剖封口结构并用专用仪器检测	每1 h检测1次	封口工品检员	停机调整直到合格为止;隔离1 h产品重新评价	每次开机时、每日审封口机;每日真空质量核查真空封口记录	真空封口质量抽查记录
CCP4 杀菌	杀菌的安全性不良及破袋率偏高	杀菌条件:15'-45'-20'(121+1)℃(180 kPa)。	杀菌温度、时间反压	温度一时间曲线、压力一时间曲线并在线计算;F_0直接计算	每锅	杀菌工品检员	隔离,待微生物化验后做级处置或废弃	罐头产品商业无菌化验报告;杀菌记录复核;仪表校年检	杀菌自动记录,手工查记录
CCP5 金属探测	金属异物污染	金属异物直径≤1 mm	成品	金属探测器	连续	专职质检员	隔离或废弃	每日审核一次记录。每日检测一次金属探测器	金属探测记录

七、生产实训安排

(一)工序与岗位配套实训任务

将参训学生分成4组,每组同学6~8人,以协助企业工人的方式工作,具体工作由企业生产班长指定。工序与岗位配套及实训任务安排如下:

1.工序一:原料预处理

实施:第1~第4小组。

任务:负责对生产实训批次的所有原料进行领料、称重、拣选、清洗以及盐水的准备。

(1)领料。按批次领料单从原料库领取各种生产原料时要求同时检查原料出库合格单(原料入厂CCP1由企业化验员提前完成),重点检查竹笋原料的农残是否符合HACCP计划单中的限值要求,当出现不符合要求的原料时要及时报告生产班长。

(2)分级。通过分级机按S、M、L、LL等级分成4级。

(3)切蔸与拣选。采用半自动切端机切去笋的蔸部不可食用部分,同时人工对原料进行拣选,剔除有明显机械外伤、虫蛀及有拔节现象的原料。

(4)预煮、剥壳、漂洗。对应CCP2,准确调整连续预煮机输送链行进速度以控制二次预煮时间,保证蒸汽量供应以满足预煮温度;控制好漂洗水温、漂洗时间和换池次数。及时对其进行纠偏和记录。

按实训企业原料预处理工艺操作单的要求对竹笋原料分别进行一次预煮、剥壳、修整、二次预煮和漂洗。采用机器剥壳。人工修整时要注意进一步剔除有机械外伤、虫蛀的原料。预煮与漂洗工艺参数见表3-2-14。

表3-2-14　清水竹笋原料的参考预处理工艺参数

操作名称	工艺操作及参数
一次预煮	切蔸后连壳一起立即输入连续预煮机的沸水中,预煮时间保证10 min以上。
二次预煮	剥壳后笋肉再次输入连续预煮机沸水中,预煮时间为40~90 min。
漂洗	预煮后的笋肉用低于15℃冷水急速冷却,并在2~3级漂洗池中流动漂洗16~24 h。

(5)汤汁准备。按实训企业原料预处理工艺操作单的要求将食用盐、柠檬酸用热水溶解,过滤后输送到盐水保温缓冲罐,调整恒温70℃。

2.工序二:装填与真空密封

实施:第1、第3小组。

任务:第2、第4小组继续进行工序一的同时,抽出第1、第3小组提前进行包装材料的领取、包装机调整、杀菌设备的准备,并负责对预处理后的原料进行人工装填、注汁和真空密封。

对应生产过程CCP3:每1 h抽取真空包装后样品进行袋内残留空气和封口剥离强度

检测,判断是否符合要求。及时对其进行纠偏和记录。

(1)装袋称量与注汁。按实训企业装袋工艺操作单要求进行人工称量装袋。每袋固形物含量控制在(680±20)g;将预处理好的盐水输送至自动注汁机,调整每袋计量为120 g。自动注汁机操作执行实训企业相应的操作规程。出现异常情况及时采取紧急停机措施,故障排除后继续运行。

(2)真空封口:每班生产前要重新调整封口机。根据包装材料、袋形、净重等因素调整好密封条电压、封口时间和真空度,先试封,袋内残留空气及封口强度检测合格后再正式密封。生产过程中每1 h抽取至少3袋进行检测。要及时报告、纠偏,并做好记录。每个杀菌批次准备一个密封了MPRF无线温度/压力记录器的包装样品,做好明显记号。

3. 工序三:高压水浴杀菌

实施:第2、第4小组。

任务:第2、第4小组完成原料预处理任务后,马上转入工序三,负责对密封后罐头进行装篮、杀菌与冷却、卸篮、金属异物检验、装箱与入库。第1、第3小组完成真空封口后也转入工序三。

对应生产过程CCP4:根据杀菌温度—时间曲线计算F_0值、根据温度—时间曲线检验破袋率。及时对其进行纠偏和记录。

对应生产过程CCP5:剔除金属探测器报警样品。及时对其进行纠偏和记录。

(1)装篮。将密封后的罐头按企业操作规程要求填装杀菌篮。将密封了MPRF无线温度/压力记录器的包装样品安放在篮内中心部位。

(2)高压水浴杀菌。高压水浴杀菌锅属于压力容器,必须由持有压力容器操作上岗证的工人完成,学生实训时可在岗位工人的指导下做一些辅助性工作。

净重800 g清水竹笋软罐头杀菌条件为:15 min—45 min—20min(121+1)℃(反压180 kPa)。从排气升温、恒温、降温到冷却各阶段密切观测杀菌锅自带的温度、锅内压力显示变化。如出现杀菌温度、压力的异常变化情况要及时报告纠偏并做好记录。根据每批次杀菌后的F_0值判断杀菌强度是否达到要求,未达要求者要及时纠偏并做好记录。可通过商业无菌微生物检验结果进行验证。

(3)卸篮。将杀菌冷却后的罐头按企业操作规程要求卸出杀菌篮。找出MPRF无线温度/压力记录器样品并从中导出Excel数据表,作出袋内$T-t/P-t$图、F_0值。比较杀菌锅和蒸煮袋内$T-t/P-t$图、F_0值。

(二)核心环节的操作训练

1. 真空封口质量检测训练

真空封口期间每隔1 h随机抽样3袋进行空气残留量和封口强度检测,先检测空气残留量,后测定封口强度。如出现空气残留量超过2 mL以及封口强度低于2.3 kgf/cm²的情况,要对纠偏前的封口产品进行隔离,及时纠偏。

2. 高温水浴杀菌锅加压稳定性和杀菌强度 F_0 值计算训练

根据 MPRF 无线温度/压力记录器导出 Excel 数据表，作出袋内 $T_袋 - t$ 图、$P_袋 - t$ 图、F_0 值。同时比较杀菌锅自带记录仪作出的杀菌锅内的 $T_锅 - t$ 图、$P_锅 - t$ 图。

（1）根据 $T_袋 - t$ 图，以 $\Delta t = 1$ min 为时间间隔，将达到 100℃ 及以上的温度及对应的时间填入表 3 - 2 - 15。低酸性竹笋罐头的主要耐热腐败菌为凝结芽孢杆菌（$D121.1 = 1.4 \sim 1.6$ min），减菌指数 n 取 8，最低 $F_0 = 8D_{121.1} = 12$ min。采用逼近法（$F_0 = \sum_{1 \to n} F_i = \Delta t_i \sum_{1 \to n} 10^{(T_i - 121.1/Z)}$）计算累积杀菌强度 F_0 值是否达到 12 min。

表 3 - 2 - 15　F_0 值手工计算表

序号	Δt_i(min)	罐内冷点温度 T(℃)	F_i 计算值	$\sum_{1 \to n} F_i$
0	t	100		
1	$t+1$			
2	$t+2$			
3	$t+3$			
…	…			
n	$t+n$			

如出现 F_0 值低于 12 min 的杀菌批次要及时报告隔离，并做好记录，纠正杀菌条件。可通过商业无菌微生物检验结果进行验证。

如果杀菌锅已安装 F_0 值计算软件，一般设定 2 ~ 3 s 记录一次罐头内冷点温度，每批次杀菌结束后，自动计算出 $\sum_{1 \to n} F_i$，只需根据 $\sum_{1 \to n} F_i$ 是否 $\geq F_0$ 就可判断是否达到达到理论商业杀菌要求。

（2）一般情况下，蒸煮袋内外压差最好不超过临界 $\Delta P = 9.8$ kPa，否则易造成破袋，即使不造成破袋，也易降低封口质量。根据 $P_锅 - t$ 图和 $T_袋 - t$ 图，以 $\Delta t = 1$ min 为时间间隔，作出杀菌过程中蒸煮袋和杀菌锅压差随时间变化曲线 $\Delta P_{袋内外} - t$，检验杀菌过程中袋内外压差是否符合要求。如出现压差偏离的杀菌批次要及时报告、纠偏杀菌反压，并做好记录。

（三）产品感官品评及商业无菌检验训练

1. 产品感官品评训练

产品感官品评根据 QB/T 2221—1996《清水竹笋罐头》感官要求进行。各小组将评价结果填入表 3 - 2 - 16。

表 3 - 2 - 16　实训清水竹笋产品评价表

评价小组	评价项目					综合评分
	色泽	滋味	香味	组织形态	杂质	
1						
2						

续表

| 评价小组 | 评价项目 | | | | | 综合评分 |
	色泽	滋味	香味	组织形态	杂质	
3						
4						

2. 清水竹笋软罐头商业无菌出厂检验

实施:4 个小组合并,将样品带回学校独立完成或协助工厂检验员在企业完成。

任务:负责对生产期间可能存在的密封不符合要求但同样执行了正常杀菌的罐头样本、生产工艺完全正常且库存 7 d 后的罐头抽样样本各 5 个进行商业无菌检验。根据检验结果,分别对 CCP3、CCP4 进行验证。训练操作按照 GB/T 4789.26—2003 低酸性食品的检验要求进行。将检验结果填入表 3 - 2 - 17。

表 3 - 2 - 17　实训清水竹笋软罐头样本商业无菌检验结果

| 项目 | | 样品号 | | | | |
		1	2	3	4	5
密封不符合要求的样本	外观					
	pH					
	镜检结果					
	细菌总数(cfu/mL)					
库存样本	外观					
	pH					
	镜检结果					
	细菌总数(cfu/mL)					

八、实训讨论与项目总结

1. 实训讨论

完成上述实训任务后,召集 4 个小组一起就实训心得、存在的问题、今后实训完善建议等方面进行总结讨论。

2. 实训项目总结报告要求

每小组根据各自任务情况、产品检验结果,集体完成并提交一份生产实训总结报告。

九、思考题

(1)块形较大的竹笋,如果预煮、漂洗不符合要求,易造成红心或白色沉淀物附着现象,请分析原因。

(2)根据生产实训的切身感受,你认为清水竹笋软罐头的 HACCP 计划还可以如何完善? 依据是什么?

实训三　饮用桶装纯净水生产实训

一、产品行业及生产工艺背景

饮用方便、水质优良是桶装水的最大优点。桶装水的出现引发了一场饮水革命。桶装水符合生活质量日益提高的人们对于饮水健康、安全的需求,并且随着饮水机、水桶、生产设备价格的下降,桶装水价格也不断降低,市场得以快速成长。

饮用桶装纯净水一般以自来水作为原材料,通过采用机械过滤(石英砂过滤)、活性炭过滤、精密过滤、超滤、反渗透等多级过滤技术,并通过臭氧杀菌及无菌灌装技术制成。饮用水最大的技术特点在于膜分离的成功应用,其中尤为重要的就是超滤膜和反渗透膜应用。近年来,膜材料已经得到了极大的发展,使得膜技术在纯水生产方面得到更加广泛的应用。

二、实训目的

(1)熟悉饮用纯净水的生产工艺流程。
(2)掌握饮用纯净水生产中的关键控制环节。

三、产品方案

1. 产品形式

5加仑饮用桶装纯净水。

2. 生产实训规模

安排1班/日,班产量可根据实训生产设备条件自主安排1到多批次,每批次桶数可根据生产设备实际生产能力确定。

3. 原辅材料

(1)自来水。
(2)包装容器:PC桶装饮用纯净水水桶,罐型规格18.9 L(5加仑),净重700 g。
(3)其他辅助材料:桶盖、热收缩帽、外包装塑料薄膜袋、二氧化氯、氢氧化钠等。

四、实训条件要求

1. 车间场所条件

实训车间的场所条件应满足QS审查通则2010版、《瓶(桶)装饮用水生产许可证审查细则》。

2. 主要生产设备

实训车间应具备最基本条件:原料处理设备;包装容器的清洗设备;生产设备;灌装设施及密封设备;杀菌设备;灯检设备。

以班产量800桶生产能力为例,主要生产设备清单如表3-2-18所示。

表3-2-18　纯净水生产主要设备清单

序号	设备名称	规格和尺寸	单位	数量	备注
1	原水泵	$\varphi1200\times1800$	台	1	不锈钢
2	机械过滤	$\varphi800\times1800$	台	6	不锈钢
3	活性炭过滤器	$\varphi800\times1800$	台	4	不锈钢
4	精密过滤器	$\varphi300\times1000$	台	1	不锈钢
5	超滤	$1200\times800\times1600$	台	1	带反洗系统、聚砜膜不锈钢架
6	缓冲罐	$\varphi1200\times1800$	台	1	封闭式、玻璃液位计
7	反渗透	$1400\times800\times1600$	台	1	带清洗系统和电控系统、海德能膜
8	不锈钢储水罐	$\varphi1800\times1800$	台	1	封闭式、玻璃液位计
9	臭氧发生器	$680\times560\times480$	台	1	
10	臭氧混合塔	$\varphi300\times3500$	台	1	不锈钢
11	超高压泵		台	1	扬程 H:136 m;流量 Q:5.7 m^3/h
12	全自动灌装机	120桶/h	台	2	配备紫外灯
13	空气压缩机	0.05 m^3/h	套	2	

3. 产品质量控制仪器

纯净水生产过程控制及出厂检验食品如表3-2-19所示。

表3-2-19　桶装饮用纯净水出厂检验主要必备仪器清单

序号	名称	数量	主要规格
1	托盘天平	1台	最大称量1 kg,感量5 mg
2	分析天平	1台	最大称量200 g,感量0.1 mg
3	超净工作台	1张	双人
4	不锈钢电热鼓风干燥箱	1台	温度:10～300℃
5	灭菌锅	1台	
6	微生物培养箱	1台	温度:10～60℃
7	生物显微镜	1台	放大倍数30-1500倍
8	电导率仪	1台	2～200 μs/cm
9	酸度计	1台	测量范围:0～14
10	生物显微镜	1台	放大倍数30-1500倍
11	浊度计	1台	0～200
12	电冰箱	1台	

五、工艺流程

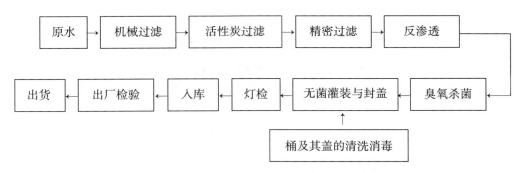

图 3 – 2 – 3　桶装纯净水工艺流程图

六、生产实训前的准备

1. 实训前的相关培训准备工作

（1）组织参训同学接受企业新员工安全卫生知识和职业道德培训,熟悉个人卫生及车间卫生管理制度与相关操作规程。

（2）组织参训同学认真学习由企业工程师或指导教师讲授的实训企业关于纯净水的生产组织、工艺流程、各工序工艺控制、设备操作规程和产品品质控制的相关要求。

（3）接受桶装纯净水生产 HACCP 实施计划培训。根据表 3 – 2 – 20,组织学生理解并掌握纯净水实际生产过程中 CCP 的确定、关键限值（CL）制定依据,以及在实训时如何监控、如何纠偏、如何记录与如何验证。

2. 实训前生产过程见习

建议在生产实训前,组织参训同学按分组任务要求,参观由实训企业生产工人完成的至少一批次的生产全程。回校后组织讨论,解决学生对生产过程中仍不清楚的关键难题。

表3-2-20　纯净水生产HACCP计划表

关键控制点（CCP）	显著危害是什么	对每种预防措施的关键限值（CL）	监控				纠偏行动	记录	验证
			什么	怎样	频度	谁			
CCP1 桶与桶盖的清洗消毒	①清洗消毒液浓度不足；②消毒液浓度过高，消毒液残留对人体造成伤害	①消毒剂浓度：桶：250~400 ppmClO$_2$，冲洗30 s；桶盖：250~400 ppm ClO$_2$，浸泡20 min ②NaOH浓度0.01 g/ml，温度75℃；③消毒柜进行消毒、烘干；④桶及桶盖的清洗应该彻底	①消毒剂浓度：250~400 ppmClO$_2$；②NaOH浓度0.01 g/ml，温度75℃	浓度：计算温度；温度：温度感应器	试情况而定，一般每150~200桶更换一次消毒液和NaOH溶液	水处理技术人员	清洗情况异常，调整消毒剂浓度或重新配置消毒剂，空瓶重新进行消毒清洗	消毒剂浓度、清洗过程中的温度和时间	每天审查一次消毒剂浓度、温度等情况；定期进行微生物检测
CCP2 活性炭过滤	余氯浓度超标	①活性炭过滤表压控制在0.24~0.28 MPa；②余氯浓度≤0.1 mg/L	操作压力大小，余氯超标	压力：目测；余氯浓度：DPD余氯试剂测试	每小时1次	水处理技术人员	①正常操作下，如果表压明显低于0.026 MPa，则应说明显离心泵出现故障，应及时检测，如果表压明显高于0.026 MPa，则说明管体有堵塞，应考虑正、反冲洗；②正常操作下，如果余氯浓度高于0.1 ppm，则应该考虑更换活性炭	压力以及余氯浓度	每日审查余氯浓度记录，每周对过滤后产品进行余氯抽样检测
CCP3 反渗透	反渗透压力控制不恰当或膜材料不佳，滤效果不佳，使得水中pH过高或偏低，电导率过大	桶装纯净水 pH:5.0~7.0 电导率≤10us/cm	PH、电导率	使用pH计和电导率仪检测	每小时1次	水处理技术人员	pH>7.0或PH<5.0，电导率>10.0 us/cm，则把水排掉，找出原因。其一：有可能反渗透膜清洗时间不够，应该反复延长清洗时间；其二：如果延长清洗时间仍不能解决，应该采用清洗剂进行清洗；其三，如果使用清洗剂仍不能解决问题，应考虑更换膜，膜使用时间一般为2~3年	记录纯净水的pH、电导率以及反渗透运行时的压力	每天检查表压力大小及电导率记录

续表

关键控制点(CCP)	显著危害是什么	对每种预防措施的关键限值(CL)	监控				纠偏行动	记录	验证
			什么	怎样	频度	谁			
CCP4 臭氧杀菌	臭氧浓度过低导致杀菌效果差	臭氧浓度>0.3 ppm	纯净水中臭氧浓度>0.3 ppm	使用DPD臭氧水浓度测试剂测定	每小时1次	水处理技术人员及质检人员	臭氧浓度低于0.3 ppm时,检测原因。其一:臭氧发生器是否正常,高压是否达到13.5 kv;其二:纯水流量是否过大,一般情况为25~30 L/min	记录臭氧浓度检测的数据	每天审查臭氧浓度的检测记录,每3天对杀菌后的产品进行微生物检测
CCP5 桶盖的配套情况	瓶盖质量不合格或桶盖太大,导致封盖不严,引起微生物污染	检查桶盖供应商合格证,并对其质量进行检验	桶盖合格证以及桶盖质量,大小	产品合格证书及检验报告	每批1次	采购人员	拒收无合格证及检验报告的桶盖	采购记录	定期检查采购记录单
CCP6 灌装封盖	灌装机不完全残留微生物,从而在灌装过程中引起污染;空气等级不达到要求	在灌装前,灌装机内部以及无菌灌装的紫外灯至少开启消毒60 min	灌装机以及无菌灌装室的消毒时间	记录消毒时间,检测空气洁净度等级	每次生产前开启紫外灯	水处理技术人员	如果灌装过程中出现污染,排查原因。其一:紫外杀菌时间不够或者紫外灯管频坏;其二:空气达不到100级要求,局部达不到,应考虑更换空气过滤系统	记录消毒时间及空气等级	每天检查消毒时间,并定期检查紫外线强度以及杀菌后室内空气中残留的微生物数量

330

七、生产实训安排

（一）工序与岗位配套实训任务

将参训学生分成4组，每组6~8人，以协助企业工人的方式工作，具体工作由企业生产班长指定。工序与岗位配套及实训任务安排如下：

1. 工序一：原料预处理

实施：第1、第3小组。

任务：根据CCP1要求，负责对生产实训批次的所有桶盖、桶进行清洗和消毒。

（1）洗桶：第1组同学将空桶收回后，进行仔细检查并区分。如果回收后桶无明显污渍和异味，可分为一类桶，先将原有桶盖去除，然后放入清水池当中进行清洗，待污渍去除后，再用75℃，1%的NaOH进行清洗，清洗时间以30s为宜；如果回收后桶有明显污渍及不明异味，应该立即清理出来，并废弃，同时做好登记。

（2）洗盖：第3组同学根据生产量，选择合适的桶盖数量，且一般较生产数量多增加10%左右，以防止桶盖因缺陷而影响生产。清洗过程如下：首先，将需清洗的盖放入已配好的250 ppm的二氧化氯中浸泡30 min；其次，将浸泡后的桶盖用清水进行清洗；最后，将清洗好的桶盖放入消毒柜中进行消毒和烘干，以备使用。

2. 工序二：纯水生产

实施：第2、第4小组。

任务：完成纯水生产，主要包括设备运行以及阀门控制。根据CCP2、CCP3、CCP4，完成生产过程中常用理化指标（余氯、臭氧浓度、电导率、灯检等）的检测。

（1）生产前，应该将自来水灌入至原水罐中，当达到原水罐体积50%~75%时，调小阀门，保持阀门50%开度即可。

（2）先启动原水泵，再分别逐次打开机械过滤器、活性炭过滤器、精密过滤器和超滤过滤器阀门。阀门打开的原则是"先开排水阀，再开进水阀"，以避免压力过大，而对设备产生损坏。超滤过滤器操作时应更加小心，在满足先开放水阀、后开进水阀的前提下，还应该注意严格控制压强大小，操作时超滤压强应该控制在0.1 MPa。同时检测余氯的含量，符合CCP2的要求后，才能进行后续的生产。

（3）经过超滤后的水进入到储水罐中，当储至50%时，开启臭氧发生器低压电源，待臭氧发生器干燥塔工作正常后启动高压发生器，同时通过储水罐泵将储水罐中的水导入至反渗透设备。

（4）反渗透设备操作是纯水生产过程中的关键步骤，也是最重要的步骤之一。反渗透设备开启的前提是超高压泵开启之前必须确保阀门是关闭的状态。开启超高压泵后，将阀门缓慢打开，同时控制浓水阀大小，在满足回收率为50%的前提下确保原水段压强控制在1.1 MPa之内。同时检测电导率及pH值，符合CCP3的要求，才能进行后续生产。

（5）通过混合塔将臭氧和经过反渗透后的纯水混合后，检测臭氧浓度，当检测发现臭氧浓度符合 CCP4 的要求时,才可以灌入纯水罐中。

3. 工序三:灌装

实施:第1、第3小组

任务:完成纯水自动灌装,主要包括递桶、消毒、清洗、铺盖、灌装等工序。

(1)生产前,将洗好的盖放入消毒柜(为了避免交叉污染,消毒柜放入洁净室中)中。再开启洁净室紫外灯杀菌 1 h。

(2)杀菌完成后,开启洁净室空气过滤系统。人员通过更衣、消毒、风淋后进入车间。

(3)将经过 NaOH 消毒后的桶插入自动灌装线指定位置后进行自动灌装,其流程包括先经过 300 ppm 的 ClO_2 喷射 30 s,再用纯水喷射 30 s,然后进入自动灌装、封盖、灯检、缩膜、套袋等过程。

4. 工序四:洗膜

实施:第2、第4小组

任务:完成纯水生产后的膜清洗工作,其主要目的就是及时地清理掉附着在过滤介质表面的杂质,以恢复膜的性能。主要包括机械过滤器、活性炭过滤器、精密过滤器、超滤过滤器的清洗以及反渗透的冲洗。

(1)机械过滤器、活性炭过滤器的冲洗:机械过滤器和活性炭过滤器的冲洗可分为正冲洗和反冲洗,正冲洗和反冲洗分别以 15 min 为宜。

(2)精密过滤器和超滤过滤器的清洗:精密过滤器和超滤过滤器的清洗主要是通过正冲洗完成,冲洗时保证出水阀全开,增大流速形成大的冲击力使得黏附在膜表面的杂质能够被冲掉。

(3)反渗透:反渗透冲洗液主要采用正冲洗,同时进行"低压"冲洗,"低压"冲洗就是将浓水阀全部打开,增大流速形成大的冲击力使得黏附在膜表面的杂质能够被冲掉。

备注:对于超滤膜和反渗透膜,如果经过冲洗后仍然达不到预期的目的,即说明膜污染严重,应该根据膜污染的情况,选择合适的膜清洗剂。膜的清洗一般选用水、盐溶液、稀酸、稀碱、表面活性剂、络合剂、氧化剂和酶溶液等清洁剂。具体采用何种清洗剂要根据膜的性质(耐化学试剂的特性)和污染物的性质而定。对于蛋白质的严重吸附所引起的膜污染,用蛋白酶(如胃蛋白酶、胰蛋白酶等水解蛋白酶)溶液清洗,效果较好;对于碳酸盐污染,一般采用稀酸性试剂进行清洗。

(二)核心环节的操作训练

1. 熟练掌握微滤、超滤的应用

如图 3 - 2 - 4 为微滤、超滤流程示意图。工作时,关闭阀门 2、4、6、8、9,打开阀门 1、3、5、7、10、11,使经过沙粒和活性炭过滤的纯水流入,当水完全灌满了微滤(MF)膜后,立即关闭阀门 5,经过微滤外压式过滤后,纯水汇集到微滤膜的中间流向到超滤膜中(此时通过阀门 7 流入)进行内压式过滤,通过控制阀门 11(注意:一定要控制阀门 11 的打开程度,如果阀门关的过小,则压力会超过膜的最大承受压力;如果开的过大,则产生不了理想的压力,达不到过滤的效果），使压力表读数为 0.1 MPa 即可,不同的膜压力调节大小不一样,应由厂家来提供。

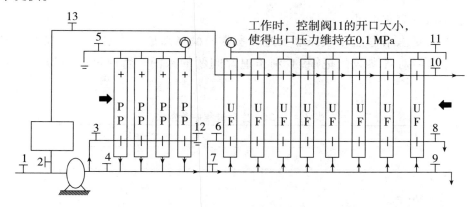

图 3 - 2 - 4　微滤、超滤流程示意图

注:图中箭头方向表示纯水的流动方向,其中精滤(MF)为外压式,超滤(UF)为内压式

2. 熟练掌握反渗透的操作

图 3 - 2 - 5 为反渗透操作示意图,也是纯净水生产的核心步骤。由图 3 - 2 - 5 中可以看出,经过超滤膜后的纯水由高压泵泵入反渗透设备(务必确保,开启高压泵之前,阀门 1 是关闭的状态)。水同时进入第一、第二根反渗透膜管。经过反渗透膜后产生浓水和淡水,经第一、第二根反渗透膜产生的浓水汇聚至第三根反渗透膜,第三根反渗透膜产生的浓水再经第四根反渗透膜中,而经第四根反渗透膜管产生的浓水经过浓水阀排出。

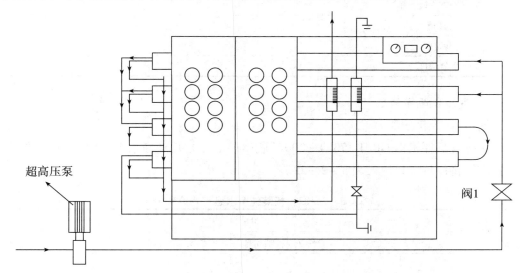

图 3 - 2 - 5　反渗透操作示意图

注:图中粗线表示浓水走势、细线表示纯水走势

(三)产品过程检验数据及出厂检查

1. 产品过程检验数据

实施:第 1～第 4 小组。

消毒水浓度、操作过程中表压以及过程参数的检测都是纯净水生产过程中的重要参数。生产过程中对各参数的把握,有利于追踪问题的来源。生产过程中的参数填入表3－2－21中。

表3－2－21 生产过程中参数表

项目	生产批次			
	一	二	三	四
洗盖 ClO_2 浓度				
洗桶 ClO_2 浓度				
洗桶 NaOH 浓度				
机械过滤器表压				
活性炭过滤器表压				
余氯浓度				
精密过滤器表压				
超滤表压				
反渗透原水段表压				
反渗透第一段表压				
反渗透第二段表压				
反渗透第三段表压				
pH 值				
电导率				
臭氧浓度				

2. 产品感官品评训练

实施:4 个小组合并。

产品感官品评根据 GB/T 17324—2003《瓶(桶)装水饮用纯净水卫生标准》感官要求进行。各小组将评价结果填入表3－2－22。

表3－2－22 桶装纯净水感官评价表

评价小组	评价项目					综合评分
	色度	口感	嗅和味	浑浊度	肉眼可见物	
1						
2						
3						
4						

3. 桶装饮用纯净水出厂检验

实施:4个小组合并,将样品带回学校独立完成或协助工厂检验员在企业完成。

任务:负责对产品的净含量、pH 值、电导率、菌落总数、大肠菌群总数进行检查,同时对 CCP3、CCP4、CCP5、CCP6 进行验证。检查结果写入表 3 – 2 – 23 中。

表 3 – 2 – 23 饮用桶装纯净水实训检验报告表

项目	样品号				
	1	2	3	4	5
净含量					
pH					
电导率					
细菌总数					
大肠菌群					

八、实训讨论与项目总结

(一)实训讨论

完成上述实训任务后,召集 4 个小组一起就实训心得、存在的问题、今后实训完善建议等方面进行总结讨论。

(二)实训项目总结报告要求

每小组根据各自任务情况、产品检验结果,集体完成并提交一份生产实训总结报告。

九、思考题

(1)简要说明反渗透的工作原理。

(2)臭氧产生的方法及其消毒机理是什么?

(3)实际生产过程中,会出现表压高于或者低于正常的表压的现象,请分析其原因,并提出可行的解决方案。

实训四　果茶饮料生产实训

一、产品行业及生产工艺背景

茶饮料源于美国,20 世纪 70 年代在日本和中国台湾开始进入到工业化时代,90 年代在欧美国家迅速发展,成为风靡世界的"新时代饮料"。我国是茶原料的源产地之一,茶叶资源丰富,茶文化历史悠久,为茶饮料市场奠定了一定的基础。茶饮料富含茶多酚、咖啡因、维生素、矿物质等多种对人体有益的物质。随着科技的发展和市场的繁荣,茶饮料产业将迎来更加美好的发展前景。

果汁茶饮料和果味茶饮料是以茶叶的水提取液或其浓缩液、茶粉等为原料,加入果汁、糖、甜味剂、酸味剂、食用果味香精等调制而成的制品。速溶果茶饮料是以茶粉、果粉、糖、甜味剂、酸味剂、食用果味香精等调制而成的固体饮料。速溶果茶饮料具有货架期长、品控容易、质量稳定等优点,并且含有茶多酚、咖啡因等功效成分,具有很高的营养价值,越来越受到饮料企业的青睐,市场前景较好。本文所介绍的果茶饮料是以茶粉、果粉、甜味剂、酸味剂、食用果味香精等原料经加工生产而成的一种速溶果茶固体饮料。

二、实训目的

(1)了解果茶饮料行业状况与生产工艺水平。

(2)了解果茶饮料设计开发程序和产品设计要素。

(3)熟悉 ISO 22000 食品安全管理体系和 GMP 生产操作规范。

(4)掌握果茶饮料生产工艺与质量控制关键技术。

(5)掌握混合机、金属探测仪、分装机的运行原理与操作规程。

三、产品设计开发

1. 产品设计开发流程

如图 3 - 2 - 6 所示。

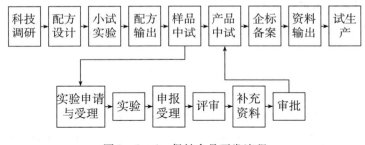

图 3 - 2 - 6　保健食品开发流程

2. 产品设计开发要素

(1)配方设计原则:产品配方设计开发要做到配方依据充分、原料来源与用量安全可靠。

①原辅料选用应当符合相关国家和地区的法规、规章、标准的规定,例如中国保健食品原料选用应当符合《保健食品法规 51 号文件》、GB 14880—2012《食品营养强化剂使用标准》、GB 2760—2011《食品添加剂使用标准》和《新资源食品管理办法》等。

②原辅料用量应当符合相关国家和地区的法规、规章、标准的规定,例如食品添加剂用量应符合 GB 2760—2011《食品添加剂使用标准》的用量规定,营养强化剂用量应符合 GB 14880—2012《食品营养强化剂使用标准》的用量规定,中药类原料应符合《药典》记载药物

常用量的 1/3 ~ 1/2。

③原辅料标准应当符合相关国家标准和卫生要求,无国家标准,应符合行业标准或自行制定的企业标准,特殊物料应符合特殊物料具体要求。

(2)关键工艺:固体饮料的关键工艺是物料混合工艺,混合是否均匀对产品有着直接的影响,物料的颗粒度、流动性、混合体积、投料次序、混合时间等因素都会对混合均匀性造成一定的影响,混合不均匀会造成产品不合格、限量原料超标、产品口味改变等。为了确保能够达到满意的混合效果,混合时一般先将用量较小的几种物料进行预混,再与其他物料进行混合,也就是我们平常所说的等量递增原则。

(3)质量控制:固体饮料在生产过程中未设置杀菌工艺过程,为了保证产品质量合格,需要对生产人员、产品原辅料、包装材料、生产设备、生产环境和生产过程进行严格的卫生监控,从而保证产品的质量。

四、产品方案

1. 产品形式

本品为固体饮料,产品净含量175 g,采用400 mL PE 大口塑料瓶包装。

2. 生产实训规模

安排1 班/日,班产量可根据实训生产设备条件自主安排1 到多批次,每批次瓶数可根据生产设备实际生产能力确定。

3. 原辅材料

(1)本品配方设计用量按照每人每日食用量10 g 计算。果茶饮料原辅料要求及参考用量见表3 - 2 - 24 所示。

表3 - 2 - 24　果茶饮料原辅料要求及参考用量

序号	原辅料名称	原辅料质量标准	参考用量(%)
1	柠檬粉	DB11/ 619—2009《水果干制品卫生要求》	20
2	金橘粉	DB11/ 619—2009《水果干制品卫生要求》	11
3	红茶粉	Q/CSN 0004—S 2010《速溶茶粉》	20
4	低聚果糖	GB/T 23528—2009《低聚果糖》	43
5	柠檬酸	GB 1987—2007《食品添加剂 柠檬酸》	2.25
6	苹果酸	GB 13737—2008《食品添加剂 L - 苹果酸》	1.18
7	维生素 C	GB14754—2010《食品添加剂 维生素 C》	0.5
8	柠檬香精	QB/T 1505—2007《食用香精》	0.35
9	茶香精	QB/T 1505—2007《食用香精》	0.45

序号	原辅料名称	原辅料质量标准	参考用量（%）
10	甜菊糖甙	GB 8270—1999《甜菊糖甙》	0.02
11	乙基麦芽酚	GB 12487—2010《食品添加剂 乙基麦芽酚》	1.25

（2）包装容器：400 mL PE 大口塑料瓶。

（3）其他辅助材料：平口胶袋、外包装纸箱、封箱胶带等。

五、实训条件要求

1. 车间场所条件

实训车间的场所条件应满足《固体饮料生产许可证审查细则》、GB 12695—2003《饮料企业良好生产规范》和 GB14881—2013《食品企业通用卫生规范》。

2. 主要生产设备

实训车间应具备最基本设备：原料处理设备；配料混合设备；金属探测及包装设备。以班产量 16000 瓶生产能力为例，主要生产设备清单如表 3 – 2 – 25 所示。

表 3 – 2 – 25　果茶饮料主要生产设备清单

序号	设备名称	规格型号	单位	数量
1	电子秤	500 kg	台	1
2	电子秤	10 kg	台	1
3	漩涡震荡筛	ZS – 515	台	1
4	气动真空上料机	SWP	台	1
5	自动提升料斗混合机	HZD – 1000B	台	1
6	金属探测仪	HT – 01	台	1
7	自动包装机	MJL – 2B2	台	1
8	喷码机	A 400	台	1
9	自动捆箱机	MH – 101A	台	1

3. 产品质量控制仪器

果茶饮料产品生产过程控制及出厂检验仪器如表 3 – 2 – 26 所示。

六、工艺流程

果茶饮料生产工艺流程如图 3 – 2 – 7 所示。

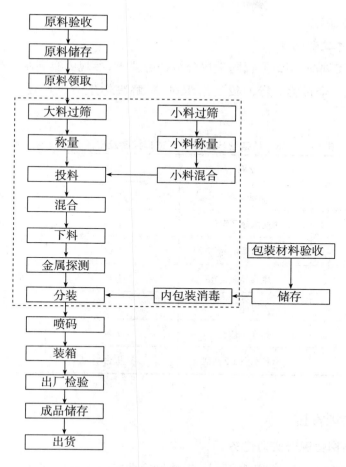

图 3 - 2 - 7　果茶饮料生产工艺流程图

（虚框区域内为三十万级洁净区）

七、生产实训前的准备

1. 实训前的相关培训准备工作

（1）组织参训同学学习实训企业新员工安全生产知识和职业道德培训，学习 ISO 22000 食品安全管理体系和 GMP 保健食品良好生产规范等体系文件。学习果茶饮料生产中的相关规定、规程，如：《人员出入生产区管理规定》、《三十万级车间环境监控操作规程》、《生产环境消毒操作规程》、《生产设备消毒操作规程》、《车间岗位操作规程》、《小料配置工艺操作规程》、《大料配置工艺操作规程》等。

（2）组织参训同学认真学习由企业工程师或指导教师讲授的实训企业关于果茶饮料的生产组织、工艺流程、各工序工艺控制、设备操作规程和产品品质控制等的相关要求。

（3）组织参训同学接受果茶饮料生产过程危害分析培训。根据表 3 - 2 - 26 中内容组织学生理解并掌握果茶饮料实际生产过程中 CCP 的确定、危害程度分析、危害程度判断理由和依据、控制措施等。

2. 实训前生产过程见习

建议在生产实训前,组织参训同学按分组任务要求,参观由实训企业生产工人完成的至少 1 批次的生产全过程。待回校后组织讨论,解决学生对生产过程中不清楚的关键难题。

表 3 - 2 - 26　果茶饮料产品生产过程控制及出厂检验仪器清单

序号	名称	数量	主要规格
1	分析天平	1 台	最大称量 200 g,精度 0.1 mg
2	快速水分测定仪	1 台	精度 0.01%
3	恒温恒湿培养箱	1 台	温度:10 ~ 60℃
4	生物显微镜	1 台	放大倍数 30 - 1500 倍
5	电冰箱	1 台	温度: - 10 ~ - 30℃
6	超净工作台	1 台	双人
7	不锈钢医用杀菌锅	1 台	125℃

八、生产实训安排

(一)工序与岗位配套实训任务

将参训同学分成 4 组,每组 6 ~ 8 人,以协助企业工人生产的方式工作,具体工作由企业生产班长指定。工序及实训任务安排如下:

工序一:原料预处理

实施:第 1、第 3 小组。

任务:负责对生产实训批次的所有原料进行领料、过筛、称量、小料预混。

(1)领料。按批次领料单从原料库领取生产原料,同时检查领取原料出库合格单,重点检查每批产品检测报告中微生物是否符合安全要求,出现不符合要求的原料时要及时报告生产班长。

(2)过筛。按实训企业原料预处理工艺操作规程的要求分别对所有原料进行过筛,剔除可能存在的砂石、玻璃、泥土、金属、皮壳等异物。

(3)小料称量。按实训企业小料配置工艺操作规程的要求分别称量柠檬酸、苹果酸、维生素 C、甜菊糖甙、柠檬香精、茶香精、乙基麦芽酚。做好称量记录,采用二人复核制,做好复核记录。

(4)小料混合。按实训企业小料配置工艺操作规程将各物料依次用手工或气动真空上料器投入自动提升料斗混合机中(不超过容积的 2/3),混合机转速为 12 r/min,搅拌

20 min,混合均匀后物料暂存。经 QC 检验合格后方可进入下一步工序。

(5)大料称量。按实训企业大料配置工艺操作规程的要求分别称量柠檬粉、金橘粉、红茶粉、低聚果糖。做好称量记录,采用二人复核制,做好复核记录。

工序二:原料混合包装

实施:第 2、第 4 小组。

任务:负责对预处理后的原料进行混合、金属探测和分装。

(1)投料。将称量好的柠檬粉、金橘粉、红茶粉和小料按生产操作规程中的投料次序手工或气动真空上料器投入混合机中(不超过容积的 2/3)。

(2)混合。按照自动提升料斗混合机操作规程开动混合机,混合机转速为 12 r/min,搅拌 11 min。混合均匀的物料通过管道输送到分装车间暂存。

(3)金属探测。暂存物料经输送管道下料时,经金属探测仪检测,检测是否存在大于 0.8 mm 的铁屑及大于 1.2 mm 的非铁金属颗粒。经 QC 检验合格后方可进入下一步工序。

(4)包装材料处理。根据包装指令单和包装材料领单领取相应数量的 400 mL PE 大口塑料瓶、外包装纸箱和封箱胶带。按照包装材料消毒操作规程对 400 mL PE 大口塑料瓶进行臭氧消毒(臭氧浓度 15 ppm,消毒时间 30 min,如发现包装瓶微生物严重超标,可适当提高臭氧浓度),并存于分装车间待用。

(5)分装。按粉末分装机操作规程将混合好的物料分装于 400 mL PE 大口塑料瓶中,每瓶装量(175±2)g,在线进行称重检查,剔除装量不合格品。每隔 15 min 进行锁盖抽查,手工检查是否存在锁盖不严或变形现象,如果有锁盖不严或变形现象立即拣出存放于固定场所。

(6)包装入库。按半成品喷码操作规程将分装所得的半成品执行喷码操作,按产品包装的数量要求装于纸箱中,确定装箱无误后进行封箱,贴上合格证,用打包机对外箱打包。检验合格后办理入库手续。

(二)产品感官品评及微生物检验训练

1. 产品感官品评训练

实施:4 个小组合并,将样品带回学校独立完成。

任务:产品感官品评分析判断产品是否存在差异性。

产品感官品评根据 QB/T 12311—2008《感官分析方法学 三点检验法》进行感官分析。选择不同批次的三个样品分别与对照样品进行感官品评,经过品评判断出产品与对照样品是否存在感官差异,每个评价项目分别进行评价,并且样品呈送的次序为随机排序。各小组将评价结果填入表 3-2-27。具体操作方法请见后文的产品感官品评训练。

表 3 − 2 − 27　果茶饮料感官品评评价表

评价项目	样品编号				
	样品1	样品2	样品3	对照样品	是否有差异
色泽					
香气					
滋味及气味					
冲溶性					
形态					
杂质					

2. 果茶饮料微生物出厂检验

实施:4 个小组合并,将样品带回学校独立完成或协助企业检验员在企业完成。

任务:负责对生产期间可能不符合要求的批次产品抽样样本、生产工艺完全正常的库存产品抽样样本各 5 个进行微生物检验。根据检验结果,对整个生产过程进行验证。训练操作按照 GB/T 4789.21—2003《食品卫生微生物学检验·饮料检验》要求进行。将检验结果填入表 3 − 2 − 28。

表 3 − 2 − 28　果茶饮料样本微生物检验结果

项目		样品号				
		1	2	3	4	5
抽样样本	菌落总数(cfu/g)					
	大肠菌群(MPN/100g)					
	霉菌(cfu/g)					
	致病菌(沙门氏菌、志贺氏菌、金黄色葡萄球菌)					
库存样本	菌落总数(cfu/g)					
	大肠菌群(MPN/100g)					
	霉菌(cfu/g)					
	致病菌(沙门氏菌、志贺氏菌、金黄色葡萄球菌)					

九、实训讨论与项目总结

1. 实训讨论

完成上述实训任务后,召集 4 个小组一起就实训心得、存在的问题、实训完善建议等方面进行讨论与总结。

2. 实训项目总结报告要求

每个小组根据各自任务情况、产品检验结果,提交一份生产实训总结报告。

表3-2-29　果茶饮料生产过程危害分析表

序号	加工步骤	确定在此步骤中可能存在或出现的潜在危害		危害程度分析			对危害程度的判断提供理由和依据	控制措施	是否为CCP
		种类	有否?/哪些?	几率	严重性	是否为显著危害			
1	物料贮存	1 生物性	霉菌、细菌、大肠菌群及其他致病菌	低	严重	否	1.1 收货时确保包装完好无损 1.2 按规定存放,控制在仓间,可控制微生物生长	1.1 按产品仓储规定(食品原料)进行储存	否
		2 化学性	不存在	不适用	不适用	否	2.1 无化学污染物存在	—	否
		3 物理性	其他外来杂物	低	非常有限	否	3.1 按规定贮存,不会有其他外来杂物混入	按产品仓储规定(食品原料)进行储存	否
2	PE塑料瓶贮存	1 生物性	霉菌、细菌、大肠菌群及其他致病菌	低	严重	否	1.1 贮存不当或包装破损可使微生物侵入造成污染 1.2 使用前消毒可防止污染 1.3 来料有外包装可防止微生物进入	1.1 按物料管理制度操作 1.2 使用前消毒并定期抽查消毒的效果	否
		2 化学性	不存在	不适用	不适用	否	2.1 无化学污染物存在	—	否
		3 物理性	外来杂物	低	非常有限	否	3.1 密封保存,无其他外来杂物混入的可能	3.1 按包装材料及辅销材料仓储规定进行储存	否
3	小料原料过筛	1 生物性	霉菌、细菌、大肠菌群及其他致病菌	低	严重	否	1.1 只有当净区的控制出现异常时才会污染产品 1.2 空气净化系统能确保生产环境达到污染要求 1.3 人员进入车间时经过净化 1.4 机器设备经过清洁和消毒	1.1 按生产环境消毒操作规程进行清洁和消毒 1.2 按三十万级车间环境监控操作规程控制环境微生物指标 1.3 按人员出入生产区管理规定进入生产区 1.4 按生产设备消毒操作规程对机器进行清洁和消毒	否
		2 化学性	不存在	不适用	不适用	否	2.1 不会加入化学物质	—	否
		3 物理性	外来杂质	一般	非常严重	是	3.1 生产金属碎片,对消费者产生危害	3.1 生产前后检查筛网 3.2 后序金属检测仪检测可剔除	否

续表

序号	加工步骤	确定在此步骤中可能存在或出现的潜在危害		危害程度分析			对危害程度的判断提供理由和依据	控制措施	是否为CCP
		种类	有否?/哪些?	几率	严重性	是否为显著危害			
4	小料原料称量投料	1 生物性	霉菌、细菌、大肠菌群及其他致病菌	低	严重	否	1.1 只有当洁净区的控制出现异常时才会污染产品 1.2 人员进入车间时经过净化 1.3 机器设备经过清洁和消毒 1.4 空气净化系统能确保生产环境达到要求	1.1 按小料配置工艺操作规程和三万级车间环境操作规程控制环境生物指标 1.2 人员按出入生产区管理规定进入生产区 1.3 按生产设备消毒操作规程对机器进行清洁和消毒 1.4 按生产环境消毒操作规程进行清洁和消毒	否
		2 化学性	称错或投错料（涉及食品添加剂超标）	低	严重	否	2.1 有限量的原料超量时能对消费者带来危害 2.2 严格实行二人复制	2.1 按小料配置工艺操作规程进行称料 2.2 按配料车间岗位操作规程实行二人复制，复核原料名称（外观名称） 2.3 定期校验计量仪器	否
		3 物理性	外来异物	低	非常有限	否	3.1 投料工序使用的辅助工具有混入原料的潜在风险 3.2 后续原料过筛可检查出	3.1 投料时发现外观异常立即隔离 3.2 对辅助工具进行编号管理，生产前后进行清点核查	否
5	小料混合	1 生物性	霉菌、细菌、大肠菌群及其他致病菌	低	严重	否	1.1 只有当洁净区的控制出现异常时才会污染产品 1.2 人员进入车间时经过净化 1.3 机器设备经过清洁和消毒 1.4 空气净化系统能确保生产环境达到要求	1.1 按小料配置工艺操作规程和三万级车间环境操作规程控制环境生物指标 1.2 按人员出入生产区管理规定进入生产区 1.3 按生产设备消毒操作规程对机器进行清洁和消毒 1.4 按生产环境消毒操作规程进行清洁和消毒	否

续表

序号	加工步骤	确定在此步骤中可能存在或出现的潜在危害		危害程度分析			对危害程度的判断提供理由和依据	控制措施	是否为CCP
		种类	有否？哪些？	几率	严重性	是否为显著危害			
5	小料混合	2 化学性	混合不均匀	低	严重	否	2.1 有限量的原料搅拌不均匀造成超量时可能对消费者带来危害 2.2 按规定时间和方式进行搅拌，防止发生不均匀	2.1 按配料车间岗位操作规程操作 2.2 按小料配置工艺操作规程进行搅拌混合 2.3 半成品检查发现不均匀时按不合格品控制程序处理	否
		3 物理性	不存在	不适用	不适用	否	3.1 封闭式混合，混入外来杂质的机率很低	—	否
6	过筛	1 生物性	霉菌、细菌、大肠菌群及其他致病菌	低	严重	否	1.1 只有当洁净区的控制出现异常时才会污染产品 1.2 空气净化系统能确保生产环境达到要求 1.3 人员进入车间时经过净化 1.4 机器设备经过清洁和消毒	1.1 按生产环境消毒操作规程进行清洁和消毒 1.2 按三十万级车间环境控制规程控制环境微生物指标 1.3 按人员进出生产区管理规定进入生产区 1.4 按生产设备消毒操作规程对机器进行清洁和消毒	否
		2 化学性	不存在	不适用	不适用	否	2.1 不会加入化学物质	—	否
		3 物理性	外来杂质	一般	非常严重	是	3.1 筛网破损，产生金属碎片，对消费者产生危害	3.1 生产前后检查筛网 3.2 后序金属检测仪检测可剔除	否
7	称量	1 生物性	霉菌、细菌、大肠菌群及其他致病菌	低	严重	否	1.1 只有当洁净区的控制出现异常时才会污染产品 1.2 人员进入车间时经过净化 1.3 机器设备经过清洁和消毒 1.4 空气净化系统能确保生产环境达到要求	1.1 按大料配置工艺操作监控操作规程按三十万级车间环境监控控制环境微生物指标 1.2 按人员进出生产区管理规定进入生产区 1.3 按生产设备消毒操作规程对机器进行清洁和消毒 1.4 按生产环境消毒操作规程进行清洁和消毒	否

续表

序号	加工步骤	确定在此步骤中可能存在或出现的潜在危害		危害程度分析			对危害程度的判断提供理由和依据	控制措施	是否为CCP
		种类	有害？/哪些？	几率	严重性	是否为显著危害			
7	称量	2 化学性	称错或投错料（涉及食品添加剂超标）	低	严重	否	2.1 有限量的原料超量时能对消费者带来危害 2.2 严格实行二人复查制	2.1 按大料配置工艺操作规程进行称料 2.2 按配料车间岗位操作规程实行二人复查制，复核原料名称、外观和称量过程 2.3 定期校验计量仪器	否
		3 物理性	不存在	不适用	不适用	否	3.1 在洁净区操作，不会引入外来杂质	——	否
8	投料	1 生物性	霉菌、细菌、大肠菌群及其他致病菌	低	严重	否	1.1 只有当洁净区的控制出现异常时才会污染产品 1.2 人员进入车间时经过净化 1.3 机器设备经过清洁和消毒 1.4 空气净化系统能确保生产环境达到要求	1.1 按大料配置工艺操作规程和三十万级车间环境监控操作规程控制环境微生物指标 1.2 按人员进出生产区管理规定进入生产区 1.3 按生产设备消毒操作规程对机器进行清洁和消毒 1.4 按生产环境消毒操作规程进行清洁和消毒	否
		2 化学性	投错料（涉及食品添加剂超标）	低	严重	否	2.1 有限量的原料超量时刻能对消费者带来危害 2.2 严格实行二人复查制	2.1 按大料配置工艺操作规程进行称料 2.2 按配料车间岗位操作规程实行二人复查制，复核原料名称、外观和称量过程 2.3 定期校验计量仪器	否
		3 物理性	外来异物	低	非常有限	否	3.1 投料工序使用的辅助工具有混入原料的潜在风险 3.2 后续原料过筛可查出	3.1 投料时发现外观异常立即隔离 3.2 对辅助工具进行编号管理，生产前后进行清点核查	否

续表

序号	加工步骤	确定在此步骤中可能存在或出现的潜在危害		危害程度分析			对危害程度的判断提供理由和依据	控制措施	是否为CCP
		种类	有否?/哪些?	几率	严重性	是否为显著危害			
9	混合	1 生物性	霉菌、细菌、大肠菌群及其他致病菌	低	严重	否	1.1 只有当洁净区的控制出现异常时才会污染产品 1.2 人员进入车间时经过净化 1.3 机器设备经过清洁和消毒 1.4 空气净化系统能确保生产环境达到要求	1.1 按大料配置工艺操作规程和三十万级车间环境监控环境微生物指标 1.2 按人员出入生产区管理规定进入生产区 1.3 按生产设备操作规程对机器进行清洁和消毒 1.4 按生产环境消毒操作规程进行清洁消毒	否
		2 化学性	混合不均匀	低	严重	否	2.1 有限量的原料搅拌不均匀造成超量时可能对消费者带来危害 2.2 按规定时间和方式进行搅拌,防止发生不均匀	2.1 按配料车间岗位操作规程操作 2.2 按大料配置工艺操作规程进行搅拌混合 2.3 按半成品质量标准检验	否
		3 物理性	不存在	不适用	不适用	否	3.1 封闭式混合,混入外来杂质的几率很低	——	否
10	下料	1 生物性	霉菌、细菌、大肠菌群及其他致病菌	低	严重	否	1.1 只有当洁净区的控制出现异常时才会污染产品 1.2 人员进入车间时经过净化 1.3 管道和棉布定期清洗和消毒,经棉签实验消毒效果达到要求 1.4 空气净化系统能确保生产环境达到要求	1.1 按大料配置工艺操作规程和三十万级车间环境监控环境微生物指标 1.2 按人员出入生产区管理规定进入生产区 1.3 按生产设备消毒操作规程对机器进行清洁和消毒 1.4 按生产环境消毒操作规程进行清洁消毒	否

续表

序号	加工步骤	确定在此步骤中可能存在或出现的潜在危害		危害程度分析			对危害程度的判断提供理由和依据	控制措施	是否为CCP
		种类	有否?/哪些?	几率	严重性	是否为显著危害			
10	下料	2 化学性	不存在	不适用	不适用	否	2.1 此工序内不会接触到化学物质	—	否
		3 物理性	不存在	不适用	不适用	否	3.1 密闭管道下料,不会产生外来杂质	—	否
11	金属探测	1 生物性	不存在	不适用	不适用	否	1.1 物料包装密封状态下检测,无生物性危害	—	否
		2 化学性	不存在	不适用	不适用	否	2.1 物料包装密封状态下检测,无化学危害	—	否
		3 物理性	金属性异物	低	非常严重	是	3.1 原材料或加工工序有可能会给产品带来金属性异物,若金属检测仪失灵未能检出则对消费者造成危害 3.2 金属检测仪失灵未能检出金属性异物的几率很低	3.1 按设备操作规程(金属检测仪)操作 3.2 定期校正金属检测仪	是 CCP
12	内包材消毒	1 生物性	不存在	不适用	不适用	否	1.1 本工序为杀菌工序,不会引入微生物污染	—	否
		2 化学性	不存在	不适用	不适用	否	2.1 无接触化学性物质	—	否
		3 物理性	不存在	不适用	不适用	否	3.1 在洁净区内完成,不会引入外来杂质	—	否

续表

序号	加工步骤	确定在此步骤中可能存在或出现的潜在危害		危害程度分析			对危害程度的判断提供的判断理由和依据	控制措施	是否为CCP
		种类	有否？/哪些？	几率	严重性	是否为显著危害			
13	装袋	1 生物性	霉菌、细菌、大肠菌群及其他致病菌	低	严重	否	1.1 只有当洁净区的控制出现异常时才会污染产品 1.2 管道和棉布定期清洗和消毒，经棉签实验消毒效果达到要求 1.3 人员进入车间时经过净化 1.4 空气净化系统能确保生产环境达到净化 1.5 封口严，导致产品吸潮，滋生细菌、霉菌等微生物，危害消费者健康	1.1 按分装车间岗位操作规程、三十万级车间环境监控操作规程对机器环境微生物指标 1.2 按生产设备消毒操作规程进行清洁和消毒 1.3 人员按人出入生产区管理规定进入生产区 1.4 按生产环境消毒操作规程进行清洁和消毒 1.5 按成品检验标准控制	否
		2 化学性	不存在	不适用	不适用	否	2.1 不存在化学性污染	—	否
		3 物理性	外来杂质	不适用	不适用	否	3.1 前工序已过金属检测 3.2 该工序引入大金属性异物的可能性极小	—	否
14	储存	1 生物性	霉菌、细菌、大肠菌群及其他致病菌	低	严重	否	1.1 产品为密闭贮存，不存在微生物污染的可能，只有在贮存条件不符合要求时会有微生物生长的可能性	1.1 按食品成品的仓储规定进行储存 1.2 按产品防护控制程序对产品进行防护控制	否
		2 化学性	不存在	不适用	不适用	否	2.1 产品包装严密，而储存环境无化学污染的可能性	—	否
		3 物理性	不存在	不适用	不适用	否	3.1 不存在污染源	—	否

十、思考题

（1）生产工艺中先将柠檬酸、苹果酸、维生素 C、甜菊糖甙、柠檬香精、茶香精、乙基麦芽酚等物料称量好后混合均匀，再与其他物料一起混合，这是为了避免什么工艺缺陷？

（2）产品感官品评分析除了采用三点检验法，是否还可以采用其他方法，感官品评对产品质量控制有什么作用？

（3）固体果茶饮料常见质量问题有哪些？

（4）根据生产实训的切身感受，你认为果茶饮料的生产过程危害分析表（表 3 - 2 - 29）还可以如何完善？依据是什么？

十一、产品感官品评训练

产品感官品评是产品质量控制的一种有效控制手段，可以通过品评描述、剖析、评价，从而控制产品的稳定性或寻找产品的不足之处，指导产品配方的设计改良和生产工艺的改进。通常在产品质量控制中为了保持产品的稳定性，质量控制人员常用的感官分析方法是差别实验，较常用的是三点测试方法，一般是用于被检样品与对照样品之间是否存在感官差别或相似性。

实施：将参训学生分成若干小组，每组 6 人。由第 1 小组负责样品准备，其余小组作为品评人员。

任务：确定实训生产样品与对照品之间是否存在差异性，产品稳定性是否良好。

（1）准备工作：检验前，准备好评分表（每人一份）和工作表（详情见表 2 - 2 - 30 和表 3 - 2 - 31），使 A 和 B 两产品序列出现的可能次数相等，例如：ABB、AAB、ABA、BAA、BBA、BAB。六组样品随机分发给评价员（即第一组六个评价员中使用每个序列一次，下一组重复）。告知评价员样品按呈送顺序评价，两个样品相同，一个不同，指出哪一个与另外两个不同，并填写表 3 - 2 - 30。

表 3 - 2 - 30　三点检验评分表

三点检验
评价员编号_____　姓名_____　日期_____
说明： 　　从左到右品尝样品，两个样品相同，一个不同。在下面空白处写出与其他样品不同的样品编号。如果无法确定，记录你的最佳猜测，可以在陈述处注明你是猜测的。 样品编号：_____　_____　_____ 与其他两个样品不同的样品是：_____　陈述：_____ 在您觉察到的察觉程度的相应词汇上划√ 　没有　　很弱　　弱　　中等　　强　　很强

（2）样品准备：根据评价员人数计算应准备样品数量，按照每个样品 30 mL 呈送量，例

如有 4 个小组,即 24 人,则应准备 A、B 样品数量各为 1 080 mL。

呈送样品要求:

表 3 - 2 - 31　三点检验工作表

日期:　　　　　　　　　　　　　　检验编号:

三点检验样品顺序和呈送计划

在样品托盘准备区张贴本表,提前将评分表和呈送容器编码。
编码:A:315　829　B:470　265

呈送编码如下:

评价组成员	样品编码		
1	315	470	265
2	315	829	470
3	315	265	829
4	470	315	829
5	470	265	829
6	470	829	265
……			

注　其他组可重复此操作顺序。

①用统一的容器呈送样品,统一的方式对盛样品的容器编码。

②样品上标注的数字为随机的三位数,每组三联样由三个样品组成,每个样品用不同编号。

③每组三联样中呈送的数量与体积应相同。

④每组三联样中的样品的温度应该相同。

⑤检验期间,避免提供有关产品特性、期望的处理结果或个人表现的信息。避免评价员之间交流讨论,不应互相干扰。

(3)检验:将已经按照随机编码原则编码的样品呈送给评价员,并将评分表(表 3 - 2 - 30)分发给每个评价员。评价员品评完后如实填写表 3 - 2 - 30,如无法判断出差别时,要求评价员随机选择一个较大可能性的样品,在陈述栏中注明是猜测。

(4)结果分析与表述:感官分析员确定适于本检验的风险水平,确定能够区分产品的评价者的最大允许比例,根据 GB/T 12311—2012 表 A.3 查阅所需的评价员数。查阅 GB/T 12311—2012 表 A.2,表中如果有对应的 n 值,则根据表中数值直接查阅,如没有对应的 n 值,则按照公式:$[1.5(x/n) - 0.5] + 1.5Z_{\beta}\sqrt{(nx - x^2)/n^3}$ 计算,如果计算值小于选定的 P_d 值,则表明样品在 β 显著性水平上相似,相反,如果大于则表明样品不相似。

例如:

确定能够区分产品的评价者的最大允许比例为 $P_d = 20\%$,$\beta = 0.10$,$\alpha = 0.20$,在 GB/T 12311—2012 表 A.3 中查到评价员数为 64 人,查阅 GB/T 12311—2012 表 A.2,分析员发现没有 $n = 64$ 的条目,因此,按照公式 $[1.5(x/n) - 0.5] + 1.5Z_{\beta}\sqrt{(nx - x^2)/n^3}$ 计算,假如

有 24 人正确辨认出检验的不同样品,经计算值为 0.1787 小于 18% 的评价员能区分样品,而且不超过 $P_d = 20\%$,因此判断新产品与对照品相似,无差异性。

实训五　果蔬干制加工生产实训

一、产品行业及生产工艺背景

干制是利用工艺条件延长果蔬和酶的活性。干制是一种古老的加工方法,波斯和中国早在 5000 年前就已经开始利用日光进行果蔬的干制。在我国,干制有悠久的历史,《齐民要术》就有干制方法的记载。在长期的干制实践中,我国劳动人民不但积累了丰富的经验,而且创造了多种多样的产品。其中红枣、柿饼、葡萄干、荔枝干、龙眼干、金针菜、香菇等都是畅销国内外市场的土特产品。人为控制的干制方法,开始于 18 世纪末期。根据历史记载,1780 年用热水处理蔬菜,然后于自然条件下或在火炉加热的烘房中进行干燥得到脱水蔬菜。在战争时期,脱水蔬菜发展非常迅速,特别是在第一次世界大战和第二次世界大战期间。20 世纪 60 年代太空探索事业的开展大大促进了冻干技术的发展。

果蔬干制在果蔬加工业中占有重要地位。果蔬干制后质量大为减轻,体积显著缩小,便于运输,食用方便,产品营养丰富而又易于长期贮藏。对有些类型的果蔬而言,脱水为消费者提供了方便的产品,也为果蔬制造商提供了易于加工的原料成分。但是干制会破坏果蔬产品的适口性和营养价值,因此要为不同果蔬选择适当的干燥设备和工艺条件,尽量降低这些不良变化。

近年来,由于果蔬干制的研究不断深入,先进的技术得以应用,干制正逐步朝着脱水、包装、贮藏等过程的机械化、自动化的方向迈进,果蔬干制品的产量和质量不断提高,许多高新干制技术及设备如真空冷冻脱水、微波脱水、远红外线脱水等应用于果蔬脱水加工业,改善和提高了果蔬干制品的感官性状和营养价值,为果品蔬菜干制工业开辟了广阔的前景。

本项目以红枣干和蔬菜干为生产实例。

二、实训目的

(1)了解果蔬干制加工行业状况与生产工艺水平。

(2)熟悉果蔬干制加工生产与卫生管理规程。

(3)掌握果蔬干制加工生产工艺与质量控制关键技术。

三、产品方案

1. 产品形式

红枣干、白菜干,塑料袋包装,净重 250 g。

2.生产实训规模

安排1班/日,班产量可根据实训生产设备条件自主安排1到多批次,每批次袋数可根据生产设备实际生产能力确定。

3.原辅材料

(1)干制果蔬的原辅料及食品添加剂。

果蔬干制产品生产加工所用的原辅材料必须符合相应的国家标准、行业标准及有关规定,不得使用非食用性原料。如使用的原辅材料为实施生产许可证管理的产品,则必须选用获得生产许可证的产品。

(2)包装容器。HDPE、复合膜,双层封袋型。厚度:0.06~0.20 mm。

(3)其他辅助材料。外包装纸箱、封箱胶带等。

四、实训条件要求

1.车间场所条件

实训车间的场所条件应满足《果蔬制品生产许可证审查细则》的基本要求。

2.主要生产设备

切片机、离心甩干机、烘房。

3.产品技术要求

果蔬干制品与其他果蔬制品一样,必须按照所加工产品的技术要求进行加工,成品的质量也有相应的技术要求。产品技术要求是生产者加工合格产品必须遵循的标准。由于果蔬干制品具有特殊性,大多数产品没有国家统一制订的产品标准,只有生产企业参照有关标准所制订的地方企业产品标准。

果蔬干制成品的技术要求主要有感官指标、理化指标和微生物指标三个方面。产品不同时,其技术要求尤其是感官指标差别很大。

(1)感官指标

①外观:对干制成品的外观,总体要求是整齐、均匀、无碎屑。对脱水片状干制品要求片形完整,片厚基本均匀,干片稍有卷曲或皱缩,但不能严重弯曲,无碎片或仅有少量碎片;对脱水块状制品要求大小均匀,形状规则;对粉状产品要求粉体细腻,粉粒度均匀,呈干燥可流动的状态,不允许有团块或杂质。

②色泽:成品色泽应与所加工果蔬原料的原有色泽相近,成品间色泽应一致。

③风味:应具有加工所用果蔬原料应有的气味和滋味;添加辅料或调味料的产品应有辅料或所配制调味料的正常风味,无异味。

(2)理化指标:果蔬干制品的理化指标除某些产品有特殊要求外,主要的指标是含水量。产品不同其含水量指标也不相同,如表3-2-32所示。

表3-2-32 常见果蔬干制品含水量

名称	含水量(%)	名称	含水量(%)
果干	19~22	玉兰片	18
红枣	25~28	胡萝卜片	7~8
蒜片	6~7	马铃薯片	7
黄花菜	16	粉状制品	2

在加工中需经硫处理的产品,要求残留的硫含量(以 SO_2 计)不得超过0.1 g/kg。粉状产品除含水量外,还有一些化学成分指标要求,如蛋白质、碳水化合物、抗坏血酸等。

(3)微生物指标和保质期:由于果蔬干制品是通过加工将果蔬水分降至微生物难以生长、繁殖的程度,因此,只要产品符合含水量指标,包装和贮藏条件达到要求,就能够阻止微生物的生长、繁殖和微生物所引起的腐败现象。一般果蔬干制品无具体微生物指标,产品要求不得检出致病菌。果蔬干制品保质期应在半年以上。

五、工艺流程及要点

1. 工艺流程

工艺流程如图3-2-8所示。

2. 操作要点

(1)原料选择:果品蔬菜干制时要考虑原料本身对于制品的影响。对原料的一般要求:干物质含量高,水分少,组织致密,风味色泽良好,核小,皮薄,纤维素含量低,褐变不严重。对成熟度的要求应根据果蔬种类而异,果品要求充分成熟,蔬菜则要求干制后不致纤维粗糙为原则。

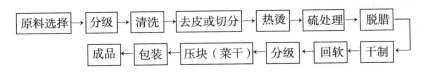

图3-2-8 红枣干、菜干生产工艺流程图

(2)原料处理:果蔬干制原料应选择干物质含量高、风味色泽好的品种。水果原料要求干物质含量高,纤维素含量低,风味良好,核小皮薄,成熟度在8.5~9.5。蔬菜原料要求干物质含量高,肉质厚,组织致密,粗纤维少,新鲜饱满,色泽好,风味佳。不同种类的蔬菜,干制对成熟度的要求有很大的不同。

果蔬在采收后,多数都带有污染物,而其同批次收获的原料的物理性状(形状、大小、成熟度或色泽等)很难一致,或者带有不可食用的成分,必须采用清洗、分级或去皮整形等一系列的前处理,以确保成品具有统一的品质。

①分级、清洗:为使成品的质量一致,便于加工操作,应当按原料成熟度、大小、形状、质量及色泽等方面情况进行选择分级,并剔除病虫、腐烂变质的果品蔬菜和不适宜干制的部分。

其后根据原料的性质和污染程度等情况,采用水洗(如浸泡、喷淋、漂洗和超声波清洗)或干洗(通过空气、磁力或其他物理方法分离),以除去原料表面附着的污物,确保产品的清洁卫生。

②去皮、去子和切分:有些果蔬的外皮粗糙坚硬,有的含有较多的单宁或具有不良风味,不可食用。因此,在干制前需要去皮,以利于提高干燥速度。去皮可根据原料的特性和形态,采用刀削去皮、蒸汽去皮、摩擦去皮、碱液腐蚀去皮或者灼烧去皮等方法。去皮后有些果蔬还需要去子,如番茄需挖去种子。对于形体大的果蔬应根据其种类和加工的要求,采用手工或机械切分成一定形状和大小。

③热烫处理:亦称预煮、杀青等,一般是对原料进行短时的沸水热烫或饱和蒸汽处理。热处理的温度和时间因果实种类不同而异,选取的条件既要确保酶的充分失活,又防止果蔬的过度软化和风味丧失。常用的是热水和蒸汽,温度为 $80 \sim 100 ℃$,采用蒸汽热烫时应注意原料需分层铺放,使之受热均匀。热烫时间要根据果品蔬菜品种特性、形状、大小和切分程度作适当的调整,一般果品蔬菜热烫时间为 $2 \sim 8 \ min$ 。热烫后应迅速用冷水冷却,以防原料组织软烂;为防止变色,冷水中可加入少量的柠檬酸或亚硫酸钠。热处理不彻底或过度对果蔬干制都是不利的。

④硫处理:硫处理是许多果蔬干制的必要预处理,对改善制品色泽和保存维生素(尤其是维生素 C)具有良好效果。硫处理的护色作用是由于亚硫酸具有强烈的还原性,对褐变产生的物质具有一定的漂白作用。另外,SO_2 对于多酚氧化酶具有抑制作用。硫处理法中,特别是熏硫对果蔬组织中细胞膜产生一定的破坏作用,增强了其通透性,利于干燥。

⑤浸碱脱蜡:浸碱处理是通过碱液的作用,将不去皮的果蔬的果皮表面上所附蜡质去除,以便于水分蒸发,加快干制速度。此外,浸碱还可以使熏硫时的二氧化硫易于吸收。

(3)干制:干燥方法可分为自然干燥法和人工干燥法两类。自然干燥法是利用太阳的辐射能使物料中的水分蒸发而除去,或利用寒冷的天气使物料中的水分冻结,再通过冻融循环而除去水分。它仍是一些传统制品干燥中常用的方法。

人工干燥法则是利用特殊的装置来调节干燥工艺条件,使食品水分脱除的干燥方法。人工干制按设备的特征可分为窑房式干燥、箱式干燥、隧道式干燥、输送式干燥、输送带式干燥、滚筒干燥、流化床干燥、喷雾干燥、冷冻干燥等;按干燥的连续性可分为间歇(批次)干燥和连续干燥;按干燥时空气的压力可分为常压干燥和真空干燥;按热交换和水分除去方式的不同,又可分成常压对流干燥法、真空干燥法、辐射干燥法和冷冻干燥法等;按干燥过程向物料提供热能的方法有对流干燥、传导干燥、能量场作用的干燥及组合干燥。

(4)包装前处理:

①回软:回软也称均湿或水分平衡。干制结束后产品所含的水分并非均匀一致,且在其内部分布也不均匀,常需均湿处理,使干制品变软,便于后续处理。回软的方法是在产品干燥后,剔除过湿、过大、过小、结块及细屑,堆集起来或放于较大的密闭容器中进行短暂贮藏,以便使水分在干制品相互间进行扩散和重新分布,最后达到均匀一致的要求。

②分级:为了使产品符合标准,便于包装,干制品要进行筛选分级。干制品常用振动筛

等分级设备进行筛选分级,剔除块片、颗粒、大小不合标准的产品,以提高商品质量。大小合格的产品还需进一步在移动速度为 3~7 m/min 的输送带上进行人工挑选,剔除杂质和变色、残缺或不良成品,并经磁铁吸除金属杂质。

③压块:果蔬干制后,体积膨松,容积很大,不利于包装和运输。因此,在包装前要经过压缩处理,一般称为压块。压块可使产品体积缩小 3~7 倍。脱水果蔬的压块,必须同时使用水、热与压力,方能获得好的结果。在产品不受损伤的情况下压缩成块,大大缩小了体积,有效地节省了包装材料、装运和贮藏容积及搬运费用;另外产品紧密后还可降低包装袋内氧气含量,有利于防止氧化变质。

(5)包装:

包装容器:常用的包装材料和容器有金属罐、木箱、纸箱、聚乙烯袋、复合薄膜袋等。一般内包装多用有防潮作用的材料,如聚乙烯、聚丙烯、复合薄膜、防潮纸等;外包装多用起支撑保护及遮光作用的金属罐、木箱、纸箱等。果蔬干制品容器最好采用拉环式易开罐,果蔬粉最好采用完全密封的铁罐或玻璃罐包装。

零售干制品常用涂料玻璃纸袋以及塑料薄膜袋和复合薄膜袋进行真空包装或惰性气体(氮气、二氧化碳)包装,使氧气的含量降到 2% 以下,提高维生素的稳定性和降低贮藏期间营养物质的损失。

(6)干制品的贮藏:每年有相当数量的脱水果蔬由于贮藏不善而吸潮,轻则丧失大部分营养成分和色素;重则发霉、腐烂和生虫。因此,良好的贮藏环境是保证干制品耐藏性的重要保证。

①干制品贮藏环境要求

a. 温度:低温能较好地保持干制品的质量。干制品适宜贮存的温度为 0~2℃,最好不要超过 10~12℃。高温会加速干制品的变质,据报道,贮藏温度高可加速脱水蔬菜的褐变,温度每增加 10℃,干制品褐变速度可增加 3~7 倍。

b. 湿度:干制品应在低湿干燥的条件下贮存,否则制品易返潮、霉烂。一般果蔬加工技术湿度不超过 65%。

c. 光照和空气:光照和氧气可促使色素分解,加速干制品的变色、变质,还能造成维生素 C 的破坏。因此要求干制品在避光和密封条件下贮存。

②干制品的贮藏方法和管理:

贮藏干制品的库房要求干燥,通风良好又能密闭,具有防鼠设备,清洁卫生并能遮阳。注意在贮藏干制品时,不要同时存放湿潮物品。

库内干制品箱的堆码,应留有行间距和走道,箱与墙之间也要保持 0.3 m 的距离,箱与天花板应为 0.8 m 的距离,以利于空气的流动。要经常检查产品质量,并做好防虫防鼠工作。

(7)干制品的复水:复水是指为了使干制品复原而在水中浸泡的过程。脱水蔬菜一般都需在复水后才能食用。

复水用的水必须清洁,并注意用量不宜过多,以减少制品内可溶性物质的流失。通常用水量为干制品重量的 10~16 倍为宜,浸泡水的温度、浸水时间对复水均有一定的影响。

一般来说,浸时越长,复水越充分;水温越高,干制品吸水速度越快,复水时间越短。

六、生产实训前的准备

1. 实训前的相关培训准备工作

(1)组织参训同学接受食品企业新员工安全卫生知识和职业道德培训,熟悉个人卫生及车间卫生管理制度与相关操作规程。

(2)组织参训同学认真学习由企业工程师或指导教师讲授的实训企业关于果蔬干制的生产组织、工艺流程、各工序工艺控制、设备操作规程和产品品质控制的相关要求。

(3)接受果蔬生产 HACCP 实施计划培训。以香菇干制为例,组织学生理解并掌握果蔬实际生产过程中 CCP 的确定、关键限值(CL)制定依据,以及在实训时如何监控、如何纠偏、如何记录与如何验证。果蔬干制加工生产 HACCP 实施计划见表 3 - 2 - 33。

2. 实训前生产过程见习

建议在生产实训前,组织参训同学按分组任务要求,参观由实训企业生产工人完成的至少一批次的生产全程。回校后组织讨论,解决学生对生产过程中的仍不清楚的关键难题。

七、生产实训安排

(一)工序与岗位配套实训任务

将参训学生分成 4 组,每组 6 ~ 8 人,以协助企业工人的方式工作,具体工作由企业生产班长指定。工序与岗位配套及实训任务安排如下:

1. 工序一:原料预处理

实施:第 1、第 3 小组。

任务:负责对生产实训批次的所有原料进行领料、称重、过筛、拣选、清洗、部分原料的蒸制准备。

(1)领料。按批次领料单从原料库领取各种生产原料时要求同时检查各种原料出库合格单(原料入厂 CCP1 由企业化验员提前完成)。

(2)过筛、拣选。按实训企业原料预处理工艺操作单的要求分别对所有原料进行过筛或拣选,剔除霉变等原料及可能存在的砂石、玻璃、泥土、金属、皮壳等异物。

(3)清洗、浸泡。按实训企业原料预处理工艺操作单的要求对所有原料分别进行清洗。浸泡完成后重点对容器底部的各种原料进行检查,剔除可能存在的砂石、玻璃、金属等异物。

2. 工序二:干制监控

实施:第 2、第 4 小组。

任务:与第 1、第 3 小组同步完成包装材料的领料、空袋清洗消毒,对预处理后的原料进行干制、装袋。

表 3 - 2 - 33　果蔬干制加工生产 HACCP 实施计划表

关键控制点（CCP）	危害	控制措施	关键限值（CL）	监控					纠正措施	验证	记录
				什么	哪里	怎样	何时	谁			
CCP1 原料验收	生物性 物理性 化学性	后工序可排除 后工序可排除 供应商控制	原料规格	合格证书	原料接收	根据程序	每批原料	检验员	拒收不合格条件的原料或另外存放。对有合格证书、预防措施、供应商进行质量审核	定期抽样做形式检验	原材料检验验收记录、合格供应商目录
CCP2 干制	生物性 化学性	本工序可控制无	温度和湿度	温度和湿度	生产过程中	凌温度与湿度	干制时	操作工和现场品控员	即时调整设备预防措施；设备维护和操作人员培训	定时对成品微生物检验	现场品控日报表、产品检验原始记录、设备维修保养记录、员工培训记录
CCP3 护色与杀虫	化学性	本工序可控制	标准规定	亚硫酸钠使用量	生产过程中	严格控制	每批产品	操作工和现场品控员	即时调整设备预防措施；设备维护和操作人员培训	定期抽样检验	检查检验记录、调和记录、员工培训记录
CCP4 包装与贮存	生物性	卫生控制	卫生规定	员工工器具	入口处车间	消毒消毒	进车间开工前	管理员品控员	立即重新消毒预防措施：定期手检、工器具检、新进员工培训	定期手检、工器具抽检、每批产品抽检	手检表、成品微生物检验记录、工具器检验记录表

监控干制过程中的温度与湿度,观察记录干制过程中的温度与湿度,干制的温度与湿度应控制在工艺要求范围内。若干制温度与湿度超过限值,及时调整阀门,同时在出料口处观察干制产品,若有:按不合格品处理程序处理,若无:则在品质异常与矫正预防处理单上注明特采,并上报品质管理部门备案。

3. 工序三:护色与杀虫监控

实施:第1、第3小组。

任务:第1小组继续完成工序一的操作,而第3小组完成原料预煮任务后,马上转入工序三,参加调和工序色素的添加及相关数据记录。

现场操作工严格按照 GB 2760 或有关法律法规要求使用亚硫酸钠,并做相应记录。品控员通过查验亚硫酸钠添加记录表和亚硫酸钠残留记录,确保产品的亚硫酸钠用量符合相关法规。

4. 工序四:包装与贮存监控

实施:第2、第4小组。

任务:第2、第4小组完成干制监控任务后,马上转入工序四,完成封口机的检查、试运行及装袋后的二重密封。第1、第3小组同学完成工序三的所有操作后也转入工序四。

操作员工必须按 SSOP(Sanitation Standard Operation Procedures,卫生标准操作规范)的要求进行控制。定期对员工个人卫生情况检查和对工器具、操作工手部带菌情况进行细菌、大肠菌检验,以保证产品的微生物指标得到控制。

(二)核心环节的操作训练

果蔬干制品常见的质量问题及控制措施

1. 农药残留

控制措施:洗涤。洗涤用水一般用软水,因为硬水中含有大量钙盐和镁盐,镁盐过多使产品具有明显的苦味。果皮上如带残留农药的原料,还需使用化学药品洗净。一般常用 0.5% ~1% 盐酸等,在常温下浸泡 1 ~2 min,再用清水洗涤。洗时,必须用流动水或使果品震动及摩擦,以提高洗涤效果。

2. 褐变

控制措施:热烫,是在温度较高的热水或沸水中(或常压蒸汽中)加热处理。热烫可以破坏果蔬的氧化酶系统。氧化酶在 73.5℃下,过氧化酶在 90 ~100℃下处理 5 min 即失去活性。可防止因酶的氧化而产生褐变以及维生素 C 的进一步氧化。同时热烫可使细胞内的原生质发生凝固、失水而和细胞壁分离,使细胞膜的通透性加大,促使细胞组织内的水分蒸发、加快干燥速度。经过热烫处理后的干制品,在加水复原时也容易重新吸收水分。

3. 硫超标

果蔬进行硫处理,可防止原料在干制过程中及干制品贮藏期间发生褐变。但是,干制品总是出现硫超标的问题。

用硫燃烧熏果蔬,或用亚硫酸及其盐类配制成一定浓度的水溶液浸渍果蔬,称为硫处理。经过硫处理的干制品所含二氧化硫经吸水复原,加热煮熟之后,二氧化硫即可逸散,应达到无异味。

硫处理期间,应注意硫处理的浓度和处理时间,浸泡溶液中二氧化硫含量为 1 ppm 时,能降低褐变率20%,10 ppm 时能完全不变色。虽然如此,但不应过度处理。

(三)产品感官品评及商业无菌检验训练

1. 产品感官品评训练

果蔬干制品评价方法应参考 CCGF 108.2—2010《蔬菜干制品》、DB11/ 620—2009《蔬菜干制品卫生要求》、CCGF 105.3—2010《水果干制品》、DB11/ 619—2009《水果干制品卫生要求》,以及相应产品的标准如 NY/T 949—2006《木菠萝干》。

具有各种糖果相应的色、香、味及形态,无异味,无肉眼可见的杂质。以木菠萝干为例,如表 3 - 2 - 34 所示。

表 3 - 2 - 34 木菠萝干的感官评价

项目	要求
色泽	呈淡黄色或黄色,无霉变
滋味和口感	具有木菠萝干特有的滋味和香气,味甜,口感酥脆,无异味
形态	片状基本完整
杂质	无肉眼可见外来杂质

2. 果蔬干制品出厂卫生检验

实施:4 个小组合并,将样品带回学校独立完成或协助工厂检验员在企业完成。

任务:负责对糖果产品的理化指标和微生物指标抽样检验。根据检验结果,分别对 CCP3、CCP4 进行验证。训练操作按照 NY/T 949—2006《木菠萝干》检验要求进行。

八、实训讨论与项目总结

1. 实训讨论

完成上述实训任务后,召集 4 个小组一起就实训心得、存在的问题、今后实训完善建议等方面进行总结讨论。

2. 实训项目总结报告要求

每小组根据各自任务情况、产品检验结果,集体完成并提交一份生产实训总结报告。

九、思考题

(1)果蔬干制过程中的关键技术是什么。

(2)果蔬在干制过程中会发生哪些质量变化?试分析发生变化的原因。

(3)简述干制果蔬热烫及硫处理的作用与方法。

(4)简述果蔬干制品的包装容器及方法。

（5）根据生产实训的切身感受，你认为果蔬干制的 HACCP 计划还可以如何完善？依据是什么？

（6）影响果蔬干制的因素有哪些？加工中为什么不采用高温快速干燥的方法干制果蔬？

（7）果蔬在进行干燥之前需要进行哪些处理？

（8）果蔬干制品常见的包装方法有哪些？

实训六　蜜饯（果脯）生产实训

一、产品行业及生产工艺背景

蜜饯是我国具有民族特色的传统食品，历史悠久，迄今已有 2000 多年的历史。蜜饯以鲜果（包括部分蔬菜品种）、食糖、蜂蜜等为原料加工而成，具有一定的色、香、味、形。如果以形式和习惯上来讲，南方称蜜饯，北方则称果脯，俗称"北脯南蜜"。蜜饯偏湿，而果脯水分偏少。

蜜饯按产品传统加工方法分类可以分为五类：

（1）京式蜜饯：主要代表产品是北京果脯，又称"北脯"。状态厚实，口感甜香，色泽鲜丽，工艺考究，如各种果脯、山楂糕、果丹皮等。

（2）苏式蜜饯：主产地苏州，又称"南蜜"。选料讲究、制作精细、形态别致、色泽鲜艳、风味清雅，是我国江南一大名特产。代表产品有两类：糖渍蜜饯类，如糖青梅、雕梅、糖佛手、糖渍无花果、蜜渍金橘等；返砂蜜饯类，如天香枣，白糖杨梅、苏式话梅、苏州橘饼等。

（3）广式凉果、蜜饯：以凉果和糖衣蜜饯为代表产品，又称"潮蜜"即"潮州蜜饯"。主产地广州、潮州、汕头、新兴等地，已有 1000 多年的历史。代表产品有凉果，如奶油话梅、陈皮梅、甘草杨梅、香草芒果等；糖衣蜜饯，如糖莲子、糖明姜、冬瓜条、蜜菠萝等；

（4）闽式蜜饯：主产地福建漳州、泉州、福州，已有 1000 多年的历史，以橄榄制品为主产品。制品肉质细腻致密，添加香味突出、爽口而有回味。如大福果、丁香橄榄、加应子、蜜桃片、盐金橘等。

（5）川式蜜饯：以四川内江地区为主产区，始于明朝，有名传中外的橘红蜜饯、川瓜糖、蜜辣椒、蜜苦瓜等。

由于蜜饯（果脯）品种繁多，本项目以广式糖冬瓜生产为例。

二、实训目的

（1）了解凉果蜜饯行业状况与生产工艺水平。

（2）熟悉凉果蜜饯生产与卫生管理规程。

（3）掌握凉果蜜饯生产工艺与质量控制关键技术。

三、产品方案

1. 产品形式

净重 200 g 袋装。

料与配方：青皮厚肉大冬瓜 150 ~ 160 kg，砂糖 85 kg，蚬壳灰 8 ~ 10 kg。

2. 生产实训规模

安排 1 班/日，班产量可根据实训生产设备条件自主安排 1 到多批次，每批次袋数可根据生产设备实际生产能力确定。

3. 原辅材料

（1）凉果蜜饯的原辅料及食品添加剂。

蜜饯产品生产加工所用的原辅材料必须符合相应的国家标准、行业标准及有关规定，不得使用非食用性原料。如使用的原辅材料为实施生产许可证管理的产品，则必须选用获得生产许可证的产品。

（2）包装容器。HDPE、复合膜，双层封袋型。厚度：0. 06 ~ 0. 20 mm。

（3）其他辅助材料。外包装纸箱、封箱胶带等。

四、实训条件要求

1. 车间场所条件

实训车间的场所条件应满足《蜜饯生产许可证审查细则》和 CNCA/CTS 0014—2008《食品安全管理体系 糖果、巧克力及蜜饯生产企业要求》的基本要求。

蜜饯生产企业除必须具备的生产环境外，还应设置与企业生产相适应的验收场、原辅材料仓库、原料处理场、生产车间、包装车间、成品仓库。

2. 主要生产设备

实训车间应具备最基本条件：原料处理设备；糖（盐）制设备；干燥设备（晒场或干燥房）；包装设备。分装企业仅需具备包装设备。主要生产设备如下：

输送机械：带式输送机、斗式升送机、螺旋输送机。

清洗设备：鼓风式清洗机、空罐清洗机、全自动洗瓶机、实罐清洗机等。

原料预处理设备：分级机（滚筒式分级机、摆动筛、三辊筒式分级机、色选机等）。

切片机（苹果定向切片机，菠萝切片机）、青刀豆切端机、榨汁机、果蔬去皮机、打浆机、分离机。（用于果品罐头的生产）。

三辊筒式分级机：适用于球形或近似球形的果蔬原料，如苹果、柑橘、番茄、桃等。

热处理设备：烘箱。

成品包装机械：贴标机、装箱机、封箱机、捆扎机等。

3. 产品质量控制仪器

天平（0. 1 g）、分析天平（0. 1 mg）、干燥箱、电炉、灭菌锅、无菌室或超净工作台、微生物培养箱、生物显微镜、余氯测定器、pH 测定计、水分测定仪、温度计、微生物简易测定设备、糖度计、盐度计或盐分测定仪器、二氧化硫定量测定设备、一般化学分析用的玻璃仪器、虫体检查设备。

五、工艺流程和操作要点

工艺流程如图 3 − 2 − 9 所示。

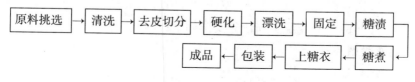

图 3 − 2 − 9　广式糖冬瓜生产工艺流程图

操作要点：

（1）原料处理：冬瓜去皮去瓤，切成 13 cm × 3 cm × 3 cm 长条，置于蚬壳灰溶液（蚬壳灰 8 ~ 10 kg、清水 50 kg）浸泡 8 ~ 10 h，取出洗净，用清水浸泡，每隔 2 h 换水 1 次，约换水 5 次，至冬瓜白色透明便可捞出，用清水煮沸 1 h，沥干备用。

（2）糖渍：将冬瓜条分 6 ~ 7 次放入容器，每放一层面上加一层白糖覆盖，用糖量共 40 kg，腌渍 48 h。

（3）糖煮：分三次进行，煮糖过程要翻动。每次糖添加量为第一次 13 kg；第二次 12 kg；第三次 12 kg，最后加入白糖粉 8 kg。具体操作为：第一次将冬瓜条连同糖液倒入锅中，煮沸 10 min 加糖，加糖后再熬煮 1 h（煮的过程要去掉糖泡），倒回容器浸渍 4 ~ 5 h。第二次煮糖的方法与第一次相同。第三次煮糖时稍慢火熬至糖浆滴在冷水中成珠不散，迅速取出冬瓜放在砂锅里。

（4）上糖衣：将煮好的瓜条加入糖粉不时翻动拌匀，冬瓜条表面呈一层白霜，取出冷却后即为成品。

（5）包装：真空包装，杀菌后即为成品。

六、生产实训前的准备

1. 实训前的相关培训准备工作

（1）组织参训同学接受食品企业新员工安全卫生知识和职业道德培训，熟悉个人卫生及车间卫生管理制度与相关操作规程。

（2）组织参训同学认真学习由企业工程师或指导教师讲授的实训企业关于蜜饯的生产组织、工艺流程、各工序工艺控制、设备操作规程和产品品质控制的相关要求。

（3）接受蜜饯生产 HACCP 实施计划培训，理解 HACCP 原理和食品安全管理体系的标准。

2. 实训前生产过程见习

建议在生产实训前,组织参训同学按分组任务要求,参观由实训企业生产工人完成的至少一批次的生产全程。回校后组织讨论,解决学生对生产过程中的仍不清楚的关键难题。

七、生产实训安排

(一)工序与岗位配套实训任务

将参训学生分成 4 组,每组 6~8 人,以协助企业工人的方式工作,具体工作由企业生产班长指定。工序与岗位配套及实训任务安排如下:

1. 工序一:原料预处理

实施:第 1、第 3 小组。

任务:负责对生产实训批次的所有原料进行选择、分级、清洗、去皮、修整、切分、盐渍、硬化、硫处理、染色与预煮。

(1)选择、分级。按实训企业原料预处理工艺操作单的要求分别对果蔬原料过筛或拣选,剔除霉变等原料及可能存在的砂石、玻璃、泥土、金属、皮壳等异物。

(2)清洗、去皮、修整、切分。按实训企业原料预处理工艺操作单的要求对原料分别进行清洗、去皮、修整、切分。

(3)盐渍、硬化、硫处理、染色与预煮。按实训企业原料预处理工艺操作单的要求对果蔬盐渍、硬化、硫处理、染色与预煮。

2. 工序二:原料装填

实施:第 2、第 4 小组。

任务:与第 1、第 3 小组同步完成包装材料的领料、空袋清洗消毒,对预处理后的原料进行糖渍、配制调味料液、浸渍、干燥、装袋。

3. 工序三:包装密封

实施:第 1、第 3 小组。

任务:第 1 小组继续完成工序一的操作,而第 3 小组完成原料预煮任务后,马上转入工序三,完成封口机的检查、试运行及装袋后的二重密封。第 1 小组同学完成工序一的所有操作后也转入工序三。

(二)核心环节的操作训练

1. 果蔬原料的糖制

果蔬原料的糖制是果脯、蜜钱生产中极为重要的一道工序。它是根据果蔬的生物学特性和理化特性,再结合产品对食品品质与色、香、味的要求,及配合产品对商品化所需要的包装、携带、食用、贮运的条件,综合考虑所采用的一系列工艺措施。糖制主要分两种:糖煮和糖渍。

糖煮是把果蔬原料放在糖液里加热煮制。糖煮时,果蔬组织在糖液中所受的热力是由糖液传导的,直接受糖液温度所支配,糖液的沸腾温度又直接受糖液浓度所支配。在煮制过程中,果蔬的组织细胞受到高温的影响,其细胞膜的选择性透过功能被破坏,细胞内外的物质交换易于进行。加热使分子热运动加快,糖液黏度降低,扩散、渗透作用增强,从而大大加快了糖制过程。

糖渍是在常温状态下进行的,故又称冷制,是一种较为次要的糖制方法。

不管是糖煮还是糖渍,果蔬原料都浸于糖液中,什么时候完成糖制要求,将是糖制操作中十分重要的一环。

(1)糖煮制品终点的判断:糖煮终点的判断,一般是根据糖液的最后浓度为依据,即糖液中可溶性固形物的含量。糖煮时,因果蔬组织中有不少可溶性固形物溶于糖液中,故糖液中的可溶性固形物含量一般在70%～75%,这时糖液中的含糖浓度为60%～65%。检测浓度的方法主要有以下两种:

①仪器测定:

a.波美计测糖度:波美计是测糖度的主要仪器,当测得糖度为37～38°Bé,相应的浓度为69%～71%时,即为糖煮终点。

b.温度计测温度:糖液浓度与温度之间有一定的对应关系,因此,测定了糖液温度,也就可用相应的表来查出糖液浓度。

②经验估算:糖液浓度不同,其黏度亦不同,有经验者根据黏度大小可大致估算出糖液浓度,但此法的误差较大,只能作粗略了解。常用的方法有以下几种:

a.挂片法:取一木片,由锅中挑起糖液举起,让糖液在空中沿木片下流,沥挂成薄片,根据糖液形成挂片的速度和形状、挂片保持连续悬挂的能力来判断糖制的终点。

b.滴凝法:取1白瓷板,将糖液滴注其上,冷却后用手指试,根据手指对不同浓度糖液所形成糖块的韧性的感觉来判断。

c.手捏法:用木片在锅中蘸取糖液,然后用一手指捏之,从手感的黏滑程度来判断。

(2)糖渍制品终点的判断糖渍制品也是浸渍于糖液中。而终点的判断与糖液浓度有直接关系,在进行终点判断时也是利用仪器法和经验法来判断。

①仪器测定:

a.波美计测糖度:制品在最后一次糖渍后2 d,用波美计测糖液糖度,如连续3 d内测得的糖度恒定在36°Bé左右,即为达到糖制终点,再于此浓度的糖液中浸渍1 d左右即可。

b.折光计测糖度:如连续3 d内,折光计所测的糖度恒定为62%～65%,即为产品终点。

②经验法估算:用经验法估算糖液浓度亦是判断终点的常用方法,糖煮时的几种经验法均可采用。由于糖液的流动性与温度直接相关,因此,在估算时必须考虑当时的温度,这也为正确估算浓度带来很大难度。

(三)产品感官品评及商业无菌检验训练

1.产品感官品评训练

产品感官品评根据GB/T 10782—2006《蜜饯通则》要求进行。各小组将评价结果填入

表 3 - 2 - 35。

表 3 - 2 - 35　广式糖冬瓜产品评价表

评价小组	评价项目					综合评分
	色泽	滋味	气味	组织形态	杂质	
1						
2						
3						
4						

2. 蜜饯产品出厂卫生检验

实施:4 个小组合并,将样品带回学校独立完成或协助工厂检验员在企业完成。

训练操作按照 GB14884—2003《蜜饯卫生标准》的检验要求进行。将检验结果填入表 3 - 2 - 36。

表 3 - 2 - 36　实训广式糖冬瓜样本卫生检验结果

项目	样品号				
	1	2	3	4	5
铅(Pb)(mg/kg)					
铜(Cu)(mg/kg)					
总砷(以 As)(mg/kg)					
二氧化硫残留量(按 GB2760 执行)					
菌落总数(cfu/g)					
大肠杆菌(MPN/100g)					
致病菌(沙门氏菌、志贺氏菌、金黄色葡萄球菌 不得检出)					
霉菌(cfu/g)					

八、实训讨论与项目总结

1. 实训讨论

完成上述实训任务后,召集 4 个小组一起就实训心得、存在的问题、今后实训完善建议等方面进行总结讨论。

2. 实训项目总结报告要求

每小组根据各自任务情况、产品检验结果,集体完成并提交一份生产实训总结报告。

九、思考题

(1)蜜饯类产品与凉果类产品的异同点有哪些?

（2）目测双层密封后塑料袋外观质量有什么缺陷？

（3）根据生产实训的切身感受，你认为蜜饯的 HACCP 计划还可以如何完善？依据是什么？

实训七　糖果生产实训

一、产品行业及生产工艺背景

糖果是食品工业最悠久的食品之一。从 20 世纪中叶开始，工艺学家将现代技术的最新成就应用到糖果生产工艺中，不断开发出各种不同糖果品种和相应加工技术，如今，糖果生产已进入自动化生产时代。

糖果是以糖类（含单糖、双糖及功能性寡糖）或甜味剂为基本原料，配以部分食品添加剂、营养素、功能活性成分，经溶解、熬煮、调和、冷却、成型、包装等单元操作，制成不同物态、质构和风味的精美而又耐保藏的甜味固体食品。

本项目以酥糖和花生糖生产为例。

二、实训目的

（1）了解糖果行业状况与生产工艺水平。

（2）熟悉糖果生产与卫生管理规程。

（3）掌握酥糖、花生糖及软糖的生产工艺与质量控制关键技术。

（4）掌握糖果产品出厂卫生检验技术。

三、产品方案

1. 产品形式

净重 328 g 袋装。

（1）酥糖　原料配方：白砂糖 50 kg、淀粉糖浆 16.7 kg、花生酱 26.7 kg、芝麻酱 6.6 kg。

（2）花生糖　原料配方：白砂糖 190 kg、葡萄糖 125 kg、盐粉 77 g、水 12 kg、花生颗粒 7.5 kg、花生酱 1.5 kg、花生香精 1 瓶、抗氧化剂 3.75 kg。

2. 生产实训规模

安排 1 班/日，班产量可根据实训生产设备条件自主安排 1 到多批次，每批次袋数可根据生产设备实际生产能力确定。

3. 原辅材料

（1）糖果的原辅料及食品添加剂：糖果产品生产加工所用的原辅材料必须符合相应的国家标准、行业标准及有关规定，不得使用非食用性原料。如使用的原辅材料为实施生产许可证管理的产品，则必须选用获得生产许可证的产品。

（2）包装容器：HDPE、复合膜、双层封袋型。厚度：0.06～0.20 mm。

（3）其他辅助材料：外包装纸箱、封箱胶带等。

四、实训条件要求

1. 车间场所条件

糖果生产企业除必须具备必备的生产环境外，还应当有与企业生产相适应的原辅料库、生产车间、成品库和检验室。实训车间的场所条件应满足《糖果生产许可证审查细则》和 CNCA_CTS 0014—2008《食品安全管理体系 糖果、巧克力及蜜饯生产企业要求》的基本要求。

2. 主要生产设备

实训车间应具备最基本条件：原料处理设备；糖（盐）制设备；干燥设备（晒场或干燥房）；包装设备（分装企业仅需具备包装设备）。

加热设备：煤炉熬糖锅、真空熬糖装置、蒸汽夹层锅（普通夹层锅、附设搅拌器夹层锅）、加热杀菌锅。

均质乳化设备：高压均质机、片式冷却器、冷缸、超声波乳化设备

保温与调温装置：保温床、调温锅。

分级与焙炒：分级机、焙炒机。

拉糖与抛光设备：拉糖机、冲糖机、三滚轴机、抛光机。

成模设备：注模机、印模机、模型板。

冷却装置：冷却平台、冷却转盘、揉糖滚筒、保温滚床。

包装设备：22 - B 包装机、卷装包装机、简易包装机。

3. 必备的出厂检验设备

如表 3 - 2 - 37 所示。

表 3 - 2 - 37　糖果出厂检验主要必备仪器清单

序号	名称	数量	主要规格
1	天平	1 台	最大称量 1 kg,感量 0.1 g
2	分析天平	1 台	最大称量 200 g,感量 0.1 mg
3	不锈钢电热鼓风干燥箱	1 台	温度:10～300℃
4	手持糖度计(折光仪)	1 台	测量范围:0～32,精度:0.1
5	恒温恒湿培养箱	1 台	温度:10～60℃
6	酸度计	1 台	测量范围:0～14
7	生物显微镜	1 台	放大倍数 30～1500 倍

续表

序号	名称	数量	主要规格
8	电冰箱	1台	温度：-30～-10℃
9	超净工作台	1台	双人
10	不锈钢医用杀菌锅	1台	125℃

五、工艺流程和操作要点

1. 酥糖生产工艺和操作要点

工艺流程如图 3-2-10 所示。

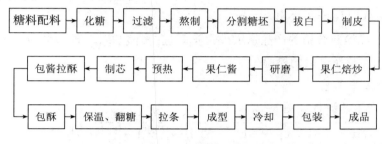

图 3-2-10　酥糖生产工艺流程图

操作要点：

（1）领料。

①由专人到原料库领取销售部下达的生产通知单。

②按单确定所需的原料及计算其数量，领后置于车间相应位置并摆放整齐。

注意点：核对原材料品种及数量；拉条时，应检查拉车安全等情况，同时应特别小心原材料掉落造成浪费。

（2）化糖：加入固形物30%的水，倒入称量好的白糖，打开蒸汽进行化糖，待白糖全部化开并煮沸，气压控制在 0.38～0.42 MPa。温度控制在 105～110℃。

注意点：温度的控制

（3）过滤。

①过滤网为 300 目。

②过滤网丝常检查，使用后及时清洗。

注意点：过滤网干净完好。

（4）真空熬制：真空浓缩熔好的糖稀，气压控制在 0.7～0.8 MPa。温度控制在 145℃。

注意点：熬温控制

（5）冷却：把糖膏倒入冷却盘中，冷却到 110～115℃。

注意点：糖冷却温度的控制

（6）熬糖分坯：按硬糖熬制的程序制取糖坯，熬糖温度不得低于155℃。然后将硬糖坯一分为二，2/5作糖皮，另外3/5作芯子。

（7）加辅料、调和：将事先打好加工的花生酱、辅料加入翻匀。

注意点：花生酱的温度控制在40～50℃。

（8）制作：把花生酱夹在糖坯中间人工拉折8次，控制糖坯一层是糖一层是花生酱达到重叠结构。

（9）成型。

①将冷好的糖膏置于案上或辊床进行拉条。

②拉条要求大小、厚薄一致，进行机器成型。

③成型后的糖粒经过冷却振动筛冷却。

注意点：操作时保持条状均匀一致

（10）包装：经检验合格的产品送入外包车间进行外包装，对外包装袋及纸箱进行生产日期、品名的标注及净含量的检验。

2. 花生糖生产工艺

花生糖生产工艺流程如图3－2－11所示。

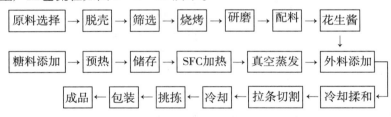

图3－2－11　花生糖生产工艺流程图

（1）花生酱的制作要点。

①原料选择，清洗：选用籽粒饱满、仁色乳白和风味正常的花生米，剔除其中的杂质、霉烂、虫蛀及未成熟的颗粒，将选择好的花生清洗，然后将其脱皮。

②烘烤：烘烤温度一般为130～150℃，时间为20～30 min，以花生呈浅棕黄色并产生浓郁香气为准。要求烘烤程度均匀，从花生果仁中心到外表的颜色基本一致。

③冷却：烤熟的花生仁应立即用冷风机吹冷空气冷却，使温度速降至45℃以下，以免花生后熟焦煳。

④碾磨：将烘烤冷却后的花生仁先进行粗磨，将粗磨后的酱料与调味料和稳定剂按比例配好、混匀，即可进行细磨，使各种物料均匀分散于酱料中，达到对整个物系要求的均匀程度，然后放置并冷却，即为花生颗粒。

⑤配料和搅拌：称取花生颗粒50 kg，先取少许置于搅拌缸里，再称取抗氧化剂3.75 kg，均匀撒在花生颗粒上面，然后将77 g食盐粉也均匀撒在上面，打开搅拌机开关，均匀搅拌20 min。

⑥装袋:将搅拌出来的物料放置冷却后,再倒入搅拌机中,搅拌成稠状的酱体,然后用食品塑料袋每袋装1.5 kg花生酱,并扎住袋口,将包装好的产品静置48 h以上,让花生酱完全稳固定型,即成花生酱。

(2)花生糖生产的操作要点。

①糖浆制作。

加料:将称量好的葡萄糖浆、白砂糖、水按先后顺序倒入加料缸。

预热:目的是将白砂糖熔化。预热温度设定为110℃。

贮存:将葡萄糖和白砂糖充分熔化后,再把预热好的糖置于温度为95℃的贮存缸贮存。

②熬糖:SFC加热:糖浆制作完成后要进入熬糖工序,将贮存缸中的糖浆通过管道输送到SFC加热缸加热,SFC加热缸温度要控制在155℃,加热缸蒸汽压力为0.4~0.8 MPa。

③真空蒸发:糖浆经SFC加热后,输入真空缸,进行水分蒸发。真空缸蒸汽压力为0.20~0.28 MPa,真空度为73.3~86.6 kPa,真空处理时间为5 min。

④外料添加:加料顺序:真空蒸发之后,糖浆通过管道定量流入接收锅。先将称量好的花生颗粒少许撒在接收锅的底部,然后打开管道开关,使糖流到接收锅,再把剩余的花生颗粒撒在糖浆表面,然后加入花生酱和花生香精,接收锅自动旋转搅拌2 min后,将物料反倒在冷却平台上。

⑤外料搅拌:新熬煮出锅的糖膏冷却1 min后,加入香精和花生酱,并立即进行调和翻拌。翻拌的方法是,将接触冷却台面的糖膏翻折到糖块中心,反复折叠,既可使糖膏搅拌均匀,又可使整块糖膏的温度均匀下降。

⑥冷却揉糖:用人工把糖膏推到回转冷却平台,用两边的推进器和压糖机一起挤压糖,挤压揉合成有韧性的膏状,揉糖时间为1~2 min,再把糖放进滚轧筒,再次揉合至适中,经提升机输送糖膏至揉糖保温滚筒定型。

⑦拉条,切割:糖膏由提升机输送到保温滚筒之后进入拉条机,糖膏被拉成条状进入切糖机,被切糖机里模具切割成型。切糖速度一般为50~90 r/min。

⑧成型:连续式冲压成型。冲压成型的适宜温度为70~80℃,这时糖坯具有最理想的可塑性。成型室适宜温度不低于25℃,相对湿度不超过70%。

成型(裸糖)糖的质量。糖被切出之后,随机取10粒称质量,算出每粒糖的平均质量,使之控制在3.4~3.6 g,即成型糖的质量。

成型糖(裸糖)的形状。成型糖要大小均匀一致,厚圆程度符合要求,规定其厚度为0.6~0.8 cm,直径为1.0~1.2 cm,并且糖表面有光泽,不能有磨损。

⑨冷却,挑拣:糖经过振动筛后,碎糖被自动过筛筛出,其余糖经上升输送带进入冷却箱。冷却箱温度为15~25℃,湿度为40%~65%。糖在冷却箱经5~6 min冷却以后,即为花生糖(裸糖)。挑拣就是把成型后缺角、裂纹、有气泡、杂质粒、形态不整等不合规格的糖粒挑选出来,以保持花生硬糖的质量,以及避免其堵塞包装机。

⑩包装:将合格糖粒输送到包装室进行内包装和外包装,即为成品。对包装室的要求

是:温度在29℃以下,相对湿度不超过65%,设有空调装置。

六、生产实训前的准备

1. 实训前的相关培训准备工作

(1)组织参训同学接受食品企业新员工安全卫生知识和职业道德培训,熟悉个人卫生及车间卫生管理制度与相关操作规程。

(2)组织参训同学认真学习由企业工程师或指导教师讲授的实训企业关于糖果的生产组织、工艺流程、各工序工艺控制、设备操作规程和产品品质控制的相关要求。

(3)接受糖果生产 HACCP 实施计划培训。根据表 3 - 2 - 38,组织学生理解并掌握糖果实际生产过程中 CCP 的确定、关键限值(CL)制定依据,以及在实训时如何监控、如何纠偏、如何记录与如何验证。

2. 实训前生产过程见习

建议在生产实训前,组织参训同学按分组任务要求,参观由实训企业生产工人完成的至少一批次的生产全程。回校后组织讨论,解决学生对生产过程中的仍不清楚的关键难题。

七、生产实训安排

(一)工序与岗位配套实训任务

将参训学生分成4组,每组6~8人,以协助企业工人的方式工作,具体工作由企业生产班长指定。工序与岗位配套及实训任务安排如下:

1. 工序一:原料预处理

实施:第1、第3小组。

任务:负责对生产实训批次的所有原料进行领料、称重、过筛、拣选、清洗、浸泡、部分原料的蒸制准备。

(1)领料。按批次领料单从原料库领取各种生产原料时要求同时检查各种原料出库合格单(原料入厂 CCP1 由企业化验员提前完成)。

(2)过筛、拣选。按实训企业原料预处理工艺操作单的要求分别对除白砂糖以外的所有原料进行过筛或拣选,剔除霉变等原料及可能存在的砂石、玻璃、泥土、金属、皮壳等异物。

(3)清洗、浸泡。按实训企业原料预处理工艺操作单的要求对除白砂糖以外的所有原料分别进行清洗、浸泡或蒸制。浸泡完成后重点对容器底部的各种原料进行检查,剔除可能存在的砂石、玻璃、金属等异物。

2. 工序二:真空熬糖监控

实施:第2、第4小组。

任务:与第1、第3小组同步完成包装材料的领料、空袋清洗消毒,对预处理后的原料进行糖渍、配制调味料液、浸渍、干燥、装袋。

表 3 - 2 - 38　糖果生产 HACCP 计划表

关键控制点（CCP）	危害	控制措施	关键限值（CL）	监控					纠正措施	验证	记录
				什么	哪里	怎样	何时	谁			
CCP1 原料接收	霉变原料及可能存在的砂石、玻璃、泥土、金属、皮壳等异物	供应商控制及后工序排除	原料规格	合格证书	原料接收	根据程序	每批原料	检验员	拒收不合格条件的原料或另外存放直到有合格证书。预防措施：对供应商进行质量审核	定期抽样做型式检验	原材料检验验收记录、合格供应商目录
CCP2 真空熬糖	真空度与熬糖温度超过限值，糖膏焦化	即时控温	熬温	熬温	SFC	读温度	熬糖时	操作工和现场品控员	即时调整设备预防措施；设备维护和操作人员培训	定时对成品做微生物检验	现场品控日报表、产品检验原始记录、设备维修保养记录、员工培训记录
CCP3 调和工序色素使用	超过国家标准使用色素添加剂或使用法添加非食用色素	对照 GB2760，严格控制及检查	卫生规定	使用品种、添加量	生产过程中	严格控制	每批产品	操作工和现场品控员	即时调整设备预防措施；设备维护和操作人员培训	查验色素配制记录表和调和记录表控制色素添加量	色素配制记录和调和记录、员工培训记录
CCP4 成型、包装	带菌操作，微生物超标	严格卫生控制	卫生规定	员工、工器具	入口处车间	消毒消毒	进车间开工前	管理员品控员	立即重新清毒预防措施；定期手检、工器具工培训	定期手检、工器具手检、每批产品抽检	手检表、成品微生物检验记录、工器具检验记录表

监控真空熬糖机的真空、温度表,观察记录熬糖真空度和温度,熬糖真空度和温度应控制在工艺要求范围内。若真空度与熬糖温度超过限值,及时调整蒸汽阀门,同时在出料口处观察糖膏有无碳化现象,若有:按不合格品处理程序处理,若无:则在品质异常与矫正预防处理单上注明特采,并上报品质管理部门备案。

3. 工序三:调和工序色素使用监控

实施:第1、第3小组。

任务:第1小组继续完成工序一的操作,而第3小组完成原料预煮任务后,马上转入工序三,参加调和工序色素的添加及相关数据记录。

现场操作工严格按照 GB 2760—2011 或进口国法律法规要求使用调和色素,并做相应记录。品控员通过查验色素配制记录表和调和记录表控制色素添加量,确保产品所使用的色素品种和用量符合相关法规。

4. 工序四:成型段、枕包段监控

实施:第2、第4小组。

任务:第2、第4小组完成真空熬糖监控任务后,马上转入工序四,完成封口机的检查、试运行及装袋后的二重密封。第1、第3小组同学完成工序三的所有操作后也转入工序四。

操作员工必须按 SSOP(Sanitation Standard Operation Procedures,卫生标准操作规范)的要求进行控制。定期对员工个人卫生情况检查和对工器具、操作工手部带菌情况进行细菌、大肠菌检验,以保证产品的微生物指标得到控制。

(二)核心环节的操作训练

发烊和返砂是糖果质量变化的主要问题,尤其是硬糖,当发烊、返砂后,其商品价值就要降低。控制产品的发烊和返砂速度也是衡量工艺技术水平的重要内容。

1. 发烊

当硬糖透明似玻璃状的无定形基体无保护地暴露在湿度较高的空气中时,由于其本身的吸水汽性,开始吸收周围的水汽分子,在一定时间后,糖体表面逐渐发黏和混浊,这种现象称为轻微发烊。如空气的湿度不再变化,开始发黏的硬糖就继续吸收周围的水汽分子,硬糖表面黏度迅速降低,表面呈溶化状态并失去其固有的外形,这种现象就称为发烊。持续发烊的过程实质上就是硬糖从原来过饱和溶液状态变为饱和与不饱和的溶液状态,至此,硬糖完全溶化,即为严重发烊。

2. 返砂

硬糖的返砂是指其组成中糖类从无定形状态重新恢复为结晶状态的现象。一般的规律是,经吸收水汽并呈发烊的硬糖表面,在周围相对湿度降低时,其表面的水分子获得重新扩散到空气中去的机会,水分扩散导致表面溶化的糖类分子重新排列形成结晶体。这是一层细小而坚实的白色晶粒,硬糖原有的透明性完全消失,这种现象称为返砂。

发烊和返砂可以反复交替进行,发烊导致返砂,返砂后的糖体在一定条件下又可继续发烊,再返砂,如此循环不止,直到硬糖整体完全返砂。这一过程由表及里地进行,形成一层层细小的白色砂层,返砂后的硬糖质构同时失去原来光滑的舌感,变得粗糙。

上述返砂现象一般是在商品流通过程中发生的。发烊和返砂都是硬糖常见的质变现象,这表明无定形状态的硬糖具有不稳定的双重性:第一,吸水汽性;第二,重结晶性。这是一个问题的两个方面,阻止或推迟这两种倾向一直是无定形硬糖工艺中的一项重要课题。

(三)产品感官品评

1. 产品感官品评训练

糖果产品评价方法参考 SB/T 10018—2008《硬质糖果》、GB 9678.1—2003《糖果卫生标准》、CCGF104.1—2008《糖果》。

感官要求具有各种糖果相应的色、香、味及形态,无异味,无肉眼可见的杂质。以硬质糖果为例,见表 3-2-39。

表 3-2-39 硬质糖果感官要求

项目		要求
色泽	砂糖、淀粉糖浆型	光亮,色泽均匀一致,具有品种应有的色泽
	砂糖型	微有光泽,色泽较均匀,具有品种应有的色泽
	夹心型	均匀一致,符合品种应有的色泽
	包衣、包衣抛光型	均匀一致,符合品种应有的色泽
形态		块形完整,表面光滑,边缘整齐,大小一致,厚薄均匀,无缺角、裂缝,无明显变形
组织	砂糖、淀粉糖浆型	糖体坚硬而脆,不黏牙,不粘纸
	砂糖型	糖体微酥而脆,不黏牙,不粘纸
	夹心型	糖皮厚薄较均匀,不黏牙,不粘纸;无破皮、馅心外漏;无 1 mm 以上气孔
	包衣、包衣抛光型	块形完整,表面光滑,边缘整齐,大小一致,无缺角、裂缝,无明显变形,无粘连,包衣厚薄均匀一致
	滋味、气味	符合品种应有的滋味气味,无异味
杂质		无肉眼可见杂质

2. 糖果出厂卫生检验

实施:4 个小组合并,将样品带回学校独立完成或协助工厂检验员在企业完成。

任务:负责对糖果产品的理化指标和微生物指标抽样检验。根据检验结果,分别对 CCP3、CCP4 进行验证。训练操作按照 GB 9678.1—2003《糖果卫生标准》检验要求进行。将检验结果填入表 3-2-40。

表 3 – 2 – 40　实训糖果样本卫生检验结果

项目	样品号				
	1	2	3	4	5
铅(Pb)(mg/kg) 铜(Cu)(mg/kg) 总砷(以 As 计)(mg/kg)					
二氧化硫残留量(按 GB2760 执行) 菌落总数(cfu/g) 大肠杆菌(MPN/100g) 致病菌(沙门氏菌、志贺氏菌、金黄色葡萄球菌不得检出) 霉菌(cfu/g)					

八、实训讨论与项目总结

1. 实训讨论

完成上述实训任务后,召集 4 个小组一起就实训心得、存在的问题、今后实训完善建议等方面进行总结讨论。

2. 实训项目总结报告要求

每小组根据各自任务情况、产品检验结果,集体完成并提交一份生产实训总结报告。

九、思考题

(1)糖果生产中的关键技术是什么?

(2)糖果出厂检验需要检测哪些项目?

(3)根据生产实训的切身感受,你认为糖果的 HACCP 计划还可以如何完善? 依据是什么?

实训八　鱼糜制品(模拟蟹肉)的生产实训

一、产品行业及生产工艺背景

鱼糜是鲜鱼肉经采肉、漂洗、精滤、脱水,并加入一定量的糖类等后低温冷藏的鱼肉产品。用于生产鱼糜的原料来源十分广泛,鱼糜的生产受鱼的种类和大小的限制较小。

鱼糜制品是以鱼糜为主要成分,添加一定辅料,经过擂溃、成型、凝胶化等一系列加工制成的有凝胶特性的产品。市场上常见的鱼糜制品有模拟蟹制品、鱼丸、鱼糕、鱼面、鱼排、鱼肉香肠、虾丸、鱼卷等。

鱼糜加工是目前水产品深加工的重要途径,能够有效提高水产品综合效益,能够提高低值水产品的附加值;同时鱼糜深加工可以增加低值鱼的营养价值和产品品质,能够有效提高水产资源综合利用率。

二、实训目的

（1）了解鱼糜制品及鱼糜制品行业状况与生产工艺水平。

（2）熟悉鱼糜制品（模拟蟹肉）的生产与卫生管理规程。

（3）掌握鱼糜制品（模拟蟹肉）的生产工艺与质量控制关键技术。

（4）掌握斩拌机、模拟蟹肉成型机、隧道式蒸煮杀菌锅和单冻机的运行原理与操作规程。

三、产品方案

1. 产品形式

净重 400 g 复合塑料袋真空包装。

2. 生产实训规模

安排 1 班/日，班产量可根据实训生产设备条件自主安排 1 到多批次，每批次数量可根据生产设备实际生产能力确定。

3. 原辅材料

（1）鱼糜制品（模拟蟹肉）生产原料及一般配方。模拟蟹肉原料要求及一般配方如表 3 - 2 - 41 所示。

表 3 - 2 - 41　鱼糜制品（模拟蟹肉）原料要求及一般配方

序号	原料名称	等级要求	原料质量参考标准	参考用量（%）
1	冷冻鱼糜	优质无腥味	GB10132—2005《鱼糜制品卫生标准》	60
2	水	生活饮用水	GB 5749—2006《生活饮用水卫生标准》	30
3	玉米淀粉	一等	GB8885—2008《食用玉米淀粉国家标准》	6
4	大豆蛋白	一等	GB/T 22493—2008《大豆蛋白粉》	1
5	食盐	一等	GB5461—2000《食用盐》	0.55
6	味精	一等	GB/T8967—2007《谷氨酸钠（味精）》	0.5
7	白砂糖	优级	GB 317—2006《白砂糖》	0.5
8	蟹味香精/蟹肉香料	优质	GB 2760—2011《食品添加剂使用卫生标准》 GB 2760—2011《食品添加剂使用卫生标准》	0.35
9	山梨酸钾	一等	GB 2760—2011《食品添加剂使用卫生标准》	0.1

注　玉米淀粉可更换为小麦淀粉、马铃薯淀粉等；大豆蛋白可更换为蛋清蛋白；还可加入料酒、呈味核苷酸等。

（2）包装容器。模拟蟹肉棒包裹膜：聚乙烯 PE 薄膜（厚度为 0.02 mm）；真空包装袋：PET／CPP 或 PE（透明）蒸煮袋真空包装，规格 20 mm×15 mm×0.1 mm；符合 GB9683—1988《复合食品包装袋卫生标准》和 GB7718—2011《预包装食品标签通则》标准。

（3）其他辅助材料。外包装纸箱、封箱胶带等。

四、实训条件要求

1. 车间场所条件

实训车间的场所条件应满足《其他水产加工品生产许可证审查细则》和 GB/T 27304—2008《食品安全管理体系·水产品加工企业要求》的基本要求。

2. 主要生产设备

实训车间应具备最基本条件:原料处理设备;配料及调味设备;转运设备;杀菌设备;冷却设施。

以班产量 1000 袋生产能力为例,主要生产设备清单如表 3 - 2 - 42 所示。

表 3 - 2 - 42 模拟蟹肉罐头主要生产设备清单

序号	设备名称	规格型号	单位	数量	备注
1	斩拌机	250 L/盘	台	2	
2	周转缸	250 L	台	2	
3	供料泵	0.2—2 t/h	台	1	
4	加热成型机	5—20 m/min	套	1	含冷却链、压条纹机、集束器
5	染料泵	0.05—0.5 t/h	台	2	
6	包装切割机	40—60 r/min	台	2	
7	金属探测器	检测灵敏度:Feφ1.2—2.0 mm	台	2	
8	真空包装机	双室 600 型	台	2	
9	蒸煮杀菌线	长:5—15 m;网带转速:110—533 mm/min	台	1	含冷却部分
10	速冻机	SSD 型、速冻时间 30—120 min	台	1	
11	喷码机		台	1	
12	蒸汽锅炉	2 t/h	套	1	
13	制冷机组		套	1	

3. 产品质量控制仪器

鱼糜制品(模拟蟹肉)生产过程控制及出厂检验食品如表 3 - 2 - 43 所示。

表 3 - 2 - 43 鱼糜制品(模拟蟹肉)出厂检验主要必备仪器清单

序号	名称	数量	主要规格
1	托盘天平	1 台	最大称量 1 kg,感量 5 mg
2	精密天平	1 台	最大称量 200 g,感量 0.01 mg
3	感应温度计	3 台	感量 0.1℃
4	弹性质构仪	1 台	匹配探头 P0.5
5	不锈钢电热鼓风干燥箱	1 台	温度:10～300℃
6	恒温恒湿培养箱	1 台	温度:10～60℃

续表

序号	名称	数量	主要规格
7	恒温水浴锅	1台	温差 0.5℃
8	酸度计	1台	测量范围:0~14
9	生物显微镜	1台	放大倍数 30~1500 倍
10	电冰箱	1台	温度: -10~-30℃
11	超净工作台	1台	双人
12	不锈钢医用杀菌锅	1台	125℃

五、工艺流程

鱼糜制品模拟蟹肉生产工艺流程如图 3-2-12 所示。

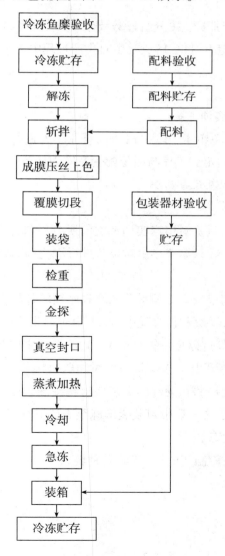

图 3-2-12　鱼糜制品(模拟蟹肉)生产工艺流程图

六、生产实训前的准备

1. 实训前的相关培训准备工作

（1）组织参训同学接受企业的食品企业新员工安全卫生知识和职业道德培训，熟悉个人卫生及车间卫生管理制度与相关操作规程。

（2）组织参训同学认真学习由企业工程师或指导教师讲授的实训企业关于鱼糜制品的生产组织、工艺流程、各工序工艺控制、设备操作规程和产品品质控制的相关要求。

（3）接受鱼糜制品生产 HACCP 实施计划培训。根据表 3 - 2 - 44，组织学生理解并掌握鱼糜制品实际生产过程中 CCP 的确定、关键限值（CL）制定依据，以及在实训时如何监控、如何纠偏、如何记录与如何验证。

2. 实训前生产过程见习

在生产实训前，组织参训同学按分组任务要求，参观由实训企业生产工人完成的至少一批次的生产全程。然后组织讨论，解决学生对生产过程中的仍不清楚的关键难题。

七、生产实训安排

（一）工序与岗位配套实训任务

将参训学生分成 4 组，每组 4 ~ 6 人，以协助企业工人进行实际生产的方式展开实训，具体工作由企业生产班长指定。工序与岗位配套及实训任务安排如下：

1. 工序一：原料预处理及设备清洗

实施：第 1 ~ 第 4 小组。

任务：由第 1、第 2 小组负责对生产实训批次的所有原料进行领料、解冻、称重、辅料配制及冰块的准备。同时，由第 3、第 4 小组对设备进行清洗、调试和包装材料准备，使设备处于待生产状态。

（1）领料。凭生产通知单按批次领料单从原料库领取各种生产原料时要求同时检查各种原料出库合格单（原料入厂及贮存过程中 CCP1 由企业化验员提前完成），重点检查冷冻鱼糜的白度、感官、微生物等指标是否符合 HACCP 计划单中的限值要求，当出现不符合要求的原料时要及时报告生产班长。按实训班产量领取原料和配料，称重记录。

（2）解冻。按实训企业原料预处理的工艺要求将冷冻鱼糜提前解冻至半解冻状态，记录解冻温度及时间。冷冻鱼糜一般带包装袋解冻至表层 10 ~ 15 mm 解冻，用手稍用力容易折断，但中心仍然冻结的状态。

（3）称重、配置辅料。按生产工艺要求将各种辅料准备妥当，包括冰、水等。

2. 工序二：斩拌

实施：第 1 ~ 第 4 小组。

表3-2-44　鱼糜制品（模拟蟹肉）HACCP计划表

关键控制点（CCP）	显著危害是什么	对每种预防措施的关键限值（CL）	监控				纠偏行动	记录	验证
			什么	怎样	频度	谁			
鱼糜原料的验收 CCP1	原料（鱼糜）变质（异味）	①感观检测无异味；②VBN≤15；③细菌总数＜1×10^5，致病菌不得检出；④弹性200以上	①鱼糜中的异味；②VBN；③鱼糜弹性；④微生物；⑤每批原料的检验合格证书	①用感观检测；②用化学方法测VBN；③用仪器测弹性（变质后鱼糜弹性会降低）；④按SN或GB标准检测微生物；⑤核查原料的来源与检验合格证书	（1）每批感观检测3个样品，化学检验3个样品；（2）检测微生物3个样品；（3）检查每批原料来源及检验合格证书	品管人员	①如有异味或不符关键限值的拒收。对来自非定点合格供应商提供的或无检验合格报告书的进行隔离。②如发现有疑同原料已投入生产，则立即停止生产，隔离这些跟踪批号，然后必须查明其质量须立即对产品和原料作不合格品标示	解冻操作记录 检验记录	①感观记录；②VBN检测记录；③微生物检测记录；④鱼糜弹性记录；⑤鱼糜验收记录
金属探测 CCP2	金属碎片	金属检测仪 CL:FE不大于φ2.0mm;SUS不大于φ3.0mm;CO:FE不大于φ1.5mm;SUS不大于φ2.5mm;检出率100%	金属探测仪的灵敏度	用标准测试件检测灵敏度	每小时1次	金属检测仪操作人员	①隔离产品；②检查金检失效的原因；③使金属检测恢复正常工作；④产品重新探测	金属探测器的监控记录	生产开始至结束用标准测试件进行校验灵敏度。每周审查监控、纠偏验证记录
真空包装 CCP3	①真空度不够,产品加热时易浮起,导致致病菌杀灭不充分；②包装性的不完整导致产品易被污染	①真空度控制＞87kPa（根据产品,包装器材及客户的要求）；②包装热结合时间不同包装器材当批设定	①真空度；②热结合时间	①检查真空度是否达到规定的要求；②目视检查包装真空结合时间是否热合偏离设定值	连续监控真空度和热结合时间的设定值。①每小时检查真空度一次；②每小时抽取样品10包产品,做撕裂实验2包	现场品质管理员和操作人员	①生产线停止；②产品隔离；③评估产品；④产品重新装包空包装	真空度和热结合时间记录	①每天审查记录；②每年一次对真空表进行进行校检；③每批包装材有人做撕裂试验；④检查加热,冷却过程中的漂浮产品

食品工艺学实验与生产实训指导

续表

关键控制点(CCP)	显著危害是什么	对每种预防措施的关键限值(CL)	监控				纠偏行动	记录	验证
			什么	怎样	频度	谁			
加热 CCP4	致病菌残留	85℃以上水温加热。根据肉厚度决定加热时间；加热后的中心温度：CL=72℃,持续时间为1分；OL=75℃,持续时间为1分以上	加热时间和温度	①观察控制输送带转速的变频器输出数据；②查看温度自动记录仪指示温度；③用温度计测试水温；④观察输送带转速的计时器	每小时检查一次加热水温度和变频器输出数据及转速表显示数据。	现场品质管理员	①产品隔离；②生产线停止；③查找原因并修复；④评估产品；⑤产品重新加热或销毁	①加热温度及变频器输出数据,自动温度记录仪数据记录,温度计测温记录；②纠偏行动记录	①每周用标准温度计对温度仪自动校验记录；②每天两次对校验中心温度；③每星期一次对产品做致病菌检测；④每年一次对温度计进行校检；⑤每年两次做产品热穿透试验证关键极限；⑥每周一次对变频器参数和转速计进行校验；⑦每周一次对计时器进行校检
冷却消毒 CCP5	致病菌污染；致病菌生长	冷却水的余氯浓度≥0.1ppm；控制冷却后产品中心温度；60℃降至21℃或21℃以下控制在2小时以内。21℃降至4.4℃为4个小时以内	冷却水的余氯浓度；产品中心温度；产品冷却后停留时间	用比色仪检测；温度计；计时器	每天检测4次（上下午各两次）；每小时检测1次；连续检测	现场品质管理员	①产品隔离；②生产线停止；③查找原因；④调正余氯浓度；⑤重新冷却	①氯浓度的记录；②产品中心温度的记录；③冷却后停留时间的确认记录	①每天审查记录；②每年两次对比色仪用理化方法进行验证；③每年一次对温度计进行校检；④每周一次对计时器的校正

382

续表

| 关键控制点（CCP） | 显著危害是什么 | 对每种预防措施的关键限值（CL） | 监控 | | | | 纠偏行动 | 记录 | 验证 |
			什么	怎样	频度	谁			
冷却消毒 CCP5	致病菌的污染 致病菌的生长	冷却水的余氯浓度≥ 0.1 ppm 控制冷却后产品中心温度；60℃降至21℃ 或21℃以下温度控制在2 小时以内。21℃降至 4.4℃为 4 个小时以内	冷却水的余氯浓度 产品中心温度 产品冷却后滞留时间	用比色仪检测 温度计 计时器	每天检测 4 次（上下午各两次） 每小时检测 1 次 连续检测	现场品质管理员	①产品隔离； ②生产线停止； ③查找原因； ④调正余氯浓度； ⑤重新冷却	①氯浓度的记录； ②产品中心温度的记录； ③冷却后滞留时间的确认记录	①每天审查记录； ②每年两次用比色仪对方法进行验证； ③每年一次对温度计进行校正检定； ④每周一次对计时器的校正

任务:协助生产工人从设备启动开始、进行投料、斩拌、加辅料、刮盘等整个操作,记录斩拌时间,斩拌过程中的原料温度等关键参数。在工序二将要结束时,第2小组提前进入下一环节,第3、第4小组进入包装、杀菌和速冻环节。

(1)将解冻后的鱼糜分块后投入斩拌机内,不添加任何成分进行初擂,至均匀。

(2)初擂后加入除水、盐和淀粉外的配料,当斩拌机内原料温度达到2℃时加入盐继续斩拌。

(3)当斩拌机内原料温度上升到4~6℃时加入淀粉、冰水等。当斩拌机内原料温度达到10℃时斩拌机自动控制停机。

(4)斩拌过程中应用刮刀手动刮起贴在转盘底部而不能被斩刀斩切到的原料,将其刮至斩盘中央,以便斩刀能够斩到。

(5)记录斩拌的时间,斩拌过程中原料温度变化等。

3. 工序三:模拟蟹肉的成型

实施:第1、第2小组。

任务:学习实践模拟蟹棒整个成型过程及控制方法,掌握成型设备工艺程序。

第1小组继续完成工序二的操作,完成工序二后转入工序三,将斩拌结束后的鱼糜原料浆用原料车转移至成型间。而第2小组提前转入工序三,完成模拟蟹肉成型机的检查、调试运行等工作。第1小组的同学待鱼糜浆斩拌好后取一部分配制染色浆,并负责染色加工环节。

(1)进料涂膜成型。用供料泵将鱼糜原料浆由原料缸底部泵入成膜金属注头(成型成膜金属注头前如有缓冲设备,则设备外应冷却保持低温),原料浆经片状金属注头形成宽12 mm、厚2 mm的膜片涂布到鼓式成型机的蒸汽滚筒上(内外温均可控),经加热凝胶化成膜带。鼓式成型机的蒸库温度、滚筒温度范围在90~100℃之间,转筒速度320 r/h。涂膜后鱼糜贴在滚筒上约1圈可初步熟化。

(2)冷却压丝成棒。加热后的膜带经冷却传送带冷却,冷却温度为30~40℃。然后用切丝辊挤压形成丝状条纹,条纹深约1 mm、宽约1 mm、间隔约为1 mm。然后经过集束传送带卷成棒状。

(3)上色包薄膜。圆棒状的鱼糜随传送带向前传送,然后经过包装机,由聚乙烯包装膜的包裹,在包裹的同时通过喷嘴在聚乙烯包装膜上喷涂上宽30 mm染色黏液(染色黏液由鱼糜浆、水和辣椒红色素按1:1:0.1的比例配成)。在包聚乙烯薄膜的同时完成上色。

(4)切段。包装机将聚乙烯薄膜热封,然后由切割机切成80 mm长的小段,模拟蟹肉棒的长短由调整切割机的转速等控制。在切割成段后要每隔一段时间用直尺测量条段的长短。

(5)装袋检重。切段后由包装人员用复合蒸煮塑料袋对蟹肉棒进行装袋,装袋时,使蟹肉棒的白色部分相对在内,红色部分在外,整齐摆放。每包(400±4)g,在每袋包装段数固定情况下,如果重量总是有偏差,则应该及时调节涂膜带的厚度或宽度。

（6）金探。将装袋检重后的模拟蟹肉过金属探测器，金属探测到的含有金属杂物的产品自动剔除，对应CCP2。

4. 工序四：模拟蟹肉的真空包装、杀菌与冷却

实施：第3、第4小组。

任务：第3小组和第4小组在斩拌后期提前转入工序四，负责对装袋金探后的模拟蟹肉进行真空包装、杀菌与冷却。

对应生产过程的CCP3、CCP4和CCP5：观测记录真空包装效果，根据产品厚度确定记录杀菌工艺参数、检验冷却水余氯。及时对其进行纠偏和记录。

（1）真空包装。将检重合格通过金探的产品，由真空包机进行抽真空包装。人工对真空包装后的产品进行挑选、整形调整。对应CCP3检查记录真空包装的情况，及时纠偏并做好记录，填入相应记录表格。

（2）蒸煮杀菌。真空包装后的产品经85℃以上高温水加热25～32 min（根据产品的厚度不同设定加热时间），使产品最终中心温度在不低于72℃下持续1 min以上。水温由温度自动控制仪控制。产品的加热时间由变频器控制杀菌槽中的输送带传送速度来控制。对应CCP4记录检测杀菌过程，及时纠偏并做好记录，填入相应记录表格。

蒸煮杀菌工艺具体要求如表3-2-45所示。

表3-2-45　鱼糜制品（模拟蟹肉）蒸煮杀菌工艺参数表

产品厚度（mm）	加热时间（min）	变频器参数	计数器
≤15	20	25	28
16～30	27	18.5	21
31～40	30	16	18

（3）冷却。加热后的产品在冷却水槽中强制冷却，并在2 h以内使产品的中心温度＜21℃。并保证产品在4 h以内从21℃降至4.4℃以下。对应CCP5对冷却环节进行监控和记录。

对蒸煮杀菌和冷却过程中包装不严密、包袋膨胀进气、包装破损进水、包装松散的产品做次品处理。

（4）冷却水余氯含量检测。冷却水槽中水的余氯浓度控制在0.1 ppm以上。对批次杀菌完成后的冷却水进行余氯含量检测。

如出现冷却水余氯含量低于0.1 ppm的冷却批次要及时报告，并做好记录。可通过商业无菌微生物检验结果进行验证。

5. 工序五：模拟蟹肉的速冻、装箱与入库

实施：第1、第2小组。

任务：第1、第2小组完成工序二的操作后，马上转入工序五，负责对杀菌冷却后的模拟蟹肉进行外观检验、速冻、装箱与入库。

（1）速冻。将冷却结束后的产品摆放均匀,送入 －33℃ 单冻机内,使产品的中心温度降至 －18℃ 以下。

（2）装箱入库。将速冻结束的产品装入纸箱封口,所有成品立即送入 －18℃ 以下的冻藏库中。

（3）检验记录。经检验合格的产品方可出售。

（二）核心环节的操作训练

1. 鱼糜斩拌训练

从鱼糜的解冻开始,监测鱼糜的解冻程度对斩拌的影响。斩拌过程中要注意配料和辅料的加入顺序,分析原因;记录斩拌过程中的温度监控数据,学习纠正措施;观察鱼糜在整个斩拌过程中的变化,思考斩拌原理。

2. 生产过程品质监控和检测训练

（1）真空包装质量和检验:采用感观连续观察真空包装机的工作状态。检验真空包装的真空度和包装热结合时间。要求真空度不低于 87kPa,包装严齐。根据 CCP3 进行监测、记录和纠偏。结果填入表 3 － 2 － 46。

表 3 － 2 － 46　鱼糜制品（模拟蟹肉）产品真空包装质量监测检验结果

抽样时间	样品号	真空度(kPa)	热封时间(s)	撕裂实验结果	记录人
	1				
	2				
	1				
	2				
	1				
	2				
	1				
	2				

（2）蒸煮杀菌控制和检验:观察记录杀菌槽中的水温、产品的厚度、产品的中心温度等,控制输送带转速和变频器输出数据,查看温度自动记录仪指示温度,用温度计测试水温和产品的中心温度,观察输送带转速的计时器。根据 CCP4 进行监测、记录和纠偏。结果填入表 3 － 2 － 47。

表 3 － 2 － 47　蒸煮杀菌监控记录表

杀菌批次	产品厚度(mm)	加热时间(min)	变频器参数	计数器
1				0.1
2				0.1
3				0.1
4				0.1

（3）冷却的检验：用比色仪检测余氯浓度、用温度计检验产品的中心温度、用计时器检验产品的冷却过程的时间。要求冷却水的余氯浓度≥0.1 ppm；冷却时产品中心温度从60℃以上降至21℃或21℃以下，整个过程控制在2 h以内；从21℃降至4.4℃控制在4 h以内。根据CCP5进行监测、记录和纠偏。

表3－2－48　杀菌冷却水余氯检验数据表

杀菌批次	冷却水余氯检测值（ppm）	冷却水余氯含量最低值（ppm）
1		0.1
2		0.1
3		0.1
4		0.1

（4）CCP偏差纠正记录表：根据生产过程中对CCP的监控结果汇总填写表3－2－49。

表3－2－49　生产过程质量偏差纠正记录表

产品名称：_____　规格：_____　生产日期：_____

	偏差工序	偏差现象	纠偏措施	处理结果
1				
2				
3				
4				
5				
6				
记录人：			审核人：	

（5）成品的检验：检验成品的色泽、气味、滋味、形状、弹性、水分、pH值及微生物等，将结果填入表3－2－50。色泽要求正面为红色，背面为白色，排列规则整齐；气味要求具有该产品特有的气味，无异味；滋味要求具有蟹肉味；形状要求袋内真空度良好，排列整齐，大小均匀，肉棒由密匝的丝裹成；弹性要求口感有咬劲。水分要求在（74±2）%；盐分要求在（1.6±0.2）%；pH值要求在（7.0±0.5）。细菌总数要求≤$5×10^4$ cfu/g；大肠菌群要求≤250 MPN/100 g；致病菌要求不得检出。

八、实训讨论与项目总结

1. 实训讨论

完成上述实训任务后，召集4个小组一起就实训心得、存在的问题、今后实训完善建议等方面进行总结讨论。

2. 实训项目总结报告要求

每小组根据各自任务情况、产品检验结果,集体完成并提交一份生产实训总结报告。

表 3 – 2 – 50　实训鱼糜制品(模拟蟹肉)产品检验结果

项目		样品号				
		1	2	3	4	5
偏离质量控制范围的次品	偏离现象或原因					
	色泽					
	气味					
	滋味					
	形状					
	弹性					
	水分					
	pH 值					
	细菌总数/ cfu/g					
	大肠菌群数					
	致病菌					
正常入库抽检样本	色泽					
	气味					
	滋味					
	形状					
	弹性					
	水分					
	pH 值					
	细菌总数/ cfu/g					
	大肠菌群数					
	致病菌					

九、思考题

(1) 鱼糜制品加工时斩拌有较严格的温度控制和物料添加顺序,这样做的原因是什么? 如果不加控制可能会导致什么结果?

(2) 模拟蟹肉的成型过程中鱼糜浆料的物性(黏度、弹性、性状等)是如何变化的? 成型过程的关键因素有哪些?

(3) 模拟蟹肉的杀菌冷却过程中注意事项有哪些? 如何保证杀菌质量?

(4) 根据生产实训感受,讨论鱼糜制品生产过程中的卫生控制注意事项,试提出模拟蟹肉加工的 HACCP 计划的完善方案。

实训九　鲜切气调保鲜果蔬制品生产实训

一、产品行业及生产工艺背景

鲜切果蔬制品起源于 20 世纪 30 年代欧美国家的一些零售超市。20 世纪 80 年代,麦当劳、汉堡王等快餐业对鲜切果蔬的巨大代加工需求极大地推动了鲜切果蔬制品保鲜包装技术、生产装备、冷链技术和市场的快速发展。鲜切果蔬制品不仅在欧美、日本等国家和地区产量巨大,而且已进入了我国超市的冷链体系,逐渐成为百姓的家庭日用食品。

鲜切果蔬制品是指只经清洗、去皮、去核、切片、切碎、包装或其他一些保鲜处理等轻微物理生鲜加工手段生产的一类果蔬产品。这类产品的可食部为 100%,可经冷链配送给消费客户直接使用或经零售商短期内销售。鲜切果蔬制品的一个显著特点是:果蔬组织仍然处于具有呼吸生理的生命状态,属于保鲜净菜的高附加值产品。

鲜切果蔬一般采用工厂化集中加工、区域冷链配送方式运营,具有可减少家庭厨余垃圾、废料集中综合利用、保鲜品质高、使用方便、可提高生鲜农产食品附加值、食品安全可追溯监控等特点,随着我国冷链体系建设水平的提高,鲜切果蔬加工企业通过专业超市、大型团餐和饮食服务企业甚至与百姓家庭之间为农产食品搭起了真正意义的"从农田到餐桌"的桥梁。

鲜切果蔬制品的生产工艺关键技术包括:

(1)果蔬原料冷藏及分切安全消毒处理技术,产品的微生物总数和食源性病原菌控制至关重要;

(2)鲜切果蔬分类气调冷藏保鲜技术,产品因机械分切创伤导致保鲜难度更大,但仍然要达到较长的保鲜期;

(3)鲜切果蔬分类冷链配送及食品安全可追溯体系的建立与运用,从原料→加工运输配送→销售全程处于冷链体系,同时需要快速检测、RFID、GPS、互联网等技术的配合运用。

鲜切果蔬品种繁杂,各个品种的生产工艺及冷链配送参数均有区别,在实际企业实际生产过程中,单班生产的品种一般不止 1 个。为便于实训的组织与实施,本实训仅以鲜切胡萝卜制品的生产环节为对象。

二、实训目的

(1)了解农产品生鲜加工与物流行业状况与最新生产工艺水平。

(2)熟悉鲜切果蔬保鲜与冷链配送管理规程。

(3)初步掌握鲜切果蔬制品食品安全可追溯体系及其应用。

(4)掌握一些常见鲜切果蔬生产工艺与质量控制关键技术。

三、产品方案

1. 产品形式

净重 1000 g 胡萝卜丝气调包装,冷藏保鲜产品。

2. 生产实训规模

安排 1 班/日,班产量可根据实训生产设备条件自主安排 1 到多批次,每批次袋数可根据企业实际生产计划确定。

3. 原辅材料

(1)鲜切胡萝卜丝气调冷藏产品原料要求及生产所用其他辅料如表 3 - 2 - 51 所示。

表 3 - 2 - 51　鲜切胡萝卜丝气调冷藏产品原料要求及生产所用其他辅料

序号	原料名称	等级要求	原料质量标准	参考用量(%)或用途
1	鲜胡萝卜	食用级	NY5084—2002《无公害食品胡萝卜》	100
2	水	自来水	GB5749—2006《生活饮用水卫生标准》	清洗
3	二氧化氯	食品添加剂	GB2760—2007《食品添加剂使用卫生标准》	100 PPM;消毒
4	氧气	医用氧	GB8982—1998《医用氧》	气调包装
5	二氧化碳	食品添加剂	GB10621—2006《食品添加剂液态二氧化碳》	气调包装
6	氮气	高纯氮	GB/T8979—2008《纯氮、高纯氮和超纯氮》	气调包装

(2)包装容器。PE 保鲜袋,规格 20 cm × 60 cm,净重 1000 g。

(3)其他辅助材料。外包装纸箱、封箱胶带等。

四、实训条件要求

1. 车间场所条件

实训车间的场所条件应满足《中央厨房许可审查规范》和 GBT 27303—2008《食品安全管理体系》的基本要求。

实训车间应具备最基本条件:原料处理设备;水处理及配料设备;气调包装设备;快速检测仪器;车间温控、原料及成品冷库。

2. 主要生产设备

以班产量 5000 袋生产能力为例,主要生产设备清单如表 3 - 2 - 52 所示。

表 3 - 2 - 52　鲜切果蔬制品主要生产设备清单

序号	设备名称	规格型号	单位	数量	备注
1	清洗去皮机	300 ~ 800 kg/h	台	1	
2	多功能切菜机	600 kg/h	台	1	
3	无动力平台		台	2	

续表

序号	设备名称	规格型号	单位	数量	备注
4	四池翻转式洗菜机	20 kg/次	台	1	
5	蔬菜脱水机	60 kg/次	台	1	
6	6 工位分拣输送台		台	1	
7	连续袋式气调包装机	最大 5 kg/袋	台	1	
8	金属探测器	—	台	1	
9	装箱台		台	2	
10	喷码机		台	1	
11	工业冰水机	5 t/h	台	1	
12	砂芯过滤器	5 t/h	台	1	
13	储水罐	10 t	台	1	
14	蔬菜原料冷库		套	1	
15	成品冷库		套	1	
16	冷藏运输车		台	1	
17	GPS 车辆定位仪		套	1	具有温度、湿度实时监控
18	RFID 系统		套	2	管理软件、电子标签、读取及存贮终端
19	农残快速测定仪		套	1	
20	ATP 快速测定仪		套	1	病原菌检测
21	其他器具		套	1	

3. 产品质量控制仪器

鲜切果蔬产品生产过程控制及出厂检验仪器如表 3 - 2 - 53 所示。

表 3 - 2 - 53　鲜切果蔬产品出厂检验主要必备仪器清单

序号	名称	数量	主要规格
1	托盘天平	1	最大称量 1kg,感量 5mg
2	精密天平	1 台	最大称量 200 g,感量 0.1mg
3	不锈钢电热鼓风干燥箱	1 台	温度:10～300℃
4	恒温恒湿培养箱	1 台	温度:10～60℃
5	恒温水浴锅	1 台	温差 0.5℃
6	酸度计	1 台	测量范围:0～14
7	生物显微镜	1 台	放大倍数 30～1500 倍
8	电冰箱	1 台	温度: -10～ -30℃
9	超净工作台	1 台	双人
10	不锈钢医用杀菌锅	1 台	125℃
11	蒸馏水发生器	1 台	

续表

序号	名称	数量	主要规格
12	电炉	2 台	1000 W
13	温度计	5 支	0 ~ 100℃
14	手持数显湿度计	1 台	20 ~ 100%
15	常规玻璃仪器	1 套	
16	常规微检工具	1 套	
17	试剂	1 批	

五、工艺流程

鲜切果蔬制品生产工艺流程如图 3 - 2 - 13 所示。

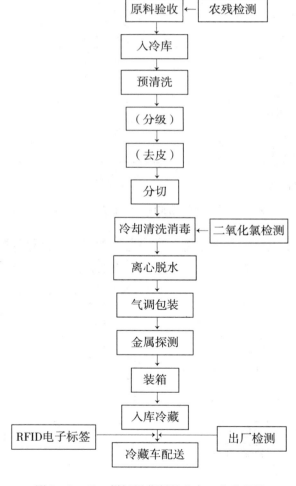

图 3 - 2 - 13 鲜切果蔬制品生产工艺流程图

六、生产实训前的准备

1. 实训前的相关培训准备工作

（1）组织参训同学接受食品企业新员工安全卫生知识和职业道德培训，熟悉个人卫生及车间卫生管理制度与相关操作规程。

（2）组织参训同学认真学习由企业工程师或指导教师讲授的实训企业关于鲜切果蔬制品的生产组织、工艺流程、各工序工艺控制、设备操作规程和产品品质控制的相关要求。

（3）接受鲜切果蔬制品生产 HACCP 实施计划培训。根据表 3 – 2 – 54，组织学生理解并掌握鲜切果蔬制品实际生产过程中 CCP 的确定、关键限值（CL）制定依据，以及在实训时如何监控、如何纠偏、如何记录与如何验证。

2. 实训前生产过程见习

建议在生产实训前，组织参训同学按分组任务要求，参观由实训企业生产工人完成的至少一批次的生产全程。回校后组织讨论，解决学生对生产过程中的仍不清楚的关键难题。

七、生产实训安排

（一）工序与岗位配套实训任务

将参训学生分成 4 组，每组 6~8 人，以协助企业工人的方式工作，具体工作由企业生产班长指定。工序与岗位配套及实训任务安排如下：

1. 工序一：原料预处理

实施：第 1~第 4 小组。

任务：负责对生产实训批次的所有原料进行领料、称重、拣选、清洗以及盐水的准备。

（1）领料。按批次领料单从原料库领取各种生产原料时要求同时检查原料出库合格单（原料入厂 CCP1 由企业化验员提前完成），重点检查果蔬原料的新鲜度和农残是否符合HACCP 计划单中的限值要求，当出现不符合要求的原料时要及时报告生产班长。

（2）预清洗、分级、分切。按企业的工艺操作单进行。通过清洗去皮机清洗掉表面泥沙，然后按 S、M、L、LL 等级人工或设备分级机分成 4 级。将不同级别的胡萝卜分别用切丝机分切成一定规格的丝。

2. 工序二：清洗消毒

实施：第 1、第 3 小组。

任务：第 2、第 4 小组继续进行工序一的同时，抽出第 1、第 3 小组提前进行清洗、消毒和离心脱水。

对应生产过程 CCP2：每批次抽取 3 次样品进行微生物总数检测，判断是否符合要求；消毒水中二氧化氯浓度、清洗完成的蔬菜二氧化氯残留均要进行抽检，及时对其进行纠偏和记录。

表 3-2-54 鲜切果蔬制品 HACCP 计划表

关键控制点（CCP）	显著危害是什么	对每种预防措施的关键限值（CL）	监控					纠偏行动	验证	记录
			什么	怎么	频度	谁			
CCP1 原料验收	农药残留超过无公害食品国家标准；重金属超标	限量值为：乐果 ≤ 1 mg/kg；敌百虫 ≤ 0.1 mg/kg；多菌灵 ≤ 0.5 mg/kg；百菌清 ≤ 1 mg/kg；氰戊菊酯 ≤ 0.05 mg/kg	供应商批产品检测报告或送外检测	提供产地土壤重金属检测报告；每批原料进厂需提供农残的检测报告或送送外进行检测	每批	品检员	出现超出限量值，则退货	供应商的评估记录、进货外部检验；记录及外单位的检验报告；产品检验报告	每批原料料进厂检验记录、农残检测报告
CCP2 清洗消毒	微生物总数超标	微生物总数 ≤ 1×10^2 cfu/g	半成品	每批抽样快速检测微生物总数	每批抽检 3 次	品控员	采取严格消毒工艺执行措施；必要时采取返工处理	现场抽查消毒水二氧化氯浓度检测	消毒水二氧化氯残留及残留浓度记录
CCP3 入库温度控制	制品入冷库初始温度超标将带来微生物滋生风险	入库每品温 ≤ 5 ℃；冷库温度 0~3 ℃	成品	专用仪器检测成品内部品温；监测冷库温度	每 1h 检测 1 次	品检员	调整清洗水温；隔离产品重新评价	每日审核品温和冷库温度监测记录	品温和冷库温度记录
CCP4 金属探测	金属异物污染	金属异物直径 ≤ 1 mm	成品	金属探测器	连续	专职质检员	隔离或废弃	每日审核一次记录。每日金属探测一次金属探测器	金属探测器记录
CCP5 出厂检验	微生物总数超标；检出食源性致病菌	微生物总数 ≤ 1×10^3 cfu/g；病原菌不得检出	成品	每批产品出厂前需提供微生物总数和病原菌出厂检测报告，通过 RFID 系统、GPS 系统和互联网传输至中转配送中心	每批	专职质检员	出厂前隔离或废弃；通知中转配送中心隔离或废弃	每日审核一次出厂报告。通过 RFID 系统、GPS 系统和互联网比较分析中转配送中心检测报告	出厂检测报告；中转配送中心检测报告；比较分析报告

（1）清洗、消毒。按实训企业清洗工艺操作单要求进行。四池翻转洗菜机是程序设定自动完成的,前 2 池为清洗,第 3 池为消毒,第 4 池为漂洗。运行出现异常情况及时采取紧急停机措施,故障排除后继续运行。

（2）离心脱水:清洗消毒完成后胡萝卜丝要立即脱水,采用离心脱水机完成。按实训企业清洗工艺操作单要求进行。离心脱水机也是程序设定自动完成的,运行出现异常情况及时采取紧急停机措施,故障排除后继续运行。

3. 工序三:装填与气调包装

实施:第 2、第 4 小组。

任务:第 2、第 4 小组完成工序一的操作后立即进入工序三。

对应生产过程 CCP3 和 CCP4:每批次抽取 3 个密封好的样品进行袋内品温检测,判断是否符合要求,及时对其进行纠偏和记录;连续检测每袋产品是否存在金属异物,及时对其进行纠偏和记录。

（1）整理、称量装袋。按实训企业工艺操作单要求进行。在操作台上对消毒的胡萝卜丝进行必要整理,装袋并称量,控制每袋净重公差不超过 30 g。

（2）气调包装:装袋后胡萝卜丝要立即气调包装密封,按实训企业工艺操作单要求进行,采用专业气调包装机完成。包装前要事先准备好混气罐内 $O_2/CO_2/N_2$ 比例。抽气、充气及密封操作部分为自动,部分需人工辅助配合,运行出现异常情况及时采取紧急停机措施,故障排除后继续运行。

（3）金属异物探测。气调密封包装后每袋产品要通过金属探测器,检查是否存在金属异物,剔除被警报者。最后要按要求装箱。

4. 工序四:冷藏、检验、配送

实施:4 个小组合并后共同参与。

任务:入库冷藏,进行必要的出厂指标检验,编写 RFID 标签追溯信息并制作标签,实施冷链配送。

对应生产过程 CCP5:按检验规程进行每批次产品出厂前指标的检验,及时对其进行纠偏和记录。

（1）出厂检验报告与评估。出厂配送前要对胡萝卜产品进行微生物菌落总数、食源性致病菌等相关指标的快速检测,出具检验报告。

（2）RFID 标签信息制作。根据原料、生产及冷藏等环节的检测及工艺数据在软件中编制好产品的可追溯信息,扫入电子标签,贴到出厂产品包装箱上;同时将追溯信息通过互联网与下一环节配送中心进行共享。

（3）冷藏车跟踪与销售信息共享。开启 GPS 冷藏车辆定位跟踪系统,实时跟踪车间运输方位、时间和车厢内温度和湿度,与下一环节配送中心进行共享,完成后要保存。

（二）核心环节的操作训练

1. 清洗消毒与检测训练

翻转清洗机有 4 个不锈钢翻转池子,在设定的清洗时间内每个池子会自动完成翻滚的流动水对切好的蔬菜进行清洗,蔬菜在清洗篮内,被洗掉的泥沙会下沉到池底并清除出去,洗好的蔬菜被翻转篮自动转移到下一个池子。第 1、第 2 个池子为泥沙清洗池,每个池子的清水要定期补水和更换;第 3 个池子的清水中添加二氧化氯或直接要臭氧水、电解水对蔬菜进行表面消毒,也要定期补充消毒剂或更换;第 4 个池子的清水对残余的二氧化氯进行漂洗,也要定期补水或更换。

实训时主要要采用仪器或试纸检测消毒池和漂洗池内二氧化氯的浓度。清洗的批次一旦增加会消耗二氧化氯,要定时补充到 100 ppm 的浓度才可以起到较好消毒作用;同时要检测漂洗池清水内二氧化氯的浓度,可按企业经验数据,漂洗池内清水二氧化氯一旦达到这个经验数据就意味蔬菜的二氧化氯残余会超标。当消毒池出现浓度低于标准值时以及漂洗池浓度超过限定值时及时纠偏,并通过抽检样品快速测定其菌落总数和病原菌来验证纠偏结果。

2. 生鲜食品生产与冷链配送可追溯体系应用训练

本实训的鲜切胡萝卜生产与冷链配送可追溯体系应用主要为原料及生产环节信息的 RFID 电子标签化以及冷藏车方位、车厢温度实时跟踪与共享。由于涉及系统环节多,这部分实训内容必须在学校事先完成相应系统的实验。包括:

（1）RFID 环节:对原料来源、原料检验结果、生产过程中主要环节检验结果、冷库温度、出厂检验指标结果等信息尽量简洁编辑成统一规格的信息读入电子标签,下一环节人员通过阅读器即可读取这些信息并告知客户,这些信息也可直接上传到企业产品追溯体系信息库,客户根据产品包装上的追溯码可上该企业产品可追溯体系网页进行查询。

（2）GPS 跟踪环节:对配送车方位、车厢温度等信息进行实时跟踪记录,并将这些信息尽量简洁编辑成统一规格的信息上传到企业产品追溯体系信息库与同一产品的 RFID 信息合并,客户也可根据产品包装上的追溯码在该企业产品可追溯体系网页上进行查询。

这些信息对客户非常重要,同样对企业质量管理人员重要,他们可根据这些信息判断分析产品的保鲜质量,及时通知终端配送人员重新进行必要的检验,并决定是否继续销售,还是采取隔离或销毁措施,确保食品安全。

核心环节实训完成后可形成实训分析报告,加以重点巩固。

（三）产品感官品评及出厂检验训练

1. 产品感官品评训练

产品感官品评根据企业标准进行。各小组将评价结果填入表 3 - 2 - 55。

表 3 - 2 - 55　实训鲜切胡萝卜产品评价表

评价小组	评价项目					综合评分
	色泽	滋味	香味	组织形态	杂质	
1						
2						
3						
4						

2. 鲜切果蔬制品出厂检验

实施：4 个小组合并，将样品带回学校独立完成或协助工厂检验员在企业完成。

任务：负责对实训期间生产的产品样本、以及冷藏库存 3 d 后的抽样样本各 5 袋进行出厂指标检验。根据检验结果，分别对 CCP5 进行验证。训练操作按照微生物菌落总数和致病菌 ATP 快速检测要求进行。将检验结果填入表 3 - 2 - 56。

表 3 - 2 - 56　实训鲜切果蔬制品样出厂检验结果

项目		样品号				
		1	2	3	4	5
实训带回的样本	外观					
	滋味和气味					
	致病菌					
	细菌总数（cfu/g）					
冷藏库存 3 天的样本	外观					
	滋味和气味					
	致病菌					
	细菌总数（cfu/g）					

八、实训讨论与项目总结

1. 实训讨论

完成上述实训任务后，召集 4 个小组一起就实训心得、存在的问题、今后实训完善建议等方面进行总结讨论。

2. 实训项目总结报告要求

每小组根据各自任务情况、产品检验结果，集体完成并提交一份生产实训总结报告。

九、思考题

（1）鲜切胡萝卜在清洗消毒环节完成后要求微生物总数是 $\leqslant 1 \times 10^2$ cfu/g，而不是完全无菌,为什么?

（2）根据你所了解的,请问微生物如何实现快速检测?

（3）根据生产实训的切身感受,如果生产的是鲜切莴苣叶,请你制订一个鲜切莴苣叶气调保鲜制品的 HACCP 计划表。

实训十　粮食贮运与加工生产实训

一、产品行业及生产工艺背景

粮食加工与贮藏是指对粮食原料进行工业化处理制成成品粮、食品和综合利用产品并贮藏的过程。粮食加工与贮藏主要是对稻谷、小麦、玉米、大豆及薯类等领域的加工与贮藏。粮食加工业是粮食再生产过程的重要环节和基础性行业,是农产品加工业及食品工业的主要组成部分,具有粮食丰欠平衡器、增值转化器、效益放大器和食物应急缓冲器的重要作用。发展粮食加工与贮藏,直接影响着粮食种植结构调整和国家粮食综合能力提升,对延长粮食的综合利用、转化增值、带动关联行业、提供大量就业机会,促进农民增收及构建社会主义新农村具有不容忽视的战略意义。

我国是世界上的主要产稻国之一,稻谷产量居世界第一位。我国人口中约有一半以上是以稻谷作为主食。稻谷既是我国重要的商品粮,也是主要的出口粮种。稻谷属于原粮,原粮又称带壳（皮）粮,是收获后未经加工的粮食,是粮食贮藏的主要对象。

二、实训目的

（1）了解粮食贮运与加工的意义。

（2）了解稻谷的贮藏特性及稻谷的贮藏技术。

（3）了解稻谷的加工工艺、HACCP 计划及关键控制点。

三、实训内容

（一）稻谷的贮藏

1. 稻谷的贮藏特性

（1）比一般成品粮的贮藏稳定性好。稻谷籽粒具有完整的稻壳,使易于变质的胚乳部分得到保护,有一定的抵抗虫霉、温湿侵害的能力;同时稻谷籽粒的最外层稻壳的水分又偏低,因此具有较好的贮藏稳定性。

（2）后熟期短,容易生芽。稻谷的后熟期很短。籼稻一般无明显的后熟期,粳稻也只有4 周左右。这主要是因为稻谷的种胚成熟较早,因而大多数稻谷收获后即具有发芽能力。稻谷发芽所需水分比一般粮种要低,只要水分达到 25% 就可以发芽。凡是生过芽的稻谷,即使晒干其耐贮性、营养品质和食用品质也都会下降。

（3）容易陈化。稻谷的耐藏性较差,特别是经过夏季高温,陈化明显,常常表现为脂肪酸值升高,发芽率下降,酶活性降低。其中籼稻稳定性好于粳稻,糯稻稳定性最差。对于收获一年以内的新稻谷,呼吸作用较强,以后由于酶活性减弱,以及稻谷胶体脱水变成凝胶,含水量降低,硬度增加,所以陈化贮藏稳定性较强,利于长期贮藏,但是长期贮藏中,每经过一个高温季节,其食用品质即逐年下降。

（4）对高温抵抗性较弱。稻谷胶体结构疏松,每经高温或发热,就会引起品质劣变。当稻谷收割后没有及时脱粒干燥就进行堆垛,垛温上升到60℃,谷粒开始变黄。米粒呈黄色,亦称黄粒米。如果垛温上升到70℃,谷粒全部变黄。稻谷在贮藏过程中,发热次数越多,黄变率增加越快。随着贮藏期的延长,虽未发热霉变,也会加重变黄。

（5）高温季节易生害虫。危害稻谷的害虫主要有玉米象、米象、谷蠹、麦蛾、赤拟谷盗和锯谷盗等。每年春暖以后,在4～5月害虫便开始繁殖为害,虫峰期发生在每年高温季节。

（6）易霉变。寄附在稻谷上的微生物绝大多数是中温、好氧性微生物。高水分的稻谷发热霉变是由放线菌、细菌、酵母菌以及霉菌中的根霉、毛霉所引起;低水分的稻谷发热霉变则是由于霉菌(如灰绿曲霉群活动)引起的。

2. 稻谷贮藏品质的变化

稻谷和所有生物体一样,有一定的寿命。经过较长一段时间的贮藏后,尽管在贮藏期间并未发生发热、霉变、生芽或其他危害,但由于原生质胶体结构松弛,酶的活性与呼吸能力衰退,表现为发芽能力下降或丧失,失去种用价值,米质变脆,加工易碎,出米率低,黏性下降,酸度增加,色泽不亮,食味不好,失去新鲜感和固有的香气,甚至出现难闻的异味(即陈米味),这种现象被称为"陈化"。

稻谷陈化的速度,对于不同种类,不同水分和不同温度的稻谷是不相同的。通常籼稻比较稳定,粳稻次之,糯稻最易陈化。水分、温度都较低时,稻谷陈化速度慢,相反则陈化速度就快。稻谷陈化是生理变化的自然规律,在贮藏中除应积极努力创造好的贮藏条件(如低温干燥、合理通风密闭、严防虫害等),延缓它的陈化外,还应根据不同品种的寿命期与耐贮性,有计划地进行推陈出新,以避免陈化。

3. 稻谷的贮藏技术

（1）常规贮藏。常规贮藏是一种基本适用于各粮种的贮藏方法。从粮食入库到出库,在一个贮藏周期内,通过提高入库质量,加强粮情调查,根据季节变化采用适当的管理措施和防治虫害,基本上能够做到安全保管。稻谷常规贮藏的主要内容包括:控制水分,消除杂质,通风降温,防治虫害,低温密闭。

（2）气调贮藏。采用人工气调贮藏能有效地延缓稻谷陈化,同时解决了稻谷后熟期短、呼吸强度低、难以自然降氧的难题。目前,国内外应用较为广泛的人工气调是充二氧化碳和氮气气调,特别是充二氧化碳应用较为普遍。

（3）"双低"、"三低"贮藏。

（4）高水分稻谷的贮藏。高水分稻谷主要特点是水分高,呼吸旺盛易产热,易霉变,贮藏稳定性极差。因此,高水分稻谷的有效贮藏方法有通风贮藏、准低温贮藏、短期应急处理。

(二)稻谷的加工

稻谷加工是对稻谷进行工业化处理,制成半成品粮、成品粮、米制食品和其他产品的过程。稻谷加工工艺流程如图3-2-14所示:

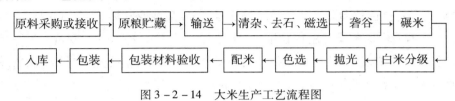

图3-2-14 大米生产工艺流程图

1. 操作要点

(1)稻谷的清理。稻谷在收割、脱粒、堆晒、贮藏和运输的过程中,经常会混入一些杂质,虽经粮食部门的初步清理,但一般都含有一定数量的杂质。清理工艺过程一般包括初清、除稗、去石、磁选等内容。

(2)砻谷及砻下物分离。在稻谷加工过程中,去掉稻谷壳的工艺过程称为砻谷。砻谷后的混合物称为砻下物。在碾米工艺中,清理去杂后的稻谷,经过砻谷去壳和砻下物分离等措施,将脱壳后纯净糙米提出,再进行碾米。

(3)碾米。碾米主要是碾除糙米的皮层。皮层虽然含有较多脂肪、蛋白质及少量铁、钙和维生素等营养成分,但也含有较多纤维素,吸水性、膨胀性差。如用糙米煮饭,时间长、出饭率低、黏性差、颜色深。经过碾米碾除糙米皮层,可提高稻谷食用品质。

碾米工艺效果一般从精度、碾减率、含碎率、增碎率与完整率、糙出白率与糙出整米率及含糠率。大米精度是评定碾米工艺效果的最基本的指标,如果大米精度达不到规定标准,那么碾米的质量就不符合要求。

(4)成品整理。经碾米机加工成的白米,其中混有米糠和碎米,而且白米的温度较高,这都会有影响成品的质量,也不利于成品大米的贮存。因此,在成品包装前必须经过整理(称为成品整理),使成品米含糠、含碎符合标准要求,使米温降至有利于贮存的范围。整理具体上可分为擦米、凉米、成品分级、抛光及副产品整理等基本工序。

2. 关键控制点

大米加工过程关键控制点的监控、纠正措施及记录控制情况见表3-2-57。

四、生产实训安排

(一)工序与岗位配套实训任务

将参训学生分成4组,每组6~8人,以协助企业工人的方式工作,具体工作由企业生产班长指定。工序与岗位配套及实训任务安排如下。

表 3-2-57 大米加工过程关键控制点的监控、纠正措施及记录控制情况表

关键控制点（CCP）	关键限值（CL）	监控对象	监控方法	监控频率	监控人员	纠正措施	记录控制
CCP1 原粮采购和验收	符合 GB 1350—2009《稻谷》、GB1354—2009《大米》和 GB 2715—2005《粮食卫生标准》	①原料检验合格报告；②检查水分、发霉现象及黄粒米	要求供应商提供权威机构的检验合格报告	每批次原料	检验员	无检验报告、不合格原粮拒收	原材料检验、验收记录，合格供应商目录
CCP2 原粮贮藏	符合 GB 1350—2009《稻谷》、GB1354—2009《大米》和 GB 2715—2005《粮食卫生标准》	①粮堆温湿度；②熏蒸施药残留	监控粮仓温湿度，严格按原粮熏蒸规范执行	夏季：安全水分1周1次，半安全水分1天1次，不安全水分1天1次；冬季：1周1次	保管员	控制接收水分、低温贮藏，控制粮仓的温湿度，先进先出，倒仓剔除结露、霉变米，投料前人工挑选出结块霉变米。严格按照原粮熏蒸规范和磷化铝使用说明书控制	粮仓温湿度记录和人员培训记录；熏蒸施药记录和人员培训记录
CCP3 色选	符合 GB 1354—2009《大米》质量标准	黄粒米	目测、称量	每批次检验1次	检验员	如黄粒米超标，重新设置参数色选；定期设备维护	每日检验记录，设备维护保养记录
CCP4 包装	按工艺要求规定	包装材料和仪器设备	目测	包装全程连续监控，每2小时一检	操作工	如封口不好，重新封口；定期维护设备	人员消毒记录，成品封口记录

1. 工序一：稻谷接收贮存

实施：第1、第3小组。

任务：对进厂的每批原料都应按相关标准法规和规定程序进行抽样检验，检查送货的货车车厢状况是否符合装运稻谷的安全卫生要求，并要求送货司机要对车况做出保证声明，并签字；对卸货过程、原料接收的下料斗和提升机处进行监控检查，防止违规操作、交叉污染发生。稻谷贮存时检查原料是否按规划合理堆放和正确标识；定期检查稻谷堆内的温湿度；检查在堆包、发料中是否有破袋、撒漏和交叉污染发生。

2. 工序二：清理设备效率

实施：第2、第4小组。

任务：每周检查2次清理筛、磁选器、去石机的清理效率，并应做好记录，责任人应签字；每3个月测1次磁选器磁力强度，并应做好记录，责任人应签字。

3. 工序三：原料与中间品运输

实施：第1、第3小组。

任务：每日应检查中间输送设备，看是否有交叉污染发生，评估其危害程度，并做好记录，发现问题及时处理。定期检查成品处理后的米温，并做好记录；定期测定分级作业对霉变粒的去除率并做好记录。

4. 工序四：成品包装

实施：第2、第4小组。

任务：第2、第4小组完成清理设备效率监控任务后，马上转入工序四，按规定程序检测包装容器的质量、包装容器内外所附标识、说明书、标签，并做好记录。

（二）核心环节的操作训练

清理稻谷中杂质的方法很多，如风选法、筛选法、比重选法、磁选法、精选法和静电分选法等。

1. 风选法

利用稻谷和杂质悬浮速度不同用空气动力学原理进行分选。常用的设备有吸式风选器、吹式风选器、循环风选器以及风选风辖等。风选法一般适用分离稻谷中较轻的杂质。

2. 筛选法

稻谷和杂质通过静止或运动的筛面，利用它们之间的不同粒度，进行筛选分级的方法称为筛选法。常用的设备有溜筛、振动筛、高速振动筛、圆筛及平面回转筛等。这些筛选设备可除去稻谷中的大杂、中杂、轻杂等。高速振动筛用于除稗，效果较好。

3. 比重分选法

比重分选法是利用稻谷与杂质的比重不同进行分选的方法。碾米大多采用比重分选，是根据稻谷和杂质在比重、悬浮速度、摩擦系数方面的差别，利用它们在运动中产生的自动分级原理而进行除杂的。常用的设备有比重去石机，它能除去并肩石、并肩泥等中型杂质。

4.磁选法

磁选法是利用磁场的吸力将混入稻谷中的磁性金属杂质分离的方法。常用的设备有永磁滚筒、吸铁溜管等。

上述的清理方法在碾米清理工序中往往是两种或两种以上方法的设备联合使用,以提高清理效果。各碾米厂的清理方法、设备组合也并不一定相同,目前,中小型碾米厂多采用清理组合机,定型的产品有的 SQ 型及 SX 型筛选去石组合机。筛选去石组合机的工艺性能要求是:

①除大杂效率为 90% ~98% ,下脚含粮为 0.05% ~0.1% ;

②除小杂效率为 85% ~90% ,下脚含粮小于 3% ;

③除轻杂效率为 70% 左右,下脚含粮小于 20 粒/千克;

④除稗效率为 25% 左右;

⑤净谷中含并肩石不超过 1 粒/千克,石子中含稻谷不超过 50 粒/千克

五、实训讨论与项目总结

1.实训讨论

完成上述实训任务后,召集 4 个小组一起就实训心得、存在的问题、今后实训完善建议等方面进行总结讨论。

2.实训项目总结报告要求

每小组根据各自任务情况、产品检验结果,集体完成并提交一份生产实训总结报告。

六、思考题

(1)如何抑制粮食贮藏过程中的陈化现象?

(2)稻谷安全贮藏的基本条件有哪些?

(3)简述稻谷的贮藏特点。

参考文献

［1］McDonald K，Sun D W．Vacuum cooling technology for the food processing industry：a review［J］．Journal of food engineering，2000：55－65．

［2］刘斌，朱龙华，叶庆银，等．不同装载率及补水量对杏鲍菇真空预冷的影响［J］．农业工程学报，2012，28（3）：274－277．

［3］中华人民共和国质量监督检验检疫总局，中国国家标准化管理委员会．GB/T 18109—2011 冻鱼［S］．北京：中国标准出版社．2011．

［4］中华人民共和国质量监督检验检疫总局，中国国家标准化管理委员会．GB 2733—2005 鲜、冻动物性水产品卫生标准［S］．北京：中国标准出版社．2005．

［5］张伟力．猪肉系水力测定方法［J］．养猪，2002，3：25－26．

［6］刘寿春，赵春江，杨信廷．波动温度贮藏过程冷却猪肉货架期品质研究［J］．食品科技，2012，37（12）：101－106．

［7］付军杰，贺稚非，李洪军．不同贮藏温度对方腿类肉制品品质变化的影响［J］．食品科学，2012，33（12）：285－288．

［8］宋秀香，鲁晓翔，李江阔．绿芦笋冰点调节剂的研究［J］．食品工业，2013，34（1）：91．

［9］郑远荣，邵小龙，李云飞．甜玉米冰温贮藏保鲜研究［J］．食品工业科技，2008，29（12）：203－205．

［10］宋丽荣，陈淑湘，林向东．食品物料冻结点测定方法研究［J］．食品科学，2011，32s：126－131．

［11］郭丽，程建军，马莺，等．青椒冰温贮藏的研究［J］．食品科学，2004，25（11），323－325．

［12］沈月新．食品冷冻工艺学实验指导［M］．北京：中国农业出版社，1995：4－7．

［13］冯志哲．食品冷藏学［M］．北京：中国轻工业出版社，2001：62．

［14］冯志哲．食品冷冻学［M］．中国轻工业出版社，2001：63－65．

［15］全国粮油标准化技术委员会．GB/T 5506.1—2008 小麦和小麦粉 面筋含量 第1部分：手洗法测定湿面筋［S］．北京：中国标准出版社，2008．

［16］全国粮油标准化技术委员会．GB/T 5506.2—2008 小麦和小麦粉 面筋含量 第2部分：仪器法测定湿面筋［S］．北京：中国标准出版社，2008．

［17］王肇慈．粮油食品品质分析［M］．北京：中国轻工业出版社，2000：288－295．

［18］柯惠玲，李庆龙．谷物品质分析［M］．湖北科学技术出版社，1994：225－235．

［19］中华人民共和国质量监督检验检疫总局，中国国家标准化管理委员会．GB/T

14614—2006 小麦粉 面团的物理特性 吸水量和流变学特性的测定 粉质仪法. 北京:中国标准出版社,2006.

[20] 杨文泰. 乳及乳制品检验技术[M]. 北京:中国计量出版社,1997.3.

[21] 中华人民共和国卫生部,中国国家标准化管理委员会. GB/T 17324—2003 瓶(桶)装水饮用纯净水卫生标准[S]. 北京:中国标准出版社. 2003.

[22] 高原军. 软饮料工艺学[M]. 北京:轻工业出版社,2002.

[23] 武建新. 乳制品生产技术[M]. 北京:中国轻工业出版社,2000.

[24] 谢继志. 液态乳制品科学与技术[M]. 北京:中国轻工业出版社,1999.

[25] 金世琳. 乳品工业手册[M]. 北京:轻工业出版社,1987.

[26] 郭本恒. 乳制品[M]. 北京:化学工业出版社,2001.

[27] Pedrão MR, Lassance F, Souza NE, etc. Proximate chemical composition and texture of cupim, Thomboideusm. and lombo, Longissumus dorsim. of Nelore (Bos indicus) [J]. Brazilian archives of biology and technology, 2009, 52:715 – 720.

[28] 蒋爱民. 畜产食品工艺学[M]. 北京:中国农业出版社. 2000.

[29] 葛长荣,马美湖. 肉与肉制品工艺学[M]. 北京:中国轻工业出版社,2002.

[30] 赵晋府. 食品工艺学[M]. 北京:中国轻工业出版社,2005.

[31] 白艳红,刘永吉,张小燕,等. 响应面法优化猪肉盐溶蛋白热诱导凝胶工艺的研究[J]. 食品科学,2009,30(20):38 – 43.

[32] 杨运华. 食品罐藏工艺学实验指导[M]. 北京:中国农业出版社,1998.

[33] Gunter H., Peter H. Meat processing technology for small to medium scale producers [J]. Food and agriculture organization of the United Nations Regional Office for Asia and the Pacific. Bangkok, 2007. http:// www. fao. org /docrep/ 010/ ai407e/ AI407E22. html.

[34] 高占林. 中国食品与包装工程装备手册[M]. 北京:中国轻工业出版社,2000,1.

[35] 温州市伊瑞机械有限公司. ER – SQ 系列 – 全水式杀菌锅[EB/OL]. [2014 – 4 – 11]. http://www. foodjx. com/st58103/sale_1445633. html.

[36] 深圳市瑞艾特科技有限公司. 美国 Mesa Labs Data Trace 无线验证系统[EB/OL]. [2011]. http://www. rightec. com. cn/zh – cn/.

[37] 中华人民共和国卫生部,中国国家标准化管理委员会. GB/T 4789. 26—2003 食品卫生微生物学检验 罐头食品商业无菌的检验[S]. 北京:中国标准出版社,2003.

[38] 黄少虹. 琼脂凝胶强度的测定方法及 Rheo Meter 的应用[J]. 现代食品科技,1997,13(3):42 – 43.

[39] 李云飞. 食品质构学[M]. 北京:化学工业出版社,2007.

[40] 马云,杨玉玲,杨震,等. 琼脂凝胶质构特性的研究[J]. 南京农业大学,2007,12(33):24 – 25.

[41] 吴伟都,施文蓉,王雅琼,等. 质构仪穿透法测定结冷胶凝胶特性[J]. 粮食与食

品工业，2012，17(5)：55－57.

[42] 蒋长兴. 谷物膨化食品加工参数研究[D]. 西北农林科技大学，2005.

[43] 郝彦玲，张守文. 谷物膨化混合粉的应用研究[J]. 粮食与饲料工业，2003，11：36－39.

[44] 张文会，扎西罗布，魏新虹，等. 挤压膨化条件对青稞产品膨化度的影响[J]. 粮食加工，2012，37(6)：51－52.

[45] 许国宁，吴素玲，孙晓明，等. 黄花菜真空冷冻干燥工艺优化研究[J]. 食品工业科技，2012，34(2)：290－293.

[46] 中华人民共和国质量监督检验检疫总局，中国国家标准化管理委员会. GB/T 14251—93 镀锡薄钢板圆形罐头容器技术条件[S]. 北京：中国标准出版社，1993.

[47] 中华人民共和国质量监督检验检疫总局. SN 0400.4—2005 进出口罐头食品检验规程 第4部分：容器[S]. 北京：中国标准出版社，2005.

[48] 吴智华. 高分子材料加工工程实验教程[M]. 北京：化学工业出版社，2004.

[49] 郭彦峰. 包装测试技术[M]. 北京：化学工业出版社，2006.

[50] 全国塑料制品标准化技术委员会. GB/T 10004—2008. 包装用塑料复合膜、袋 干法复合、挤出复合[S]. 北京：中国标准出版社，2009.

[51] 殷涌光，刘静波，林松毅. 食品无菌加工技术与设备[M]. 北京：化学工业出版社，2006.

[52] 王文磊，雒亚洲，鲁永强. 利乐与康美包无菌灌装设备的分析[J]. 中国乳品工业，2007，35(3)：56－59.

[53] 利乐中国有限公司. 利乐包装完整性检查手册[EB/OL]. [2012－12－23]. http://www.doc88.com/p－690137577547.html.

[54] 苏远，赵德坚，方剑. 塑料包材透气性能研究[J]. 湖南工业大学学报，2008，22(2)：9－12.

[55] 伍秋涛. 软包装质量检测技术[M]. 北京：印刷工业出版社，2009.

[56] 全国包装标准化技术委员会. GB/T 19789—2005 包装材料 塑料薄膜和薄片氧化透过性试验 库伦计检测法[S]. 北京：中国标准出版社，2005.

[57] 周淑玲. 巧手做蛋糕[M]. 上海科学普及出版社，2001.

[58] 游纯雄. 创意西点[M]. 中国轻工业出版社，2001.

[59] 李里特. 焙烤食品工艺学[M]. 北京：中国轻工业出版社，2000.

[60] 郭亚东. 西餐工艺[M]. 北京：中国轻工业出版社，2001.

[61] 刘钟栋. 新版糕点配方[M]. 北京：中国轻工业出版社，2002.

[62] 刘莹，王璋，许时婴. 酶法制取芒果混汁的工艺[J]. 食品工业科技，2007，(10)：167－170.

[63] 薛效贤，薛芹. 鲜果品加工工艺及工艺配方[M]. 北京：科学技术文献出版

社，2005.

[64] 仇农学. 现代果汁加工工艺与设备[M]. 北京:化学工业出版社，2006.

[65] 任小青. 刘营. 苹果汁澄清方法的研究[J]. 天津农学院学报，2004，(4)：43－45.

[66] 阮美娟，徐怀德. 饮料工艺学[M]. 北京:中国轻工业出版社，2013.

[67] 马俪珍，刘金福. 食品工艺学实验[M]. 北京:化学工业出版社，2011.

[68] 李勇. 现代软饮料生产技术[M]. 北京:化学工业出版社，2006.

[69] 陶佳喜. 酸化软煮法制取胡萝卜汁的工艺[J]. 农业工程学报，2004，(5)：228－230.

[70] 夏文水. 食品工艺学[M]. 北京:中国轻工业出版社，2012.

[71] 刘志伟，孟立，姜华年. 番茄汁饮料品质改良技术研究[J]. 食品科学，2005，(7)：149－151.

[72] 王颉，何俊萍. 食品加工工艺学[M]. 北京：中国农业科学技术出版社，2006.

[73] 蒲彪，胡小松. 软饮料工艺学[M]. 北京：中国农业大学出版社，2009.

[74] 中华人民共和国质量监督检验检疫总局，中国国家标准化管理委员会. GB 19645—2010 食品安全国家标准 巴氏杀菌乳[S]. 北京:中国标准出版社，2010.

[75] 吴祖兴. 乳制品加工技术[M]. 北京：化学工业出版社，2011.

[76] 中华人民共和国质量监督检验检疫总局，中国国家标准化管理委员会. GB 25190—2010 食品安全国家标准 灭菌乳[S]. 北京:中国标准出版社，2010.

[77] 中华人民共和国质量监督检验检疫总局，中国国家标准化管理委员会. GB 19302—2010 食品安全国家标准 发酵乳[S]. 北京:中国标准出版社，2010.

[78] 中华人民共和国质量监督检验检疫总局，中国国家标准化管理委员会. GB/T 21732—2008 含乳饮料[S]. 北京:中国标准出版社，2010.

[79] 曾庆孝. 食品加工与保藏原理[M]. 北京：化学工业出版社，2002.

[80] 中华人民共和国商务部. SB/T 10013—2008 冷冻饮品 冰淇淋[S]. 北京:中国标准出版社. 2009.

[81] 竺尚武. 火腿加工原理与技术[M]. 北京:中国轻工业出版社，2009.

[82] 周光宏. 许幸莲. 脂类物质在火腿风味形成中的作用[J]. 食品科学，2004，(11)：186－189.

[83] 高坂和久. 肉制品加工工艺及配方[M]. 北京:中国轻工业出版社，1990.

[84] 孔保华，朝建春. 肉品科学与技术[M]. 北京:中国轻工业出版社，2011.

[85] 郑坚强. 腊肉的加工工艺[J]. 肉类工业，2009，(8)：14－15.

[86] 李传军. 镇巴腊肉的工艺研究[J]，肉类工业，2011，(4)：14－15.

[87] 中华人民共和国质量监督检验检疫总局，中国国家标准化管理委员会. GB 13207—2011 菠萝罐头[S]. 北京:中国标准出版社，2011.

［88］中华人民共和国质量监督检验检疫总局,中国国家标准化管理委员会. GB/T 13211—2008 糖水洋梨罐头［S］. 北京:中国标准出版社,2008.

［89］中华人民共和国质量监督检验检疫总局,中国国家标准化管理委员会. GB/T 22474—2008 果酱［S］. 北京:中国标准出版社,2008.

［90］中华人民共和国质量监督检验检疫总局,中国国家标准化管理委员会. GB 19883—2005 果冻［S］. 北京:中国标准出版社,2005.

［91］中华人民共和国质量监督检验检疫总局,中国国家标准化管理委员会. QB/T 3616—1999 玉米笋罐头［S］. 北京:中国标准出版社,1999.

［92］中华人民共和国质量监督检验检疫总局,中国国家标准化管理委员会. GB/T 13208—2008 芦笋罐头［S］. 北京:中国标准出版社,2008.

［93］中华人民共和国质量监督检验检疫总局,中国国家标准化管理委员会. GB/T 14151—2006 蘑菇罐头［S］. 北京:中国标准出版社,2006.

［94］中国轻工总会质量标准部, QB/T 2221—1996 八宝粥罐头［S］. 北京:中国标准出版社,1996.

［95］李慧文. 罐头制品［M］,科学技术文献出版社,2002.

［96］赵丽秀. 罐头制品质量检验［M］. 中国计量出版社,2006.

［97］中华人民共和国质量监督检验检疫总局,中国国家标准化管理委员会. GB/T 24402—2009 豆豉鲮鱼罐头［S］. 北京:中国标准出版社,2009.

［98］中华人民共和国质量监督检验检疫总局,中国国家标准化管理委员会. GB/T 13213—2006 猪肉糜类罐头［S］. 北京:中国标准出版社,2006.

［99］中华人民共和国质量监督检验检疫总局,中国国家标准化管理委员会. GB/T 23970—2009 卤蛋［S］. 北京:中国标准出版社,2009.

［100］中华人民共和国商务部. SB/T 10369－2012 真空软包装卤蛋制品［S］. 北京:中国标准出版社,2009.

［101］陆寿鹏.果酒工艺学［M］.北京:轻工业出版社,1999,3.

［102］王云阳,岳田利,高振鹏,等.苹果果醋的研制［J］.食品与发酵工业.2004,30(11):117—118.

［103］李斐.泡菜制作工艺及关键［J］.中国调味品.2005.11:36－37.

［104］陈功.中国泡菜的品质评定与标准探讨.2009,30(2):335－338.

［105］中华人民共和国中国国家标准管理委员会.GB/T 5009.39—2003.酱油卫生标准的分析方法. 北京:中国标准出版社,2003.

［106］中华人民共和国商务.SB/T10458－2008 鸡汁调味料. 北京:中国标准出版社.2008.

［107］张钟,李先保,杨胜远. 食品工艺学实验［M］. 郑州:郑州大学出版社,2012.

［108］张国治,张龙,张先起. 速冻馒头生产工艺研究［J］. 郑州工程学院学报,2002

（3）:56 – 59.

[109] 易诚, 程胜高. 速冻水饺加工工艺及配方研究[J]. 现代食品科技, 2008（7）: 55 – 59.

[110] 中华人民共和国质量监督检验检疫总局, 中国国家标准化管理委员会. GB 10132—2005 鱼糜制品卫生标准[S]. 北京:中国标准出版社, 2005.

[111] 杨慧芳, 刘铁岭. 畜禽水产品加工与保鲜[M]. 北京:中国农业出版社, 2002. 5.

[112] 刘永吉. 鱼糜制品冷藏保鲜技术研究[D]. 杭州:浙江工商大学, 2011. 1.

[113] 中华人民共和国质量监督检验检疫总局, 中国国家标准化管理委员会. GB 2726—2005 熟肉制品卫生标准[S]. 北京:中国标准出版社, 2005.

[114] 中华人民共和国质量监督检验检疫总局, 中国国家标准化管理委员会. GB/T 5009. 44—2003 肉与肉制品卫生标准的分析方法[S]. 北京:中国标准出版社, 2003.

[115] 葛长荣, 马美湖. 肉与肉制品工艺学[M]. 北京:中国轻工业出版社, 2002. 1.

[116] 国家质量监督检验检疫总局. 食品生产许可证审查细则[S]. 北京:国家质量监督检验检疫总局, 2006.

[117] 熊善柏. 糖果工艺学 PPT[EB/OL]. 武汉:华中农业大学. http://file4. foodmate. net/lesson/665/1. swf 2014 – 02 – 08.

[118] 中华人民共和国质量监督检验检疫总局, 中国国家标准化管理委员会. 2003. GB/T 19343—2003 巧克力及巧克力制品[S]. 北京:中国标准出版社, 2003.

[119] 中华人民共和国商务部. SB/T 10402—2006 代可可脂巧克力及代可可脂巧克力制品[S]. 北京:中国标准出版社, 2006.

[120] 中华人民共和国卫生部, 中国国家标准化管理委员会. GB 9678. 2—2003 巧克力卫生标准[S]. 北京:中国标准出版社, 2003.

[121] 中华人民共和国质量监督检验检疫总局, 中国国家标准化管理委员会. GB/T 23822—2009 糖果和巧克力生产质量管理要求[S]. 北京:中国标准出版社, 2009.

[122] 中华人民共和国商务部. SB/T 10021—2008 糖果 凝胶糖果[S]. 北京:中国标准出版社, 2008.

[123] 中华人民共和国卫生部, 中国国家标准化管理委员会. GB 9678. 1—2003 糖果卫生标准[S]. 北京:中国标准出版社, 2003.

[124] 中华人民共和国质量监督检验检疫总局, 中国国家标准化管理委员会. GB 14884—2003 蜜饯卫生标准[S]. 北京:中国标准出版社, 2003.

[125] 中华人民共和国质量监督检验检疫总局, 中国国家标准化管理委员会. GB/T 23352—2009 苹果干. 技术规格和试验方法[S], 北京:中国标准出版社, 2009.

[126] 孙术国. 干制果蔬生产技术[M]. 化学工业出版社, 2009.

[127] 韩舜愈, 盛文军, 祝霞. 水果制品加工工艺与配方[M]. 化学工业出版社, 2007.

［128］武杰. 脱水食品加工工艺与配方［M］. 北京：科学技术文献出版社，2012.

［129］ 顾仁勇. 风味草鱼肉脯的加工工艺研究［J］. 食品科学，2009，(18)：416－419.

［130］董全，黄艾祥. 食品干燥加工技术［M］. 北京：化学工业出版社，2007.

［131］韩素珍，董明敏，汤丹剑，等. 鱿鱼营养成分分析［J］. 东海海洋，1999，(2)：64－67.

［132］任爱清，张慜. 鱿鱼干贮藏期间品质变化规律［J］. 食品与生物学技术学报，2010，(2)：183.

［133］中华人民共和国农业部. SC/T 3014—2002 干紫菜加工技术规程［S］. 北京：中国标准出版社，2002.

［134］中华人民共和国国家质量监督检验检疫总局，中国国家标准化管理委员会. GB/T 9177—2004 真空、真空充气包装机通用技术条件［S］. 北京：中国标准出版社，2004.

［135］殷涌光. 食品机械与设备［M］. 北京：化学工业出版社，2006.

［136］马兆瑞，李慧东. 畜产品加工技术及实训教程［M］. 北京：科学出版社，2011.

［137］陈争，段祥. 浅谈确定罐头 HACCP 关键控制点的关键限值［EB/OL］.（2010－10－09）. http://www. foodmate. net/haccp/5/948. html.

［138］Isaacson R. Sterilization validation, qualification requirements［EB/OL］.（2011－04－29）. http://ishare. iask. sina. com. cn/download/explain. php? fileid = 14984765.

［149］Boca B. M. , Pretorius E. , Gochin R. , etc. An overview of the validation approach for moist heat sterilization, Part I［J］. Pharmaceutical Technology，2002,9：62－70.

［140］管情. 高温杀菌法制造 18L 清水竹笋罐头［J］. 食品工业，1991,6:13－16.

［141］李正明，吴寒. 矿泉水和纯净水工业手册［M］. 北京：中国轻工业出版社，2000. 3.

［142］崔玉川，李福勤. 纯净水与矿泉水处理工艺及设施设计计算［M］. 北京：化学工业出版社，2003. 4.

［143］崔珺，王阳光，董洁莹. 蟹肉低温速冻工艺［J］. 肉类研究. 2011，36(5)：147－150.

［144］杨贤庆，李来好，徐泽智. 冻模拟蟹肉加工技术［J］. 制冷. 2002，21(2)：67－69.

［145］Rico D. , Matin－Diana A. B. , Barat J. M. , etc. Extending and measuring the quality of fresh－cut fruit and vegetables：a review［J］. Trends in Food Science and Technology，2007,18：373－386.

［146］Chung CC, Huang TC, Yu CH, etc. Bactericidal effects of fresh－cut vegetables and fruits after subsequent washing with chloriine dioxide［J］. International Conference on Food Engineering and Biotechnology，LACSIT Press，Singapore，IPCBEE 2011(9)：107－112.

［147］李霞.中国糖果业市场研究［D］.天津:天津大学,2005:5.

［148］翟玮玮,刘靖.食品生产概论［M］.北京:科学出版社,2011:213－237.

［149］林春滢.HACCP质量控制体系在工艺糖果生产中的应用［J］.食品工程,2012,01:60－61.

［150］中华人民共和国卫生部.GB 2760—2011食品添加剂使用卫生标准［S］.北京:中国标准出版社,2011.

［151］中华人民共和国卫生部,中国国家标准化管理委员会.GB 14884—2003蜜饯卫生标准［S］.北京:中国标准出版社,2003.

［152］中华人民共和国国家质量监督检验检疫总局,中国国家标准化管理委员会.GB/T 10782—2006蜜饯通则［S］.北京:中国标准出版社,2006.

［153］中华人民共和国国家质量监督检验检疫总局.蜜饯生产许可证审查细则［S］.北京:中国标准出版社,2004.

［154］中国认证认可协会.CNCA/CTS 0014—2008食品安全管理体系 糖果、巧克力及蜜饯生产企业要求［S］.北京:中国标准出版社,2008.

［155］中华人民共和国卫生部.GB 9687—88食品包装用聚乙烯成型品卫生标准［S］.北京:中国标准出版社,1988.

［156］于新,黄雪莲,胡林子,等.果脯蜜饯加工技术［M］.北京:化学工业出版社,2013.

［157］董全,高晗.果蔬加工学［M］.郑州:郑州大学出版社,2011:96－116.

［158］尹明安.果品蔬菜加工工艺学［M］.北京:化学工业出版社,2010:86－99.

［159］张中义,张福平.果蔬加工实用技术［M］.天津:天津科学技术出版社,1997:3－19.

［160］中华人民共和国卫生部,中国国家标准化管理委员会.GB7096—2003食用菌卫生标准［S］.北京:中国标准出版社,2003.

［161］薛志勇.影响果蔬干制品质量的主要因素［J］.食品与药品,2005,7(2):52－54.

［162］路茜玉.粮油贮藏学［M］.北京:中国财政经济出版社,1999:278－298.

［163］方海田,刘慧燕.粮食贮藏与加工技术［M］.银川:宁夏人民出版社,2010:55－69.

［164］万娟,钟国才,陈威,等.HACCP体系在稻谷加工中的应用［J］.现代食品科技,2012, 28(4):445－448.

［165］李丹.茶饮料质量安全研究［D］.2011.6

［166］邵长福.赵晋府.软饮料工艺学［M］.中国轻工业出版社,2010.8.

［167］赵勤.HACCP体系在柠檬茶饮料生产中的应用［J］.食品与发酵科技,2010.6.

［168］李慧荣.可可粉固体饮料与HACCP体系的技术研究［J］.食品研究与开发,2012.5.

普通高等教育"十二五"部委级规划教材丛书

食品工程原理
SHIPIN GONGCHENG YUANLI
赵黎明 黄阿根 主编

食品标准与
法律法规
SHIPIN BIAOZHUN YU FALU FAGUI
刘少伟 鲁茂林 主编

食品质量管理
SHIPIN ZHILIANG GUANLI
赵光远 主编
张培旗 邓建华 副主编

食品添加剂学
SHIPIN TIANJIAJI XUE
秦卫东 主编
白青云 陈学红 蒋德林 副主编

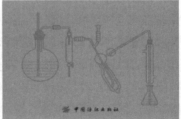

食品分析
SHIPIN FENXI
钱建亚 主编

食品工厂设计
SHIPIN GONGCHANG SHEJI
陈守江 主编

食品包装学
SHIPIN BAOZHUANGXUE
李大鹏 主编
王洪江 孙文秀 副主编

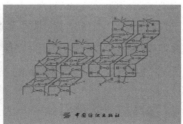

食品化学
SHIPIN HUAXUE
李红 主编

食品工艺学实验
与生产实训指导
SHIPIN GONGYIXUE SHIYAN YU SHENGCHAN SHIXUN ZHIDAO
钟瑞敏 翟迪升 朱定和 主编